普通高等院校公共基础课程系列教材

线性代数

李雪飞　庞世春　主　编

李　娜　孙佳慧　李秋月　冯　雪　副主编

清華大学出版社

北　京

内 容 简 介

本书依据“工科类本科线性代数课程教学基本要求”，突出顺应信息化时代人才培养需求，聚焦线性代数核心概念及应用，降低学科学习门槛，提高自主学习效益，是一次由“教材”迈向“学材”的探索实践。

本书包括行列式、矩阵及其运算、向量组理论、相似矩阵及二次型、Python 编程应用等内容，以线性方程组和线性变换为主线，精心编排，双线并进，凸显线性代数的逻辑结构，展现不同维度下的统一美。绪论章节简明导入，无缝衔接高中与大学数学，运用丰富图解与实例，低门槛引导读者进入线性代数世界；由简单到复杂，从特殊到一般，融合代数与几何视角探究问题，强调数学思想与科学思维的内化；语言表述通俗易懂，例证丰富，边注精辟；采用 Python 求解问题，强化实践技能与算法思维训练。全书旨在构建一条从基础到进阶、从理论到实战的流畅学习路径。

本书可作为高等院校理工类非数学专业、军队院校高等教育相关专业的教材，也可作为新工科背景下线性代数教学实践的教师参考用书。

图书在版编目（CIP）数据

线性代数 / 李雪飞，庞世春主编. -- 北京 ：清华大学出版社，2024. 8. -- (普通高等院校公共基础课程系列教材)，-- ISBN 978-7-302-66853-4

Ⅰ. O151.2

中国国家版本馆 CIP 数据核字第 2024Y6Q029 号

责任编辑： 吴梦佳
封面设计： 何凤霞
责任校对： 袁　芳
责任印制： 从怀宇

出版发行： 清华大学出版社
网　　址： https://www.tup.com.cn, https://www.wqxuetang.com
地　　址： 北京清华大学学研大厦 A 座　　**邮　　编：** 100084
社 总 机： 010-83470000　　**邮　　购：** 010-62786544
投稿与读者服务： 010-62776969, c-service@tup.tsinghua.edu.cn
质量反馈： 010-62772015, zhiliang@tup.tsinghua.edu.cn
课件下载： https://www.tup.com.cn, 010-83470410
印 装 者： 三河市人民印务有限公司
经　　销： 全国新华书店
开　　本： 185mm×260mm　　**印　　张：** 16.75　　**字　　数：** 434 千字
版　　次： 2024 年 8 月第 1 版　　**印　　次：** 2024 年 8 月第 1 次印刷
定　　价： 58.00 元

产品编号：105694-01

前　　言

在数字时代，随着计算机技术的飞速发展，作为研究与处理数据的基础理论，线性代数在自然科学、经济发展、工程技术、国防科技、工农业生产等领域中的基础地位日益凸显。此外，线性代数作为培养逻辑思维、抽象思维和计算能力的有效载体，是高等院校理工科非数学专业的重要数学基础课程。线性代数不仅为学习后续专业课程提供必备的基础知识，也是人工智能、数据挖掘、运筹分析、量子理论等技术领域中的重要数学工具。

线性代数课程内容抽象，数学概念、定义、定理多，知识之间的联系非常密切，如何在有限的学时内学好线性代数，使读者深刻理解线性代数的内涵本质、核心观点和关键方法，是教与学的一大难点。为了突破这一难点，有必要从学习者的角度出发，为其提供更加通俗易懂的学习资料，使其通过自学便能初步掌握线性代数的主要内容。为此，我们借鉴大量国内外优秀教材，结合多年的教学经验编写本书。具体而言，本书具有如下特点。

(1) **学习起点低。** 读者只需具备中学数学基础，即可开展自学。第 1 章绪论部分建立了初等数学和高等数学中“空间解析几何与向量代数”与线性代数之间的桥梁，主要介绍什么是线性、什么是线性运算和线性代数、线性代数主要研究什么问题、向量和向量空间的基本概念、线性方程组的基本概念等，辅以图文示意讲解、旁注讲解、大量举例讲解，适合自学。本章提到的关键词 (如向量、向量空间、线性方程组等) 会在后续章节中反复出现，结合具体的例题和方法，使读者对这些概念的理解不断深化。

(2) **注重数学思想的渗透和科学思维的培养。** 将从具体到抽象、从特殊到一般、“升维推广式研究”与“降维打击式解题”相结合等方法融入课程内容。

例如，在阐述每一节内容时，一般采用问题驱动的方式进行组织，即“发现问题 $\rightarrow$ 探究知识内涵 $\rightarrow$ 知识应用”，逻辑上更加符合学生的学习习惯和思维方式。

又如，采用从特殊到一般的思维模式，将低维空间中向量的相关概念、性质及规则推广至 n 维向量的情形，并进一步拓展至无穷维，阐述向量组与矩阵、向量组与线性方程组的内在联系，将向量空间中的基、标准正交基、如何由普通基得到标准正交基 (施密特正交化、单位化)、基变换与坐标变换等问题有机融合在向量空间这一节，相较于传统教材的处理方式，问题的关联性更为凸显，知识衔接更为自然。

再如，突出从几何 (线性变换) 的角度阐述相似矩阵及二次型，加强对特征值与特征向量、相似变换、二次型及其标准问题的内涵挖掘深度，采用由观察代数现象和几何现象、发现规律、总结规律、一般化验证、得出定义定理的思路进行叙述，凸显解决重点问题的算法思维、程序思维和数形结合能力。

(3) **课程内容的组织结构合理**。为了凸显线性代数课程内容的脉络、主题、思想和结构，突出基本概念的内涵，以线性方程组这一数学研究对象为显性主线、以线性变换这一线性代数的核心概念和观点为隐性主线，采用代数与几何相结合的视角组织内容，从而揭示行列式、向量、矩阵、向量空间、线性方程组、特征值与特征向量、二次型等内容之间的关联关系，为读者打通知识脉络。此外，全书的内容组织结构也兼顾了教学进度需求，章节设置合理，适合 $32 \sim 48$ 学时的教学。下面给出 40 学时的学时分配方案，教学组织中可根据实际情况在此基础上调整。

40 学时的学时分配方案 (含习题课)

章　节	推荐学时
第 1 章　绪论	自学
第 2 章　行列式与线性方程组	6 学时
第 3 章　矩阵与线性方程组	14 学时
第 4 章　向量组与线性方程组	10 学时
第 5 章　相似矩阵及二次型	8 学时
第 6 章　数学实验及 Python 实现	2 学时

(4) **语言通俗易懂**。在保证教材内容科学、系统的同时，力求多举实例，讲解由浅入深，注重多角度诠释难点，并采用边注的形式对难点内容进行启发和总结。需要说明的是，本书多处采用了更为通俗化、生活化的语言对知识进行描述，降低抽象理论的理解阈值，更适合读者自学。

(5) **介绍 Python 及其在求解线性代数问题上的应用**。一方面是助力读者真正将线性代数知识应用于生活工作实际；另一方面是在大数据背景下，借助计算机程序将知识活学活用，进一步加深对知识的理解。种下理论与实践相结合的种子，才能收获内外通透的珍果。

本书由李雪飞、庞世春主编，其中第 $1 \sim 3$ 章由庞世春编写；第 $4 \sim 6$ 章由李雪飞编写。李娜、孙佳慧、李秋月、冯雪参与了各章习题拟制等工作。

在本书的编写过程中，我们参阅并借鉴了大量国内外相关教材和资料，得到了清华大学出版社的大量帮助和指导，在此一并表示衷心的感谢！

限于编者的学识水平，本书不足之处在所难免，恳请广大读者、同行批评、指正。

编　者

2024 年 1 月

主要符号说明

a 标量

$\boldsymbol{a}$ 向量 (粗体)

$\boldsymbol{A}: \boldsymbol{a}_1, \boldsymbol{a}_2, \cdots, \boldsymbol{a}_m$ 由 m 个同维向量组成的向量组 $\boldsymbol{A}$

V 向量空间

$\dim V$ 向量空间的维数

$\boldsymbol{A} = (a_{ij})$ 矩阵 (粗体)

$\boldsymbol{A}_{m\times n} = (a_{ij})_{m\times n}$ m 行 n 列的矩阵

$\boldsymbol{A}_n$ n 阶方阵

a_{ij} 矩阵 $\boldsymbol{A}$ 的 (i,j) 元素

M_{ij} 矩阵的 (i,j) 元素对应的余子式

A_{ij} 矩阵的 (i,j) 元素对应的代数余子式

$\mathcal{T}$ 线性变换 (花体)

$\|\boldsymbol{a}\|$ 向量 $\boldsymbol{a}$ 的范数 (长度)

$\mathrm{Prj}_{\boldsymbol{a}}\boldsymbol{b}$ 向量 $\boldsymbol{b}$ 在向量 $\boldsymbol{a}$ 上的投影标量

$\boldsymbol{0}$ 零向量

$\boldsymbol{O}$ 零矩阵

$\boldsymbol{E}$ 单位矩阵

$\boldsymbol{\Lambda}$ 对角矩阵

$\mathbb{R}$ 实数域

$\mathbb{R}^n$ n 维欧几里得空间

$\mathbb{Z}^+$ 正整数集合

$\boldsymbol{a}^{\mathrm{T}}$、$\boldsymbol{A}^{\mathrm{T}}$、$D^{\mathrm{T}}$ 分别表示向量 $\boldsymbol{a}$ 的转置、矩阵 $\boldsymbol{A}$ 的转置、行列式 D 的转置

$\boldsymbol{A}^n$ 方阵的 n 次幂

$\boldsymbol{A}^*$ 矩阵 $\boldsymbol{A}$ 的伴随矩阵

$\det(\boldsymbol{A})$ 或 $|\boldsymbol{A}|$ 方阵 $\boldsymbol{A}$ 的行列式

$\boldsymbol{A}^{-1}$ 方阵 $\boldsymbol{A}$ 的逆矩阵

$R(\boldsymbol{A})$ 矩阵 $\boldsymbol{A}$ 的秩

$\mathrm{tr}(\boldsymbol{A})$ 方阵 $\boldsymbol{A}$ 的迹

$[\boldsymbol{a}, \boldsymbol{b}]$ 向量 $\boldsymbol{a}, \boldsymbol{b}$ 的内积运算

$\boldsymbol{A}_{m\times n}\boldsymbol{x} = \boldsymbol{0}$ 由 m 个方程 n 个未知数组成的齐次线性方程组，$\boldsymbol{A}$ 是系数矩阵

$\boldsymbol{A}\boldsymbol{x} = \boldsymbol{b}$ 非齐次线性方程组，$(\boldsymbol{A}, \boldsymbol{b})$ 是增广矩阵

$\varphi(x) = a_0 + a_1 x + \cdots + a_m x^m$ x 的 m 次多项式

$\varphi(\boldsymbol{A}) = a_0\boldsymbol{E} + a_1\boldsymbol{A} + \cdots + a_m\boldsymbol{A}^m$ 矩阵 $\boldsymbol{A}$ 的 m 次多项式

$\boldsymbol{A} \sim \boldsymbol{B}$ 矩阵 $\boldsymbol{A}$ 与 $\boldsymbol{B}$ 等价

$\boldsymbol{A} \xrightarrow{r} \boldsymbol{B}$ 矩阵 $\boldsymbol{A}$ 与 $\boldsymbol{B}$ 行等价

$\boldsymbol{A} \xrightarrow{c} \boldsymbol{B}$ 矩阵 $\boldsymbol{A}$ 与 $\boldsymbol{B}$ 列等价

$\boldsymbol{F} = \begin{pmatrix} \boldsymbol{E}_r & \boldsymbol{O} \\ \boldsymbol{O} & \boldsymbol{O} \end{pmatrix}$ 标准形

$r_i \leftrightarrow r_j (c_i \leftrightarrow c_j)$ 第 i 行 (列) 与第 j 行 (列) 对换

$r_i \times k (c_i \times k)$ 第 i 行 (列) 元素乘以常数 k

$r_i + k r_j (c_i + k c_j)$ 将第 j 行 (列) 元素的 k 倍相应地加至第 i 行 (列) 元素上

$\boldsymbol{E}_n(i,j)$ n 阶初等对换矩阵，对换第 i 行 (列) 和第 j 行 (列)

$\boldsymbol{E}_n\big(i(k)\big)$ n 阶初等倍乘矩阵，第 i 行 (列) 元素乘以 k，k 是倍乘因子

$\boldsymbol{E}_n\big(i(j(k))\big)$ n 阶初等倍加矩阵，将第 j 行的 k 倍加到第 i 行，或第 i 列的 k 倍加到第 j 列

$\boldsymbol{\Lambda} = \mathrm{diag}(\lambda_1, \lambda_2, \cdots, \lambda_n)$ 以 $\lambda_1, \lambda_2, \cdots, \lambda_n$ 为对角元素的对角矩阵 $\boldsymbol{\Lambda}$

$\sum\limits_{i=1}^{n} a_i = a_1 + a_2 + \cdots + a_n$ 连加运算符

$\prod\limits_{i=1}^{n} a_i = a_1 a_2 \cdots a_n$ 连乘运算符

$\mathrm{C}_m^k = \begin{pmatrix} m \\ k \end{pmatrix}$ 从 m 个元素中选取 k 个的组合数

$P \Leftrightarrow Q$ P 等价于 (充要条件是)Q

$P \Rightarrow Q$ P 是 Q 的充分条件，Q 是 P 的必要条件

$\max\{a_1, a_2, \cdots, a_n\}$ $a_1, a_2, \cdots, a_n$ 中的最大者

$\min\{a_1, a_2, \cdots, a_n\}$ $a_1, a_2, \cdots, a_n$ 中的最小者

$\forall$ 任意，for all

$\exists$ 存在，exist

目　　录

第 *1* 章　绪　　论

1.1　引　　言

本章提纲挈领地引出了线性代数的几个重要概念：向量、向量空间、线性变换、线性方程组，旨在与初等数学知识进行衔接，适合自学，后续章节会对上述概念进一步深入探讨.

1.1.1　线性与非线性

什么是线性 (linear)？

若量与量之间成比例关系，我们通常称两者是线性关系 (或具有线性特性，也称为线性相关)，例如，若两个变量 x, y 之间服从

$$\frac{y}{x} = k \tag{1.1}$$

其中，$k \in \mathbb{R}$ 是常数，x, y 之间的比值是恒定的，则 x, y 之间是线性关系. 若 y 放大为 $2y$，由 x, y 的比例关系自然得出 x 变为了 $2x$. 当其中一个量发生改变时，我们可以由两者的线性关系直接得出另一个量. 这种规律的逻辑推理方式或思维模式即线性思维.

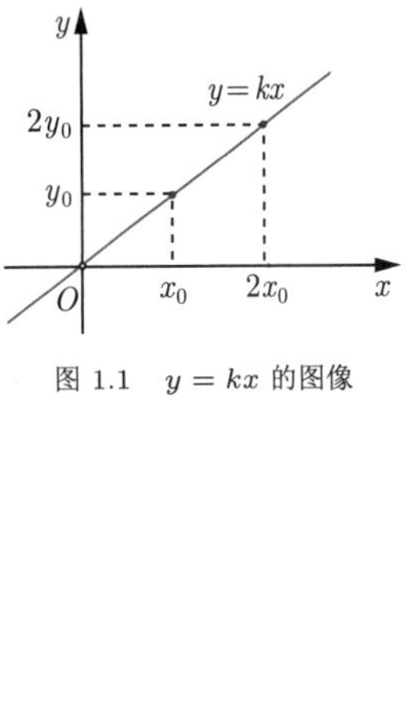

图 1.1　$y = kx$ 的图像

从几何的角度不难发现，式(1.1)可以写作 $y = kx$，表示二维平面上的一条直线 (过原点). 也就是说，两个量之间的关系为线性关系，则两者之间服从一次函数 (或方程)，几何上看是一条直线，如图 1.1 所示.

这种几何直观解释适用于低维条件 (两个变量之间) 下理解线性关系，并且不难得出：所谓非线性 (nonlinear)，即量与量之间不服从比例关系 (两个量的比值不是常数或两者不成比例)，从图像上看非线性呈现的是曲线，而不是直线.

为更好地拓展线性关系的概念内涵，研究多元函数的线性特征，数学家们将 $y = kx$ 的代数特性抽象出来，进而给出了更为一般的叙述来定义线性.

定义 1.1　线性

若函数 $f(x)$ 满足：

- 可加性：$f(x_1 + x_2) = f(x_1) + f(x_2)$;
- 一次齐次性：$f(kx) = kf(x)$，k 是常数.

则称 $f(x)$ 为线性的.

可加性又称叠加性，即 $x_1 + x_2$ 作为自变量产生的效果 $f(x_1 + x_2)$ 等于 x_1, x_2 独自产生的效果的叠加 $f(x_1) + f(x_2)$. 从另外一个角度看，对于 $\forall x_1$，当自变量增量为 x_2 时，函数增量均为 $f(x_2)$，即函数值的变化是均匀的.

一次齐次性也称为数乘性，即将 kx 代入 $f(x)$ 后，自变量 x 的幂次未发生改变，自变量放缩 k 倍，因变量 $f(x)$ 也进行相同比例的放缩，即函数值的变化是成比例的. 仅包含加法 (可加性) 与数乘 (齐次性) 两种的数学运算式称为线性运算.

例如，$y=3x$，$f(x,y,z)=x+2y+3z$ 都是线性函数，推广至 n 个自变量的线性函数，

$$y=a_1x_1+a_2x_2+\cdots+a_nx_n \quad (a_i\in\mathbb{R},i=1,2,\cdots,n) \tag{1.2}$$

其中,我们称式(1.2)中等号右端 $a_1x_1+a_2x_2+\cdots+a_nx_n$ 为变量 $x_1,x_2,\cdots,x_n$ 的线性组合(或线性多项式)，$a_1,a_2,\cdots,a_n$ 是组合系数.

再如，$f(x,y)=xy$，$y=x^3$ 都不是线性函数，而是非线性函数，即不满足可加性和齐次性的函数.

那么，$y=3x+1$ 是不是线性函数？我们知道，$y=kx+b(k,b\in\mathbb{R},b\neq 0)$ 仍表示二维平面上的一条直线，这一数学结构是否为线性函数呢？不难验证，$kx+b$ 并不满足可加性和齐次性，因此严格来讲，在线性代数中，$f(x)=kx+b$ 不能算作线性函数. 然而，对 $y=kx+b$ 作恒等变形，

$$y-kx=b$$

其中，等号左端的数学结构 $y-kx$ 是线性的，是关于变量 x 和 y 的线性组合，所以，$y-kx=b$ 也可称作线性方程. 若 $b=0$，等式两边所有非零项所含未知变量的次数均为一次，故称作齐次线性方程；若 $b\neq 0$，则称作非齐次线性方程.

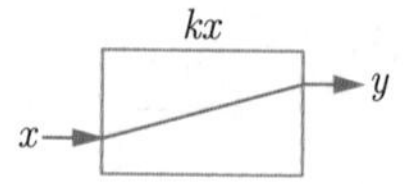

图 1.2 从系统视角看 $y=kx$

更进一步地，如果将 $y=kx$ 视为一个系统，如图 1.2 所示，该系统的功能是经处理后，将输入 x 转化成输出 y，即将 x 变换为 y，而这种变换是线性的，所以也称该变换为线性变换，其中 k 是变换 (比例) 系数.

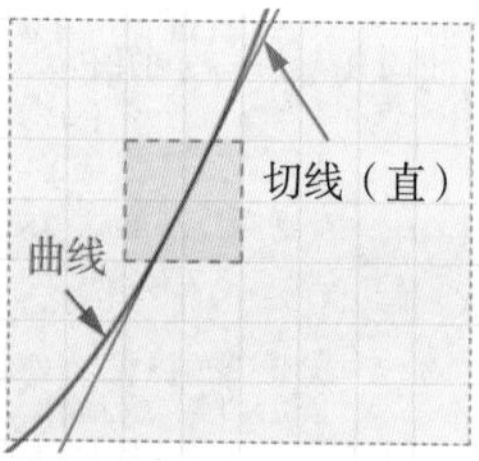

图 1.3 以直代曲

实际上，人们生活的现实世界本质上是非线性的，需要用非线性方法解决，如混沌、自组织、自适应、临界现象、“蝴蝶效应”等，为何还要研究和学习线性问题的解决方法呢？这是因为线性理论与方法相对完善，我们能够较好解决的问题中，线性问题占相当大的部分；另一个很重要的原因在于自然界中许多弱非线性现象可以在一定程度上近似为线性，或转化为线性问题进行解决，即“非线性问题线性化”. 如图 1.3 所示，在微积分中，“以直代曲”(光滑曲线在局部可以近似地用切线来代替) 就是局部线性化的体现.

1.1.2 线性代数的研究内容

所谓线性代数 (linear algebra)，就是揭示线性映射原理、分析处理线性关系的代数学分支，主要研究线性变换、有限维的线性方程组、行列式、矩阵、向量组的线性相关性、向量空间 (或线性空间)、特征值与特征向量、相似对角化、二次型等内容，是分析有限维线性空间及其线性变换、线性映射的基本理论.

1.1.3 线性代数的学习建议

为何要认真学习线性代数？一方面，线性代数理论完备、自洽，是训练抽象思维、逻辑推理、归纳演绎能力的最好素材；另一方面，线性代数是应用最广泛的数学分支之一，尤其是在大数据背景下，线性代数的基本理论、算法、数学符号和语言体系已经密切融入人工智能、数据挖掘、计算机图形学、密码学、军事运筹学、量子力学及其他数学分支领域的方方面面. 因此，熟练掌握线性代数的基本理论、方法和语言体系，是深入学习各领域专业知识的基石.

线性代数是关于数据的科学，在大数据时代，从海量数据中挖掘并获取有价值的信息，线性代数的地位更为凸显.

下面给出几条学习建议.

(1) 注重数学思维的培养. 在学习过程中，多问为什么，体会观察问题、抽象建模、探索求解、发现规律、猜想结论、总结论证的数学研究过程. 例如，在学习行列式这一主题时，围绕“行列式的概念是怎样形成的”“行列式有什么性质”“怎样计算行列式”“怎样通过降维将行列式按行展开”“如何应用行列式解线性方程组”等问题探究，综合提升自己分析问题、逻辑推理和精准计算等能力.

(2) 注重方法总结. 求解线性代数问题时，重复出现两次及以上频次的解题思路、策略和步骤，我们就可以称之为解题算法，要善于通过足量的习题训练，探寻并总结形成求解各型问题的算法.

(3) 注重多角度探究难点问题. 对较难理解的数学概念、定理及所研究的问题主线，要刻意并善于从不同角度、不同知识领域对其进行探究和解释 (数形结合就是一个很好的例子，低维情形下代数知识往往能够与几何知识联系起来)，并用自己的语言解释出来.

(4) 不拘泥于阅读一本书. 对相同的数学问题，不同教材的叙述逻辑和侧重点往往不同. 此外，随着学习的不断深入，线性代数的身影将在各专业领域中频繁出现，在不同的问题应用背景下会呈现出新的内涵.

本小节提到的线性相关、线性组合、线性变换等概念，会在后续章节深入讨论.

(5) 充分建立信心. 在诸多公式面前不必望而却步，沉下心来阅读，定能体会到形式化的数学符号背后朴素的哲理与逻辑.

下面就让我们步入线性代数的美妙世界，一同感悟其简约之美、纯粹之美、抽象之美、体系之美与实用之美！

1.2 向量和向量空间

1.2.1 向量的概念

物理学中有一类量，既有大小，又有方向，如位移、速度、加速度、力、力矩等，这一类量叫作向量 (或矢量).

定义 1.2 向量 (vector)

既有大小又有方向的量，称为向量或矢量.

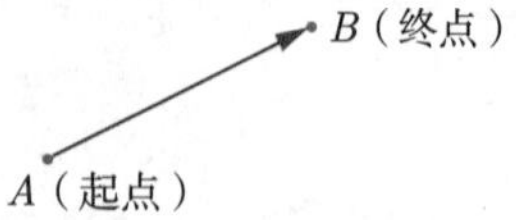

图 1.4　向量

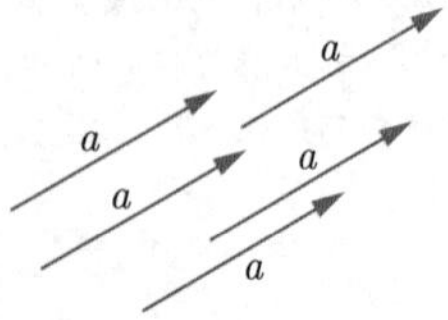

图 1.5　自由向量

常用一条有向线段来表示向量，线段的长度表示向量的大小，线段的方向表示向量的方向. 如图 1.4 所示，向量记为 $\overrightarrow{AB}$，$\vec{a}$ 或者 $\boldsymbol{a}$. 向量的长度记为 $\|\boldsymbol{a}\|$ 或 $|\boldsymbol{a}|$.

在物理学中，向量是可以在空间自由移动的量，只要保持大小和方向不变，向量就保持不变，称这种向量为自由向量，简称向量, 如图 1.5 所示.

在计算机等工程技术领域中，向量常被视为一个数据列表. 地球表面位置点 (西经 70°02′，北纬 36°53′) 的经纬度示意图如图 1.6 所示.

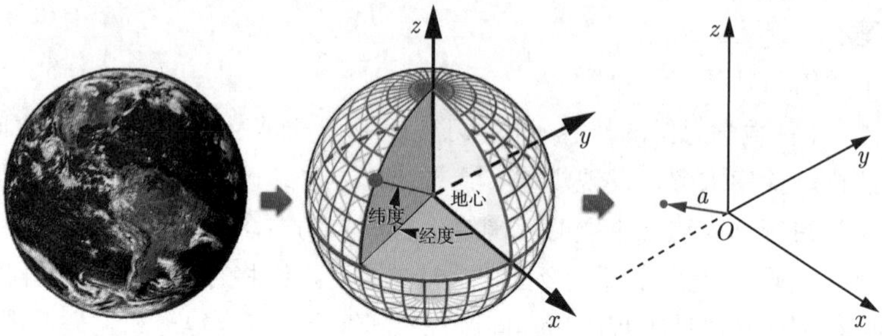

图 1.6　地球表面位置点的经纬度示意图

这个位置可以用下列数据列表来表示:

$$\begin{pmatrix} 70°02'\,\mathrm{W} \\ 36°53'\,\mathrm{N} \\ r \end{pmatrix} \quad 或 \quad \begin{pmatrix} -70°02' \\ 36°53' \\ r \end{pmatrix}$$

其中，r 表示地球半径.

这里将地球视为理想球体，r 为常数.

在数学上，概括了上述两种观点，有向线段是向量的几何视角，有序数据列表是向量的代数视角，两者是向量这一数学概念在不同视角的表示. 图 1.6 中，数据列表代表的地球表面位置点与地心 (看作球心点) 之间唯一确定一个有向线段，即向量 $\boldsymbol{a}$，这实际上是利用三维向量对地球表面的位置点进行建模，数据列表的长度是 3，所以向量是三维的. 由此看来，有向线段 $\boldsymbol{a}$ 与有序数据列表两者之间是一一对应的.

数学上，通过对物理、计算机领域中的向量进行抽象化、符号化，借此研究和推广与之相关的数学结构和数学特性，为实际问题求解提供更为本质的视角.

本书主要研究欧几里得空间 (Euclidean space) 中的向量. 二维欧几里得空间记作 $\mathbb{R}^2$，是由全体二维向量 (具有两个分量的有序数组) 构成的集合，即

几何上，二维欧几里得空间习惯表示为 xOy 坐标平面.

$$\mathbb{R}^2 = \left\{ \begin{pmatrix} x \\ y \end{pmatrix} \middle| \, x, y \in \mathbb{R} \right\}$$

其中，x, y 是向量的两个分量. 类似地，三维欧几里得空间记作 $\mathbb{R}^3$，是全体三维向量构成的集合，即

$$\mathbb{R}^3 = \left\{ \begin{pmatrix} x \\ y \\ z \end{pmatrix} \middle| \, x, y, z \in \mathbb{R} \right\}$$

更一般地，n 维欧几里得空间记作 $\mathbb{R}^n$，是全体 n 维向量构成的集合.

定义 1.3　n 维向量 (n-dimensional vector)

n 维欧几里得空间

$$\mathbb{R}^n = \left\{ \begin{pmatrix} x_1 \\ x_2 \\ \vdots \\ x_n \end{pmatrix} \middle| x_i \in \mathbb{R}, i = 1, 2, \cdots, n \right\}$$

中的元素称为n 维向量.

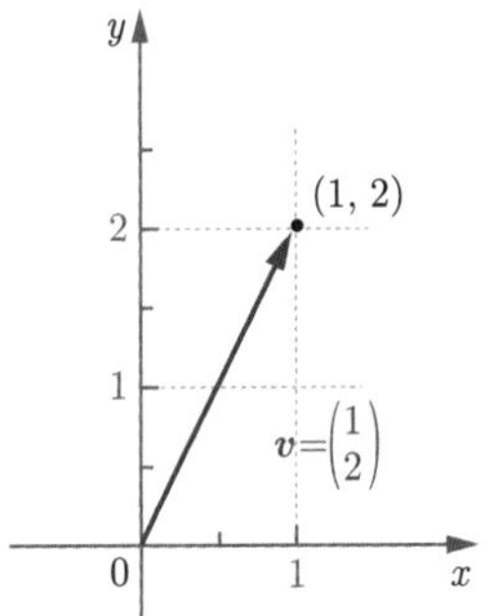

图 1.7　向量 $\boldsymbol{v}$

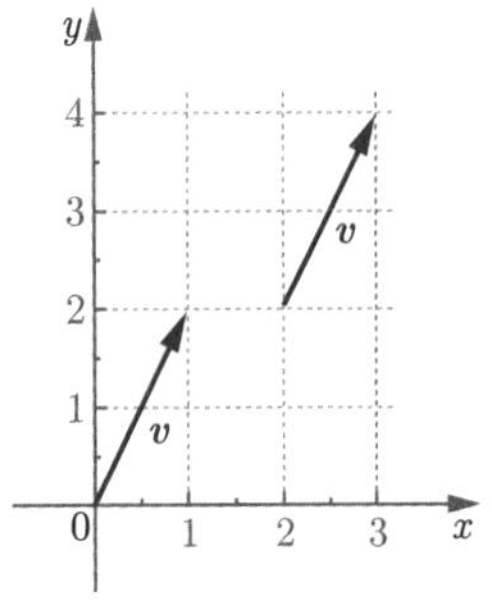

图 1.8　向量相等

几何上，$\mathbb{R}^2$ 和 $\mathbb{R}^3$ 中的向量是从原点出发的有向线段，其终点坐标分量就是向量的分量. 例如，$\mathbb{R}^2$ 中的向量

$$\boldsymbol{v} = \begin{pmatrix} 1 \\ 2 \end{pmatrix}$$

是从原点 $(0,0)$ 到终点 $(1,2)$ 的有向线段，如图 1.7 所示. 向量的长度是有向线段的长度，$\boldsymbol{v}$ 的长度是 $\sqrt{1^2+2^2}=\sqrt{5}$. 如果向量进行平移运动，其方向与大小保持不变，例如，$(0,0)$ 到 $(1,2)$ 的有向线段与 $(2,2)$ 到 $(3,4)$ 的有向线段均表示向量 $\boldsymbol{v}$，如图 1.8 所示，两者大小 (长度) 相等、方向相同，即向量相等.

所有分量均为 0 的向量称为零向量. 零向量的长度为 0，方向为任意方向，用 $\mathbf{0}$ 表示. 零向量 $\mathbf{0}$ 本质上是向量，与数字 0 不同.

长度为 1 的向量称为单位向量. 特别地，

$$\boldsymbol{e_1} = \begin{pmatrix} 1 \\ 0 \\ \vdots \\ 0 \end{pmatrix}, \boldsymbol{e_2} = \begin{pmatrix} 0 \\ 1 \\ \vdots \\ 0 \end{pmatrix}, \cdots, \boldsymbol{e_n} = \begin{pmatrix} 0 \\ 0 \\ \vdots \\ 1 \end{pmatrix}$$

称为单位坐标向量. 在 $\mathbb{R}^3$ 中单位坐标向量为

$$\boldsymbol{e}_1 = \begin{pmatrix} 1 \\ 0 \\ 0 \end{pmatrix} = \boldsymbol{i}, \quad \boldsymbol{e}_2 = \begin{pmatrix} 0 \\ 1 \\ 0 \end{pmatrix} = \boldsymbol{j}, \quad \boldsymbol{e}_3 = \begin{pmatrix} 0 \\ 0 \\ 1 \end{pmatrix} = \boldsymbol{k}$$

1.2.2　向量的线性运算

向量的线性运算包括向量的加法和数乘.

数乘，即数与向量的乘法.

定义 1.4　向量的加法 (addition of vectors)

设向量 $\boldsymbol{a}, \boldsymbol{b}$ 是 $\mathbb{R}^n$ 中的两个向量，向量 $\boldsymbol{a}, \boldsymbol{b}$ 的和记作 $\boldsymbol{a}+\boldsymbol{b}$，且

$$\boldsymbol{a}+\boldsymbol{b} = \begin{pmatrix} a_1 \\ a_2 \\ \vdots \\ a_n \end{pmatrix} + \begin{pmatrix} b_1 \\ b_2 \\ \vdots \\ b_n \end{pmatrix} = \begin{pmatrix} a_1+b_1 \\ a_2+b_2 \\ \vdots \\ a_n+b_n \end{pmatrix}$$

✍ 从定义中可以看出，对向量 $\boldsymbol{a}, \boldsymbol{b}$ 作加法运算，即两个向量的对应分量相加.

几何上，向量 $\boldsymbol{a},\boldsymbol{b}$ 加法遵循平行四边形法则或三角形法则. 例如，$\mathbb{R}^2$ 中，

$$\boldsymbol{a}=\begin{pmatrix}-1\\2\end{pmatrix},\quad \boldsymbol{b}=\begin{pmatrix}4\\2\end{pmatrix}$$

则

$$\boldsymbol{a}+\boldsymbol{b}=\begin{pmatrix}-1\\2\end{pmatrix}+\begin{pmatrix}4\\2\end{pmatrix}=\begin{pmatrix}3\\4\end{pmatrix}$$

其中，$\boldsymbol{a}+\boldsymbol{b}$ 是以原点为起点，以向量 $\boldsymbol{a}$ 和 $\boldsymbol{b}$ 为邻边的平行四边形对角线所在的向量，如图 1.9 和图 1.10 所示.

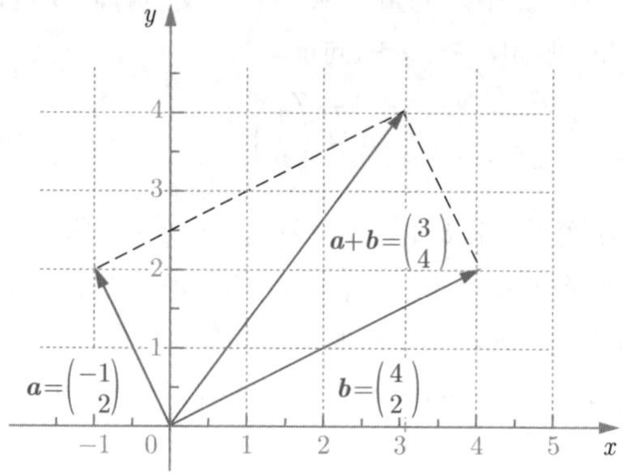

图 1.9　平行四边形法则

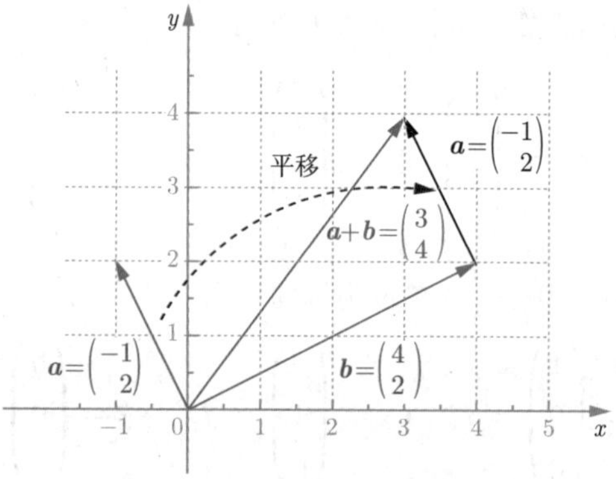

图 1.10　三角形法则

利用三角形法则有利于向量加法几何表示的推广. 如图 1.11 所示，$\boldsymbol{a}+\boldsymbol{b}+\boldsymbol{c}+\cdots+\boldsymbol{z}$ 使向量平移并首尾相连，第一个向量的起点至最后一个向量终点之间的有向线段就是它们的和.

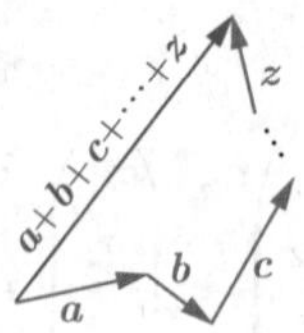

图 1.11　利用三角形法则表示多个向量相加

定义 1.5　向量的数乘 (scalar mutiplication of vectors)

实数 λ 与向量 $\boldsymbol{a}$ 的乘积记作 $\lambda\boldsymbol{a}$，

$$\lambda\boldsymbol{a}=\lambda\begin{pmatrix}a_1\\a_2\\\vdots\\a_n\end{pmatrix}=\begin{pmatrix}\lambda a_1\\\lambda a_2\\\vdots\\\lambda a_n\end{pmatrix}$$

规定 $\lambda\boldsymbol{a}$ 是一个向量，它的大小为向量 $\boldsymbol{a}$ 的 $|\lambda|$ 倍，即

$$|\lambda\boldsymbol{a}|=|\lambda||\boldsymbol{a}|$$

当 $\lambda>0$ 时，$\lambda\boldsymbol{a}$ 与 $\boldsymbol{a}$ 同向；当 $\lambda<0$ 时，$\lambda\boldsymbol{a}$ 与 $\boldsymbol{a}$ 反向.

例如，设 $\boldsymbol{a}=\begin{pmatrix}1\\2\end{pmatrix}$，则 $\lambda\boldsymbol{a}=\lambda\begin{pmatrix}1\\2\end{pmatrix}$，当 λ 取 $-1,\dfrac{1}{2},\dfrac{3}{2},-2$ 时，相当于对向量 $\boldsymbol{a}$ 进行伸缩操作，$|\lambda|$ 即伸缩系数，如图 1.12 所示.

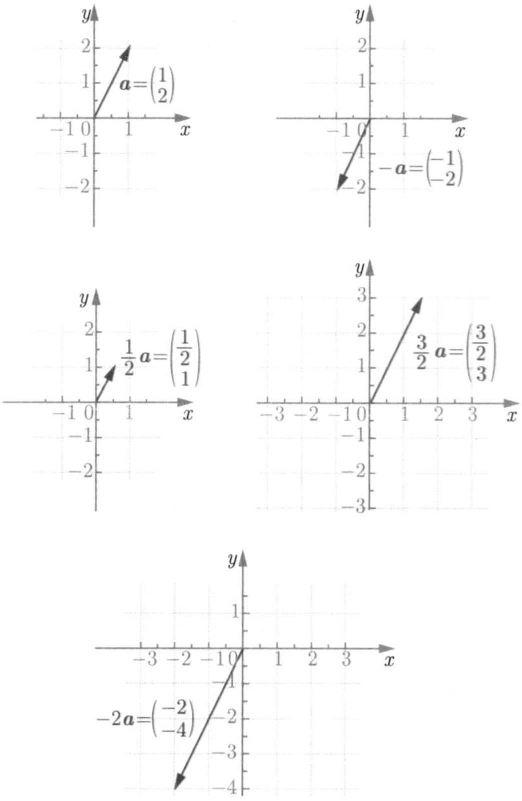

图 1.12　向量的数乘

特别地，当 $\lambda=-1$ 时，向量 $-\boldsymbol{a}$ 称为向量 $\boldsymbol{a}$ 的负向量.

借助负向量的定义，可以将向量的减法 $\boldsymbol{a}-\boldsymbol{b}$ 定义为

☕ 广义上，我们可以将向量减法视为向量加法的特殊情形而不再进行区分.

$$\boldsymbol{a}-\boldsymbol{b}=\boldsymbol{a}+(-\boldsymbol{b})$$

向量的线性运算满足下列 8 条运算规律.

设 $\boldsymbol{a},\boldsymbol{b},\boldsymbol{c}$ 都是 n 维向量，k,l 是常数，则有

(1) $\boldsymbol{a}+\boldsymbol{b}=\boldsymbol{b}+\boldsymbol{a}$

(2) $(\boldsymbol{a}+\boldsymbol{b})+\boldsymbol{c}=\boldsymbol{a}+(\boldsymbol{b}+\boldsymbol{c})$

(3) $\boldsymbol{a}+\boldsymbol{0}=\boldsymbol{a}$

(4) $\boldsymbol{a}+(-\boldsymbol{a})=\boldsymbol{0}$

(5) $1\cdot\boldsymbol{a}=\boldsymbol{a}$

(6) $k(l\boldsymbol{a})=(kl)\boldsymbol{a}$

(7) $k(\boldsymbol{a}+\boldsymbol{b})=k\boldsymbol{a}+k\boldsymbol{b}$

(8) $(k+l)\boldsymbol{a}=k\boldsymbol{a}+l\boldsymbol{a}$

1.2.3　向量的转置、内积及度量性质

向量包括列向量和行向量.

在线性代数中，不明确指出时，所谈的向量默认为列向量. 想要表达行向量时，可将其表示为列向量的转置(transposition). 例如，列向量

✍ 向量的转置运算是对向量的代数表示方式的改变，并不改变向量的大小和方向，但从代数上看，转置前后一般认为是两个不同的向量.

$$\boldsymbol{x}=\begin{pmatrix}x_1\\x_2\\x_3\end{pmatrix}$$

则行向量

$$(x_1,x_2,x_3)=\begin{pmatrix}x_1\\x_2\\x_3\end{pmatrix}^{\mathrm{T}}\xlongequal{\text{记作}}\boldsymbol{x}^{\mathrm{T}}$$

向量的转置是可逆的，即 $\left(\boldsymbol{x}^{\mathrm{T}}\right)^{\mathrm{T}}=\boldsymbol{x}$.

✍ 在 $\mathbb{R}^2,\mathbb{R}^3$ 中，向量 $\boldsymbol{x}$ 的大小也称为模，记作 $|\boldsymbol{x}|$. 如图 1.13 所示，设向量 $\boldsymbol{x}=(x_1,x_2,x_3)^{\mathrm{T}}\in\mathbb{R}^3$，则 $\boldsymbol{x}$ 的模

$$|\boldsymbol{x}|=\sqrt{x_1^2+x_2^2+x_3^2}$$

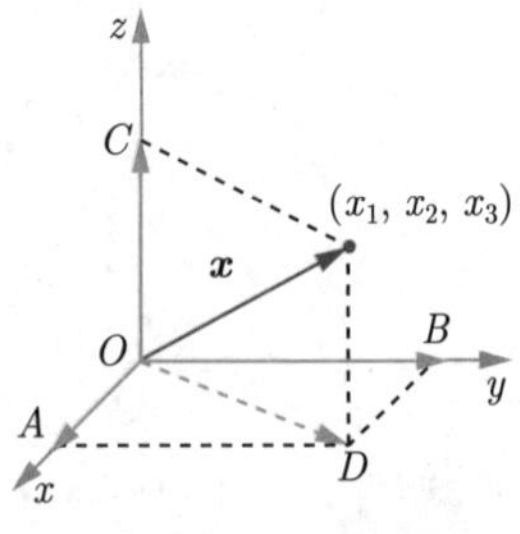

图 1.13　向量的模

为了节省书写空间，列向量 $\begin{pmatrix}x_1\\x_2\\x_3\end{pmatrix}$ 也常被写作 $(x_1,x_2,x_3)^{\mathrm{T}}$.

向量的度量性质主要有向量的长度、夹角、投影等.

n 维向量 $\boldsymbol{x}$ 的大小 (或长度) 称为 $\boldsymbol{x}$ 的范数(norm)，记作 $\|\boldsymbol{x}\|$.

定义 1.6　向量的范数

若向量

$$\boldsymbol{x}=\begin{pmatrix}x_1\\x_2\\\vdots\\x_n\end{pmatrix}\in\mathbb{R}^n$$

则 $\|\boldsymbol{x}\|$ 称为 n 维向量 $\boldsymbol{x}$ 的范数, 且

$$\|\boldsymbol{x}\| = \sqrt{x_1^2 + x_2^2 + \cdots + x_n^2} \tag{1.3}$$

例 1.1　计算 n 维向量的范数：(1) 零向量 $\mathbf{0}$；(2) 单位坐标向量 $\boldsymbol{e}_1$.

解　(1) $\|\mathbf{0}\| = \sqrt{0^2 + 0^2 + \cdots + 0^2} = 0$；

(2) $\|\boldsymbol{e}_1\| = \sqrt{1^2 + 0^2 + \cdots + 0^2} = 1$.

单位向量的范数等于 1.

任意非零向量 $\boldsymbol{v}$，可运用下式单位化：

$$\boldsymbol{e}_v = \frac{\boldsymbol{v}}{\|\boldsymbol{v}\|} \tag{1.4}$$

向量的长度具有非负性，零向量 $\mathbf{0}$ 是唯一一个长度为 0 的向量，因此对任意向量 $\boldsymbol{v}$ 都有 $\|\boldsymbol{v}\| \geqslant 0$. 其中，$\|\boldsymbol{v}\| = 0$ 当且仅当 $\boldsymbol{v} = \mathbf{0}$. 另外，数乘 $\lambda\boldsymbol{v}$ 的范数为 $\boldsymbol{v}$ 范数的 $|\lambda|$ 倍，即 $\|\lambda\boldsymbol{v}\| = |\lambda|\,\|\boldsymbol{v}\|$ $(\lambda \in \mathbb{R})$. 这两条性质称为范数的非负性和齐次性.

范数的性质

(1)　非负性：当 $\boldsymbol{a} \neq 0$ 时，$\|\boldsymbol{a}\| > 0$；当 $\boldsymbol{a} = 0$ 时，$\|\boldsymbol{a}\| = 0$.

(2)　齐次性：　$\|\lambda\boldsymbol{a}\| = |\lambda|\|\boldsymbol{a}\|$.

定义 1.7　向量的内积 (inner product) 运算

设 $\mathbb{R}^n$ 中的两个 n 维向量

$$\boldsymbol{x} = \begin{pmatrix} x_1 \\ x_2 \\ \vdots \\ x_n \end{pmatrix}, \quad \boldsymbol{y} = \begin{pmatrix} y_1 \\ y_2 \\ \vdots \\ y_n \end{pmatrix}$$

向量 $\boldsymbol{x}$ 与向量 $\boldsymbol{y}$ 的内积为

$$\begin{aligned} [\boldsymbol{x}, \boldsymbol{y}] &= \|\boldsymbol{x}\|\,\|\boldsymbol{y}\| \cos\theta \\ &= x_1y_1 + x_2y_2 + \cdots + x_ny_n \end{aligned} \tag{1.5}$$

其中，θ 为向量 $\boldsymbol{x}, \boldsymbol{y}$ 之间的夹角.

这种内积也称为欧几里得内积，与直角坐标系中的数量积等同看待、混同使用. 在常见教材中，内积也使用 $<\boldsymbol{x}, \boldsymbol{y}>$ 或 $(\boldsymbol{x}, \boldsymbol{y})$ 等记号表示.

内积的性质　设 $\boldsymbol{x}, \boldsymbol{y}, \boldsymbol{z}$ 为 n 维向量，λ 为实数.

(1) $[\boldsymbol{x}, \boldsymbol{y}] = [\boldsymbol{y}, \boldsymbol{x}]$

(2) $[\lambda\boldsymbol{x}, \boldsymbol{y}] = \lambda[\boldsymbol{y}, \boldsymbol{x}]$

(3) $[\boldsymbol{x} + \boldsymbol{y}, \boldsymbol{z}] = [\boldsymbol{x}, \boldsymbol{z}] + [\boldsymbol{y}, \boldsymbol{z}]$

(4) 当 $\boldsymbol{x} = 0$ 时，$[\boldsymbol{x}, \boldsymbol{x}] = 0$；当 $\boldsymbol{x} \neq 0$ 时，$[\boldsymbol{x}, \boldsymbol{x}] > 0$.

在 $\mathbb{R}^2$ 中，向量

$$\boldsymbol{x} = \begin{pmatrix} x_1 \\ x_2 \end{pmatrix}, \boldsymbol{y} = \begin{pmatrix} y_1 \\ y_2 \end{pmatrix}$$

的数量积如图 1.14 所示，为

$$\begin{aligned} \boldsymbol{x} \cdot \boldsymbol{y} &= |\boldsymbol{x}||\boldsymbol{y}| \cos\theta \\ &= |\boldsymbol{x}| \mathrm{Prj}_{\boldsymbol{x}}\boldsymbol{y} \\ &= x_1x_2 + y_1y_2 \end{aligned}$$

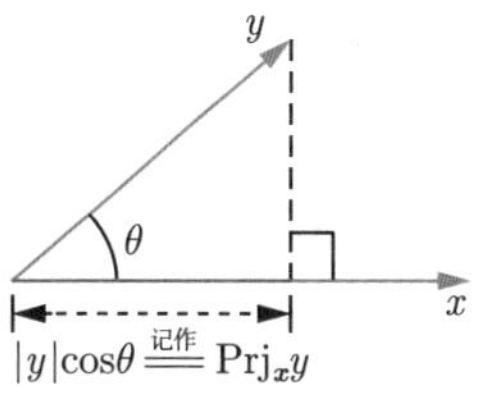

图 1.14　数量积

其中，$\mathrm{Prj}_{\boldsymbol{x}}\boldsymbol{y}$ 表示向量 $\boldsymbol{y}$ 在向量 $\boldsymbol{x}$ 上的投影大小 (是标量). 当 $\boldsymbol{x} \neq \mathbf{0}, \boldsymbol{y} \neq \mathbf{0}$ 时，向量 $\boldsymbol{x}$ 与 $\boldsymbol{y}$ 的夹角为

$$\theta = \arccos \frac{\boldsymbol{x} \cdot \boldsymbol{y}}{|\boldsymbol{x}||\boldsymbol{y}|}$$

特别地，当 $\boldsymbol{x} \perp \boldsymbol{y}$ 时，$\theta = \dfrac{\pi}{2}$，$\cos\theta = 0$，于是 $\boldsymbol{x} \cdot \boldsymbol{y} = |\boldsymbol{x}||\boldsymbol{y}| \cos\theta = 0$，即

$$\boldsymbol{x} \perp \boldsymbol{y} \Leftrightarrow \boldsymbol{x} \cdot \boldsymbol{y} = 0$$

⚒ **例 1.2** 证明柯西-斯瓦茨 (Cauchy-Schwarz) 不等式:

$$[\boldsymbol{x},\boldsymbol{y}]^2 \leqslant [\boldsymbol{x},\boldsymbol{x}][\boldsymbol{y},\boldsymbol{y}]$$

证 $[\boldsymbol{x},\boldsymbol{y}]^2 = \|\boldsymbol{x}\|^2\|\boldsymbol{y}\|^2\cos\theta \leqslant \|\boldsymbol{x}\|^2\|\boldsymbol{y}\|^2 = [\boldsymbol{x},\boldsymbol{x}][\boldsymbol{y},\boldsymbol{y}]$

当 $\theta = 0$ 时, $\cos\theta = 1$, 向量 $\boldsymbol{y}$ 在 $\boldsymbol{x}$ 上的投影长度 $\mathrm{Prj}_{\boldsymbol{x}}\boldsymbol{y} = \|\boldsymbol{y}\|\cos\theta = \|\boldsymbol{y}\|$, 此时, 等号成立.

由向量内积的概念，当 $\boldsymbol{x} \neq \boldsymbol{0}, \boldsymbol{y} \neq \boldsymbol{0}$ 时，n 维向量 $\boldsymbol{x}$ 与 $\boldsymbol{y}$ 的夹角为

$$\theta = \arccos\frac{[\boldsymbol{x},\boldsymbol{y}]}{\|\boldsymbol{x}\|\,\|\boldsymbol{y}\|} \quad (0 \leqslant \theta < \pi)$$

在 $\mathbb{R}^2, \mathbb{R}^3$ 中, 向量 $\boldsymbol{x}$ 与向量 $\boldsymbol{y}$ 正交等同于两者垂直, 且垂直的充要条件为 $\boldsymbol{x}\cdot\boldsymbol{y} = 0$.

特别地，当向量 $\boldsymbol{x}$ 与 $\boldsymbol{y}$ 的夹角为 $\dfrac{\pi}{2}$ 时，称向量 $\boldsymbol{x}, \boldsymbol{y}$ 正交(orthogonal)，两者互为正交向量. 显然，若非零向量 $\boldsymbol{x}, \boldsymbol{y}$ 的内积为 0，即 $[\boldsymbol{x},\boldsymbol{y}] = \|\boldsymbol{x}\|\,\|\boldsymbol{y}\|\cdot\cos\theta = 0$，则 $\cos\theta = 0$，于是 $\theta = \dfrac{\pi}{2}$，即向量 $\boldsymbol{x}$ 与 $\boldsymbol{y}$ 正交. 如果向量 $\boldsymbol{x}$ 与 $\boldsymbol{y}$ 正交，则 $\cos\theta = 0$，即

$$\cos\theta = \frac{[\boldsymbol{x},\boldsymbol{y}]}{\|\boldsymbol{x}\|\,\|\boldsymbol{y}\|} = 0$$

所以，$[\boldsymbol{x},\boldsymbol{y}] = 0$. 由此，总结得出：非零向量 $\boldsymbol{x}$ 与 $\boldsymbol{y}$ 正交的充要条件是

$$[\boldsymbol{x},\boldsymbol{y}] = x_1y_1 + x_2y_2 + \cdots + x_ny_n = 0$$

✍ 所谓两两正交，是指在向量序列中任选两个不同的向量均正交.

下面简要介绍几个相关的重要概念，在第 4 章我们将着重讨论它们.

不难验证，单位坐标向量 $\boldsymbol{e}_1, \boldsymbol{e}_2, \cdots, \boldsymbol{e}_n$ **两两正交**.例如, $\mathbb{R}^3$ 中，单位坐标向量

$$\boldsymbol{i} = \begin{pmatrix}1\\0\\0\end{pmatrix}, \quad \boldsymbol{j} = \begin{pmatrix}0\\1\\0\end{pmatrix}, \quad \boldsymbol{k} = \begin{pmatrix}0\\0\\1\end{pmatrix}$$

两两正交. 并且，对任意向量 $\boldsymbol{a} = (a_x, a_y, a_z)^{\mathrm{T}} \in \mathbb{R}^3$，有

$$\boldsymbol{a} = a_x\boldsymbol{i} + a_y\boldsymbol{j} + a_z\boldsymbol{k}$$

例如，$\boldsymbol{a} = (1,2,3)^{\mathrm{T}} = \boldsymbol{i} + 2\boldsymbol{j} + 3\boldsymbol{j}$, 故称向量 $\boldsymbol{a}$ 可由 $\boldsymbol{i},\boldsymbol{j},\boldsymbol{k}$ 线性表示，其中 1, 2, 3 是线性表示的系数. 在线性代数中，单位坐标向量 $\boldsymbol{i},\boldsymbol{j},\boldsymbol{k}$ 也称为三维欧几里得空间 $\mathbb{R}^3$ 的一组基(basis)，$\mathbb{R}^3$ 中的任一向量 $\boldsymbol{a} = (a_x, a_y, a_z)^{\mathrm{T}}$ 均可由基 $\boldsymbol{i},\boldsymbol{j},\boldsymbol{k}$ 线性表示，且 (a_x, a_y, a_z) 为向量 $\boldsymbol{a}$ 在基 $\boldsymbol{i},\boldsymbol{j},\boldsymbol{k}$ 下的坐标.

通过线性组合的方式, 可以由基构建出整个向量空间.

那么，是否只有 $\boldsymbol{i},\boldsymbol{j},\boldsymbol{k}$ 这种单位坐标向量才能成为 $\mathbb{R}^3$ 的一组基呢？不是！$\mathbb{R}^3$ 的基并不唯一，只要满足特定的条件就可以作为一组基，不同基之间可以互相变换，即基变换 (basis transformation)，读者可以带着兴趣提前查阅 4.3 节相关内容.

☕ 何谓空间? 我们可以通俗地理解为空间是定义了结构 (或元素之间关系) 的集合, 即将抽象的运算系统用熟悉的几何空间来模拟.

1.2.4 向量空间中的线性变换

向量空间是一个由向量组成且满足特定的运算性质的数学结构. 引入向量空间的概念，便于从运算性质的角度描述和讨论向量的集合. 在线性代数中，向量空间一般是指欧几里得空间，如 $\mathbb{R}^n$.

定义 1.8　向量空间 (vector space)

设 V 为 n 维向量的集合，如果集合 V 非空，且集合 V 对向量的线性运算封闭，那么就称集合 V 为向量空间.

✍ 向量空间：
(1) 非空；
(2) 对线性运算封闭.
此外还需满足前文中提到的 8 条运算规律.

所谓对线性运算封闭，是指对 V 中任意两个向量进行加法和数乘运算，其运算结果仍在 V 中，即

(1) 若 $\boldsymbol{a}\in V,\boldsymbol{b}\in V$，则 $\boldsymbol{a}+\boldsymbol{b}\in V$；

(2) 若 $\boldsymbol{a}\in V,\lambda\in\mathbb{R}$，则 $\lambda\boldsymbol{a}\in V$.

三维向量的全体 $\mathbb{R}^3$ 是一个向量空间. 这是因为任意两个三维向量的和仍然是三维向量，数 λ 乘一个三维向量仍然是一个三维向量，即对向量的加法和数乘封闭，所以三维向量的全体是一个向量空间.

几何上，一个三维向量可以用空间的一个有向线段来表示，从而向量空间 $\mathbb{R}^3$ 可以看作以坐标原点 $\boldsymbol{O}$ 为起点的有向线段的全体. 由于以原点为起点的有向线段与终点一一对应，因此 $\mathbb{R}^3$ 也可看作点空间.

⚒ **例 1.3**　判断集合 $V=\{\boldsymbol{x}=(1,x_2,x_3)^{\mathrm{T}}\,|\,x_2,x_3\in\mathbb{R}\}$ 是否为向量空间，为什么？

解　否. 若向量 $\boldsymbol{a}=\boldsymbol{b}=(1,2,3)^{\mathrm{T}}$，满足 $\boldsymbol{a},\boldsymbol{b}\in V$，而

$$\boldsymbol{a}-\boldsymbol{b}=(0,0,0)^{\mathrm{T}}\notin V$$

说明集合 V 对加法运算不封闭，故 V 不是向量空间.

✍ 向量空间必须包含零向量. 例 1.3表明，若集合中不包含零向量，则可直接判定其不是向量空间.

本例也可令 $\boldsymbol{a}=(1,2,3)^{\mathrm{T}}$，而 $2\boldsymbol{a}=(2,4,6)^{\mathrm{T}}\notin V$，说明 V 对数乘运算不封闭，故 V 不是向量空间.

⚒ **例 1.4**　设 $\boldsymbol{a},\boldsymbol{b}$ 为两个二维向量，证明：集合

$$L=\{\boldsymbol{x}=\lambda\boldsymbol{a}+\mu\boldsymbol{b}|\lambda,\mu\in\mathbb{R}\}$$

是一个向量空间.

证　设

$$\boldsymbol{x_1}=\lambda_1\boldsymbol{a}+\mu_1\boldsymbol{b}\quad(\lambda_1,\mu_1\in\mathbb{R})$$

$$\boldsymbol{x_2}=\lambda_2\boldsymbol{a}+\mu_2\boldsymbol{b}\quad(\lambda_2,\mu_2\in\mathbb{R})$$

则

$$\boldsymbol{x_1}+\boldsymbol{x_2}=(\lambda_1+\lambda_2)\boldsymbol{a}+(\mu_1+\mu_2)\boldsymbol{b}\in L$$
$$k\boldsymbol{x_1}=(k\lambda_1)\boldsymbol{a}+(k\mu_1)\boldsymbol{b}\in L$$

所以，集合 L 是一个向量空间.

本例中，$L=\{\boldsymbol{x}=\lambda\boldsymbol{a}+\mu\boldsymbol{b}|\lambda,\mu\in\mathbb{R}\}$ 表明 L 中任一向量均可表示为向量 $\boldsymbol{a},\boldsymbol{b}$ 的线性组合，因此，向量空间 L 称为由向量 $\boldsymbol{a},\boldsymbol{b}$ 生成的向量空间或张成的向量空间，可记为 $\mathrm{Span}\{\boldsymbol{a},\boldsymbol{b}\}$. 若向量 $\boldsymbol{a},\boldsymbol{b}$ 共线，则 L 表示与 $\boldsymbol{a},\boldsymbol{b}$ 共线的所有向量；若向量 $\boldsymbol{a},\boldsymbol{b}$ 不共线，则 L 表示 $\boldsymbol{a},\boldsymbol{b}$ 所在的整个平面空间.

定义 1.9 中，向量 $\boldsymbol{y}$ 是一个 m 维向量，向量 $\boldsymbol{x}$ 是一个 n 维向量，该线性变换的功能是建立 $\mathbb{R}^n$ 空间中向量 $\boldsymbol{x}$ 与 $\mathbb{R}^m$ 空间中向量 $\boldsymbol{y}$ 之间的映射. 当 $m<n$ 时，线性变换使向量的维数降低了，这种线性变换称为降维线性变换. 降维线性变换可以理解为一种"投影"或"压缩"，这种变换往往是不可逆的、退化的.

定义 1.9 线性变换 (linear transformation)

设 n 维向量 $\boldsymbol{x}=\begin{pmatrix}x_1\\x_2\\\vdots\\x_n\end{pmatrix}$ 与 m 维向量 $\boldsymbol{y}=\begin{pmatrix}y_1\\y_2\\\vdots\\y_m\end{pmatrix}$ 存在如下的线性映射：

$$\begin{cases}y_1=a_{11}x_1+a_{12}x_2+\cdots+a_{1n}x_n\\y_2=a_{21}x_1+a_{22}x_2+\cdots+a_{2n}x_n\\\vdots\\y_m=a_{m1}x_1+a_{m2}x_2+\cdots+a_{mn}x_n\end{cases}$$

这个映射就称为向量 $\boldsymbol{x}$ 到向量 $\boldsymbol{y}$ 的线性变换，记为 $\boldsymbol{y}=\mathcal{T}(\boldsymbol{x})$.

线性变换可以看作一种函数关系，即任意给定 n 维向量 $\boldsymbol{x}$，通过线性变换函数 $\mathcal{T}$ 可以得到向量 $\boldsymbol{y}$，即 $\boldsymbol{y}=\mathcal{T}(\boldsymbol{x})$.

线性变换也可以理解为一种运动形式，即从向量 $\boldsymbol{x}$ 至向量 $\boldsymbol{y}$ 的变换运动. 几何上，该运动对向量 $\boldsymbol{x}$ 进行伸缩或者旋转操作，转化成向量 $\boldsymbol{y}$. 同一个线性变换对向量空间中所有的向量进行同比例的伸缩和旋转 (功能相同). 假设有无穷多向量，若它们的矢端端点构成一条直线，在同一个线性变换下，变换后的向量的所有矢端端点仍然构成一条直线. 线性变换把直线仍然变换为直线，这是把这种变换称为"线性"的原因.

向量可用起点在原点的有向线段表示，有向线段带箭头的端点称为向量的矢端.

线性变换的几何解释

设 $\mathbb{R}^2$ 中有线性变换

$$\mathcal{T}:\begin{cases}y_1=-x_2\\y_2=x_1\end{cases}$$

对于向量 $\boldsymbol{x}=(2,1)^{\mathrm{T}}$，由上述线性变换可以得到变换后的向量

$$\boldsymbol{y}=\begin{pmatrix}-1\\2\end{pmatrix}$$

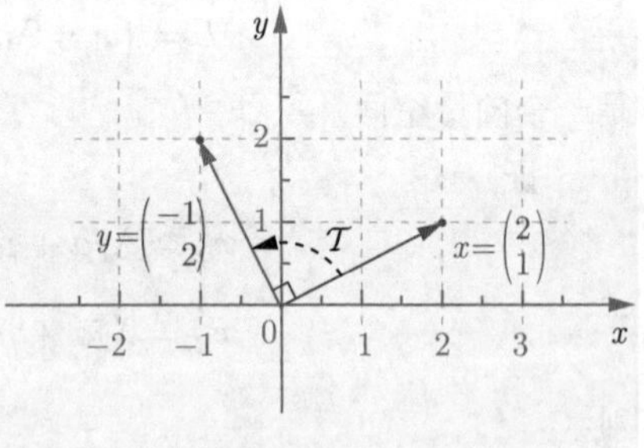

图 1.15 线性变换 $\mathcal{T}$ 作用于向量

从图 1.15 可以看到，线性变换 $\mathcal{T}$ 使向量 $\boldsymbol{x}$ 逆时针旋转 90° 变换为向量 $\boldsymbol{y}$，并且变换过程中保持向量的长度不变.

下面换一个角度分析. 上述线性变换 $\mathcal{T}$ 还可以写成

$$\begin{cases}y_1=0x_1-x_2\\y_2=x_1+0x_2\end{cases}\tag{1.6}$$

可以看到，线性变换 $\mathcal{T}$ 由系数列向量

$$\boldsymbol{i}'=\begin{pmatrix}0\\1\end{pmatrix}\quad 与\quad \boldsymbol{j}'=\begin{pmatrix}-1\\0\end{pmatrix}$$

唯一确定. 任意给定向量 $\boldsymbol{x}=(x_1,x_2)^{\mathrm{T}}$，由式(1.6)可求得变换后的向量 $\boldsymbol{y}=(y_1,y_2)^{\mathrm{T}}$. 事实上，线性变换 $\mathcal{T}$ 可以写成向量形式:

$$\boldsymbol{y}=\mathcal{T}(\boldsymbol{x})=x_1\begin{pmatrix}0\\1\end{pmatrix}+x_2\begin{pmatrix}-1\\0\end{pmatrix}=x_1\boldsymbol{i}'+x_2\boldsymbol{j}' \tag{1.7}$$

其中，x_1,x_2 是向量 $\boldsymbol{y}$ 在基 $\boldsymbol{i}',\boldsymbol{j}'$ 下的坐标. 我们知道，x_1,x_2 也是向量 $\boldsymbol{x}$ 在基 $\boldsymbol{i},\boldsymbol{j}$ 下的坐标，即

$$\boldsymbol{x}=\begin{pmatrix}x_1\\x_2\end{pmatrix}=x_1\begin{pmatrix}1\\0\end{pmatrix}+x_2\begin{pmatrix}0\\1\end{pmatrix}=x_1\boldsymbol{i}+x_2\boldsymbol{j} \tag{1.8}$$

比较式(1.7)和式(1.8)不难发现，在线性变换 $\mathcal{T}$ 的作用下，相当于对基 $\boldsymbol{i},\boldsymbol{j}$ 所决定的整个坐标系逆时针旋转 90°，向量 $\boldsymbol{y}$ 在基 $\boldsymbol{i}',\boldsymbol{j}'$ 下的坐标与向量 $\boldsymbol{x}$ 在基 $\boldsymbol{i},\boldsymbol{j}$ 下的坐标保持不变.

例如，当给定向量 $\boldsymbol{x}=(2,1)^{\mathrm{T}}$ 时，变换后的向量

$$\boldsymbol{y}=2\begin{pmatrix}0\\1\end{pmatrix}+1\cdot\begin{pmatrix}-1\\0\end{pmatrix}=\begin{pmatrix}2\times0+1\times(-1)\\2\times1+1\times0\end{pmatrix}=\begin{pmatrix}-1\\2\end{pmatrix}$$

线性变换 $\mathcal{T}$ 下的基向量如图 1.16 所示.

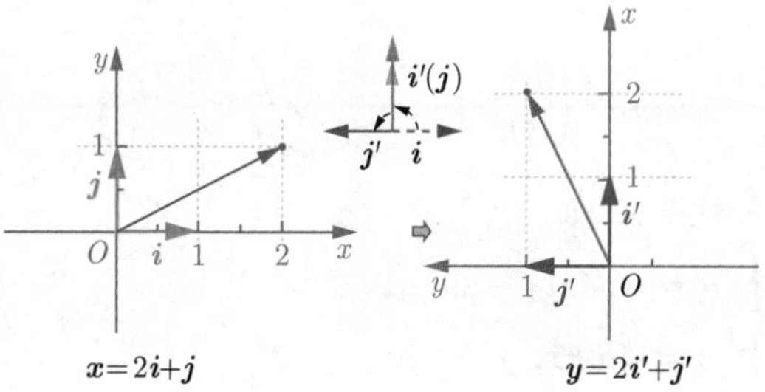

图 1.16 线性变换下的基向量

x 轴上的 $\boldsymbol{i}=(1,0)^{\mathrm{T}}$ 变换为 $\boldsymbol{i}'=(0,1)^{\mathrm{T}}$ 表明 x 轴逆时针旋转了 90°，y 轴上的 $\boldsymbol{j}=(0,1)^{\mathrm{T}}$ 变换为 $\boldsymbol{j}'=(-1,0)^{\mathrm{T}}$，表明 y 轴逆时针旋转了 90°，向量 $\boldsymbol{x}$ 跟随整个坐标系逆时针旋转了 90° 到达向量 $\boldsymbol{y}$ 所在位置，由于向量和坐标系同时旋转，即整个坐标平面逆时针旋转了 90°，相对位置没有改变，所以在新基下的坐标和旧基下的坐标相同.

⚒ **例 1.5** 设有线性变换

$$\mathcal{T}:\begin{cases}y_1=x_1+6x_2+3x_3\\y_2=3x_1+3x_2+x_3\\y_3=5x_1+2x_2\end{cases}$$

当 $\boldsymbol{x}=(3,2,1)^{\mathrm{T}}$ 时，求线性变换后的向量 $\boldsymbol{y}$.

解 向量

$$\begin{aligned}\boldsymbol{y}&=3\begin{pmatrix}1\\3\\5\end{pmatrix}+2\begin{pmatrix}6\\3\\2\end{pmatrix}+\begin{pmatrix}3\\1\\0\end{pmatrix}\\&=\begin{pmatrix}3\times1+2\times6+3\\3\times3+2\times3+1\\3\times5+2\times2+0\end{pmatrix}=\begin{pmatrix}18\\16\\19\end{pmatrix}\end{aligned}$$

⚒ **例 1.6** 设有线性变换

$$\mathcal{T}:\begin{cases} y_1 = x_1 \\ y_2 = 0 \end{cases}$$

当 $\boldsymbol{x}=(1,2)^{\mathrm{T}}$ 时，求线性变换后的向量 $\boldsymbol{y}$.

解 方法一：把 $\boldsymbol{x}=(1,2)^{\mathrm{T}}$ 代入得

$$\boldsymbol{y}=\begin{pmatrix}1\\0\end{pmatrix}$$

表明该线性变换将向量 $\boldsymbol{x}$ 向 x 轴投影, 投影向量就是向量 $\boldsymbol{y}$，如图 1.17 所示.

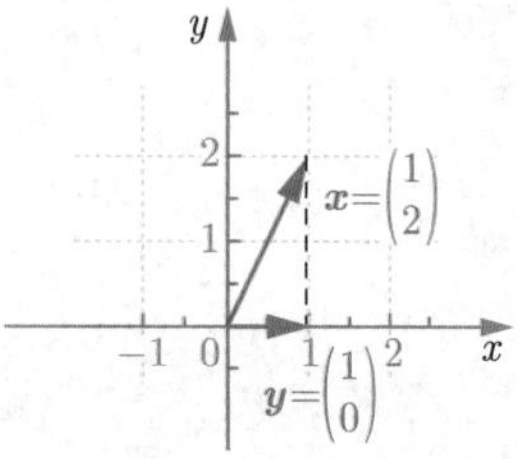

图 1.17 投影线性变换

通俗地看，该线性变换将 $\mathbb{R}^2$ 空间“压缩”为 $\mathbb{R}$，是不可逆的、退化的变换.

方法二：线性变换变形为

$$\begin{cases} y_1 = \ \ x_1 + 0x_2 \\ y_2 = 0x_1 + 0x_2 \end{cases}$$

实际上，线性变换 $\mathcal{T}$ 将基 $\boldsymbol{i}=(1,0)^{\mathrm{T}},\boldsymbol{j}=(0,1)^{\mathrm{T}}$ 变换为新基 $\boldsymbol{i}'=(1,0)^{\mathrm{T}},\boldsymbol{j}'=(0,0)^{\mathrm{T}}$，即线性变换的结果是将基向量向 x 轴投影，所以，向量 $\boldsymbol{y}$ 就是向量 $\boldsymbol{x}$ 的投影向量，且根据 $\boldsymbol{y}$ 在新基 $\boldsymbol{i}',\boldsymbol{j}'$ 下的坐标与 $\boldsymbol{x}$ 在旧基 $\boldsymbol{i},\boldsymbol{j}$ 下的坐标相同，$\boldsymbol{y}=\boldsymbol{i}'+2\boldsymbol{j}'$，所以

$$\boldsymbol{y}=\begin{pmatrix}1\\0\end{pmatrix}$$

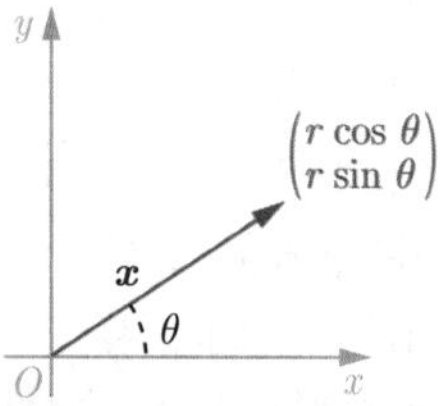

图 1.18 初始向量

⚒ 例 1.7 说明旋转线性变换

$$\mathcal{T}:\begin{cases} y_1 = \cos\varphi x_1 - \sin\varphi x_2 \\ y_2 = \sin\varphi x_1 + \cos\varphi x_2 \end{cases}$$

的几何意义.

解 方法一：设 $\boldsymbol{x}=(x_1,x_2)^{\mathrm{T}}=(r\cos\theta,r\sin\theta)^{\mathrm{T}}$，如图 1.18 所示. 代入线性变换得

$$\begin{aligned}\boldsymbol{y}&=\begin{pmatrix}y_1\\y_2\end{pmatrix}\\&=\begin{pmatrix}r\cos\theta\cos\varphi-r\sin\theta\sin\varphi\\r\cos\theta\sin\varphi+r\sin\theta\cos\varphi\end{pmatrix}\\&=\begin{pmatrix}r\cos(\theta+\varphi)\\r\sin(\theta+\varphi)\end{pmatrix}\end{aligned}$$

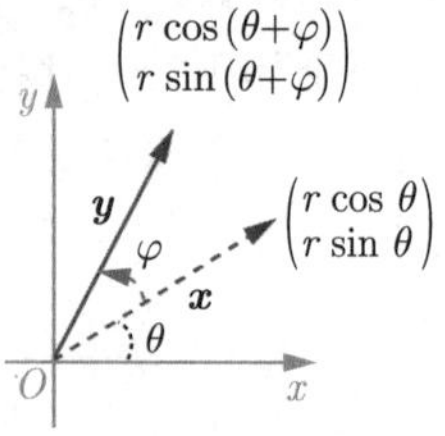

图 1.19 向量逆时针旋转 φ 角

线性变换 $\mathcal{T}$ 将向量 $\boldsymbol{x}$ 逆时针旋转了 φ 角，如图 1.19 所示.

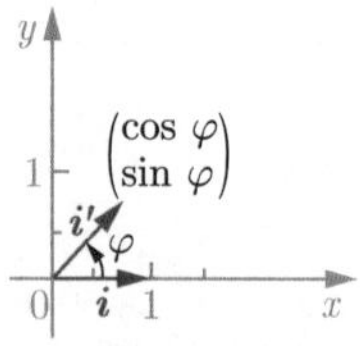

图 1.20 基向量 $\boldsymbol{i}$ 旋转 φ 角

方法二：如图 1.20 和图 1.21 所示，线性变换 $\mathcal{T}$ 将基 $\boldsymbol{i}=(1,0)^{\mathrm{T}},\boldsymbol{j}=(0,1)^{\mathrm{T}}$ 变换为新基

$$\boldsymbol{i}'=\begin{pmatrix}\cos\varphi\\\sin\varphi\end{pmatrix},\quad \boldsymbol{j}'=\begin{pmatrix}-\sin\varphi\\\cos\varphi\end{pmatrix}$$

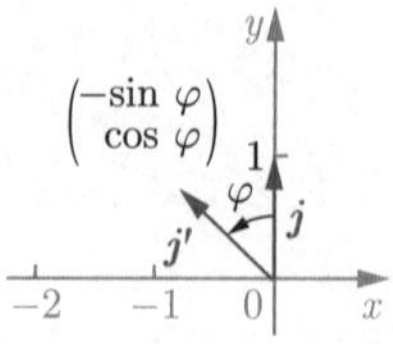

图 1.21 基向量 $\boldsymbol{j}$ 旋转 φ 角

基向量 $\boldsymbol{i},\boldsymbol{j}$ 均逆时针旋转了 φ 角，可理解为基向量的旋转携带着整个坐标平面逆时针旋转 φ 角，所以线性变换将向量 $\boldsymbol{x}$ 逆时针旋转了 φ 角.

1.3　线性方程组

1.3.1　线性方程组的定义

定义 1.10　n 元非齐次线性方程组

设有 n 个未知数 m 个方程的线性方程组

$$\begin{cases} a_{11}x_1+a_{12}x_2+\cdots+a_{1n}x_n=b_1 \\ a_{21}x_1+a_{22}x_2+\cdots+a_{2n}x_n=b_2 \\ \quad\vdots \\ a_{m1}x_1+a_{m2}x_2+\cdots+a_{mn}x_n=b_m \end{cases} \tag{1.9}$$

其中，a_{ij} 是第 i 个方程的第 j 个未知数的系数，b_i 是第 i 个方程的常数项，$i=1,2,\cdots,m;j=1,2,\cdots,n$. 当常数项 $b_1,b_2,\cdots,b_m$ 不全为 0 时，线性方程组 (1.9) 叫作 n 元非齐次线性方程组.

当 $b_1,b_2,\cdots,b_m$ 全为 0 时，式 (1.9) 成为

$$\begin{cases} a_{11}x_1+a_{12}x_2+\cdots+a_{1n}x_n=0 \\ a_{21}x_1+a_{22}x_2+\cdots+a_{2n}x_n=0 \\ \quad\vdots \\ a_{m1}x_1+a_{m2}x_2+\cdots+a_{mn}x_n=0 \end{cases} \tag{1.10}$$

式 (1.10) 称为n 元齐次线性方程组. n 元线性方程组 (1.9) 和 (1.10) 统称线性方程组.

1.3.2　线性方程组的解

线性方程组若有解，称它相容；若无解，则称它不相容.

对 n 元齐次线性方程组 (1.10)，$x_1=x_2=\cdots=x_n=0$ 必定是它的解，这个解叫作 n 元齐次线性方程组 (1.10) 的零解. 齐次线性方程组一定有零解，所以必相容. 如果存在不全为 0 的一组数 $(x_1,x_2,\cdots,x_n)$ 也满足方程组 (1.10)，则 $(x_1,x_2,\cdots,x_n)$ 叫作齐次线性方程组 (1.10) 的非零解. 一个齐次线性方程组不一定有非零解，需要具体问题具体分析.

因此，针对线性方程组，主要研究三个基本问题.

(1) 线性方程组是否有解；
(2) 在有解时，解是否唯一；
(3) 解不唯一时，如何求出 (表示出) 这些解.

假设有三个非齐次线性方程组

$$\text{(i)}\begin{cases} x_1+x_2=2 \\ x_1-x_2=2 \end{cases}\qquad \text{(ii)}\begin{cases} x_1+x_2=2 \\ x_1+x_2=1 \end{cases}\qquad \text{(iii)}\begin{cases} x_1+x_2=2 \\ -x_1-x_2=-2 \end{cases}$$

从几何上看，方程组中每一个方程表示平面中的一条直线，两条直线的交点 (x_1, x_2) 为线性方程组的解.

如图 1.22 所示，方程组 (i) 中两条直线交于一点 $(2,0)$，因此，$(2,0)$ 是线性方程组 (i) 的解；方程组 (ii) 是不相容的，无解，对应的两条直线平行；方程组 (iii) 中两个方程表示同一条直线，即两条直线重合，直线上任意一点都是方程组 (iii) 的解，所以方程组 (iii) 有无穷多解. 一般地，二元一次线性方程组表示的两条直线有三种几何关系：两条直线交于一点；两条直线平行；两条直线重合. 因此，线性方程组的解的情况有三种：唯一解、无解、无穷多解.

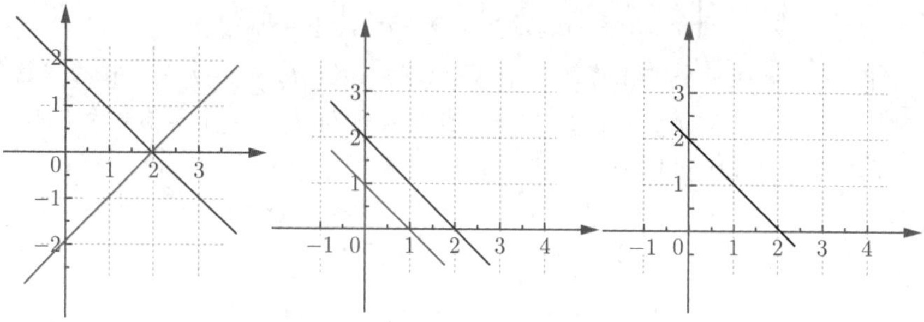

图 1.22　方程组 (i)、(ii)、(iii) 的解的几何解释

线性方程组的解的另一种几何解释

线性方程组 (1.9) 本质上就是一个由系数列向量

$$\begin{pmatrix} a_{11} \\ a_{21} \\ \vdots \\ a_{m1} \end{pmatrix}, \begin{pmatrix} a_{12} \\ a_{22} \\ \vdots \\ a_{m2} \end{pmatrix}, \cdots, \begin{pmatrix} a_{1n} \\ a_{2n} \\ \vdots \\ a_{mn} \end{pmatrix}$$

共同决定的线性变换 $\mathcal{T}$. 该线性变换将向量 $\boldsymbol{x} = (x_1, x_2, \cdots, x_n)^{\mathrm{T}}$ 变换为向量 $\boldsymbol{b} = (b_1, b_2, \cdots, b_m)^{\mathrm{T}}$. 因此，求线性方程组的解，本质上就是已知线性变换 $\mathcal{T}$ 和变换后的向量 $\boldsymbol{b}$，求初始向量 $\boldsymbol{x}$，如图 1.23 所示.

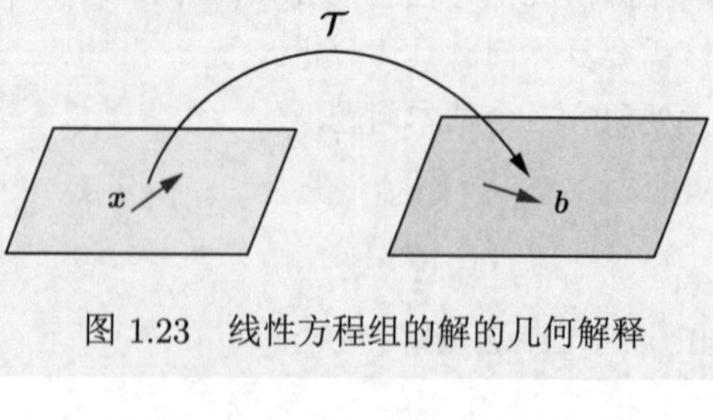

图 1.23　线性方程组的解的几何解释

1.3.3　消元法

线性方程组的基本解法是消元法，又称高斯消元法.

⚒ **例 1.8** 使用消元法求解二元一次线性方程组：

$$\begin{cases} 3x-2y=0 \\ -x+y=2 \end{cases}$$

解 交换两个方程的位置，得到与原方程组同解的方程组

$$\begin{cases} -x+y=2 & (1) \\ 3x-2y=0 & (2) \end{cases}$$

将方程 (1) 左右两端同时乘以 2，得到同解方程组

$$\begin{cases} -2x+2y=4 & (3) \\ 3x-2y=0 \end{cases}$$

将方程 (3) 与方程 (2) 相加得

$$x=4$$

将 $x=4$ 代入方程 (1) 得 $y=6$，所以方程组的解为

$$\begin{cases} x=4 \\ y=6 \end{cases}$$

☕ 关于线性方程组的研究，最早出现在我国《九章算术》(公元 1 世纪左右) 的第八章“方程”中，采用分离系数法表示线性方程组 (相当于现在的矩阵)、采用直除法求解方程组 (与矩阵的初等变换一致) 的完整解法，这是世界数学史上一项重大的成就，在隋唐时期传入朝鲜、日本.

从例 1.8 可以看出，消元法解线性方程组包含三种类型运算：

(1) 交换两个方程的位置;

(2) 一个方程左右两端乘上一个常数;

(3) 将一个方程的常数倍加到另外一个方程上.

在 3.6 节学习矩阵的三种初等行变换时，你会发现其与方程的三种运算是一一对应的关系，从而揭示了使用矩阵的初等行变换解线性方程组的方法本质上就是消元法.

⚒ **例 1.9** 研究线性方程组：

$$\begin{cases} 3x-2y=0 & (1) \\ -x+y=2 & (2) \\ 2x-y=2 & (3) \end{cases}$$

解 方程 (3) = 方程 (1)+ 方程 (2)，即方程 (3) 能提供的关于解的信息完全可由方程 (1) 和方程 (2) 替代，故本例中的方程组与例 1.8 方程组同解，此时称线性方程组等价. 称方程 (3) 可由方程 (1) 和方程 (2) 线性表示，或方程 (1)、方程 (2)、方程 (3) 线性相关.

另外，方程 (1) 和方程 (2) 不能相互线性表示，称方程 (1) 和方程 (2) 线性无关. 方程组中线性无关的方程个数的最大值 r 称为方程组的秩，这 r 个线性无关的方程构成的方程组称为最大无关方程组，本例中 $r=2$. 最大无关方程组与原方程组同解.

消元法解线性方程组是一种重要的方法，但当未知数的个数增加时，解题过程会迅速变得非常冗长而繁杂，因而需要更加强有力的数学工具来解决这一问题，后续我们会看到，围绕线性方程组求解这一问题主线，线性代数提供了行列式、矩阵、向量组等理论方法，很好地解决了这个问题.

习 题 1

1. 设向量 $\boldsymbol{a}=(-3,4,-2,4)$，计算 $\|\boldsymbol{a}\|$.

2. k 为何值时向量 $\boldsymbol{\alpha}=(1,-2,2,-1)$ 与 $\boldsymbol{\beta}=(1,1,k,3)$ 正交?

3. 设向量 $\boldsymbol{x}=(1,a,b)$ 与向量 $\boldsymbol{\alpha}=(2,2,2),\boldsymbol{\beta}=(3,1,3)$ 都正交，求 a,b 的值.

4. 设向量 $\boldsymbol{\alpha}_1=(-1,1,2,-1),\boldsymbol{\alpha}_2=(0,3,8,-2),\boldsymbol{\alpha}_3=(3,1,2,2)$，计算 $\|3\boldsymbol{\alpha}_1-\boldsymbol{\alpha}_2+\boldsymbol{\alpha}_3\|$.

5. 设 $\boldsymbol{a},\boldsymbol{b}$ 都是 n 维单位列向量，求 $\boldsymbol{a}+\boldsymbol{b}$ 与 $\boldsymbol{a}-\boldsymbol{b}$ 的内积 $[\boldsymbol{a}+\boldsymbol{b},\boldsymbol{a}-\boldsymbol{b}]$.

6. 设 $\boldsymbol{\alpha}_1,\boldsymbol{\alpha}_2\in\mathbb{R}^n$, $\|\boldsymbol{\alpha}_1\|=\|\boldsymbol{\alpha}_2\|=1$, 且内积 $[\boldsymbol{\alpha}_1,\boldsymbol{\alpha}_2]=\dfrac{1}{4}$, 求 $\|\boldsymbol{\alpha}_1+\boldsymbol{\alpha}_2\|$.

7. 当 k 为何值时，向量 $\boldsymbol{\beta}=(1,k,5)^{\mathrm{T}}$ 能由向量 $\boldsymbol{\alpha}_1=(1,2,3)^{\mathrm{T}},\boldsymbol{\alpha}_2=(1,1,1)^{\mathrm{T}}$ 线性表示?

8. 已知向量 $\boldsymbol{a},\boldsymbol{b}$，两者之间夹角为 θ，如图 1.24 所示，求向量 $\boldsymbol{b}$ 在向量 $\boldsymbol{a}$ 上的投影向量 $\boldsymbol{\xi}$.

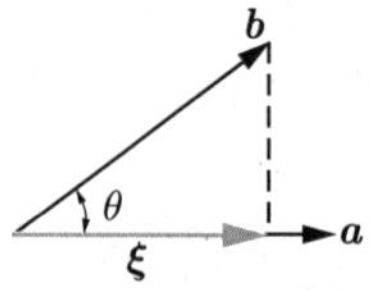

图 1.24 题 8 图

第 2 章　行列式与线性方程组

行列式 (determinant) 是线性代数中重要的数学工具之一，其概念起源于线性方程组问题的求解过程，它的引入极大地简化了此类问题的计算.

17 世纪初，日本的数学奠基人关孝和与德国数学家、微积分学的创立者莱布尼茨分别独立提出了行列式的概念.

关孝和在 1683 年所著《解伏题之法》一书中对行列式进行了叙述. 而《九章算术》中已有分离系数法求解方程组，且于隋唐年间传入日本.

1729 年，英国数学家麦克劳林 (Maclaurin) 用行列式的方法解含有 2 个、3 个和 4 个未知量的线性方程组，其法则与现今使用的法则相似. 在此基础上，1750 年，瑞士数学家克拉默 (Cramer[①]) 在《线性代数分析导言》中发表了利用行列式求解线性方程组的著名法则——克拉默法则. 1771 年，法国数学家范德蒙德 (Van der Monde) 首次对行列式理论作出连贯的逻辑的阐述，并给出了用二阶子式和它们的余子式来展开行列式的方法. 1772 年，法国数学家拉普拉斯 (Laplace) 在论文《对积分和世界体系的探讨》中将范德蒙德的结论推广至一般形式.1812 年，法国数学家柯西 (Cauchy) 首先引入 determinant 一词表示之前出现的行列式，并将行列式的元素排成方阵. 1841 年，英国数学家凯莱 (Cayley) 引入了行列式的两条竖线；同年，德国数学家雅克比 (Jacobi) 发表论文《论行列式的形成与性质》，标志着行列式系统理论的建成.

范德蒙德把行列式理论从线性方程组求解中剥离出来作为独立的理论进行研究，在此之前行列式只是作为解线性方程组的工具，没有人意识到它可以独立于线性方程组.

本章围绕求解线性方程组问题，重点讨论 n 阶行列式的定义、性质及克拉默法则等.

2.1　行列式的定义

2.1.1　二阶与三阶行列式

使用高斯消元法解二元线性方程组

$$\begin{cases} a_{11}x_1 + a_{12}x_2 = b_1 \\ a_{21}x_2 + a_{22}x_2 = b_2 \end{cases} \tag{2.1}$$

用 a_{22} 和 a_{12} 分别乘两个方程的左右两端，然后两个方程作减法，得到

$$(a_{11}a_{22} - a_{12}a_{21})x_1 = b_1a_{22} - a_{12}b_2$$

同理可得

① 有的教材中音译为“克莱姆”.

$$(a_{11}a_{22} - a_{12}a_{21})x_2 = a_{11}b_2 - b_1a_{21}$$

显然，当 $a_{11}a_{22} - a_{12}a_{21} \neq 0$ 时，线性方程组 (2.1) 的解存在，且解为

$$x_1 = \frac{b_1a_{22} - a_{12}b_2}{a_{11}a_{22} - a_{12}a_{21}}, \quad x_2 = \frac{a_{11}b_2 - b_1a_{21}}{a_{11}a_{22} - a_{12}a_{21}} \tag{2.2}$$

观察发现，式 (2.2) 中的分母都是由线性方程组的四个系数组合得到的，四个系数保持原来的位置不变，排成两行两列的数表，如图 2.1 所示，从左上到右下的对角线称为主对角线，从右上到左下的对角线称为副对角线.

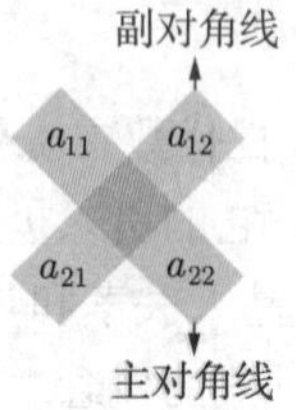

图 2.1　二阶行列式的主、副对角线

注意到，分母代数式是主对角线上两个数的乘积减去副对角线上两个数的乘积得到的差. 分子代数式：x_1 的分子是将图 2.1 中第一列用常数列替换后，主对角线上两个数的乘积减去副对角线上两个数的乘积；x_2 的分子是将图 2.1 中第二列用常数列替换后，主对角线上两个数的乘积减去副对角线上两个数的乘积，如图 2.2 和图 2.3 所示.

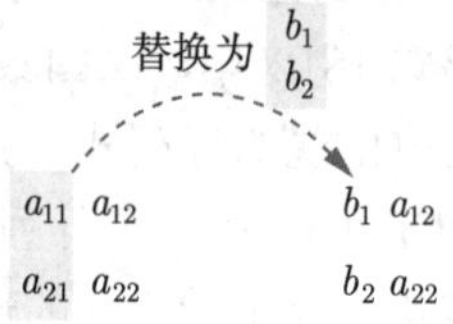

图 2.2　x_1 的分子部分

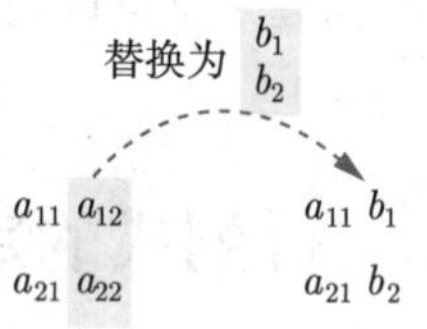

图 2.3　x_2 的分子部分

为了使形式更为简洁，下面引进二阶行列式的概念.

✍ 行列式是一种运算，也可以理解为一种函数，是一个定义在数表上的函数，所以行列式也记为 $\det(a_{ij})$. 对于元素为实数的数表，每一个数表都通过行列式映射到唯一的一个实数上. 所以实数域上行列式的结果是一个实数.

定义 2.1　二阶行列式

两行两列的数表上定义运算：

$$\begin{vmatrix} a_{11} & a_{12} \\ a_{21} & a_{22} \end{vmatrix} = a_{11}a_{22} - a_{12}a_{21} \tag{2.3}$$

$\begin{vmatrix} a_{11} & a_{12} \\ a_{12} & a_{22} \end{vmatrix}$ 称为二阶行列式.

参与行列式运算的数 $a_{ij}(i=1,2;j=1,2)$ 称为行列式的元素或元. 元素 a_{ij} 的下标 i 称为行标，表明该元素位于第 i 行；下标 j 称为列标，表明该元素位于第 j 列. 位于第 i 行第 j 列的元素称为行列式 (2.3) 的(i,j) 元.

式(2.3)等号右端部分可称为二阶行列式的展开式. 观察发现，二阶行列式的展开式中每一项都是由不同行不同列的元素乘积所构成，且都可以写成如下形式 $a_{1p_1}a_{2p_2}$，其中，p_1,p_2 是整数 1,2 的某一个排列. 为了得到展开式中的所有项，只须令 p_1,p_2 取所有可能不同的排列 1,2 和 2,1.

二阶行列式中，行数与列数相等，通俗来看，也就是二阶行列式中所有元素的位置排列关系呈“方形”. 实际上，任意阶行列式的行数与列数均要相等.

二阶行列式的运算规则可以通过对角线法则 [diagonal rule，又称萨鲁斯法则 (Sarrus rule)] 来刻画，即二阶行列式等于主对角线上元素之积减去副对角线上元素之积.

利用二阶行列式的定义，式 (2.2) 中的分子也可以写成行列式的形式，即

$$b_1a_{22}-a_{12}b_2=\begin{vmatrix} b_1 & a_{12} \\ b_2 & a_{22} \end{vmatrix},\quad a_{11}b_2-b_1a_{21}=\begin{vmatrix} a_{11} & b_1 \\ a_{21} & b_2 \end{vmatrix}$$

记

$$D=\begin{vmatrix} a_{11} & a_{12} \\ a_{21} & a_{22} \end{vmatrix},\quad D_1=\begin{vmatrix} b_1 & a_{12} \\ b_2 & a_{22} \end{vmatrix},\quad D_2=\begin{vmatrix} a_{11} & b_1 \\ a_{21} & b_2 \end{vmatrix}$$

其中，D 是方程组 (2.1) 的系数确定的行列式，所以也称为系数行列式. 于是利用二阶行列式可以对式 (2.2) 进行改写，即当 $D\neq 0$ 时，线性方程组 (2.1) 的解为

$$x_1=\frac{D_1}{D}=\frac{\begin{vmatrix} b_1 & a_{12} \\ b_2 & a_{22} \end{vmatrix}}{\begin{vmatrix} a_{11} & a_{12} \\ a_{21} & a_{22} \end{vmatrix}},\quad x_2=\frac{D_2}{D}=\frac{\begin{vmatrix} a_{11} & b_1 \\ a_{12} & b_2 \end{vmatrix}}{\begin{vmatrix} a_{11} & a_{12} \\ a_{21} & a_{22} \end{vmatrix}} \tag{2.4}$$

式 (2.4) 也称为克拉默法则.

例 2.1　解二元线性方程组

$$\begin{cases} x_1-3x_2=5 \\ 2x_1+4x_2=0 \end{cases}$$

当 $D\neq 0$ 时，方程组有唯一解，关于这一点我们在 2.4 节中会进一步讨论.

解　方程组的系数行列式为

$$D=\begin{vmatrix} 1 & -3 \\ 2 & 4 \end{vmatrix}=4-(-6)=10\neq 0$$

所以方程组有唯一解，

$$D_1=\begin{vmatrix} 5 & -3 \\ 0 & 4 \end{vmatrix}=20-0=20,\quad D_2=\begin{vmatrix} 1 & 5 \\ 2 & 0 \end{vmatrix}=0-10=-10$$

所以

$$x_1=\frac{D_1}{D}=\frac{20}{10}=2,\quad x_2=\frac{D_2}{D}=\frac{-10}{10}=-1$$

定义 2.2 三阶行列式

在三行三列的数表上定义运算:

$$\begin{vmatrix} a_{11} & a_{12} & a_{13} \\ a_{21} & a_{22} & a_{23} \\ a_{31} & a_{32} & a_{33} \end{vmatrix} = a_{11}a_{22}a_{33} + a_{12}a_{23}a_{31} + a_{13}a_{21}a_{32} - a_{11}a_{23}a_{32} - a_{12}a_{21}a_{33} - a_{13}a_{22}a_{31} \tag{2.5}$$

$\begin{vmatrix} a_{11} & a_{12} & a_{13} \\ a_{21} & a_{22} & a_{23} \\ a_{31} & a_{32} & a_{33} \end{vmatrix}$ 称为三阶行列式.

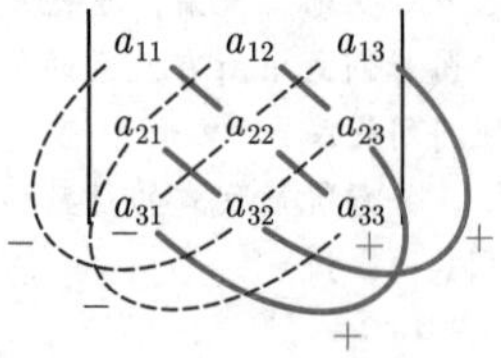

图 2.4 三阶行列式的对角线法则

注意到，三阶行列式的展开式 [式(2.5)等号右端] 中包含 $3! = 6$ 项，且每一项都是从不同行不同列中选取的 3 个元素之积，6 项再作加法或减法. 其规律可以用三阶行列式的对角线法则来记忆，如图 2.4 所示，其中三条实线称为主对角线，三条虚线称为副对角线，每条对角线上都是 3 个元素. 三阶行列式的对角线法则：主对角线上元素之积减去副对角线上元素之积.

例 2.2 计算下列行列式的值

$$\begin{vmatrix} 1 & -2 & 1 \\ 2 & 1 & -3 \\ -1 & 1 & -1 \end{vmatrix}$$

解 由对角线法则,

$$\begin{aligned} D &= 1 \times 1 \times (-1) + (-2) \times (-3) \times (-1) + 1 \times 2 \times 1 \\ &\quad - 1 \times (-3) \times 1 - (-2) \times 2 \times (-1) - 1 \times 1 \times (-1) \\ &= -1 - 6 + 2 + 3 - 4 + 1 \\ &= -5 \end{aligned}$$

例 2.3 已知三阶行列式

$$D = \begin{vmatrix} a & 3 & 4 \\ -1 & a & 0 \\ 0 & a & 1 \end{vmatrix} = 0$$

求元素 a 的值.

解 由对角线法则

$$D = a^2 - 4a + 3 = (a-1)(a-3)$$

由已知条件 $D = 0$ 得

$$(a-1)(a-3) = 0$$

故

$$a = 1 \quad 或 \quad a = 3$$

注意: 对角线法则只对二阶和三阶行列式有效，对三阶以上的行列式无效. 它是对二阶和三阶行列式表达式规律的一种描述，不能当作行列式的一般计算规则. 所以有必要寻求更为普适的行列式计算方法.

从二阶、三阶行列式的定义中可以发现: 展开式中每一项均是行列式中位于不同行不同列的元素之积，每一项前的正负号与该项所含的元素在行列式中所处的位置有关.

以三阶行列式为例，若将其展开式中每项的第一个下标 (行标) 按自然数从小到大的顺序排列，则任一项可用 $a_{1p_1}a_{2p_2}a_{3p_3}$ 表示，$p_1p_2p_3$(列标排列) 是 1,2,3 的某一个排列，显然这样的排列总个数为 3! 个，故三阶行列式展开式中共 6 项. 进一步地，展开式中的 3 个正项的 $p_1p_2p_3$ 排列依次是 123, 231, 312，而 3 个负项的 $p_1p_2p_3$ 排列依次是 321, 213, 132，说明 +, − 符号的确定与排列方式 (位置关系) 有关.

例如，若 $p_1p_2p_3$ 排序为 321，表明该项是从第 1 行第 3 列、第 2 行第 2 列、第 3 行第 1 列分别选取元素 $a_{13}a_{22}a_{31}$，所以固定了行标后，列标排序即能代表每项所含元素的位置关系.

为了进一步描述规律，并推广得到 n 阶行列式的展开式，我们下面介绍排列及其逆序数的概念.

2.1.2 排列及其逆序数

定义 2.3 排列

由 n 个不同的元素组成的 n 元有序数组叫作这 n 个元素的一个全排列，简称排列.

n 个不同的元素的全部排列的总数记为 P_n. 为了构造一个排列，从 n 个元素中取一个放在第 1 个位置，共有 n 种取法，从剩下的 $n-1$ 个元素中取一个放在第 2 个位置，共有 $n-1$ 种取法，依次取下去，最后从剩下的 1 个元素中取一个放在第 n 个位置共有 1 种取法. 所以

$$P_n = n \cdot (n-1) \cdot \cdots \cdot 3 \cdot 2 \cdot 1 = n!$$

例如，由 1, 2, 3 三个数做排列，排列的总数 $P_3 = 3! = 6$，即 123, 132, 213, 231, 312, 321. n 个自然数由小到大的排列 $1234\cdots n$ 称为自然排列.

定义 2.4 排列的逆序数

在由 n 个不同的元素组成的排列 $p_1p_2\cdots p_n$ 中，对于元素 p_i，如果在 p_i 前面出现了比 p_i 大的元素，叫作出现了逆序，这样的元素个数叫作元素 p_i 的逆序数，排列中所有元素的逆序数之和叫作排列的逆序数.

设元素 p_i 的逆序数为 t_i，则排列的逆序数为

$$t = t_1 + t_2 + \cdots + t_n = \sum_{i=1}^{n} t_i$$

逆序数为奇数的排列叫作奇排列，逆序数为偶数的排列叫作偶排列.

⚒ **例 2.4** 求排列 32154 的逆序数

解 在排列 32154 中:

3 排在第 1 个位置，前面比它大的数有 0 个，所以 $t_1 = 0$;

2 排在第 2 个位置，前面比它大的数有 1 个，所以 $t_2 = 1$；

1 排在第 3 个位置，前面比它大的数有 2 个，所以 $t_3 = 2$；

5 排在第 4 个位置，前面比它大的数有 0 个，所以 $t_4 = 0$；

4 排在第 5 个位置，前面比它大的数有 1 个，所以 $t_5 = 1$.

综上所述，排列 32154 的逆序数

$$t = \sum_{i=1}^{5} t_i = 0 + 1 + 2 + 0 + 1 = 4$$

2.1.3　n 阶行列式

定义 2.5　n 阶行列式

在 n 行 n 列的数表上定义运算：

$$\begin{vmatrix} a_{11} & a_{12} & \cdots & a_{1n} \\ a_{21} & a_{22} & \cdots & a_{2n} \\ \vdots & \vdots & & \vdots \\ a_{n1} & a_{n2} & \cdots & a_{nn} \end{vmatrix} = \sum (-1)^t a_{1p_1} a_{2p_2} \cdots a_{np_n} \tag{2.6}$$

其中，$p_1 p_2 \cdots p_n$ 为自然数 $1, 2, \cdots, n$ 的一个排列；t 为这个排列的逆序数；a_{ij} 为数表的第 i 行第 j 列的元素，也是行列式的 (i,j) 元；$\sum$ 表示对所有 $p_1 p_2 \cdots p_n$ 的排列对应的项 $(-1)^t a_{1p_1} a_{2p_2} \cdots a_{np_n}$ 求和.

$$\begin{vmatrix} a_{11} & a_{12} & \cdots & a_{1n} \\ a_{21} & a_{22} & \cdots & a_{2n} \\ \vdots & \vdots & & \vdots \\ a_{n1} & a_{n2} & \cdots & a_{nn} \end{vmatrix}$$ 称为 n 阶行列式，简记为 $\det(a_{ij})$.

由于列标排列 $p_1 p_2 \cdots p_n$ 为自然数 $1, 2, \cdots, n$ 的一个排列，这样的排列共有 $n!$ 项，所以定义式 (2.6) 中共有 $n!$ 项，并且每一项都是不同行、不同列的 n 个元素的乘积. 所以，如果行列式中某一行的元素均为 0，则行列式等于 0.

事实上，二阶和三阶行列式是 n 阶行列式在 $n = 2$ 和 $n = 3$ 时的特例. 当 $n = 2$ 时，行列式 $\begin{vmatrix} a_{11} & a_{12} \\ a_{21} & a_{22} \end{vmatrix}$ 包含 $a_{11}a_{22}$和$a_{12}a_{21}$ 这 2 项.而排列 12 的逆序数为 0，排列 21 的逆序数为 1，所以由式(2.6)得

$$\begin{vmatrix} a_{11} & a_{12} \\ a_{21} & a_{22} \end{vmatrix} = (-1)^0 a_{11} a_{22} + (-1)^1 a_{12} a_{21} = a_{11} a_{22} - a_{12} a_{21}$$

同理，我们也可将式(2.6)改写为

$$\begin{vmatrix} a_{11} & a_{12} & \cdots & a_{1n} \\ a_{21} & a_{22} & \cdots & a_{2n} \\ \vdots & \vdots & & \vdots \\ a_{n1} & a_{n2} & \cdots & a_{nn} \end{vmatrix} = \sum (-1)^t a_{p_1 1} a_{p_2 2} \cdots a_{p_n n} \tag{2.7}$$

即将列标固定为自然排列，而行标为排列 $p_1p_2\cdots p_n$，对应的每一项是分别从第 1 列、第 2 列、$\cdots$、第 n 列中选取不同行的元素之积. 例如，按照式(2.7)，二阶行列式

$$\begin{vmatrix} a_{11} & a_{12} \\ a_{21} & a_{22} \end{vmatrix} = (-1)^0 a_{11}a_{22} + (-1)^1 a_{21}a_{12} = a_{11}a_{22} - a_{12}a_{21}$$

当 $n=1$ 时，规定一个数的行列式是数本身，即 $|a|=a$.

行列式 $|-1|=-1$，绝对值 $|-1|=1$. 所以，当我们遇到 $|a|$ 时，需要明确是行列式还是绝对值.

⚒ **例 2.5**　计算行列式

$$D = \begin{vmatrix} 0 & 0 & \cdots & 0 & 1 & 0 \\ 0 & 0 & \cdots & 2 & 0 & 0 \\ \vdots & \vdots & & \vdots & \vdots & \vdots \\ n-1 & 0 & \cdots & 0 & 0 & 0 \\ 0 & 0 & \cdots & 0 & 0 & n \end{vmatrix}$$

解　行列式每一项的元素来自不同行不同列，所以 D 中非零项只有 1 项 $a_{1,n-1}a_{2,n-2}\cdots a_{n-1,1}a_{nn}$，列标排列为 $(n-1)(n-2)\cdots 21n$，其逆序数 $t=1+2+\cdots+(n-2)=\dfrac{(n-1)(n-2)}{2}$，所以

$$D = (-1)^{\frac{(n-1)(n-2)}{2}} 1\cdot 2\cdot 3\cdot\cdots\cdot n = (-1)^{\frac{(n-1)(n-2)}{2}} n!$$

主对角线以下 (上) 的元素全为 0 的行列式称为上 (下) 三角行列式. 特别地，除主对角线元素外其他元素均为 0 的行列式，称为对角行列式.

⚒ **例 2.6**　证明：

(1) 下三角行列式

$$D = \begin{vmatrix} a_{11} & & & \\ a_{21} & a_{22} & & \\ \vdots & \vdots & \ddots & \\ a_{n1} & a_{n2} & \cdots & a_{nn} \end{vmatrix} = a_{11}a_{22}\cdots a_{nn} \tag{2.8}$$

行列式中空白部分的元素是 0 元素.

(2) 对角行列式

$$\begin{vmatrix} \lambda_1 & & & \\ & \lambda_2 & & \\ & & \ddots & \\ & & & \lambda_n \end{vmatrix} = \lambda_1\lambda_2\cdots\lambda_n \tag{2.9}$$

证　(1) D 为 n 阶下三角行列式，其展开式中有 $n!$ 项，只需考虑其中的非零项. 根据定义，行列式的每一项均为不同行不同列的 n 个元素之积，所以非零项必为 n 个非零元素的乘积.

在行列式的第 1 行中仅有 a_{11} 不为零，所以只能取 a_{11}；第 2 行中只能取 a_{22}，不能取 a_{21}，因为 a_{21} 与 a_{11} 同列；同理，第三行只能取 a_{33}；$\cdots$；最后一行只能取 a_{nn}，从而

$$D=(-1)^t a_{11}a_{22}\cdots a_{nn}$$

又因为排列 $p_1p_2\cdots p_n$ 为自然排列，其逆序数 $t=0$，所以

$$D=a_{11}a_{22}\cdots a_{nn}$$

(2) 是 (1) 的特例，由 (1) 结论即得.

同理可证，上三角行列式 $D=a_{11}a_{22}\cdots a_{nn}$.

式(2.8)和式 (2.9) 的结果是一个重要的结论，需要记住，后面计算行列式时会经常用到.

2.1.4 行列式的几何意义

二阶行列式的几何意义

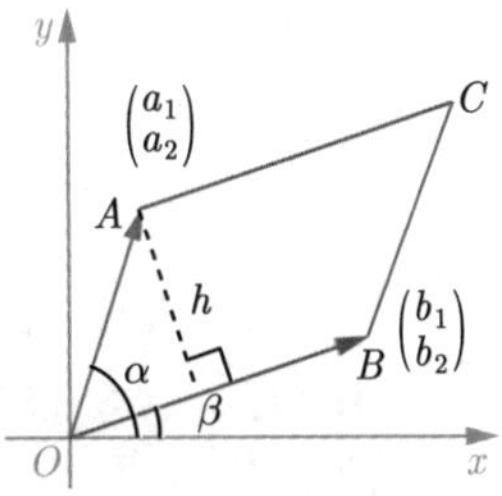

图 2.5 二阶行列式的几何意义

二阶行列式 $D=\begin{vmatrix}a_1 & b_1\\ a_2 & b_2\end{vmatrix}$ 的几何意义是 xOy 平面上以向量

$$\overrightarrow{OA}=\begin{pmatrix}a_1\\a_2\end{pmatrix},\quad \overrightarrow{OB}=\begin{pmatrix}b_1\\b_2\end{pmatrix}$$

为邻边的平行四边形的有向面积. 下面进行验证.

如图 2.5 所示，平行四边形 $OACB$ 的面积为

$$\begin{aligned}
S&=\left|\overrightarrow{OB}\right|\times h\\
&=\left|\overrightarrow{OB}\right|\left|\overrightarrow{OA}\right|\sin(\alpha-\beta)\\
&=\left|\overrightarrow{OB}\right|\left|\overrightarrow{OA}\right|(\sin\alpha\cos\beta-\cos\alpha\sin\beta)\\
&=\left|\overrightarrow{OB}\right|\left|\overrightarrow{OA}\right|\left(\frac{a_2}{\left|\overrightarrow{OA}\right|}\cdot\frac{b_1}{\left|\overrightarrow{OB}\right|}-\frac{a_1}{\left|\overrightarrow{OA}\right|}\cdot\frac{b_2}{\left|\overrightarrow{OB}\right|}\right)\\
&=a_2b_1-a_1b_2\\
&=-\begin{vmatrix}a_1 & b_1\\ a_2 & b_2\end{vmatrix}=-D
\end{aligned}$$

即

$$D=-S$$

若调换 $\overrightarrow{OA}$ 和 $\overrightarrow{OB}$ 的位置，则 $D=S$. 综上所述，有

$$D=\begin{cases}-S, & \text{当由 } \overrightarrow{OA} \text{ 到 } \overrightarrow{OB} \text{ 为顺时针方向时}\\ S, & \text{当由 } \overrightarrow{OA} \text{ 到 } \overrightarrow{OB} \text{ 为逆时针方向时}\end{cases}$$

⚒ **例 2.7** 如图 2.6 所示，求平行四边形 $ABCD$ 的面积.

解　由图 2.6 知:

$$\overrightarrow{AB}=\begin{pmatrix}4\\3\end{pmatrix}-\begin{pmatrix}1\\1\end{pmatrix}=\begin{pmatrix}3\\2\end{pmatrix}$$

$$\overrightarrow{AD}=\begin{pmatrix}2\\5\end{pmatrix}-\begin{pmatrix}1\\1\end{pmatrix}=\begin{pmatrix}1\\4\end{pmatrix}$$

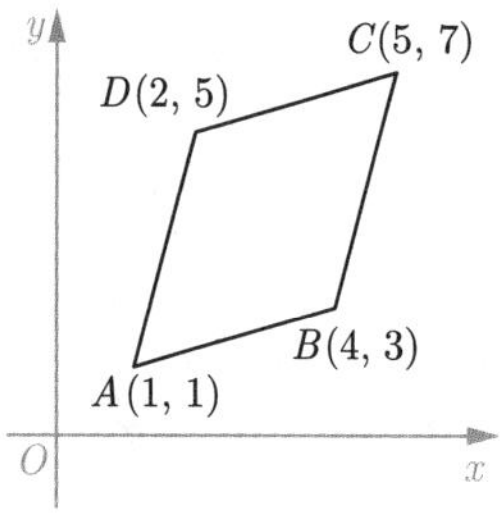

图 2.6　例 2.7题图

所以平行四边形 $ABCD$ 的面积为

$$S=\begin{vmatrix}3&1\\2&4\end{vmatrix}=3\times4-1\times2=10$$

线性变换中系数行列式的几何解释

理解了二阶行列式的几何意义，我们重新审视线性变换系数行列式的几何意义. 设线性变换

$$\mathcal{T}:\begin{cases}-x-2y&=-3\\3x+y&=4\end{cases}$$

系数向量组 $\begin{pmatrix}-1\\3\end{pmatrix}$，$\begin{pmatrix}-2\\1\end{pmatrix}$ 唯一确定这个线性变换，该线性变换将向量 $\begin{pmatrix}x\\y\end{pmatrix}$ 变换为向量 $\begin{pmatrix}-3\\4\end{pmatrix}$，将旧基向量 $\boldsymbol{i}=\begin{pmatrix}1\\0\end{pmatrix},\boldsymbol{j}=\begin{pmatrix}0\\1\end{pmatrix}$ 变换为新基向量 $\boldsymbol{i}'=\begin{pmatrix}-1\\3\end{pmatrix},\boldsymbol{j}'=\begin{pmatrix}-2\\1\end{pmatrix}$,将以向量 $\boldsymbol{i},\boldsymbol{j}$ 为邻边的平行四边形面积 S 变换为以向量 $\boldsymbol{i}',\boldsymbol{j}'$ 为邻边的平行四边形面积 S'，如图 2.7 所示. 面积伸缩的倍数为

$$\frac{S'}{S}=\frac{\begin{vmatrix}-1&-2\\3&1\end{vmatrix}}{\begin{vmatrix}1&0\\0&1\end{vmatrix}}=\begin{vmatrix}-1&-2\\3&1\end{vmatrix}\tag{2.10}$$

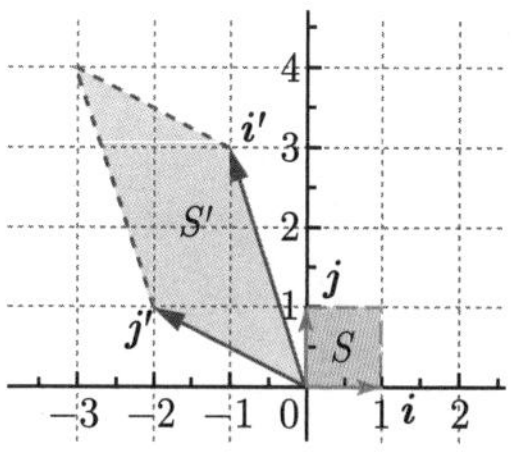

图 2.7　伸缩因子

即面积伸缩的倍数等于系数行列式.

在二维向量空间中面积伸缩的倍数称为伸缩因子. 线性变换系数行列式的内涵就是该线性变换的伸缩因子. 在二维向量空间中，几何图形的面积在同一线性变换下具有相同的伸缩因子.

下面进一步讨论三阶行列式的几何意义.

三阶行列式的几何意义

三阶行列式 $D=\begin{vmatrix}a_1&b_1&c_1\\a_2&b_2&c_2\\a_3&b_3&c_3\end{vmatrix}$ 的几何意义是三维空间中以向量

$$\overrightarrow{OA}=\begin{pmatrix}a_1\\a_2\\a_3\end{pmatrix},\quad \overrightarrow{OB}=\begin{pmatrix}b_1\\b_2\\b_3\end{pmatrix},\quad \overrightarrow{OC}=\begin{pmatrix}c_1\\c_2\\c_3\end{pmatrix}$$

为邻边的平行六面体的有向体积，如图 2.8 所示.

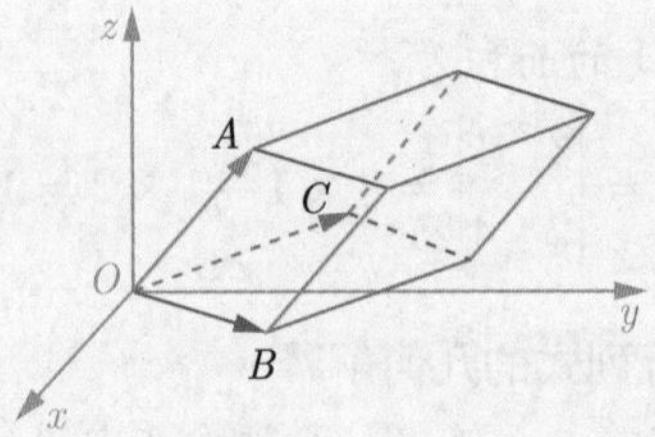

图 2.8　三阶行列式的几何意义

当向量 $\overrightarrow{OA},\overrightarrow{OB},\overrightarrow{OC}$ 满足右手螺旋法则时，行列式取体积的正值；否则，行列式取体积的负值.

例 2.8　如图 2.9 所示，求平行六面体 $ABCD-EFGH$ 的体积.

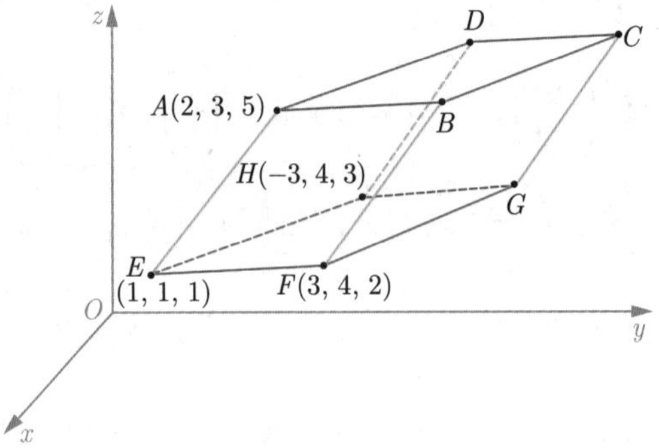

图 2.9　例 2.8 题图

解　由图 2.9 知：

$$\overrightarrow{EA}=\begin{pmatrix}2\\3\\5\end{pmatrix}-\begin{pmatrix}1\\1\\1\end{pmatrix}=\begin{pmatrix}1\\2\\4\end{pmatrix},\quad \overrightarrow{EF}=\begin{pmatrix}3\\4\\2\end{pmatrix}-\begin{pmatrix}1\\1\\1\end{pmatrix}=\begin{pmatrix}2\\3\\1\end{pmatrix},$$

$$\overrightarrow{EH}=\begin{pmatrix}-3\\4\\3\end{pmatrix}-\begin{pmatrix}1\\1\\1\end{pmatrix}=\begin{pmatrix}-4\\3\\2\end{pmatrix}$$

所以平行六面体 $ABCD-EFGH$ 的体积为

$$\begin{aligned}V&=\begin{vmatrix}1&2&-4\\2&3&3\\4&1&2\end{vmatrix}\\&=1\times3\times2+2\times3\times4+(-4)\times2\times1\end{aligned}$$

$$-1\times3\times1-2\times2\times2-(-4)\times3\times4$$
$$=59$$

类似于二维向量空间，在三维向量空间中，线性变换的系数行列式也表示该线性变换的伸缩因子，只是此时伸缩因子表达的是体积的伸缩倍数.

综上所述，下面给出 n 阶行列式的几何意义.

n 阶行列式的几何意义

几何上，n 阶行列式 D_n 一方面表示 n 维空间中，以列 (行) 向量为邻边按照平行四边形法则形成的 (或是由这些列向量张成的) 超空间多面体的有向体积；另一方面表示以 D_n 为系数行列式的线性变换下多面体体积的伸缩因子.

2.2　行列式的性质

定义 2.6　转置行列式

设行列式

$$D=\begin{vmatrix}a_{11}&a_{12}&\cdots&a_{1n}\\a_{21}&a_{22}&\cdots&a_{2n}\\\vdots&\vdots&&\vdots\\a_{n1}&a_{n2}&\cdots&a_{nn}\end{vmatrix},\quad D^{\mathrm{T}}=\begin{vmatrix}a_{11}&a_{21}&\cdots&a_{n1}\\a_{12}&a_{22}&\cdots&a_{n2}\\\vdots&\vdots&&\vdots\\a_{1n}&a_{2n}&\cdots&a_{nn}\end{vmatrix}$$

行列式 D^{T} 称为行列式 D 的转置行列式.

例如，对于二阶行列式 $D=\begin{vmatrix}a&b\\c&d\end{vmatrix}=ad-bc$，则 $D^{\mathrm{T}}=\begin{vmatrix}a&c\\b&d\end{vmatrix}=ad-bc$. 注意到，$D=D^{\mathrm{T}}$.

☆ **例 2.9**　设 $D=\begin{vmatrix}a_1&a_2&a_3\\b_1&b_2&b_3\\c_1&c_2&c_3\end{vmatrix}$，证明：$D=D^{\mathrm{T}}$.

证　由三阶行列式的对角线法则知：

$$D=a_1b_2c_3+a_2b_3c_1+a_3b_1c_2-a_1b_3c_2-a_2b_1c_3-a_3b_2c_1$$

$$D^{\mathrm{T}}=\begin{vmatrix}a_1&b_1&c_1\\a_2&b_2&c_2\\a_3&b_3&c_3\end{vmatrix}$$
$$=a_1b_2c_3+a_2b_3c_1+a_3b_1c_2-a_3b_2c_1-a_2b_1c_3-a_1b_3c_2$$

所以

$$D=D^{\mathrm{T}}$$

对于 n 阶行列式，也有同样的结论.

性质 1 行列式与它的转置行列式相等.

证 设

$$D=\begin{vmatrix}a_{11}&a_{12}&\cdots&a_{1n}\\a_{21}&a_{22}&\cdots&a_{2n}\\\vdots&\vdots&&\vdots\\a_{n1}&a_{n2}&\cdots&a_{nn}\end{vmatrix}$$

由 n 阶行列式定义中式(2.6),

$$D=\sum(-1)^{t(p_1p_2\cdots p_n)}a_{1p_1}a_{2p_2}\cdots a_{np_n}$$

设 D 的转置

$$D^{\mathrm{T}}=\begin{vmatrix}b_{11}&b_{12}&\cdots&b_{1n}\\b_{21}&b_{22}&\cdots&b_{2n}\\\vdots&\vdots&&\vdots\\b_{n1}&b_{n2}&\cdots&b_{nn}\end{vmatrix}$$

其中，$b_{ij}=a_{ji}$，由式(2.7),

$$\begin{aligned}D^{\mathrm{T}}&=\sum(-1)^{t(p_1p_2\cdots p_n)}b_{p_11}b_{p_22}\cdots b_{p_nn}\\&=\sum(-1)^{t(p_1p_2\cdots p_n)}a_{1p_1}a_{2p_2}\cdots a_{np_n}=D\end{aligned}$$

性质 1 表明行列式中的行与列具有同等的地位，行列式的性质凡是对行成立的对列也同样成立，反之亦然.

性质 2 对换行列式的两行 (列)，行列式变号.

图 2.10 对换第 1、2 行示意图

所谓对换行列式的两行，是指交换两行在行列式中所处的位置，这种操作是将整行元素视为一个整体进行的，行内元素位置保持不变. 例如，对换第 1 行和第 2 行，则第 2 行元素整体移动至第 1 行位置，而原第 1 行元素整体移动至第 2 行位置，如图 2.10 所示. 在这种情况下，对换一次，整个行列式的值改变一次“+、− ”号. 若对列进行操作，结论不变.

用 r_i 表示行列式的第 i 行 (row)，用 c_i 表示行列式的第 i 列 (col). 对换 i,j 两行记作 $r_i\leftrightarrow r_j$，对换 i,j 两列记作 $c_i\leftrightarrow c_j$.

例 2.10 计算三阶行列式 $D=\begin{vmatrix}5&0&0\\3&2&3\\4&3&0\end{vmatrix}$.

解

$$D=\begin{vmatrix}5&0&0\\3&2&3\\4&3&0\end{vmatrix}\xlongequal{r_2\leftrightarrow r_3}-\begin{vmatrix}5&0&0\\4&3&0\\3&2&3\end{vmatrix}=-5\times3\times3=-45$$

例 2.11 计算 n 阶行列式

(1) $D=\begin{vmatrix} & & & a_{1n}\\ & & a_{2,n-1} & a_{2n}\\ & \iddots & \vdots & \vdots\\ a_{n1} & \cdots & a_{n,n-1} & a_{nn}\end{vmatrix}$； (2) $D=\begin{vmatrix} & & & \lambda_1\\ & & \lambda_2 & \\ & \iddots & & \\ \lambda_n & & & \end{vmatrix}$

解 (1) 注意到可以通过行 (列) 对换将 D 变成上 (下) 三角行列式.

将 D 的第 n 列逐列向前移动直至变成第 1 列，即依次与第 $n-1$ 列，$n-2$ 列，$\cdots$，2 列，1 列对换位置，共进行了 $n-1$ 次对换，得到行列式 D_1.

$$D_1=\begin{vmatrix} a_{1n} & & & \\ a_{2n} & & & a_{2,n-1}\\ \vdots & & \iddots & \vdots\\ a_{nn} & a_{n1} & \cdots & a_{n,n-1}\end{vmatrix}$$

将 D_1 的第 n 列逐列向前移动直至变成第 2 列，即依次与第 $n-1$ 列，$n-2$ 列，$\cdots$，2 列对换位置，共进行了 $n-2$ 次对换，得到行列式 D_2.

依此循环，直至将 D 变成下三角行列式 D_n.

$$D_n=\begin{vmatrix} a_{1n} & & & \\ a_{2n} & a_{2,n-1} & & \\ \vdots & \vdots & \ddots & \\ a_{nn} & a_{n,n-1} & \cdots & a_{n1}\end{vmatrix}$$

共进行了

$$(n-1)+(n-2)+\cdots+1=\frac{1}{2}n(n-1)$$

次列对换，由性质 2 知

本题利用了下三角行列式(2.8)的结论.

$$D=(-1)^{\frac{n(n-1)}{2}}D_n=(-1)^{\frac{n(n-1)}{2}}a_{1n}a_{2,n-1}\cdots a_{n1}$$

(2) 由 (1) 得

$$D=\begin{vmatrix} & & & \lambda_1\\ & & \lambda_2 & \\ & \iddots & & \\ \lambda_n & & & \end{vmatrix}=(-1)^{\frac{1}{2}n(n-1)}\lambda_1\lambda_2\cdots\lambda_n$$

推论 (性质 2 的推论)

如果行列式有两行 (列) 完全相同，则此行列式等于零.

证 把这两行对换，有 $D=-D$，故 $D=0$.

性质 3 行列式的某一行 (列) 中所有的元素都乘同一数 k，等于用数 k 乘此行列式.

证 $\forall k \in \mathbb{R}, \forall i \in \{1,2,\cdots,n\}$,

$$\begin{aligned} kD &= k\sum(-1)^{t(p_1p_2\cdots p_n)}a_{1p_1}a_{2p_2}\cdots a_{np_n} \\ &= \sum(-1)^{t(p_1p_2\cdots p_n)}ka_{1p_1}a_{2p_2}\cdots a_{np_n} \\ &= \sum(-1)^{t(p_1p_2\cdots p_n)}a_{1p_1}a_{2p_2}\cdots(ka_{ip_i})\cdots a_{np_n} \end{aligned}$$

即数 k 与行列式相乘等于行列式第 i 行元素均乘以数 k.

第 i 行乘以 k 记作 $r_i \times k$，第 i 列乘以 k 记作 $c_i \times k$.

推论：行 (列) 的公因子可以外提

行列式中某一行 (列) 的所有元素的公因子可以提到行列式记号的外面.

例如，

$$\begin{vmatrix} a_{11} & a_{12} & \cdots & a_{1n} \\ \vdots & \vdots & & \vdots \\ ka_{i1} & ka_{i2} & \cdots & ka_{in} \\ \vdots & \vdots & & \vdots \\ a_{n1} & a_{n2} & \cdots & a_{nn} \end{vmatrix} = k\begin{vmatrix} a_{11} & a_{12} & \cdots & a_{1n} \\ \vdots & \vdots & & \vdots \\ a_{i1} & a_{i2} & \cdots & a_{in} \\ \vdots & \vdots & & \vdots \\ a_{n1} & a_{n2} & \cdots & a_{nn} \end{vmatrix}$$

⚒ **例 2.12** 计算三阶行列式

$$D = \begin{vmatrix} 1 & 2 & 4 \\ 3 & 6 & 12 \\ 4 & 3 & 2 \end{vmatrix}$$

解

$$D = \begin{vmatrix} 1 & 2 & 4 \\ 3 & 6 & 12 \\ 4 & 3 & 2 \end{vmatrix} = \begin{vmatrix} 1 & 2 & 4 \\ 3\times 1 & 3\times 2 & 3\times 4 \\ 4 & 3 & 2 \end{vmatrix} = 3\begin{vmatrix} 1 & 2 & 4 \\ 1 & 2 & 4 \\ 4 & 3 & 2 \end{vmatrix} = 3\times 0 = 0$$

本例中，观察发现，第 2 行元素是第 1 行元素的 3 倍，所以第 2 行中的公因数 3 可以提出来，提出公因数后第 1 行和第 2 行变得相等，由性质 2 的推论知道，当有两行相等时行列式为 0，所以 $D = 0$.

事实上，如果行列式中有两行元素成比例，公因式总是可以提出来，从而让两行变得相等，整个行列式的值就为 0. 由此得出行列式的第 4 个性质如下.

性质 4 行列式中如果有两行 (列) 元素成比例，则该行列式等于零.

性质 5 若行列式中某一行 (列) 的元素都是两数之和，例如：

$$D = \begin{vmatrix} a_{11} & a_{12} & \cdots & a_{1n} \\ \vdots & \vdots & & \vdots \\ a_{i1}+a'_{i1} & a_{i2}+a'_{i2} & \cdots & a_{in}+a'_{in} \\ \vdots & \vdots & & \vdots \\ a_{n1} & a_{n2} & \cdots & a_{nn} \end{vmatrix}$$

则 D 等于下列两个行列式之和，即

$$D = \begin{vmatrix} a_{11} & a_{12} & \cdots & a_{1n} \\ \vdots & \vdots & & \vdots \\ a_{i1} & a_{i2} & \cdots & a_{in} \\ \vdots & \vdots & & \vdots \\ a_{n1} & a_{n2} & \cdots & a_{nn} \end{vmatrix} + \begin{vmatrix} a_{11} & a_{12} & \cdots & a_{1n} \\ \vdots & \vdots & & \vdots \\ a'_{i1} & a'_{i2} & \cdots & a'_{in} \\ \vdots & \vdots & & \vdots \\ a_{n1} & a_{n2} & \cdots & a_{nn} \end{vmatrix}$$

性质 5 表明，若两个同阶行列式除某一行 (列) 外其他行 (列) 均相同，则行列式可以按该行 (列) 相加.

例 2.13　计算三阶行列式

$$D = \begin{vmatrix} 5 & 4 & 6 \\ 4 & 3 & 0 \\ 1 & 2 & 3 \end{vmatrix}$$

解

$$D = \begin{vmatrix} 2+3 & 4+0 & 6+0 \\ 4 & 3 & 0 \\ 1 & 2 & 3 \end{vmatrix} = \begin{vmatrix} 2 & 4 & 6 \\ 4 & 3 & 0 \\ 1 & 2 & 3 \end{vmatrix} + \begin{vmatrix} 3 & 0 & 0 \\ 4 & 3 & 0 \\ 1 & 2 & 3 \end{vmatrix} = \begin{vmatrix} 3 & 0 & 0 \\ 4 & 3 & 0 \\ 1 & 2 & 3 \end{vmatrix} = 27$$

本例中，行列式 D 被拆成了两个行列式.

- 第一个行列式 $\begin{vmatrix} 2 & 4 & 6 \\ 4 & 3 & 0 \\ 1 & 2 & 3 \end{vmatrix}$ 的第 1 行元素是第 3 行元素的 2 倍，由性质 5 知该行列式为 0.
- 第二个行列式是下三角行列式 $\begin{vmatrix} 3 & 0 & 0 \\ 4 & 3 & 0 \\ 1 & 2 & 3 \end{vmatrix}$. 并且，将第 3 行的两倍加到第 1 行上，恰好是原行列式 D，由此我们自然推测这里存在规律，见性质 6.

性质 5 表明行列式行 (列) 可“拆分”. 需注意的是：当多行 (列) 可拆分时，需逐行 (列) 进行拆分. 例如，

$$\begin{vmatrix} a+x & b+y \\ c+z & d+w \end{vmatrix} = \begin{vmatrix} a & b \\ c+z & d+w \end{vmatrix} + \begin{vmatrix} x & y \\ c+z & d+w \end{vmatrix}$$
$$= \begin{vmatrix} a & b \\ c & d \end{vmatrix} + \begin{vmatrix} a & b \\ z & w \end{vmatrix} + \begin{vmatrix} x & y \\ c & d \end{vmatrix} + \begin{vmatrix} x & y \\ z & w \end{vmatrix}$$

性质 6　把行列式的某一行 (列) 的各元素乘同一数后加到另外一行 (列) 对应的元素上去，行列式不变.

第 i 行的 k 倍加到第 j 行，记作 $r_j + kr_i$；第 i 列的 k 倍加到第 j 列，记作 $c_j + kc_i$. 性质 6 表明，

$$\begin{vmatrix} a_{11} & a_{12} & \cdots & a_{1n} \\ \vdots & \vdots & & \vdots \\ a_{i1} & a_{i2} & \cdots & a_{in} \\ \vdots & \vdots & & \vdots \\ a_{j1} & a_{j2} & \cdots & a_{jn} \\ \vdots & \vdots & & \vdots \\ a_{n1} & a_{n2} & \cdots & a_{nn} \end{vmatrix} \xlongequal{r_j+kr_i} \begin{vmatrix} a_{11} & a_{12} & \cdots & a_{1n} \\ \vdots & \vdots & & \vdots \\ a_{i1} & a_{i2} & \cdots & a_{in} \\ \vdots & \vdots & & \vdots \\ a_{j1}+ka_{i1} & a_{j2}+ka_{i2} & \cdots & a_{jn}+ka_{in} \\ \vdots & \vdots & & \vdots \\ a_{n1} & a_{n2} & \cdots & a_{nn} \end{vmatrix}$$

特别地，取 $k=-\dfrac{a_{j1}}{a_{i1}}$，则 $a_{j1}+ka_{i1}=0$，令 $i=1$，j 取遍 $2,3,\cdots,n$ 时，可将 a_{11} 下面的元素都化为 0. 后面的列也依此操作，可将行列式化为上三角行列式.

利用性质 5 将一个行列式拆成两行 (列) 成比例或者上 (下) 三角行列式的思路往往需要较高的技巧，利用性质 6 将行列式化为上 (下) 三角行列式的思路更为直接.

⚒ **例 2.14**　计算四阶行列式

$$D=\begin{vmatrix}3&1&-1&2\\-5&1&3&-4\\2&0&1&-1\\1&-5&3&-3\end{vmatrix}$$

解

$$D\xlongequal{c_1\leftrightarrow c_2}-\begin{vmatrix}1&3&-1&2\\1&-5&3&-4\\0&2&1&-1\\-5&1&3&-3\end{vmatrix}\xlongequal[r_4+5r_1]{r_2-r_1}-\begin{vmatrix}1&3&-1&2\\0&-8&4&-6\\0&2&1&-1\\0&16&-2&7\end{vmatrix}$$

$$\xlongequal{r_2\leftrightarrow r_3}\begin{vmatrix}1&3&-1&2\\0&2&1&-1\\0&-8&4&-6\\0&16&-2&7\end{vmatrix}\xlongequal[r_4-8r_2]{r_3+4r_2}\begin{vmatrix}1&3&-1&2\\0&2&1&-1\\0&0&8&-10\\0&0&-10&15\end{vmatrix}$$

$$\xlongequal[r_4\text{提取公因子}5]{r_3\text{提取公因子}2}10\begin{vmatrix}1&3&-1&2\\0&2&1&-1\\0&0&4&-5\\0&0&-2&3\end{vmatrix}\xlongequal{r_4+\frac{1}{2}r_3}10\begin{vmatrix}1&3&-1&2\\0&2&1&-1\\0&0&4&-5\\0&0&0&\frac{1}{2}\end{vmatrix}$$

$=10\times4=40$

数值型行列式化为上三角行列式的步骤总结如下：

(1) 将 a_{11} 化为 1，可通过行 (列) 对换或第 1 行除以 a_{11}.

(2) 将 a_{11} 同列的其他元素化为 0，方法是 $r_i-a_{i1}r_1(i>1)$.

(3) 将 a_{22} 同列的下方元素化为 0，方法是 $r_i-\dfrac{a_{i2}}{a_{22}}r_2(i>2)$.

(4) 依此循环，直至行列式变为上三角行列式.

经上述算法，总可以将数值型行列式化为上三角行列式.

性质 2、性质 3、性质 6 给出了对行列式的三种行运算 $r_i\leftrightarrow r_j$，$r_i\times k$，r_j+kr_i 和三种列运算 $c_i\leftrightarrow c_j$，$c_i\times k$，c_j+kc_i. 利用这三种运算可以将行列式化为上 (下) 三角行列式，再利用三角行列式的计算公式(2.8)，从而得到行列式的值. 这是计算 n 阶行列式的一种重要方法.

⚒ **例 2.15**　计算行列式

$$D=\begin{vmatrix}3&1&1&1\\1&3&1&1\\1&1&3&1\\1&1&1&3\end{vmatrix}$$

解　观察发现，每行 (列) 都是相同元素 1,1,1,3 的不同排列，和相同. 由此将所有行都加到第 1 行上，提出第一行的公因数 6，再用各行减去第 1 行.

$$D\xlongequal{r_1+r_2+r_3+r_4}\begin{vmatrix}6&6&6&6\\1&3&1&1\\1&1&3&1\\1&1&1&3\end{vmatrix}=6\begin{vmatrix}1&1&1&1\\1&3&1&1\\1&1&3&1\\1&1&1&3\end{vmatrix}\xlongequal[r_4-r_1]{\substack{r_2-r_1\\r_3-r_1}}6\begin{vmatrix}1&1&1&1\\0&2&0&0\\0&0&2&0\\0&0&0&2\end{vmatrix}$$

$$=6\times 8=48$$

这种行列式结构上的特点是各行 (列) 之和相等，利用这一特点，将所有行 (列) 加到第 1 行 (列)，然后将这个和作为公因数提出到行列式外，将第 1 行 (列) 变成全部是 1，然后其余行 (列) 减去第 1 行 (列) 的倍数，从而将行列式化为上 (下) 三角行列式.

这种类型的行列式还有很多，例如，

$$\begin{vmatrix}x&a&\cdots&a\\a&x&\cdots&a\\\vdots&\vdots&\ddots&\vdots\\a&a&\cdots&x\end{vmatrix},\quad\begin{vmatrix}x&a_1&a_2&\cdots&a_n\\a_1&x&a_2&\cdots&a_n\\\vdots&\vdots&\vdots&\ddots&\vdots\\a_1&a_2&a_3&\cdots&x\end{vmatrix},\cdots$$

⚒ **例 2.16**　计算四阶行列式

$$D=\begin{vmatrix}a&b&c&d\\a&a+b&a+b+c&a+b+c+d\\a&2a+b&3a+2b+c&4a+3b+2c+d\\a&3a+b&6a+3b+c&10a+6b+3c+d\end{vmatrix}$$

解　从第 4 行开始，从下至上，逐行减上一行，有

$$D\xlongequal[r_2-r_1]{\substack{r_4-r_3\\r_3-r_2}}\begin{vmatrix}a&b&c&d\\0&a&a+b&a+b+c\\0&a&2a+b&3a+2b+c\\0&a&3a+b&6a+3b+c\end{vmatrix}$$

$$\xlongequal[r_3-r_2]{r_4-r_3}\begin{vmatrix}a&b&c&d\\0&a&a+b&a+b+c\\0&0&a&2a+b\\0&0&a&3a+b\end{vmatrix}$$

四阶含参数行列式 D 的计算思路仍然是将其化为上 (下) 三角行列式. 在本例中,D 下面一行比上面相邻行有增加，体现出类似等差数列的特点，启发我们从下往上逐行减去上面相邻行进行化简.

$$\xlongequal{r_4-r_3}\begin{vmatrix} a & b & c & d \\ 0 & a & a+b & a+b+c \\ 0 & 0 & a & 2a+b \\ 0 & 0 & 0 & a \end{vmatrix} = a^4$$

⚒ 例 2.17 设

$$D=\begin{vmatrix} a_{11} & \cdots & a_{1k} & & & \\ \vdots & & \vdots & & 0 & \\ a_{k1} & \cdots & a_{kk} & & & \\ c_{11} & \cdots & c_{1k} & b_{11} & \cdots & c_{1n} \\ \vdots & & \vdots & \vdots & & \vdots \\ c_{n1} & \cdots & c_{nk} & b_{n1} & \cdots & b_{nn} \end{vmatrix},$$

$$D_1=\det(a_{ij})=\begin{vmatrix} a_{11} & \cdots & a_{1k} \\ \vdots & & \vdots \\ a_{k1} & \cdots & a_{kk} \end{vmatrix}, \quad D_2=\det(b_{ij})=\begin{vmatrix} b_{11} & \cdots & c_{1n} \\ \vdots & & \vdots \\ b_{n1} & \cdots & b_{nn} \end{vmatrix}$$

证明：

$$D=D_1D_2 \tag{2.11}$$

本例中行列式具有明显的“分块”结构特点，且右上角元素全为 0，这就使当利用性质 6 将前 k 行化为下三角行列式时，右上角 0 块保持不变，形式上感觉只是作用在左上角块上，并将其化为下三角行列式. 同理，对右下角子块，利用性质 6，通过列之间的运算，化为下三角行列式，于是从整体上看，行列式 D 可化为下三角行列式.

证 利用性质 6，对 D_1 作行运算 r_i-kr_j, 将其化为下三角行列式.

$$D_1=\begin{vmatrix} p_{11} & & 0 \\ \vdots & \ddots & \\ p_{k1} & \cdots & p_{kk} \end{vmatrix}=p_{11}\cdots p_{kk}$$

对 D_2 作列运算 c_i-kc_j, 将其化为下三角行列式.

$$D_2=\begin{vmatrix} q_{11} & & 0 \\ \vdots & \ddots & \\ q_{n1} & \cdots & q_{nn} \end{vmatrix}=q_{11}\cdots q_{nn}$$

对 D 的前 k 行作同样的行运算 r_i-kr_j，后 n 列作同样的列运算 c_i-kc_j，将其化为下三角行列式.

$$D=\begin{vmatrix} p_{11} & & & & & \\ \vdots & \ddots & & & 0 & \\ p_{k1} & \cdots & p_{kk} & & & \\ c_{11} & \cdots & c_{1k} & q_{11} & & \\ \vdots & & \vdots & \vdots & \ddots & \\ c_{n1} & \cdots & c_{nk} & q_{n1} & \cdots & q_{nn} \end{vmatrix}$$

故

$$D=p_{11}\cdots p_{kk}q_{11}\cdots q_{nn}=D_1D_2$$

本例的结果给出了一个有趣的结论.从形式上看，行列式 D 被分成了

4 块 $\begin{vmatrix} \blacksquare & 0 \\ \blacksquare & \blacksquare \end{vmatrix}$，右上角全为 0，如果每块看作一个数，行列式 D 恰好是下三角行列式，其值等于主对角元素之积，即 $D = D_1 D_2$. 如果行列式经过行 (列) 对换可以化成该分块形式的行列式，使用这个结论就会有效简化计算.

⚒ **例 2.18**　计算 $2n$ 阶行列式

$$D_{2n} = \begin{vmatrix} a & & & & & b \\ & \ddots & & & \iddots & \\ & & a & b & & \\ & & c & d & & \\ & \iddots & & & \ddots & \\ c & & & & & d \end{vmatrix}$$

其中，未写出的元素为 0.

解　将 D_{2n} 的第 $2n$ 行依次与上面相邻行对换位置，直至交换到第 2 行，共进行了 $2n-2$ 次行对换.

同理，再将第 $2n$ 列依次与左边相邻列对换位置，直至交换到第 2 列，共进行了 $2n-2$ 次列对换，得

$$D_{2n} = (-1)^{2(2n-2)} \begin{vmatrix} a & b & 0 & & \cdots & & 0 \\ c & d & 0 & & \cdots & & 0 \\ 0 & 0 & a & & & & b \\ & & & \ddots & & \iddots & \\ \vdots & \vdots & & & a \quad b & & \\ & & & & c \quad d & & \\ & & & \iddots & & \ddots & \\ 0 & 0 & c & & & & d \end{vmatrix}$$

所以

$$D_{2n} = D_2 D_{2(n-1)} = (ad-bc) D_{2(n-1)}$$

由递推关系得

$$D_{2n} = (ad-bc)^2 D_{2(n-2)} = \cdots = (ad-bc)^{n-1} D_2 = (ad-bc)^n$$

本例通过行列对换的方式将行列式进行分块.

2.3　行列式按行 (列) 展开

一阶行列式

$$|a| = a$$

二阶行列式

$$\begin{vmatrix} a_{11} & a_{12} \\ a_{21} & a_{22} \end{vmatrix} = a_{11}a_{22} - a_{12}a_{21} = a_{11}|a_{22}| - a_{12}|a_{21}|$$

三阶行列式

$$\begin{vmatrix} a_{11} & a_{12} & a_{13} \\ a_{21} & a_{22} & a_{23} \\ a_{31} & a_{32} & a_{33} \end{vmatrix}$$

$$=a_{11}a_{22}a_{33}+a_{12}a_{23}a_{31}+a_{13}a_{21}a_{32}-a_{11}a_{23}a_{32}-a_{12}a_{21}a_{33}-a_{13}a_{22}a_{31}$$

$$=a_{11}(a_{22}a_{33}-a_{23}a_{32})-a_{12}(a_{21}a_{33}-a_{23}a_{31})+a_{13}(a_{21}a_{32}-a_{22}a_{31})$$

$$=a_{11}\begin{vmatrix} a_{22} & a_{23} \\ a_{32} & a_{33} \end{vmatrix}-a_{12}\begin{vmatrix} a_{21} & a_{23} \\ a_{31} & a_{33} \end{vmatrix}+a_{13}\begin{vmatrix} a_{21} & a_{22} \\ a_{31} & a_{32} \end{vmatrix}$$

范德蒙德发现了三阶行列式可以展开成二阶行列式的线性组合这一规律，并提出了余子式的概念. 在此基础上，拉普拉斯对其进行了推广.

从上面三个例子可以看出，行列式可以按照某一行展开成若干个低阶行列式的线性组合的形式. 这个结论对 n 阶行列式同样成立，即所谓的行列式按行 (列) 展开法则.

利用该法则能够将高阶行列式展开成若干低阶行列式的线性组合，理论上讲，一个 n 阶行列式总是可以通过不断地按行 (列) 展开，最终展开成若干二阶行列式之和的形式，而二阶行列式可以通过公式直接计算. 所以，行列式按行 (列) 展开方法是计算行列式的另一种重要方法.

定义 2.7　余子式和代数余子式

n 阶行列式中，把元素 a_{ij} 所在的第 i 行和第 j 列划去，留下的 $n-1$ 阶行列式叫作元素 a_{ij} 的余子式，记作 M_{ij}，记

$$A_{ij}=(-1)^{i+j}M_{ij}$$

A_{ij} 叫作元素 a_{ij} 的代数余子式.

例如，在四阶行列式

$$D=\begin{vmatrix} a_{11} & a_{12} & a_{13} & a_{14} \\ a_{21} & a_{22} & a_{23} & a_{24} \\ a_{31} & a_{32} & a_{33} & a_{34} \\ a_{41} & a_{42} & a_{43} & a_{44} \end{vmatrix}$$

中，元素 a_{32} 的余子式 (图 2.11) 和代数余子式为

$$M_{32}=\begin{vmatrix} a_{11} & a_{13} & a_{14} \\ a_{21} & a_{23} & a_{24} \\ a_{41} & a_{43} & a_{44} \end{vmatrix},\quad A_{32}=(-1)^{3+2}M_{32}=-M_{32}$$

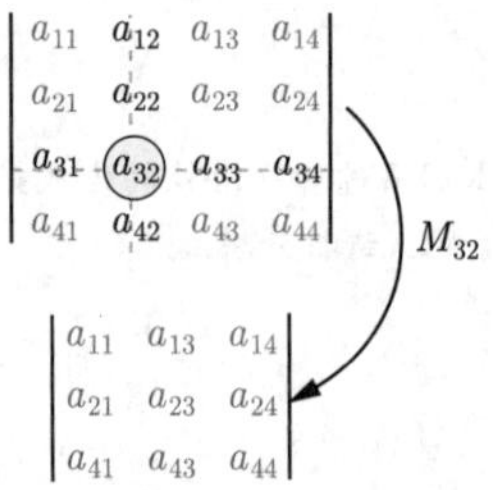

图 2.11　a_{32} 的余子式构造过程 (被保留的元素之间上下、左右位置关系保持不变)

定理 2.1

一个 n 阶行列式，如果其中第 i 行所有元素除 a_{ij} 外都为 0，那么这个行列式等于 a_{ij} 与它的代数余子式的乘积，即

$$D=a_{ij}A_{ij}$$

证　当 $a_{ij}=a_{11}$ 时，行列式

$$D=\begin{vmatrix} a_{11} & 0 & \cdots & 0 \\ a_{21} & a_{22} & \cdots & a_{2n} \\ \vdots & \vdots & & \vdots \\ a_{n1} & a_{n2} & \cdots & a_{nn} \end{vmatrix}$$

是一个分块形式的行列式，由式 (2.11) 知

$$D=a_{11}M_{11}$$

又

$$A_{11}=(-1)^{1+1}M_{11}=M_{11}$$

所以

$$D=a_{11}A_{11}$$

再证一般的情况，设行列式

$$D=\begin{vmatrix} a_{11} & \cdots & a_{1j} & \cdots & a_{1n} \\ \vdots & & \vdots & & \vdots \\ 0 & \cdots & a_{ij} & \cdots & 0 \\ \vdots & & \vdots & & \vdots \\ a_{n1} & \cdots & a_{nj} & \cdots & a_{nn} \end{vmatrix}$$

考虑通过行 (列) 对换将 a_{ij} 移动到第 1 行第 1 列，再利用上面的结果进行计算.

将第 i 行向上作 $i-1$ 次相邻行的行对换，将第 j 列向左作 $j-1$ 次相邻列的列对换，则 a_{ij} 成了 $(1,1)$ 元. 行列式变成了

$$D_1=\begin{vmatrix} a_{ij} & 0 & \cdots & 0 \\ a_{1j} & a_{11} & \cdots & a_{1n} \\ \vdots & \vdots & & \vdots \\ a_{nj} & a_{n1} & \cdots & a_{nn} \end{vmatrix}$$

注意到，在 D_1 中，a_{ij} 的余子式就是 D 中 a_{ij} 的余子式，所以

$$D=(-1)^{i+j}D_1=(-1)^{i+j}a_{ij}M_{ij}=a_{ij}A_{ij}$$

定理 2.2　行列式按行 (列) 展开法则

行列式等于它的任一行 (列) 的各元素与其对应的代数余子式乘积之和，即

$$D=a_{i1}A_{i1}+a_{i2}A_{i2}+\cdots+a_{in}A_{in}\quad (i=1,2,\cdots,n)$$

或

$$D=a_{1j}A_{1j}+a_{2j}A_{2j}+\cdots+a_{nj}A_{in}\quad (j=1,2,\cdots,n)$$

证

$$D=\begin{vmatrix} a_{11} & a_{12} & \cdots & a_{1n} \\ \vdots & \vdots & & \vdots \\ a_{i1}+0+\cdots+0 & 0+a_{i2}+\cdots+0 & \cdots & 0+\cdots+0+a_{in} \\ \vdots & \vdots & & \vdots \\ a_{n1} & a_{n2} & \cdots & a_{nn} \end{vmatrix}$$

$$=\begin{vmatrix} a_{11} & a_{12} & \cdots & a_{1n} \\ \vdots & \vdots & & \vdots \\ a_{i1} & 0 & \cdots & 0 \\ \vdots & \vdots & & \vdots \\ a_{n1} & a_{n2} & \cdots & a_{nn} \end{vmatrix}+\begin{vmatrix} a_{11} & a_{12} & \cdots & a_{1n} \\ \vdots & \vdots & & \vdots \\ 0 & a_{i2} & \cdots & 0 \\ \vdots & \vdots & & \vdots \\ a_{n1} & a_{n2} & \cdots & a_{nn} \end{vmatrix}+\cdots+\begin{vmatrix} a_{11} & a_{12} & \cdots & a_{1n} \\ \vdots & \vdots & & \vdots \\ 0 & 0 & \cdots & a_{in} \\ \vdots & \vdots & & \vdots \\ a_{n1} & a_{n2} & \cdots & a_{nn} \end{vmatrix}$$

由定理 2.1 得

$$D=a_{i1}A_{i1}+a_{i2}A_{i2}+\cdots+a_{in}A_{in}\quad(i=1,2,\cdots,n)$$

同理可得

$$D=a_{1j}A_{1j}+a_{2j}A_{2j}+\cdots+a_{nj}A_{nj}\quad(j=1,2,\cdots,n)$$

行列式按 (行) 列展开实现了行列式的降阶，但同时增加了项数，由计算 1 个 n 阶行列式的问题转化成了计算 n 个 $n-1$ 阶行列式的问题. 如果能通过行列式的性质将某一行 (列) 化简，即将该行 (列) 的元素尽量化为 0，再按照这一行 (列) 展开，则既实现了降阶又保持计算一个行列式，计算就会明显得到简化.

⚒ **例 2.19** 计算四阶行列式

$$D=\begin{vmatrix} 3 & 1 & -1 & 2 \\ -5 & 1 & 3 & -4 \\ 2 & 0 & 1 & -1 \\ 1 & -5 & 3 & -3 \end{vmatrix}$$

数值型行列式的计算按照先化简、再展开的思路进行. 本例中第 3 行 (或第 2 列) 中已有 0 元素，所以优先选择该行 (列) 进行化简.

解 利用性质 6，将第 2 列元素除第 1 行外都化成 0，再按照第 2 列展开，

$$D\xlongequal[r_5+5r_1]{r_2-r_1}\begin{vmatrix} 3 & 1 & -1 & 2 \\ -8 & 0 & 4 & -6 \\ 2 & 0 & 1 & -1 \\ 16 & 0 & -2 & 7 \end{vmatrix}=(-1)^{1+2}\begin{vmatrix} -8 & 4 & -6 \\ 2 & 1 & -1 \\ 16 & -2 & 7 \end{vmatrix}$$

$$\xlongequal[r_3+2r_2]{r_1+2r_3}-\begin{vmatrix} 24 & 0 & 8 \\ 2 & 1 & -1 \\ 20 & 0 & 5 \end{vmatrix}=-(-1)^{2+2}\begin{vmatrix} 24 & 8 \\ 20 & 5 \end{vmatrix}$$

$$=-(120-160)=40$$

⚒ **例 2.20**　证明范德蒙德行列式

$$D_n=\begin{vmatrix}1&1&\cdots&1\\x_1&x_2&\cdots&x_n\\x_1^2&x_2^2&\cdots&x_n^2\\\vdots&\vdots&&\vdots\\x_1^{n-1}&x_2^{n-1}&\cdots&x_n^{n-1}\end{vmatrix}=\prod_{1\leqslant j<i\leqslant n}(x_i-x_j)\tag{2.12}$$

上式中，$\prod\limits_{1\leqslant j<i\leqslant n}(x_i-x_j)$ 表示所有满足 $1\leqslant j<i\leqslant n$ 的项 x_i-x_j 的乘积. $1\leqslant j<i\leqslant n$ 表示 j 分别取 $1,2,\cdots,n-1$ 时，i 依次分别取 $j+1,\cdots,n$.

证　用数学归纳法. 当 $n=2$ 时

$$D_2=\begin{vmatrix}1&1\\x_1&x_2\end{vmatrix}=x_2-x_1=\prod_{1\leqslant j<i\leqslant 2}(x_i-x_j)$$

即当 $n=2$ 时，式 (2.12) 成立.

假设对 $n-1$ 阶范德蒙德行列式，式 (2.12) 成立，要证对 n 阶范德蒙德行列式，式 (2.12) 也成立. 为了使用 $n-1$ 阶的结论，需要对 n 阶范德蒙德行列式进行降阶，即

$$D_n\xlongequal[r_2-x_1r_1]{r_n-x_1r_{n-1}\\ \vdots}\begin{vmatrix}1&1&\cdots&1\\0&x_2-x_1&\cdots&x_n-x_1\\0&x_2(x_2-x_1)&\cdots&x_n(x_n-x_1)\\\vdots&\vdots&&\vdots\\0&x_2^{n-2}(x_2-x_1)&\cdots&x_n^{n-2}(x_n-x_1)\end{vmatrix}$$

按第 1 列展开，并把每列的公因式提出来，有

$$D_n=(x_2-x_1)(x_3-x_1)\cdots(x_n-x_1)\begin{vmatrix}1&1&\cdots&1\\x_2&x_3&\cdots&x_n\\\vdots&\vdots&&\vdots\\x_2^{n-2}&x_3^{n-2}&\cdots&x_n^{n-2}\end{vmatrix}$$

右端式子是一个 $n-1$ 阶范德蒙德行列式，由假设知其满足式 (2.12)，故

$$\begin{aligned}D_n&=(x_2-x_1)(x_3-x_1)\cdots(x_n-x_1)\prod_{2\leqslant j<i\leqslant n}(x_i-x_j)\\&=\prod_{1\leqslant j<i\leqslant n}(x_i-x_j)\end{aligned}$$

✍ 范德蒙德行列式是一类特点鲜明的行列式：每一列都是一个等比数列，且等比数列的首项为 1，次项为公比，结果为各列公比之间差的乘积. 范德蒙德行列式的结论需要记住，可以用来解决一类相关问题.

⚒ **例 2.21**　计算行列式

$$D=\begin{vmatrix}1&1&1&1\\a&b&c&d\\a^2&b^2&c^2&d^2\\a^3&b^3&c^3&d^3\end{vmatrix}$$

解 行列式 D 为范德蒙德行列式，所以

$$D=(b-a)(c-a)(d-a)(c-b)(d-b)(d-c)$$

下面来推导行列式的另一个重要性质.

对 n 阶行列式

$$D=\det(a_{ij})=\begin{vmatrix} a_{11} & \cdots & a_{1n} \\ \vdots & & \vdots \\ a_{i1} & \cdots & a_{in} \\ \vdots & & \vdots \\ a_{j1} & \cdots & a_{jn} \\ \vdots & & \vdots \\ a_{n1} & \cdots & a_{nn} \end{vmatrix}$$

按照第 j 行展开得

$$D=a_{j1}A_{j1}+a_{j2}A_{j2}+\cdots+a_{jn}A_{jn}$$

由于代数余子式 $A_{jk}(k=1,2,\cdots,n)$ 与第 j 行元素无关 (即 A_{jk} 的取值完全由第 j 行以外的其他行元素决定)，故改变元素 a_{jk} 的取值，并不会影响代数余子式 A_{jk}. 因此，不妨取 $a_{j1}=b_1,a_{j2}=b_2,\cdots,a_{jn}=b_n$, 则表达式 $b_1A_{j1}+b_2A_{j2}+\cdots+b_nA_{jn}$ 实际上就是将原行列式 D 中第 j 行元素替换为 $b_1,b_2,\cdots,b_n$，而第 j 行以外的其他行与 D 仍相同，即

$$D_j=b_1A_{j1}+b_2A_{j2}+\cdots+b_nA_{jn}=\begin{vmatrix} a_{11} & \cdots & a_{1n} \\ \vdots & & \vdots \\ a_{i1} & \cdots & a_{in} \\ \vdots & & \vdots \\ b_1 & \cdots & b_n \\ \vdots & & \vdots \\ a_{n1} & \cdots & a_{nn} \end{vmatrix} \begin{matrix} \\ \\ \\ \\ \leftarrow \text{第}j\text{行} \\ \\ \\ \end{matrix} \tag{2.13}$$

特别地，取 $b_1=a_{i1},b_2=a_{i2},\cdots,b_n=a_{in}$，用第 i 行元素替换第 j 行元素，即

$$a_{i1}A_{j1}+a_{i2}A_{j2}+\cdots+a_{in}A_{jn}=\begin{vmatrix} a_{11} & \cdots & a_{1n} \\ \vdots & & \vdots \\ a_{i1} & \cdots & a_{in} \\ \vdots & & \vdots \\ a_{i1} & \cdots & a_{in} \\ \vdots & & \vdots \\ a_{n1} & \cdots & a_{nn} \end{vmatrix} \begin{matrix} \\ \\ \\ \\ \leftarrow \text{第}j\text{行} \\ \\ \\ \end{matrix} =0 \quad (i\neq j)$$

出现了两行相同的情况，此时，行列式等于 0. 这表明，用行列式某一行元素与另一行元素对应代数余子式乘积之和是 0.

同理，对于列，有类似的结论.

$$b_1A_{1j}+b_2A_{2j}+\cdots+b_nA_{nj}=\begin{vmatrix} a_{11} & \cdots & a_{1i} & \cdots & b_1 & \cdots & a_{1n} \\ \vdots & & \vdots & & \vdots & & \vdots \\ a_{n1} & \cdots & a_{ni} & \cdots & b_n & \cdots & a_{nn} \end{vmatrix} \tag{2.14}$$

（↑ 第 j 列）

即表达式 $b_1A_{1j}+b_2A_{2j}+\cdots+b_nA_{nj}$ 相当于行列式 D 的代数余子式 $A_{1j},A_{2j},\cdots,A_{nj}$ 对应的第 j 列元素逐一替换为系数 $b_1,b_2,\cdots,b_n$.

特别地，令系数 $b_1=a_{1i},b_2=a_{2i},\cdots,b_n=a_{ni}$，即第 j 列元素与第 i 列元素相同，故

$$a_{1i}A_{1j}+a_{2i}A_{2j}+\cdots+a_{ni}A_{nj}=\begin{vmatrix} a_{11} & \cdots & a_{1i} & \cdots & a_{1i} & \cdots & a_{1n} \\ \vdots & & \vdots & & \vdots & & \vdots \\ a_{n1} & \cdots & a_{ni} & \cdots & a_{ni} & \cdots & a_{nn} \end{vmatrix}$$
$$=0 \quad (i\neq j)$$

推论

行列式某一行 (列) 的元素与另一行 (列) 的对应元素的代数余子式乘积之和等于零，即

$$a_{i1}A_{j1}+a_{i2}A_{j2}+\cdots+a_{in}A_{jn}=0 \quad (i\neq j)$$

或

$$a_{1i}A_{1j}+a_{2i}A_{2j}+\cdots+a_{ni}A_{nj}=0 \quad (i\neq j)$$

综合定理 2.2 和推论 2.1，得代数余子式的重要性质：

$$a_{i1}A_{j1}+a_{i2}A_{j2}+\cdots+a_{in}A_{jn}=\begin{cases} D, & 当i=j时 \\ 0, & 当i\neq j时 \end{cases}$$

或

$$a_{1i}A_{1j}+a_{2i}A_{2j}+\cdots+a_{ni}A_{nj}=\begin{cases} D, & 当i=j时 \\ 0, & 当i\neq j时 \end{cases}$$

⚒ **例 2.22**　设

$$D=\begin{vmatrix} 3 & -5 & 2 & 1 \\ 1 & 1 & 0 & -5 \\ -1 & 3 & 1 & 3 \\ 2 & -4 & -1 & -3 \end{vmatrix}$$

D 的 (i,j) 元的余子式和代数余子式依次记为 M_{ij} 和 A_{ij}，求 $A_{11}+A_{12}+A_{13}+A_{14}$ 及 $M_{11}+M_{21}+M_{31}+M_{41}$.

解 由式 (2.13) 知，$A_{11}+A_{12}+A_{13}+A_{14}$ 等于用 1,1,1,1 替换 D 的第 1 行后的行列式，即

$$\begin{aligned}&A_{11}+A_{12}+A_{13}+A_{14}\\=&\begin{vmatrix}1&1&1&1\\1&1&0&-5\\-1&3&1&3\\2&-4&-1&-3\end{vmatrix}\xlongequal[r_3-r_1]{r_4+r_3}\begin{vmatrix}1&1&1&1\\1&1&0&-5\\-2&2&0&2\\1&-1&0&0\end{vmatrix}\\=&\begin{vmatrix}1&1&-5\\-2&2&2\\1&-1&0\end{vmatrix}\xlongequal{c_2+c_1}\begin{vmatrix}1&2&-5\\-2&0&2\\1&0&0\end{vmatrix}=\begin{vmatrix}2&-5\\0&2\end{vmatrix}=4\end{aligned}$$

由余子式和代数余子式的关系

$$A_{ij}=(-1)^{i+j}M_{ij}$$

和式 (2.14) 知

$$\begin{aligned}&M_{11}+M_{21}+M_{31}+M_{41}\\=&(-1)^2M_{11}-(-1)^3M_{21}+(-1)^4M_{31}-(-1)^5M_{41}\\=&A_{11}-A_{21}+A_{31}-A_{41}\\=&\begin{vmatrix}1&-5&2&1\\-1&1&0&-5\\1&3&1&3\\-1&-4&-1&-3\end{vmatrix}\xlongequal{r_4+r_3}\begin{vmatrix}1&-5&2&1\\-1&1&0&-5\\1&3&1&3\\0&-1&0&0\end{vmatrix}\\=&(-1)\begin{vmatrix}1&2&1\\-1&0&-5\\1&1&3\end{vmatrix}\xlongequal{r_1-2r_3}-\begin{vmatrix}-1&0&-5\\-1&0&-5\\1&1&3\end{vmatrix}=0\end{aligned}$$

2.4 利用行列式解线性方程组：克拉默法则

在 2.1节，我们学习了利用二阶行列式 (2.4) 求二元线性方程组的方法，本节将这个结论推广到 n 元线性方程组.

设由 n 个未知数 $x_1,x_2,\cdots,x_n$ 的 n 个方程组成的线性方程组

$$\begin{cases}a_{11}x_1+a_{12}x_2+\cdots+a_{1n}x_n=b_1\\a_{21}x_1+a_{22}x_2+\cdots+a_{2n}x_n=b_2\\\quad\vdots\\a_{n1}x_1+a_{n2}x_2+\cdots+a_{nn}x_n=b_n\end{cases}\tag{2.15}$$

可以用克拉默法则求它的解.

定义 2.8　克拉默法则

如果线性方程组的系数行列式 D 不等于零，即

$$D=\begin{vmatrix} a_{11} & a_{12} & \cdots & a_{1n} \\ a_{21} & a_{22} & \cdots & a_{2n} \\ \vdots & \vdots & & \vdots \\ a_{n1} & a_{n2} & \cdots & a_{nn} \end{vmatrix} \neq 0$$

那么线性方程组有唯一解，且

$$x_1=\frac{D_1}{D}, x_2=\frac{D_2}{D}, \cdots, x_n=\frac{D_n}{D}$$

其中，$D_i(i=1,2,\cdots,n)$ 是把系数行列式 D 中的第 i 列用常数列 $(b_1,b_2,\cdots,b_n)^{\mathrm{T}}$ 替换后的 n 阶行列式，即

$$D_i=\begin{vmatrix} a_{11} & \cdots & a_{1,i-1} & b_1 & a_{1,i+1} & \cdots & a_{1n} \\ \vdots & & \vdots & \vdots & \vdots & & \vdots \\ a_{n1} & \cdots & a_{n,i-1} & b_n & a_{n,i+1} & \cdots & a_{nn} \end{vmatrix}$$

克拉默法则可以看作行列式在解线性方程组问题的一个应用，它解决的是未知数的个数和方程个数相等并且系数行列式不等于零的线性方程组的求解问题，是式 (2.4) 的推广. 对于更为一般的情形 (方程组中未知量的个数与方程的个数不等，或未知量个数与方程个数虽然相等，但系数行列式等于零)，我们将在后面章节中进一步讨论.

⚒ 例 **2.23**　用克拉默法则求解线性方程组

$$\begin{cases} x_1-x_2-x_3=2 \\ 2x_1-x_2-3x_3=1 \\ 3x_1+2x_2-5x_3=0 \end{cases}$$

解　因为方程组的系数行列式

$$D=\begin{vmatrix} 1 & -1 & -1 \\ 2 & -1 & -3 \\ 3 & 2 & -5 \end{vmatrix}=3\neq 0$$

由克拉默法则知，线性方程组有唯一解，

$$D_1=\begin{vmatrix} 2 & -1 & -1 \\ 1 & -1 & -3 \\ 0 & 2 & -5 \end{vmatrix} \xlongequal{r_1-2r_2} \begin{vmatrix} 0 & 1 & 5 \\ 1 & -1 & -3 \\ 0 & 2 & -5 \end{vmatrix}=(-1)^{2+1}\begin{vmatrix} 1 & 5 \\ 2 & -5 \end{vmatrix}=15$$

$$D_2=\begin{vmatrix} 1 & 2 & -1 \\ 2 & 1 & -3 \\ 3 & 0 & -5 \end{vmatrix} \xlongequal{r_1-2r_2} \begin{vmatrix} -3 & 0 & 5 \\ 2 & 1 & -3 \\ 3 & 0 & -5 \end{vmatrix}=(-1)^{2+2}\begin{vmatrix} -3 & 5 \\ 3 & -5 \end{vmatrix}=0$$

$$D_3=\begin{vmatrix}1&-1&2\\2&-1&1\\3&2&0\end{vmatrix}\xlongequal{r_1-2r_2}\begin{vmatrix}-3&1&0\\2&-1&1\\3&2&0\end{vmatrix}=(-1)^{2+3}\begin{vmatrix}-3&1\\3&2\end{vmatrix}=9$$

于是，

$$x_1=\frac{D_1}{D}=\frac{15}{3}=5, x_2=\frac{D_2}{D}=\frac{0}{3}=0, x_3=\frac{D_3}{D}=\frac{9}{3}=3$$

⚒ **例 2.24** (过定点的一元 n 次函数的行列式)

对于一元 n 次函数

$$y=a_0+a_1x+a_2x^2+\cdots+a_nx^n$$

其系数 $a_0,a_1,\cdots,a_n$ 可由其图像 (曲线) 上 $n+1$ 个坐标互不相同的点 $(x_1,y_1),(x_2,y_2),\cdots,(x_{n+1},y_{n+1})$ 唯一确定.

证 由 $n+1$ 个点满足函数关系，故

$$\begin{cases}a_0+a_1x_1+a_2x_1^2+\cdots+a_nx_1^n=y_1\\a_0+a_1x_2+a_2x_2^2+\cdots+a_nx_2^n=y_2\\\quad\vdots\\a_0+a_1x_{n+1}+a_2x_{n+1}^2+\cdots+a_nx_{n+1}^n=y_{n+1}\end{cases}$$

这是一个含有 $n+1$ 个方程，以 $a_0,a_1,\cdots,a_n$ 为 $n+1$ 个未知量的线性方程组，其系数行列式

$$D=\begin{vmatrix}1&x_1&x_1^2&\cdots&x_1^n\\1&x_2&x_2^2&\cdots&x_2^n\\\vdots&\vdots&\vdots&&\vdots\\1&x_n&x_n^2&\cdots&x_n^n\\1&x_{n+1}&x_{n+1}^2&\cdots&x_{n+1}^n\end{vmatrix}$$

为范德蒙德行列式，当 $x_1\neq x_2\neq\cdots\neq x_{n+1}$ 时，$D\neq 0$，由克拉默法则，方程组有唯一解，且

$$a_i=\frac{D_i}{D}\quad(i=0,1,\cdots,n)$$

其中，D_i 为系数行列式 D 中第 $i+1$ 列元素 $x_1^i,x_2^i,\cdots,x_n^i,x_{n+1}^i$ 替换为 $y_1,y_2,\cdots,y_n,y_{n+1}$.

克拉默法则的几何解释

设二元线性方程组为

$$\mathcal{T}:\begin{cases}x-2y=-2\\2x+y=3\end{cases}\tag{2.16}$$

写成向量的形式为

$$x\begin{pmatrix}1\\2\end{pmatrix}+y\begin{pmatrix}-2\\1\end{pmatrix}=\begin{pmatrix}-2\\3\end{pmatrix}$$

从线性变换的角度看，系数向量组 $\boldsymbol{i}'=\begin{pmatrix}1\\2\end{pmatrix}$，$\boldsymbol{j}'=\begin{pmatrix}-2\\3\end{pmatrix}$ 表示所代表的线性变换 $\mathcal{T}$ 将基向量$\boldsymbol{i}=\begin{pmatrix}1\\0\end{pmatrix}, \boldsymbol{j}=\begin{pmatrix}0\\1\end{pmatrix}$ 变换为系数向量组 $\boldsymbol{i}'$，$\boldsymbol{j}'$. 同时将向量 $\boldsymbol{v}=\begin{pmatrix}x\\y\end{pmatrix}$ 变换为向量 $\boldsymbol{b}=\begin{pmatrix}-2\\3\end{pmatrix}$.

设由向量 $\boldsymbol{i}$ 和向量 $\boldsymbol{v}$ 张成的平行四边形的面积为 S，如图 2.12 所示，则

$$S=\begin{vmatrix}1 & x\\0 & y\end{vmatrix}=y$$

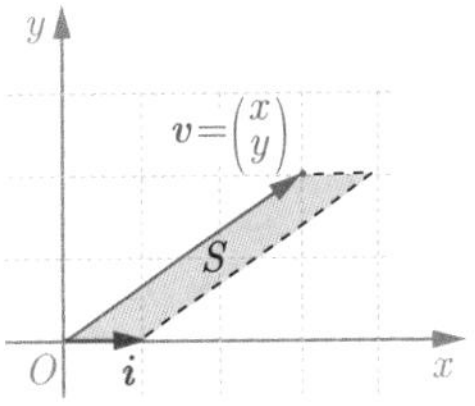

图 2.12　以 $\boldsymbol{i},\boldsymbol{v}$ 为邻边的平行四边形

在线性变换 $\mathcal{T}$ 作用下，$\boldsymbol{i}$ 变换为 $\boldsymbol{i}'$，向量 $\boldsymbol{v}$ 变换为向量 $\boldsymbol{b}$，张成的平行四边形的面积 S 变换为 S'，如图 2.13 所示，则

$$S'=\begin{vmatrix}1 & -2\\2 & 3\end{vmatrix}$$

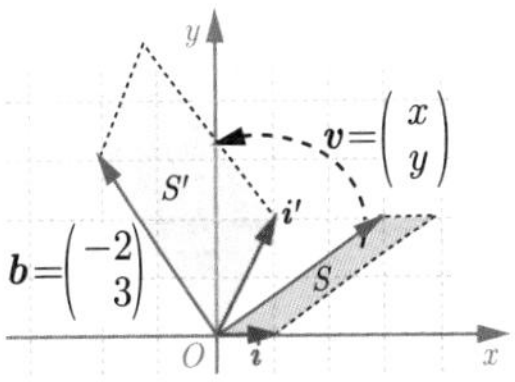

图 2.13　S 变换为 S'

由式 (2.10) 知线性变换的系数行列式就是线性变换的伸缩因子，即

$$\begin{vmatrix}1 & -2\\2 & 1\end{vmatrix}=\frac{S'}{S}=\frac{\begin{vmatrix}1 & -2\\2 & 3\end{vmatrix}}{y}$$

所以

$$y=\frac{\begin{vmatrix}1 & -2\\2 & 3\end{vmatrix}}{\begin{vmatrix}1 & -2\\2 & 1\end{vmatrix}}=\frac{D_2}{D} \tag{2.17}$$

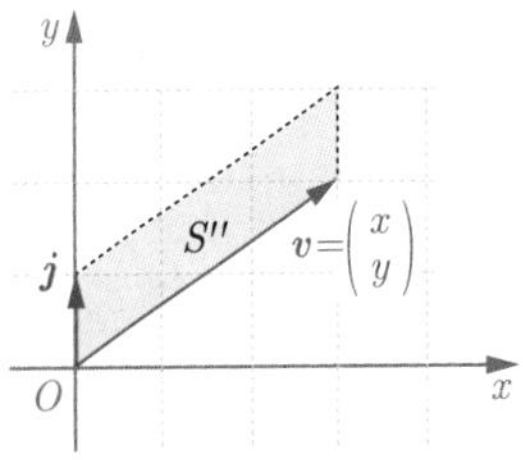

图 2.14　以 $\boldsymbol{j},\boldsymbol{v}$ 为邻边的平行四边形

同理，如图 2.14 所示，设向量 $\boldsymbol{j}$ 和向量 $\boldsymbol{v}=(x,y)^{\mathrm{T}}$ 张成的平行四边形的面积为 S''，则

$$S''=\begin{vmatrix}x & 0\\y & 1\end{vmatrix}=x$$

在线性变换 $\mathcal{T}$ 作用下，如图 2.15 所示，$\boldsymbol{j}$ 变换为 $\boldsymbol{j}'$，向量 $\boldsymbol{v}$ 变换为向量 $\boldsymbol{b}$，张成的平行四边形的面积 S 变换为 S'.

伸缩因子为系数行列式

$$\begin{vmatrix}1 & -2\\2 & 1\end{vmatrix}=\frac{S'}{S''}=\frac{\begin{vmatrix}-2 & -2\\3 & 1\end{vmatrix}}{x}$$

所以

$$x=\frac{\begin{vmatrix}-2 & -2\\3 & 1\end{vmatrix}}{\begin{vmatrix}1 & -2\\2 & 1\end{vmatrix}}=\frac{D_1}{D} \tag{2.18}$$

式 (2.17) 和式 (2.18) 就是二元线性方程组的克拉默法则.

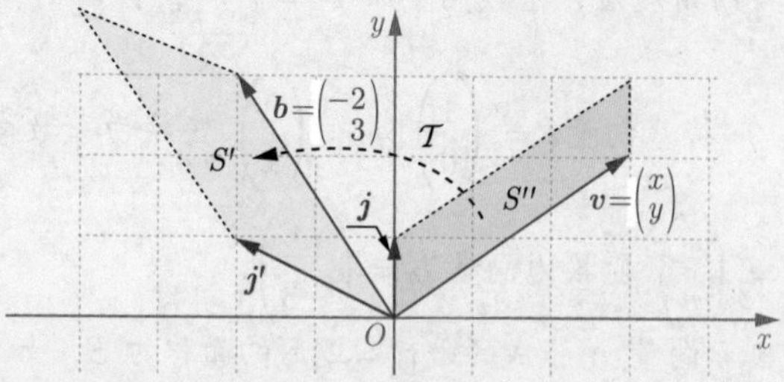

图 2.15 $\mathcal{T}$ 作用下，以 $\boldsymbol{j},\boldsymbol{v}$ 为邻边的平行四边形变换为以 $\boldsymbol{j}',\boldsymbol{b}$ 为邻边的平行四边形

习 题 2

1. 利用对角线法则计算下列行列式.

(1) $\begin{vmatrix} 2 & 1 \\ -1 & 2 \end{vmatrix}$; (2) $\begin{vmatrix} \cos\alpha & -\sin\alpha \\ \sin\alpha & \cos\alpha \end{vmatrix}$ (3) $\begin{vmatrix} 0 & a & 0 \\ b & 0 & c \\ 0 & d & 0 \end{vmatrix}$; (4) $\begin{vmatrix} 1 & 1 & 1 \\ a & b & c \\ a^2 & b^2 & c^2 \end{vmatrix}$.

2. 以自然数从小到大为标准次序, 求下列各排列的逆序数.

(1) $13\cdots(2n-1)24\cdots(2n)$;

(2) $24\cdots(2n)13\cdots(2n-1)$.

3. (1) 求在四阶行列式中，项 $a_{14}a_{23}a_{32}a_{41}$ 的符号;

(2) 求在六阶行列式中，项 $a_{12}a_{23}a_{34}a_{41}a_{55}a_{66}$ 的符号.

4. 按定义计算下列行列式 (D_n 表示 n 阶行列式).

(1) $D_n=\begin{vmatrix} \lambda & 0 & 0 & \cdots & 0 \\ \lambda & \lambda & 0 & \cdots & 0 \\ \lambda & \lambda & \lambda & \cdots & 0 \\ \vdots & \vdots & \vdots & & \vdots \\ \lambda & \lambda & \lambda & \cdots & \lambda \end{vmatrix}(\lambda\neq 0)$; (2) $\begin{vmatrix} 0 & 0 & \cdots & 0 & 1 \\ 0 & 0 & \cdots & 2 & 0 \\ \vdots & \vdots & & \vdots & \vdots \\ 0 & n-1 & \cdots & 0 & 0 \\ n & 0 & \cdots & 0 & 0 \end{vmatrix}$;

(3) $\begin{vmatrix} 0 & 1 & 0 & \cdots & 0 \\ 0 & 0 & 2 & \cdots & 0 \\ \vdots & \vdots & \vdots & & \vdots \\ 0 & 0 & 0 & \cdots & n-1 \\ n & 0 & 0 & \cdots & 0 \end{vmatrix}$.

5. 求 $f(x)=\begin{vmatrix} 5x & 1 & 2 & 3 \\ 1 & x & 1 & 2 \\ 1 & 2 & x & 3 \\ x & 1 & 2 & 2x \end{vmatrix}$ 中含 x^4 和 x^3 的项.

6. 若已知行列式 $\begin{vmatrix} a_{11} & a_{12} & a_{13} \\ a_{21} & a_{22} & a_{23} \\ a_{31} & a_{32} & a_{33} \end{vmatrix}=1$，计算行列式 $\begin{vmatrix} 6a_{11} & -3a_{12} & -10a_{13} \\ -3a_{21} & a_{22} & 5a_{23} \\ -3a_{31} & a_{32} & 5a_{33} \end{vmatrix}$ 的值.

7. 证明：过平面上两点 $(x_1, y_1), (x_2, y_2)$ 的直线方程是 $\begin{vmatrix} x & x_1 & x_2 \\ y & y_1 & y_2 \\ 1 & 1 & 1 \end{vmatrix} = 0$.

8. 计算下列行列式 (D_n 表示 n 阶行列式).

(1) $\begin{vmatrix} 0 & 1 & 1 & 1 \\ 1 & 0 & 1 & 1 \\ 1 & 1 & 0 & 1 \\ 1 & 1 & 1 & 0 \end{vmatrix}$; (2) $\begin{vmatrix} 1 & 1 & 1 & 1 \\ -1 & 1 & 1 & 1 \\ -1 & -1 & 1 & 1 \\ -1 & -1 & -1 & 1 \end{vmatrix}$; (3) $\begin{vmatrix} a & 1 & 0 & 0 \\ -1 & b & 1 & 0 \\ 0 & -1 & c & 1 \\ 0 & 0 & -1 & d \end{vmatrix}$;

(4) $\begin{vmatrix} 1 & 1 & 1 & 1 \\ 1 & 2 & 3 & 4 \\ 1 & 3 & 6 & 10 \\ 1 & 4 & 10 & 20 \end{vmatrix}$; (5) $D_n = \begin{vmatrix} 1 & 1 & 1 & \cdots & 1 \\ 1 & 0 & 1 & \cdots & 1 \\ 1 & 1 & 0 & \cdots & 1 \\ \vdots & \vdots & \vdots & & \vdots \\ 1 & 1 & 1 & \cdots & 0 \end{vmatrix}$;

(6) $D_n = \begin{vmatrix} x & a & \cdots & a \\ a & x & \cdots & a \\ \vdots & \vdots & & \vdots \\ a & a & \cdots & x \end{vmatrix}$; (7) $D_n = \begin{vmatrix} x_1 - m & x_2 & \cdots & x_n \\ x_1 & x_2 - m & \cdots & x_n \\ \vdots & \vdots & & \vdots \\ x_1 & x_2 & \cdots & x_n - m \end{vmatrix}$;

(8) $D_{n+1} = \begin{vmatrix} -a_1 & a_1 & 0 & \cdots & 0 & 0 \\ 0 & -a_2 & a_2 & \cdots & 0 & 0 \\ 0 & 0 & -a_3 & \cdots & 0 & 0 \\ \vdots & \vdots & \vdots & & \vdots & \vdots \\ 0 & 0 & 0 & \cdots & -a_n & a_n \\ 1 & 1 & 1 & \cdots & 1 & 1 \end{vmatrix}$;

(9) $D_n = \begin{vmatrix} x+1 & x & x & \cdots & x \\ x & x+2 & x & \cdots & x \\ x & x & x+3 & \cdots & x \\ \vdots & \vdots & \vdots & & \vdots \\ x & x & x & \cdots & x+n \end{vmatrix}$;

(10) $D_n = \det(a_{ij})$，其中，$a_{ij} = |i-j|$.

9. 设 $D = \begin{vmatrix} 2 & 1 & 3 \\ 4 & -1 & 2 \\ 1 & 2 & -1 \end{vmatrix}$，求 D 的第 3 列的代数余子式 A_{13}, A_{23}, A_{33}.

10. 已知四阶行列式 D 中第 3 列元素依次为 $-1,2,3,1$，它们的余子式依次为 $5,3,-1,4$，求 D.

11. 设 $D=\begin{vmatrix}3&6&9&12\\2&4&6&8\\1&2&0&3\\5&6&4&3\end{vmatrix}$，求 $3A_{41}+6A_{42}+9A_{43}+12A_{44}$.

12. 求行列式 $D=\begin{vmatrix}3&0&4&0\\2&2&2&2\\0&-7&0&0\\5&3&-2&2\end{vmatrix}$ 第 4 行各元素余子式之和.

13. 若四阶行列式 D 中第 2 行元素分别是 $1,2,0,-4$，第 3 行元素的余子式分别是 $6,x,19,2$，求 x 的值.

14. 证明:

$$\begin{vmatrix}x&-1&0&\cdots&0&0\\0&x&-1&\cdots&0&0\\\vdots&\vdots&\vdots&&\vdots&\vdots\\0&0&0&\cdots&x&-1\\a_n&a_{n-1}&a_{n-2}&\cdots&a_2&x+a_1\end{vmatrix}=x_n+a_1x_{n-1}+\cdots+a_{n-1}x+a_n.$$

15. 计算:

(1) $D_{n+1}=\begin{vmatrix}a^n&(a-1)^n&\cdots&(a-n)^n\\a^{n-1}&(a-1)^{n-1}&\cdots&(a-n)^{n-1}\\\vdots&\vdots&&\vdots\\a&a-1&\cdots&a-n\\1&1&\cdots&1\end{vmatrix}$;

(2) $\begin{vmatrix}1&1&1&0&0&0\\2&3&4&0&0&0\\3&10&16&1&1&1\\-1&1&0&1&1&1\\-2&4&1&1&2&3\\-3&16&1&1&4&9\end{vmatrix}$.

16. 用克拉默法则解下列线性方程组.

(1) $\begin{cases}x+3y+2z=0\\2x-y+3z=0\\3x+2y-z=0\end{cases}$;　　(2) $\begin{cases}2x_1+3x_2+11x_3+5x_4=6\\x_1+x_2+5x_3+2x_4=2\\2x_1+x_2+3x_3+4x_4=2\\x_1+x_2+3x_3+4x_4=2\end{cases}$.

17. 用克拉默法则分析 k 取何值时，齐次线性方程组

$$\begin{cases} kx + y + z = 0 \\ x + ky - z = 0 \\ 2x - y + z = 0 \end{cases}$$

有非零解.

第 3 章 矩阵与线性方程组

3.1 矩 阵

作为解线性方程组而引入的数学工具，矩阵有着悠久的研究历史. 成书于西汉末年、东汉初期 (公元 1 世纪) 的《九章算术》(总结了我国秦汉前后的数学成就，被誉为“算经之首”) 中用分离系数法表示线性方程组，与现在的增广矩阵在本质上是一样的. 矩阵的现代概念在 19 世纪才逐渐形成.

1801 年，德国数学家高斯 (F.Gauss) 把一个线性变换的全部系数作为一个整体进行研究. 1844 年，德国数学家艾森斯坦 (F.Eisenstein) 讨论了“变换”及其乘积. 1850 年，英国数学家西尔维斯特 (James Joseph Sylvester) 首先使用矩阵一词. 1858 年，英国数学家凯莱 (A.Cayley) 发表《关于矩阵理论的研究报告》，他首先将矩阵作为一个独立的数学对象加以研究，并在这个主题上首先发表了一系列文章，因而被认为是矩阵论的创立者. 他给出了现在通用的一系列定义，如两矩阵相等、零矩阵、单位矩阵、矩阵运算及性质、矩阵的乘积、矩阵的逆、转置矩阵等. 凯莱还注意到矩阵的乘法满足结合律，但一般不满足交换律. 1854 年，法国数学家埃米尔特 (C.Hermite) 使用了正交矩阵这一术语，但它的正式定义直到 1878 年才由德国数学家费罗贝尼乌斯 (F.G.Frohenius) 给出. 1879 年，费罗贝尼乌斯引入矩阵的秩的概念. 至此，矩阵理论的体系基本上建立起来了.

矩阵本质上是一个数表，它把 $m\times n$ 个元素用一个矩阵来表示，用矩阵之间的运算来表示元素之间的运算，这种处理方式极大地简化了大规模数据的表示与处理问题，这也是为什么在工程软件 (如 MATLAB、Python) 中矩阵或类似数据结构被当作输入输出的基本处理单元.

3.1.1 矩阵的定义

设有 n 个未知数 m 个方程的线性方程组

$$\begin{cases} a_{11}x_1+a_{12}x_2+\cdots+a_{1n}x_n=b_1 \\ a_{21}x_1+a_{22}x_2+\cdots+a_{2n}x_n=b_2 \\ \quad\vdots \\ a_{m1}x_1+a_{m2}x_2+\cdots+a_{mn}x_n=b_m \end{cases}$$

其完全由 $m\times n$ 个系数和 m 个常数项构成的 m 行 $n+1$ 列矩形数表决定，即

$$\begin{array}{ccccc} a_{11} & a_{12} & \cdots & a_{1n} & b_1 \\ a_{21} & a_{22} & \cdots & a_{2n} & b_2 \\ \vdots & \vdots & & \vdots & \vdots \\ a_{m1} & a_{m2} & \cdots & a_{mn} & b_m \end{array}$$

这个数表称为矩阵.

定义 3.1　矩阵

由 $m\times n$ 个数 $a_{ij}(i=1,2,\cdots,m;j=1,2,\cdots,n)$ 排成的 m 行 n 列的数表

$$\begin{array}{cccc} a_{11} & a_{12} & \cdots & a_{1n} \\ a_{21} & a_{22} & \cdots & a_{2n} \\ \vdots & \vdots & & \vdots \\ a_{m1} & a_{m2} & \cdots & a_{mn} \end{array}$$

称为 m 行 n 列矩阵，简称$m\times n$ 矩阵. 为表示它是一个整体，会加入一个圆括弧 (或方括弧)，记作

$$\begin{pmatrix} a_{11} & a_{12} & \cdots & a_{1n} \\ a_{21} & a_{22} & \cdots & a_{2n} \\ \vdots & \vdots & & \vdots \\ a_{m1} & a_{m2} & \cdots & a_{mn} \end{pmatrix}$$

简记为 (a_{ij})，这 $m\times n$ 个数称为矩阵的元素，简称元，数 a_{ij} 位于矩阵的第 i 行、第 j 列，称为矩阵的(i,j) 元.

✍ 矩阵是把数表当作一个整体来看待的. 从另外的角度看，矩阵的每一列都可以看作一个 m 维向量，此时，矩阵被看作 n 个向量构成的整体，即设

$$\boldsymbol{\alpha}_i=\begin{pmatrix} a_{1i} \\ a_{2i} \\ \vdots \\ a_{mi} \end{pmatrix}$$

$$(i=1,2,\cdots,n)$$

则

$$\boldsymbol{A}=\begin{pmatrix}\boldsymbol{\alpha}_1,\boldsymbol{\alpha}_2,\cdots,\boldsymbol{\alpha}_n\end{pmatrix}$$

其中，$\boldsymbol{\alpha}_i(i=1,2,\cdots,n)$ 称为列向量.

通常用大写粗体字母 $\boldsymbol{A},\boldsymbol{B},\boldsymbol{C},\cdots$ 表示矩阵，有时为了指明矩阵的行数和列数，也把 $m\times n$ 矩阵 $\boldsymbol{A}$ 记作 $\boldsymbol{A}_{m\times n}$ 或 $(a_{ij})_{m\times n}$.

下面介绍几种特殊的矩阵.

(1) 实矩阵和复矩阵. 元素是实数的矩阵称为实矩阵，元素是复数的矩阵称为复矩阵. 本书中的矩阵除特殊说明外，都指实矩阵.

(2) n 阶方阵. 行数和列数都等于 n 的矩阵称为n 阶矩阵或n 阶方阵. n 阶矩阵 $\boldsymbol{A}$ 也记为 $\boldsymbol{A}_n$，即

$$\begin{pmatrix} a_{11} & a_{12} & \cdots & a_{1n} \\ a_{21} & a_{22} & \cdots & a_{2n} \\ \vdots & \vdots & & \vdots \\ a_{n1} & a_{n2} & \cdots & a_{nn} \end{pmatrix}$$

其中，从左上角到右下角的对角线称为主对角线，$a_{11},a_{22},\cdots,a_{nn}$ 称为主对角线元素.

(3) 行矩阵. 只有一行的矩阵

$$\boldsymbol{A}=\begin{pmatrix} a_1 & a_2 & \cdots & a_n \end{pmatrix}$$

称为行矩阵，又称为行向量. 此时，为使元素之间不易混淆，通常用逗号隔开，记作

$$\boldsymbol{A}=(a_1,a_2,\cdots,a_n)$$

(4) 列矩阵. 只有一列的矩阵

$$\boldsymbol{A}=\begin{pmatrix}a_1\\a_2\\\vdots\\a_n\end{pmatrix}$$

称为列矩阵，又称为列向量.

(5) 对角矩阵. n 阶方阵

$$\boldsymbol{\Lambda}=\begin{pmatrix}\lambda_1&0&\cdots&0\\0&\lambda_2&\cdots&0\\\vdots&\vdots&&\vdots\\0&0&\cdots&\lambda_n\end{pmatrix}$$

对角阵 $\boldsymbol{\Lambda}$ 中，若 $\lambda_1=\lambda_2=\cdots=\lambda_n=k$，此时矩阵 $\boldsymbol{\Lambda}$ 也称作数量矩阵.

称为对角矩阵，简称对角阵. 对角阵也记作

$$\boldsymbol{\Lambda}=\mathrm{diag}(\lambda_1,\lambda_2,\cdots,\lambda_n)$$

对角阵的特点是除主对角线元素外，其余元素都是 0.

(6) 单位矩阵. n 阶方阵

$$\boldsymbol{E}=\begin{pmatrix}1&0&\cdots&0\\0&1&\cdots&0\\\vdots&\vdots&&\vdots\\0&0&\cdots&1\end{pmatrix}$$

称为单位矩阵，简称单位阵. 单位阵的特点是主对角线上的元素都是 1，其他元素都是 0，即单位阵 $\boldsymbol{E}$ 的 (i,j) 元 e_{ij} 为

$$e_{ij}=\begin{cases}1, & 当i=j时\\0, & 当i\neq j时\end{cases}\quad(i,j=1,2,\cdots,n)$$

(7) 零矩阵. 所有元素都是零的矩阵称为零矩阵，记作 $\boldsymbol{O}$.

(8) 同型矩阵. 两个矩阵的行数相等、列数也相等时，称两个矩阵为同型矩阵.

(9) 矩阵相等. 如果 $\boldsymbol{A}=(a_{ij})$ 与 $\boldsymbol{B}=(b_{ij})$ 是同型矩阵，并且它们的对应元素相等，即

$$a_{ij}=b_{ij}\quad(i=1,2,\cdots,m;j=1,2,\cdots,n)$$

那么就称矩阵 $\boldsymbol{A}$ 与矩阵 $\boldsymbol{B}$ 相等，记作 $\boldsymbol{A}=\boldsymbol{B}$.

注意： 不同型的矩阵是不相等的，所以不同型的零矩阵是不同的，不同型的单位矩阵也是不同的.

(10) 系数矩阵与增广矩阵. 对非齐次线性方程组

$$\begin{cases} a_{11}x_1 + a_{12}x_2 + \cdots + a_{1n}x_n = b_1 \\ a_{21}x_1 + a_{22}x_2 + \cdots + a_{2n}x_n = b_2 \\ \quad \vdots \\ a_{m1}x_1 + a_{m2}x_2 + \cdots + a_{mn}x_n = b_m \end{cases}$$

有如下矩阵：

$$\boldsymbol{A} = (a_{ij})_{m\times n} = \begin{pmatrix} a_{11} & a_{12} & \cdots & a_{1n} \\ a_{21} & a_{22} & \cdots & a_{2n} \\ \vdots & \vdots & & \vdots \\ a_{m1} & a_{m2} & \cdots & a_{mn} \end{pmatrix}, \quad \boldsymbol{x} = \begin{pmatrix} x_1 \\ x_2 \\ \vdots \\ x_n \end{pmatrix}, \quad \boldsymbol{b} = \begin{pmatrix} b_1 \\ b_2 \\ \vdots \\ b_n \end{pmatrix},$$

$$\boldsymbol{B} = (\boldsymbol{A}, \boldsymbol{b}) = \left(\begin{array}{cccc:c} a_{11} & a_{12} & \cdots & a_{1n} & b_1 \\ a_{21} & a_{22} & \cdots & a_{2n} & b_2 \\ \vdots & \vdots & & \vdots & \vdots \\ a_{m1} & a_{m2} & \cdots & a_{mn} & b_n \end{array}\right)$$

其中，$\boldsymbol{A}$ 称为系数矩阵；$\boldsymbol{x}$ 称为未知数矩阵(向量)；$\boldsymbol{b}$ 称为常数项矩阵(向量)；$\boldsymbol{B}$ 称为增广矩阵.

矩阵具有广泛的应用，下面列举几个常见的例题.

⚒ **例 3.1**　某工厂向三个商店 (编号 1,2,3) 发送四种产品 (编号 I,Ⅱ,Ⅲ,Ⅳ) 的数量可以用矩阵表示：

$$\boldsymbol{A} = \begin{array}{c} \text{商店} \\ 1 \\ 2 \\ 3 \end{array} \begin{array}{c} \begin{array}{cccc} \text{产品 I} & \text{产品 II} & \text{产品 III} & \text{产品 IV} \end{array} \\ \begin{pmatrix} a_{11} & a_{12} & a_{13} & a_{14} \\ a_{21} & a_{22} & a_{23} & a_{24} \\ a_{31} & a_{32} & a_{33} & a_{34} \end{pmatrix} \end{array}$$

其中，a_{ij} 为工厂向第 i 个商店 $(i = 1, 2, 3)$ 发送第 j 种产品 $(j = \text{I}, \text{II}, \text{III}, \text{IV})$ 的数量.

这四种产品的单价及单件质量也可用矩阵表示：

$$\boldsymbol{B} = \begin{array}{c} \text{产品} \\ \text{I} \\ \text{II} \\ \text{III} \\ \text{IV} \end{array} \begin{array}{c} \begin{array}{cc} \text{单价} & \text{单件质量} \end{array} \\ \begin{pmatrix} b_{11} & b_{12} \\ b_{21} & b_{22} \\ b_{31} & b_{32} \\ b_{41} & b_{42} \end{pmatrix} \end{array}$$

其中，b_{i1} 为第 i 种产品的单价；b_{i2} 为第 i 种产品的单件质量 $(i = 1, 2, 3, 4)$.

⚒ **例 3.2** (图论中的应用)　四个城市间的单向航线连通图如图 3.1 所示，若令

$$a_{ij}=\begin{cases}1, & 从 i 市到 j 市有航线\\ 0, & 从 i 市到 j 市没有航线\end{cases}\quad (i,j=1,2,3,4)$$

则图 3.1可以用矩阵表示为

$$\boldsymbol{A}=(a_{ij})=\begin{pmatrix}0&1&1&1\\1&0&0&0\\0&1&0&0\\1&0&1&0\end{pmatrix}$$

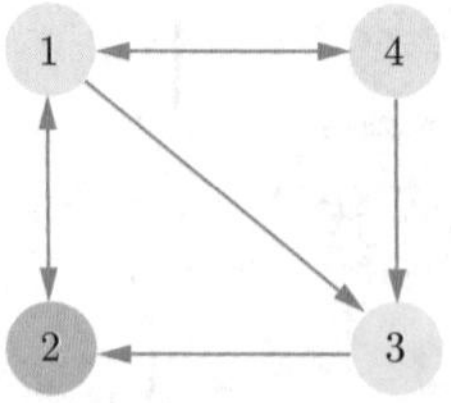
1
4
2
3
图 3.1　城市间的单向航线连通图

本例是图论中有向图的一个具体应用，用矩阵可以表示有向图，该矩阵称为有向图的关联矩阵.

⚒ **例 3.3** (计算机图形学中的应用)　黑白图片中每个像素的颜色是用灰度值来表示的，0 表示纯白色，1 表示纯黑色，中间灰度值越接近 1，表示越接近黑色. 图片中每个像素值作为一个元素构造图片的灰度值矩阵，该矩阵就实现了对黑白图片的存储. 如图 3.2 所示，这是一个 10×11 的图片片段的灰度值矩阵.

☕ 除例 3.1～例 3.3 所列举的应用外，矩阵在各学科领域均有广泛的应用，如在气象学描述天气的转移 (概率) 矩阵；武器装备学中描述武器作战效能的行为矩阵序列；军事运筹学中线性规划模型、对策论中的博弈矩阵、描述防空反导的防御矩阵；经济学投入产出分析、密码学中 Hill 密码加密解密理论、生物学中 Leslie 模型等，限于篇幅不再一一列举.

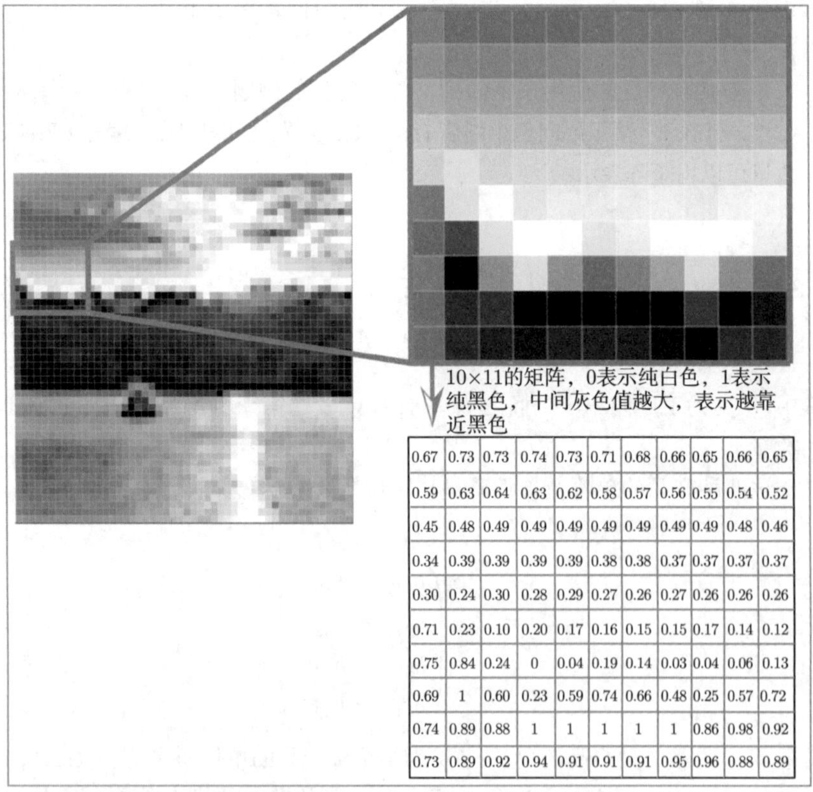
10×11的矩阵，0表示纯白色，1表示纯黑色，中间灰色值越大，表示越靠近黑色

0.67	0.73	0.73	0.74	0.73	0.71	0.68	0.66	0.65	0.66	0.65
0.59	0.63	0.64	0.63	0.62	0.58	0.57	0.56	0.55	0.54	0.52
0.45	0.48	0.49	0.49	0.49	0.49	0.49	0.49	0.49	0.48	0.46
0.34	0.39	0.39	0.39	0.39	0.38	0.38	0.37	0.37	0.37	0.37
0.30	0.24	0.30	0.28	0.29	0.27	0.26	0.27	0.26	0.26	0.26
0.71	0.23	0.10	0.20	0.17	0.16	0.15	0.15	0.17	0.14	0.12
0.75	0.84	0.24	0	0.04	0.19	0.14	0.03	0.04	0.06	0.13
0.69	1	0.60	0.23	0.59	0.74	0.66	0.48	0.25	0.57	0.72
0.74	0.89	0.88	1	1	1	1	1	0.86	0.98	0.92
0.73	0.89	0.92	0.94	0.91	0.91	0.91	0.95	0.96	0.88	0.89

图 3.2　图像的矩阵化

3.1.2 矩阵与线性变换

设 n 维向量 $\boldsymbol{x}=(x_1,x_2,\cdots,x_n)^{\mathrm{T}}$ 到 m 维向量 $\boldsymbol{y}=(y_1,y_2,\cdots,y_m)^{\mathrm{T}}$ 的线性变换

$$\mathcal{T}:\begin{cases} y_1=a_{11}x_1+a_{12}x_2+\cdots+a_{1n}x_n \\ y_2=a_{21}x_1+a_{22}x_2+\cdots+a_{2n}x_n \\ \vdots \\ y_m=a_{m1}x_1+a_{m2}x_2+\cdots+a_{mn}x_n \end{cases} \tag{3.1}$$

其系数 a_{ij} 构成的矩阵称为系数矩阵，记为 $\boldsymbol{A}=(a_{ij})_{m\times n}$.

给定线性变换 (3.1)，其系数矩阵 $\boldsymbol{A}$ 也就确定了. 反之，给定系数矩阵 $\boldsymbol{A}$，线性变换 (3.1) 也能唯一确定. 从这个意义上讲，线性变换和系数矩阵之间存在一一对应的关系. 因此可以用矩阵来表示一个线性变换，也可以用线性变换来解释矩阵的含义.

⚒ 例 3.4　线性变换

$$\mathcal{T}:\begin{cases} y_1=\lambda_1x_1 \\ y_2=\lambda_2x_2 \\ \vdots \\ y_n=\lambda_nx_n \end{cases}$$

表示将向量 $\boldsymbol{x}$ 的所有分量 $x_1,x_2,\cdots,x_n$ 分别拉伸一定的倍数后得到向量 $\boldsymbol{y}$. 该线性变换对应的矩阵为

$$\boldsymbol{\Lambda}=\begin{pmatrix} \lambda_1 & 0 & \cdots & 0 \\ 0 & \lambda_2 & \cdots & 0 \\ \vdots & \vdots & & \vdots \\ 0 & 0 & \cdots & \lambda_n \end{pmatrix}$$

⚒ 例 3.5　线性变换

$$\mathcal{T}:\begin{cases} y_1=x_1 \\ y_2=x_2 \\ \vdots \\ y_n=x_n \end{cases}$$

称为恒等变换，表示输出的向量 $\boldsymbol{y}$ 与输入的向量 $\boldsymbol{x}$ 保持相等. 或者说，恒等变换对向量既没有进行拉伸，也没有进行旋转，向量没有发生变化. 该线性变换对应的矩阵为单位阵

$$\boldsymbol{E}=\begin{pmatrix} 1 & 0 & \cdots & 0 \\ 0 & 1 & \cdots & 0 \\ \vdots & \vdots & & \vdots \\ 0 & 0 & \cdots & 1 \end{pmatrix}$$

反之，给定单位阵 $\boldsymbol{E}$，它表示恒等变换.

⚒ **例 3.6**　在例 1.7 中，旋转线性变换

$$\mathcal{T}:\begin{cases} y_1=\cos\varphi x_1-\sin\varphi x_2\\ y_2=\sin\varphi x_1+\cos\varphi x_2\end{cases} \tag{3.2}$$

将向量 $\boldsymbol{x}=\begin{pmatrix}x_1\\x_2\end{pmatrix}$ 逆时针旋转 φ 角得到向量 $\boldsymbol{y}=\begin{pmatrix}y_1\\y_2\end{pmatrix}$. 该线性变换对应的矩阵为

$$\boldsymbol{A}=\begin{pmatrix}\cos\varphi & -\sin\varphi\\ \sin\varphi & \cos\varphi\end{pmatrix}$$

反之，给定矩阵 $\boldsymbol{A}$，它表示旋转线性变换，可称作旋转矩阵.

事实上，设向量 $\boldsymbol{a}=(x_1,x_2)^{\mathrm{T}}=(r\cos\theta,r\sin\theta)^{\mathrm{T}}$，向量 $\boldsymbol{a}'=(y_1,y_2)^{\mathrm{T}}$，如图 3.3 所示.

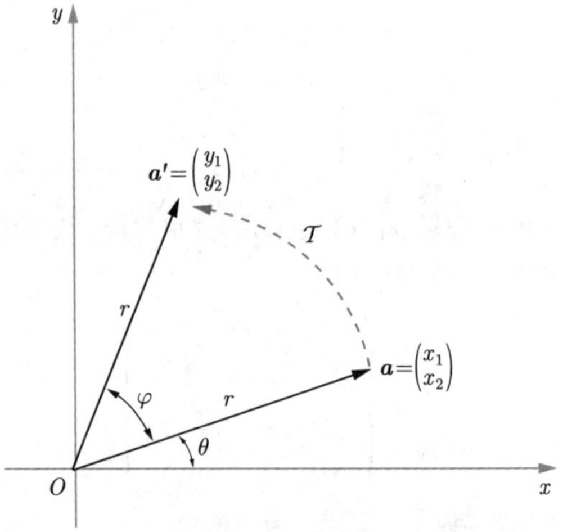

图 3.3　旋转线性变换 $\mathcal{T}$ 将向量 $\boldsymbol{a}$ 变换为 $\boldsymbol{a}'$

线性变换 $\mathcal{T}$ 将向量 $\boldsymbol{a}$ 变换为向量 $\boldsymbol{a}'$，则

$$\begin{aligned} y_1&=\cos\varphi(r\cos\theta)-\sin\varphi(r\sin\theta)\\ &=r(\cos\varphi\cos\theta-\sin\varphi\sin\theta)\\ &=r\cos(\theta+\varphi)\\ y_2&=\sin\varphi(r\cos\theta)+\cos\varphi(r\sin\theta)\\ &=r(\sin\varphi\cos\theta+\cos\varphi\sin\theta)\\ &=r\sin(\theta+\varphi)\end{aligned}$$

显然，线性变换 $\mathcal{T}$ 在向量 $\boldsymbol{a}$ 的辐角 θ 的基础上，将其逆时针旋转 φ，得到向量 $\boldsymbol{a}'$.

3.2　矩阵的运算

3.2.1　矩阵的线性运算

1. 矩阵的加法

定义 3.2　矩阵 A 与 B 的和

设有两个 $m\times n$ 矩阵 $\boldsymbol{A}=(a_{ij})$ 和 $\boldsymbol{B}=(b_{ij})$, 那么矩阵 $\boldsymbol{A}$ 与 $\boldsymbol{B}$ 的和记作 $\boldsymbol{A}+\boldsymbol{B}$，规定为

$$\boldsymbol{A}+\boldsymbol{B}=\begin{pmatrix} a_{11}+b_{11} & a_{12}+b_{12} & \cdots & a_{1n}+b_{1n} \\ a_{21}+b_{21} & a_{22}+b_{22} & \cdots & a_{2n}+b_{2n} \\ \vdots & \vdots & & \vdots \\ a_{m1}+b_{m1} & a_{m2}+b_{m2} & \cdots & a_{mn}+b_{mn} \end{pmatrix}$$

两个矩阵相加实质上是两个同型矩阵对应元素相加. 只有当两个矩阵是同型矩阵时，这两个矩阵才能进行加法运算.

特别地，当矩阵 $\boldsymbol{A}=\begin{pmatrix} a_1 \\ a_2 \\ \vdots \\ a_n \end{pmatrix}$ 与 $\boldsymbol{B}=\begin{pmatrix} b_1 \\ b_2 \\ \vdots \\ b_n \end{pmatrix}$ 为两个向量时，矩阵 $\boldsymbol{A}$ 与 $\boldsymbol{B}$ 的和

$$\boldsymbol{A}+\boldsymbol{B}=\begin{pmatrix} a_1+b_1 \\ a_2+b_2 \\ \vdots \\ a_n+b_n \end{pmatrix}$$

就是两个向量的加法. 所以，向量加法运算可以看作矩阵加法运算的特例.

矩阵的加法满足下列运算律:

(1) 交换律 $\boldsymbol{A}+\boldsymbol{B}=\boldsymbol{B}+\boldsymbol{A}$

(2) 结合律 $(\boldsymbol{A}+\boldsymbol{B})+\boldsymbol{C}=\boldsymbol{A}+(\boldsymbol{B}+\boldsymbol{C})$

定义 3.3　负矩阵

设矩阵 $\boldsymbol{A}=(a_{ij})$，记

$$-\boldsymbol{A}=(-a_{ij})$$

$-\boldsymbol{A}$ 称为矩阵 $\boldsymbol{A}$ 的负矩阵.

负矩阵 $-\boldsymbol{A}$ 中的每个元素是矩阵 $\boldsymbol{A}$ 对应位置上元素的相反数. 对负矩阵，显然有

$$\boldsymbol{A}+(-\boldsymbol{A})=\boldsymbol{0}$$

规定矩阵的减法：

$$\boldsymbol{A}-\boldsymbol{B}=\boldsymbol{A}+(-\boldsymbol{B})$$

注：两个矩阵的差实质上是两个矩阵对应位置的元素作差. 矩阵减法的定义方式和有理数减法的定义方式类似，负矩阵相当于有理数中的负数，减去一个矩阵等于加上这个矩阵的负矩阵，类似于有理数减法运算中减去一个数等于加上这个数的相反数. 所以，矩阵减法可以当作矩阵加法的一种特殊情况.

2. 数与矩阵的乘法

定义 3.4　数与矩阵的乘积 (scalar multiples)

实数 λ 与矩阵 $\boldsymbol{A}$ 的乘积记作 $\lambda\boldsymbol{A}$，规定为

$$\lambda\boldsymbol{A}=\begin{pmatrix}\lambda a_{11} & \lambda a_{12} & \cdots & \lambda a_{1n}\\ \lambda a_{21} & \lambda a_{22} & \cdots & \lambda a_{2n}\\ \vdots & \vdots & & \vdots\\ \lambda a_{m1} & \lambda a_{m2} & \cdots & \lambda a_{mn}\end{pmatrix}\tag{3.3}$$

✍ 数与矩阵的乘积实质上是数乘到了矩阵每一行的元素上. 运算规则与行列式的运算规则不同，数与行列式相乘时数乘到了行列式的某一行元素上.

注意：从右向左看，式 (3.3) 表达的含义是矩阵中所有元素的公因数可以提到矩阵外面，运算规则与行列式的运算规则也不同，行列式中是某一行的公因数可以提到行列式外面.

可借助数与向量相乘来理解数与矩阵相乘. 设矩阵 $\boldsymbol{A}=\begin{pmatrix}a_1\\a_2\\\vdots\\a_n\end{pmatrix}$，则数 λ 与矩阵矩阵 $\boldsymbol{A}$ 的乘积

$$\lambda\boldsymbol{A}=\begin{pmatrix}\lambda a_1\\\lambda a_2\\\vdots\\\lambda a_n\end{pmatrix}$$

就是数 λ 与向量 $\boldsymbol{A}$ 的乘积. 可以说，数与向量的乘积是数与矩阵乘积的特例.

当把矩阵看作一组列向量构成的整体时，即设 $\boldsymbol{A}=\Big(\boldsymbol{\alpha}_1,\boldsymbol{\alpha}_2,\cdots,\boldsymbol{\alpha}_n\Big)$，则

$$\lambda\boldsymbol{A}=\Big(\lambda\boldsymbol{\alpha}_1,\lambda\boldsymbol{\alpha}_2,\cdots,\lambda\boldsymbol{\alpha}_n\Big)$$

数 λ 与向量的乘积表示将向量的长度拉伸了 λ 倍，且与原向量共线. 数 λ 与矩阵 $\boldsymbol{A}$ 的乘积表示将矩阵的每个列向量的长度都拉伸了 $|\lambda|$ 倍，且与原列向量共线.

矩阵的加法和数与矩阵的乘法统称为矩阵的线性运算.

3.2.2　矩阵的乘法

设有向量 $\boldsymbol{x}=(x_1,x_2)^{\mathrm{T}}$ 到向量 $\boldsymbol{y}=(y_1,y_2,y_3)^{\mathrm{T}}$ 的线性变换

$$
\mathcal{T}_1: \quad \begin{cases} y_1 = b_{11}x_1 + b_{12}x_2 \\ y_2 = b_{21}x_1 + b_{22}x_2 \\ y_3 = b_{31}x_1 + b_{32}x_2 \end{cases} \tag{3.4}
$$

和向量 $\boldsymbol{y} = (y_1, y_2, y_3)^{\mathrm{T}}$ 到向量 $\boldsymbol{z} = (z_1, z_2)^{\mathrm{T}}$ 的线性变换

$$
\mathcal{T}_2: \quad \begin{cases} z_1 = a_{11}y_1 + a_{12}y_2 + a_{13}y_3 \\ z_2 = a_{21}y_1 + a_{22}y_2 + a_{23}y_3 \end{cases} \tag{3.5}
$$

将式 (3.4) 代入式 (3.5) 得到向量 $\boldsymbol{x}$ 到向量 $\boldsymbol{z}$ 的线性变换

$$
\mathcal{T}: \begin{cases} z_1 = (a_{11}b_{11} + a_{12}b_{21} + a_{13}b_{31})x_1 + (a_{11}b_{12} + a_{12}b_{22} + a_{13}b_{32})x_2 \\ z_2 = (a_{21}b_{11} + a_{22}b_{21} + a_{23}b_{31})x_1 + (a_{21}b_{12} + a_{22}b_{22} + a_{23}b_{32})x_2 \end{cases} \tag{3.6}
$$

线性变换 $\mathcal{T}$ 实际上是线性变换 $\mathcal{T}_1$ 和线性变换 $\mathcal{T}_2$ 的复合，即对向量 $\boldsymbol{x}$ 连续做了两次线性变换.

规定用两个线性变换对应矩阵的乘积来表示线性变换的复合 (变换顺序影响乘积顺序)，即

$$
\begin{pmatrix} a_{11} & a_{12} & a_{13} \\ a_{21} & a_{22} & a_{23} \end{pmatrix} \begin{pmatrix} b_{11} & b_{12} \\ b_{21} & b_{22} \\ b_{31} & b_{32} \end{pmatrix}
$$

$$
= \begin{pmatrix} a_{11}b_{11} + a_{12}b_{21} + a_{13}b_{31} & a_{11}b_{12} + a_{12}b_{22} + a_{13}b_{32} \\ a_{21}b_{11} + a_{22}b_{21} + a_{23}b_{31} & a_{21}b_{12} + a_{22}b_{22} + a_{23}b_{32} \end{pmatrix} \tag{3.7}
$$

定义 3.5　矩阵 A 与矩阵 B 的乘积

设 $\boldsymbol{A} = (a_{ij})$ 是一个 $m \times s$ 矩阵，$\boldsymbol{B} = (b_{ij})$ 是一个 $s \times n$ 矩阵，那么规定矩阵 $\boldsymbol{A}$ 与矩阵 $\boldsymbol{B}$ 的乘积是一个 $m \times n$ 矩阵 $\boldsymbol{C} = (c_{ij})$，其中

$$
c_{ij} = a_{i1}b_{1j} + a_{i2}b_{2j} + \cdots + a_{is}b_{sj} = \sum_{k=1}^{s} a_{ik}b_{kj}
$$

$$
(i = 1, 2, \cdots, m; j = 1, 2, \cdots, n) \tag{3.8}
$$

并把此乘积记作

$$
\boldsymbol{C} = \boldsymbol{AB}
$$

$$
\boldsymbol{A}_{m\times s}\boldsymbol{B}_{s\times n} = \boldsymbol{C}_{m\times n}
$$

必须匹配

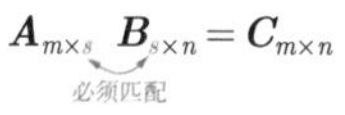

图 3.4　矩阵乘法的下标关系

只有当第一个矩阵 $\boldsymbol{A}$ 的列数和第二个矩阵 $\boldsymbol{B}$ 的行数相等时，矩阵 $\boldsymbol{A}$ 和矩阵 $\boldsymbol{B}$ 才能作乘法运算. 且矩阵 $\boldsymbol{C}$ 的行数和矩阵 $\boldsymbol{A}$ 的行数相同，矩阵 $\boldsymbol{C}$ 的列数和矩阵 $\boldsymbol{B}$ 的列数相同.

如图 3.4 所示，两个矩阵能够相乘需要满足一定的条件 (可乘性条件)，即矩阵 $\boldsymbol{A}$ 的列数必须与矩阵 $\boldsymbol{B}$ 的行数相等，相乘之后的积矩阵 $\boldsymbol{C}$ 的行标与列标分别由左乘矩阵 $\boldsymbol{A}$ 的行标和右乘矩阵 $\boldsymbol{B}$ 的列标给定.

为何 $\boldsymbol{A}, \boldsymbol{B}$ 可乘需要满足上述条件？注意到，两边的数 m和n 决定矩阵 $\boldsymbol{C}$ 的下标 $m \times n$，即 $\boldsymbol{C}$ 的行数和 $\boldsymbol{A}$ 的行数相同，$\boldsymbol{C}$ 的列数和 $\boldsymbol{B}$ 的列数相同. 中间相邻的两个数必须相等，即 $\boldsymbol{A}$ 的列数必须等于 $\boldsymbol{B}$ 的行数，这个要求是为保证相乘时元素之间能够匹配 (即个数相等). 基于此，矩阵乘法中需要考虑矩阵的位置. 乘积 $\boldsymbol{AB}$ 中，矩阵 $\boldsymbol{A}$ 称为左乘矩阵，矩阵 $\boldsymbol{B}$ 称为右乘矩阵，$\boldsymbol{AB}$ 称为 $\boldsymbol{B}$ 左乘 $\boldsymbol{A}$，或者 $\boldsymbol{A}$ 右乘 $\boldsymbol{B}$.

矩阵 $\boldsymbol{C}$ 的元素数 c_{ij} 等于矩阵 $\boldsymbol{A}$ 的第 i 行和矩阵 $\boldsymbol{B}$ 的第 j 列对应元素相乘再作和，如图 3.5 所示.

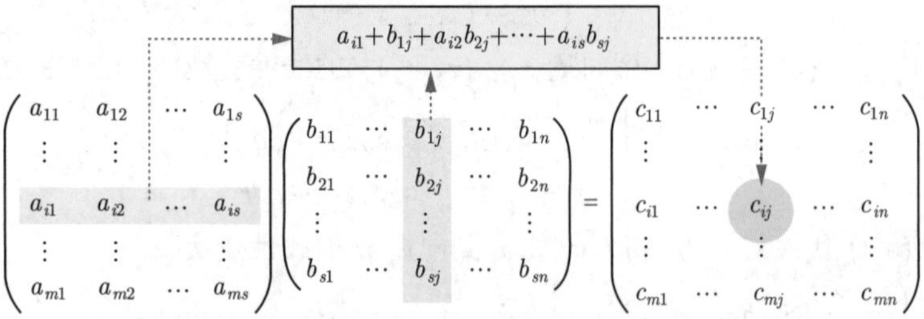

图 3.5　矩阵乘法的元素关系

若将 $\boldsymbol{A}$ 的第 i 行元素和 $\boldsymbol{B}$ 的第 j 列元素分别看作向量 $\boldsymbol{a}_i$ 和向量 $\boldsymbol{b}_j$，即

$$\boldsymbol{a}_i=\begin{pmatrix}a_{i1}\\a_{i2}\\\vdots\\a_{is}\end{pmatrix},\quad \boldsymbol{b}_j=\begin{pmatrix}b_{1j}\\b_{2j}\\\vdots\\b_{sj}\end{pmatrix}$$

则元素 c_{ij} 就是向量 $\boldsymbol{a}_i$ 与向量 $\boldsymbol{b}_j$ 的内积.

$$\begin{aligned}c_{ij}&=a_{i1}b_{1j}+a_{i2}b_{2j}+\cdots+a_{is}b_{sj}\\&=(a_{i1},a_{i2},\cdots,a_{is})\begin{pmatrix}b_{1j}\\b_{2j}\\\vdots\\b_{sj}\end{pmatrix}=\boldsymbol{a}_i^{\mathrm{T}}\boldsymbol{b}_j=[\boldsymbol{a}_i,\boldsymbol{b}_j]\end{aligned}$$

根据矩阵乘积的定义，设矩阵

$$\boldsymbol{B}=\begin{pmatrix}b_{11}&b_{12}\\b_{21}&b_{22}\\b_{31}&b_{32}\end{pmatrix}$$

左乘 $\boldsymbol{x}=(x_1,x_2)^{\mathrm{T}}$ 的乘积为向量 $\boldsymbol{y}=(y_1,y_2,y_3)^{\mathrm{T}}$，则线性变换 $\mathcal{T}_1$ 就可以用矩阵乘法表示为

$$\begin{pmatrix}y_1\\y_2\\y_3\end{pmatrix}=\begin{pmatrix}b_{11}&b_{12}\\b_{21}&b_{22}\\b_{31}&b_{32}\end{pmatrix}\begin{pmatrix}x_1\\x_2\end{pmatrix}=\begin{pmatrix}b_{11}x_1+b_{12}x_2\\b_{21}x_1+b_{22}x_2\\b_{31}x_1+b_{32}x_2\end{pmatrix}\tag{3.9}$$

简记为

$$\boldsymbol{y}=\boldsymbol{B}\boldsymbol{x}\tag{3.10}$$

同理，线性变换 $\mathcal{T}_2$ 也可以表示为矩阵形式，即

$$\begin{pmatrix}z_1\\z_2\end{pmatrix}=\begin{pmatrix}a_{11}&a_{12}&a_{13}\\a_{21}&a_{22}&a_{23}\end{pmatrix}\begin{pmatrix}y_1\\y_2\\y_3\end{pmatrix}\tag{3.11}$$

简记为

$$\boldsymbol{z} = \boldsymbol{A}\boldsymbol{y} \tag{3.12}$$

将式 (3.10) 代入式 (3.12) 得到矩阵形式的复合线性变换 $\mathcal{T}$

$$\boldsymbol{z} = \boldsymbol{A}\boldsymbol{y} = \boldsymbol{A}(\boldsymbol{B}\boldsymbol{x}) = (\boldsymbol{A}\boldsymbol{B})\boldsymbol{x}$$

向量 $\boldsymbol{x}$ 左乘一个矩阵 $\boldsymbol{B}$ 相当于对向量 $\boldsymbol{x}$ 作了线性变换，映射到另外一个向量空间中的向量 $\boldsymbol{B}\boldsymbol{x}$，向量 $\boldsymbol{B}\boldsymbol{x}$ 再左乘一个矩阵 $\boldsymbol{A}$ 相当于对向量 $\boldsymbol{B}\boldsymbol{x}$ 作了线性变换，映射到另外一个向量空间中的向量 $\boldsymbol{A}\boldsymbol{B}\boldsymbol{x}$. 连续两次线性变换等价于对向量 $\boldsymbol{x}$ 直接左乘矩阵 $\boldsymbol{A}\boldsymbol{B}$ 作一次线性变换. 这也进一步解释了为什么用矩阵的乘法表示复合线性变换是合理的，如图 3.6 所示.

注：$\boldsymbol{B}\boldsymbol{x}$ 可以理解为对向量 $\boldsymbol{x}$ 作由矩阵 $\boldsymbol{B}$ 对应的线性变换，也可以理解为这个线性变换作用后的结果向量，即 $\boldsymbol{B}\boldsymbol{x}$ 本身就是一个向量，是向量 $\boldsymbol{x}$ 在该线性变换下的结果.

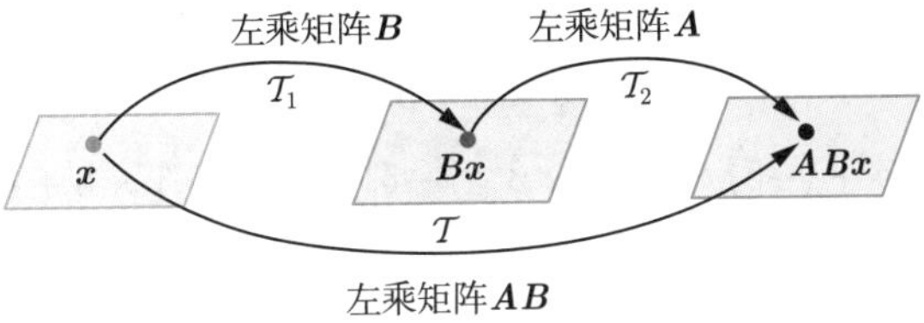

图 3.6　复合线性变换

考虑到矩阵与线性变换之间一一对应的关系，为简化叙述，在后续章节中不区分矩阵和矩阵所对应的线性变换，如矩阵 $\boldsymbol{A}$ 所对应的线性变换直接称为线性变换 $\boldsymbol{A}$.

此外，利用矩阵乘法同样可以写出线性方程组的矩阵形式，设有 n 元线性方程组

$$\begin{cases} a_{11}x_1 + a_{12}x_2 + \cdots + a_{1n}x_n = b_1 \\ a_{21}x_1 + a_{22}x_2 + \cdots + a_{2n}x_n = b_2 \\ \quad\vdots \\ a_{m1}x_1 + a_{m2}x_2 + \cdots + a_{mn}x_n = b_m \end{cases} \tag{3.13}$$

其矩阵形式为

$$\begin{pmatrix} a_{11} & a_{12} & \cdots & a_{1n} \\ a_{21} & a_{22} & \cdots & a_{2n} \\ \vdots & \vdots & & \vdots \\ a_{m1} & a_{m2} & \cdots & a_{mn} \end{pmatrix} \begin{pmatrix} x_1 \\ x_2 \\ \vdots \\ x_n \end{pmatrix} = \begin{pmatrix} b_1 \\ b_2 \\ \vdots \\ b_m \end{pmatrix}$$

简记为

$$\boldsymbol{A}\boldsymbol{x} = \boldsymbol{b}$$

其中，$\boldsymbol{A}$ 是系数矩阵；$\boldsymbol{b}$ 是常数列向量. 特别地，当 $\boldsymbol{b} = \boldsymbol{0}$ 时，得到 n 元齐次线性方程组的矩阵形式

$$\boldsymbol{A}\boldsymbol{x} = \boldsymbol{0}$$

⚒ **例 3.7** 求矩阵

$$A=\begin{pmatrix}2&3\\1&-5\end{pmatrix},\quad B=\begin{pmatrix}4&3&6\\1&-2&3\end{pmatrix}$$

的乘积 AB.

解 因为 A 是一个 2×2 矩阵，B 是一个 2×3 矩阵，A 的列数等于 B 的行数，所以矩阵 A 和 B 可以相乘，记 $C=AB$. C 的行数与和 A 的行数相同，C 的列数与 B 的列数相同，则 C 是一个 2×3 矩阵. 按照矩阵乘法的定义，有

$$\begin{aligned}C=AB&=\begin{pmatrix}2&3\\1&-5\end{pmatrix}\begin{pmatrix}4&3&6\\1&-2&3\end{pmatrix}\\&=\begin{pmatrix}2\times4+3\times1&2\times3+3\times(-2)&2\times6+3\times3\\1\times4+(-5)\times1&1\times3+(-5)\times(-2)&1\times6+(-5)\times3\end{pmatrix}\\&=\begin{pmatrix}11&0&21\\-1&13&-9\end{pmatrix}\end{aligned}$$

⚒ **例 3.8** 求矩阵

$$A=\begin{pmatrix}-2&4\\1&-2\end{pmatrix},\quad B=\begin{pmatrix}2&4\\-3&-6\end{pmatrix}$$

的乘积 AB 及 BA.

解 按照矩阵乘法的定义，有

$$AB=\begin{pmatrix}-2&4\\1&-2\end{pmatrix}\begin{pmatrix}2&4\\-3&-6\end{pmatrix}=\begin{pmatrix}-16&-32\\8&16\end{pmatrix}$$

$$BA=\begin{pmatrix}2&4\\-3&-6\end{pmatrix}\begin{pmatrix}-2&4\\1&-2\end{pmatrix}=\begin{pmatrix}0&0\\0&0\end{pmatrix}$$

从例 3.8 看到，一般情况下，$AB\neq BA$，即矩阵的乘法不满足交换律.

对两个 n 阶方阵 A、B，若 $AB=BA$，称方阵 A 与 B 是可交换的.

注：可交换的两个矩阵一定是同型方阵.

若矩阵 A 与 B 是可交换的，则 A 与 B 一定是方阵. 事实上，设 A 为 $m\times n$ 矩阵，为了能作 AB 和 BA 乘法，则 A 的列数必须和 B 的行数相同，B 的列数必须和 A 的行数相同，所以设 B 为 $n\times m$ 矩阵. 当矩阵 A 与 B 可交换时，有

$$A_{m\times n}B_{n\times m}=C_{m\times m}=B_{n\times m}A_{m\times n}=C_{n\times n}$$

所以 $m=n$，即矩阵 A 与 B 是方阵.

例 3.8 还表明，矩阵 $A\neq O$，$B\neq O$，却有 $BA=O$；反之，当 $BA=O$ 时，也不能得到矩阵 $A=O$ 或 $B=O$ 的结论.

矩阵的乘法不满足交换律，但满足结合律和分配律：

(1) $(\boldsymbol{AB})\boldsymbol{C} = \boldsymbol{A}(\boldsymbol{BC})$

(2) $\lambda(\boldsymbol{AB}) = (\lambda\boldsymbol{A})\boldsymbol{B} = \boldsymbol{A}(\lambda\boldsymbol{B})$

(3) $\boldsymbol{A}(\boldsymbol{B}+\boldsymbol{C}) = \boldsymbol{AB}+\boldsymbol{AC}, (\boldsymbol{B}+\boldsymbol{C})\boldsymbol{A} = \boldsymbol{BA}+\boldsymbol{CA}$

对单位矩阵 $\boldsymbol{E}$，容易验证

$$\boldsymbol{E}_m\boldsymbol{A}_{m\times n} = \boldsymbol{A}_{m\times n}, \quad \boldsymbol{A}_{m\times n}\boldsymbol{E}_n = \boldsymbol{A}_{m\times n}$$

或简写为

$$\boldsymbol{EA} = \boldsymbol{AE} = \boldsymbol{A}$$

可见，单位矩阵 $\boldsymbol{E}$ 在矩阵乘法中的作用类似于 1 在有理数乘法中的作用.

定义了矩阵的乘法，可类似有理数幂的表示方式，进一步定义矩阵的幂.

定义 3.6　矩阵 A 的幂

设 $\boldsymbol{A}$ 是一个 n 阶方阵，规定

$$\boldsymbol{A}^k = \underbrace{\boldsymbol{A}\cdots\boldsymbol{A}}_{k}$$

其中，k 为正整数.$\boldsymbol{A}^k$ 实质上就是 k 个 $\boldsymbol{A}$ 相乘.

矩阵的幂满足如下的运算律 ($\boldsymbol{A}$ 为方阵，k, l 为正整数)：

(1) $\boldsymbol{A}^k\boldsymbol{A}^l = \boldsymbol{A}^{k+l}$

(2) $(\boldsymbol{A}^k)^l = \boldsymbol{A}^{kl}$

由于矩阵的乘法不满足交换律，所以一般有

(1) $(\boldsymbol{AB})^k \neq \boldsymbol{A}^k\boldsymbol{B}^k$

(2) $(\boldsymbol{A}+\boldsymbol{B})^2 = \boldsymbol{A}^2+\boldsymbol{AB}+\boldsymbol{BA}+\boldsymbol{B}^2 \neq \boldsymbol{A}^2+2\boldsymbol{AB}+\boldsymbol{B}^2$

(3) $(\boldsymbol{A}-\boldsymbol{B})(\boldsymbol{A}+\boldsymbol{B}) = \boldsymbol{A}^2+\boldsymbol{AB}-\boldsymbol{BA}-\boldsymbol{B}^2 \neq \boldsymbol{A}^2-\boldsymbol{B}^2$

即类似有理数幂运算中的完全平方公式和平方差公式在矩阵的幂的运算中不成立. 但当矩阵 $\boldsymbol{A}$与$\boldsymbol{B}$ 可交换时，上面的三个结论都成立.

⚒ 例 3.9　某小镇现有 8000 名已婚妇女、2000 名单身妇女. 已婚妇女中每年有 30% 离婚，单身妇女中每年有 20% 结婚. 假设妇女的总数保持不变，求一年后已婚和单身妇女的人数、两年后已婚和单身妇女的人数.

解　设矩阵

$$\boldsymbol{A} = \begin{pmatrix} 0.7 & 0.2 \\ 0.3 & 0.8 \end{pmatrix}, \quad \boldsymbol{x} = \begin{pmatrix} 8000 \\ 2000 \end{pmatrix}$$

其中，矩阵 $\boldsymbol{A}$ 的第一行元素表示已婚和单身妇女一年后成为已婚妇女的比率，第二行元素表示已婚和单身妇女一年后成为单身妇女的比率；$\boldsymbol{x}$ 的列元素表示小镇现有已婚和单身妇女的人数. 则一年后已婚和单身妇女的人数为

$$\boldsymbol{Ax} = \begin{pmatrix} 0.7 & 0.2 \\ 0.3 & 0.8 \end{pmatrix}\begin{pmatrix} 8000 \\ 2000 \end{pmatrix} = \begin{pmatrix} 6000 \\ 4000 \end{pmatrix}$$

即一年后小镇已婚妇女有 6000 人，单身妇女有 4000 人.

两年后已婚和单身妇女人数为

$$\begin{aligned}\boldsymbol{A}^2\boldsymbol{x} &= \boldsymbol{A}(\boldsymbol{A}\boldsymbol{x}) \\ &= \begin{pmatrix}0.7 & 0.2\\0.3 & 0.8\end{pmatrix}\begin{pmatrix}6000\\4000\end{pmatrix} = \begin{pmatrix}5000\\5000\end{pmatrix}\end{aligned}$$

即两年后小镇已婚妇女有 5000 人，单身妇女有 5000 人.

事实上，n 年后已婚和单身妇女的人数可以用 $\boldsymbol{A}^n\boldsymbol{x}$ 进行计算，可借助 Python 求解，详见例 6.20.

⚒ **例 3.10** 设有旋转线性变换

$$\begin{cases} y_1 = \cos\varphi x_1 - \sin\varphi x_2 \\ y_2 = \sin\varphi x_1 + \cos\varphi x_2 \end{cases} \tag{3.14}$$

写出该线性变换的矩阵形式，并写出逆时针旋转 2φ 角对应的矩阵形式.

解 设

$$\boldsymbol{x} = \begin{pmatrix}x_1\\x_2\end{pmatrix},\quad \boldsymbol{y} = \begin{pmatrix}y_1\\y_2\end{pmatrix},\quad \boldsymbol{A} = \begin{pmatrix}\cos\varphi & -\sin\varphi\\ \sin\varphi & \cos\varphi\end{pmatrix}$$

则线性变换的矩阵形式为

$$\begin{pmatrix}y_1\\y_2\end{pmatrix} = \begin{pmatrix}\cos\varphi & -\sin\varphi\\ \sin\varphi & \cos\varphi\end{pmatrix}\begin{pmatrix}x_1\\x_2\end{pmatrix}$$

进一步简写为

$$\boldsymbol{y} = \boldsymbol{A}\boldsymbol{x}$$

该线性变换表示对向量 $\boldsymbol{x}$ 逆时针旋转 φ 角. 所以向量 $\boldsymbol{x}$ 左乘一个矩阵 $\boldsymbol{A}$ 就是将向量 $\boldsymbol{x}$ 逆时针旋转 φ 角，得到的新向量就是 $\boldsymbol{A}\boldsymbol{x}$.

如果逆时针旋转 2φ 角，可直接写出旋转矩阵为

$$\begin{pmatrix}\cos 2\varphi & -\sin 2\varphi\\ \sin 2\varphi & \cos 2\varphi\end{pmatrix}$$

或者是在已经旋转 φ 角的基础上，继续逆时针旋转 φ 角 (即旋转两次 φ 角)，只需再左乘一个矩阵 $\boldsymbol{A}$，得到的新向量就是 $\boldsymbol{A}\boldsymbol{A}\boldsymbol{x} = \boldsymbol{A}^2\boldsymbol{x}$. 实际上

$$\begin{aligned}\boldsymbol{A}^2 &= \begin{pmatrix}\cos\varphi & -\sin\varphi\\ \sin\varphi & \cos\varphi\end{pmatrix}\begin{pmatrix}\cos\varphi & -\sin\varphi\\ \sin\varphi & \cos\varphi\end{pmatrix} \\ &= \begin{pmatrix}\cos^2\varphi - \sin^2\varphi & -\cos\varphi\sin\varphi - \sin\varphi\cos\varphi\\ \sin\varphi\cos\varphi + \cos\varphi\sin\varphi & -\sin^2\varphi + \cos^2\varphi\end{pmatrix} \\ &= \begin{pmatrix}\cos 2\varphi & -\sin 2\varphi\\ \sin 2\varphi & \cos 2\varphi\end{pmatrix}\end{aligned}$$

合角公式:

$$\sin(\alpha+\beta) = \sin\alpha\cos\beta + \cos\alpha\sin\beta$$

$$\cos(\alpha+\beta) = \cos\alpha\cos\beta - \sin\alpha\sin\beta$$

知识拓展: 旋转矩阵在工业机器人研制中的应用

旋转矩阵在机器人和计算机视觉等研究领域均有广泛应用.

如图 3.7 所示是一个工业机器人的机械臂，假设步进电机的步进角为 φ，即给步进电机一个电脉冲，步进电机旋转 φ 角，所以步进电机的旋转角度是步进角的整数倍. 考查从当前位置开始，机械臂第二节在竖直平面上逆时针旋转 3φ 角后机械手的位置. 为研究机械臂的运动轨迹，在第二关节处建立如图 3.8 所示的平面直角坐标系.

图 3.7　工业机器人的机械臂

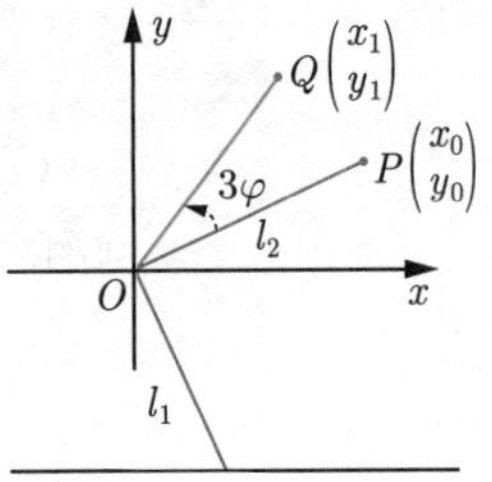

图 3.8　旋转建模

设机械手的初始位置为 $P(x_0,y_0)$，则向量 $\overrightarrow{OP}=(x_0,y_0)^{\mathrm{T}}$. 设矩阵 $\boldsymbol{A}$ 为旋转矩阵，$\overrightarrow{OP}$ 逆时针旋转 3φ 角至 $\overrightarrow{OQ}$，则 $\overrightarrow{OQ}$ 为

$$\begin{pmatrix}x_1\\y_1\end{pmatrix}=\boldsymbol{AAA}\overrightarrow{OP}=\boldsymbol{A}^3\begin{pmatrix}x_0\\y_0\end{pmatrix}$$

或

$$\begin{pmatrix}x_1\\y_1\end{pmatrix}=\begin{pmatrix}\cos\varphi & -\sin\varphi\\ \sin\varphi & \cos\varphi\end{pmatrix}^3\begin{pmatrix}x_0\\y_0\end{pmatrix} \tag{3.15}$$

注意到，“旋转 3 次，每次旋转 φ 角”和“旋转 1 次，旋转 3φ 角”的结果是一样的，所以

$$\begin{pmatrix}x_1\\y_1\end{pmatrix}=\begin{pmatrix}\cos3\varphi & -\sin3\varphi\\ \sin3\varphi & \cos3\varphi\end{pmatrix}\begin{pmatrix}x_0\\y_0\end{pmatrix} \tag{3.16}$$

比较式 (3.15) 和式 (3.16) 知

$$\begin{pmatrix}\cos\varphi & -\sin\varphi\\ \sin\varphi & \cos\varphi\end{pmatrix}^3=\begin{pmatrix}\cos3\varphi & -\sin3\varphi\\ \sin3\varphi & \cos3\varphi\end{pmatrix}$$

事实上，一般有

$$\begin{pmatrix}\cos\varphi & -\sin\varphi\\ \sin\varphi & \cos\varphi\end{pmatrix}^n=\begin{pmatrix}\cos n\varphi & -\sin n\varphi\\ \sin n\varphi & \cos n\varphi\end{pmatrix} \tag{3.17}$$

式 (3.17) 可以根据矩阵乘法和三角函数积化和差公式，利用数学归纳法进行证明，请读者自行完成证明过程.

在步进电机的控制中，当 n 很大时，使用式 (3.17) 的右边代替左边进行类似式 (3.15) 的计算将极大地减少矩阵乘法运算的次数，降低计算复杂性，提高机械臂的响应灵敏度.

3.2.3 矩阵的转置

定义 3.7 矩阵的转置

把矩阵 $\boldsymbol{A}$ 的行换成同序数的列得到一个新的矩阵，叫作矩阵 $\boldsymbol{A}$ 的转置矩阵，记作 $\boldsymbol{A}^{\mathrm{T}}$，即

$$\boldsymbol{A}=\begin{pmatrix} a_{11} & a_{12} & \cdots & a_{1n} \\ a_{21} & a_{22} & \cdots & a_{2n} \\ \vdots & \vdots & & \vdots \\ a_{m1} & a_{m2} & \cdots & a_{mn} \end{pmatrix},\quad \boldsymbol{A}^{\mathrm{T}}=\begin{pmatrix} a_{11} & a_{21} & \cdots & a_{m1} \\ a_{12} & a_{22} & \cdots & a_{m2} \\ \vdots & \vdots & & \vdots \\ a_{1n} & a_{2n} & \cdots & a_{mn} \end{pmatrix}$$

例如，矩阵 $\boldsymbol{A}=\begin{pmatrix} 1 & 2 & 2 \\ 4 & 5 & 8 \end{pmatrix}$ 的转置矩阵 $\boldsymbol{A}^{\mathrm{T}}=\begin{pmatrix} 1 & 4 \\ 2 & 5 \\ 2 & 8 \end{pmatrix}$.

矩阵的转置也是一种运算，满足下述运算规律：

(1) $(\boldsymbol{A}^{\mathrm{T}})^{\mathrm{T}}=\boldsymbol{A}$

(2) $(\boldsymbol{A}+\boldsymbol{B})^{\mathrm{T}}=\boldsymbol{A}^{\mathrm{T}}+\boldsymbol{B}^{\mathrm{T}}$

(3) $(\lambda\boldsymbol{A})^{\mathrm{T}}=\lambda\boldsymbol{A}^{\mathrm{T}}$

(4) $(\boldsymbol{AB})^{\mathrm{T}}=\boldsymbol{B}^{\mathrm{T}}\boldsymbol{A}^{\mathrm{T}}$

运算规律 (1)～(3) 是显然的，这里只证明运算规律 (4).

证 设矩阵 $\boldsymbol{A}=(a_{ij})_{m\times s}$，$\boldsymbol{B}=(b_{ij})_{s\times n}$，故 $\boldsymbol{AB}$ 为 $m\times n$ 矩阵，$(\boldsymbol{AB})^{\mathrm{T}}$ 为 $n\times m$ 矩阵. 另外，$\boldsymbol{B}^{\mathrm{T}}$ 为 $n\times s$ 矩阵，$\boldsymbol{A}^{\mathrm{T}}$ 为 $s\times m$ 矩阵，于是 $\boldsymbol{B}^{\mathrm{T}}\boldsymbol{A}^{\mathrm{T}}$ 为 $n\times m$ 矩阵. 故 $(\boldsymbol{AB})^{\mathrm{T}}$ 与 $\boldsymbol{B}^{\mathrm{T}}\boldsymbol{A}^{\mathrm{T}}$ 为同型矩阵.

再证 $(\boldsymbol{AB})^{\mathrm{T}}$ 与 $\boldsymbol{B}^{\mathrm{T}}\boldsymbol{A}^{\mathrm{T}}$ 的对应元素相等. 矩阵 $(\boldsymbol{AB})^{\mathrm{T}}$ 中第 j 行第 i 列元素是 $\boldsymbol{AB}$ 第 i 行第 j 列元素，即

$$\sum_{k=1}^{s} a_{ik}b_{kj}=a_{i1}b_{1j}+a_{i2}b_{2j}+\cdots+a_{is}b_{sj}\quad (i=1,2,\cdots,m;j=1,2,\cdots,n)$$

而矩阵 $\boldsymbol{B}^{\mathrm{T}}\boldsymbol{A}^{\mathrm{T}}$ 中第 j 行第 i 列元素，应为矩阵 $\boldsymbol{B}^{\mathrm{T}}$ 第 j 行元素与矩阵 $\boldsymbol{A}^{\mathrm{T}}$ 第 i 列对应元素的乘积之和，即矩阵 $\boldsymbol{B}$ 第 j 列元素与矩阵 $\boldsymbol{A}$ 第 i 行对应的元素乘积之和，即

$$\begin{aligned}\begin{pmatrix} b_{1j} \\ b_{2j} \\ \vdots \\ b_{sj} \end{pmatrix}^{\mathrm{T}} \left(a_{i1},a_{i2},\cdots,a_{is}\right)^{\mathrm{T}} &=(b_{1j},b_{2j},\cdots,b_{sj})\begin{pmatrix} a_{i1} \\ a_{i2} \\ \vdots \\ a_{is} \end{pmatrix} \\ &=\sum_{k=1}^{s} b_{kj}a_{ik}=\sum_{k=1}^{s} a_{ik}b_{kj} \\ &=a_{i1}b_{1j}+a_{i2}b_{2j}+\cdots+a_{is}b_{sj}\end{aligned}$$

所以

$$(\boldsymbol{AB})^{\mathrm{T}}=\boldsymbol{B}^{\mathrm{T}}\boldsymbol{A}^{\mathrm{T}}$$

⚒ **例 3.11**　证明 $(\boldsymbol{ABC})^{\mathrm{T}}=\boldsymbol{C}^{\mathrm{T}}\boldsymbol{B}^{\mathrm{T}}\boldsymbol{A}^{\mathrm{T}}$.

证　$(\boldsymbol{ABC})^{\mathrm{T}}=[(\boldsymbol{AB})\boldsymbol{C}]^{\mathrm{T}}=\boldsymbol{C}^{\mathrm{T}}(\boldsymbol{AB})^{\mathrm{T}}=\boldsymbol{C}^{\mathrm{T}}\boldsymbol{B}^{\mathrm{T}}\boldsymbol{A}^{\mathrm{T}}$

一般地，用归纳法容易证明

$$(\boldsymbol{A}_1+\boldsymbol{A}_2+\cdots+\boldsymbol{A}_n)^{\mathrm{T}}=\boldsymbol{A}_1^{\mathrm{T}}+\boldsymbol{A}_2^{\mathrm{T}}+\cdots+\boldsymbol{A}_n^{\mathrm{T}}$$

$$(\boldsymbol{A}_1\boldsymbol{A}_2\cdots\boldsymbol{A}_n)^{\mathrm{T}}=\boldsymbol{A}_n^{\mathrm{T}}\cdots\boldsymbol{A}_2^{\mathrm{T}}\boldsymbol{A}_1^{\mathrm{T}}$$

⚒ **例 3.12**　设矩阵

$$\boldsymbol{A}=\begin{pmatrix}1&3&-2\\0&-1&4\end{pmatrix},\quad \boldsymbol{B}=\begin{pmatrix}1&-1&7\\4&3&0\\2&1&2\end{pmatrix}$$

求 $(\boldsymbol{AB})^{\mathrm{T}}$.

解　方法一：按照矩阵乘法的定义.

$$\boldsymbol{AB}=\begin{pmatrix}1&3&-2\\0&-1&4\end{pmatrix}\begin{pmatrix}1&-1&7\\4&3&0\\2&1&2\end{pmatrix}=\begin{pmatrix}9&6&3\\4&1&8\end{pmatrix}$$

于是

$$(\boldsymbol{AB})^{\mathrm{T}}=\begin{pmatrix}9&4\\6&1\\3&8\end{pmatrix}$$

方法二：按转置运算律. 由于

$$\boldsymbol{A}^{\mathrm{T}}=\begin{pmatrix}1&0\\3&-1\\-2&4\end{pmatrix},\quad \boldsymbol{B}^{\mathrm{T}}=\begin{pmatrix}1&4&2\\-1&3&1\\7&0&2\end{pmatrix}$$

按照矩阵转置运算律，有

$$(\boldsymbol{AB})^{\mathrm{T}}=\boldsymbol{B}^{\mathrm{T}}\boldsymbol{A}^{\mathrm{T}}=\begin{pmatrix}1&4&2\\-1&3&1\\7&0&2\end{pmatrix}\begin{pmatrix}1&0\\3&-1\\-2&4\end{pmatrix}=\begin{pmatrix}9&4\\6&1\\3&8\end{pmatrix}$$

定义 3.8　对称矩阵

设 $\boldsymbol{A}$ 为 n 阶方阵，如果满足 $a_{ij}=a_{ji}(i,j=1,2,\cdots,n)$，即

$$\boldsymbol{A}^{\mathrm{T}}=\boldsymbol{A}$$

那么 $\boldsymbol{A}$ 称为对称矩阵，简称对称阵.

注：对称矩阵的特点是元素关于主对角线对称，如

$$\begin{pmatrix}x&a&\cdots&a\\a&x&\cdots&a\\\vdots&\vdots&\ddots&\vdots\\a&a&\cdots&x\end{pmatrix}$$

⚒ **例 3.13**　设 $\boldsymbol{A}$ 为 n 阶方阵，证明 $\boldsymbol{AA}^{\mathrm{T}}$和$\boldsymbol{A}^{\mathrm{T}}\boldsymbol{A}$ 都是对称矩阵.

证　因为

$$(\boldsymbol{AA}^{\mathrm{T}})^{\mathrm{T}}=(\boldsymbol{A}^{\mathrm{T}})^{\mathrm{T}}(\boldsymbol{A})^{\mathrm{T}}=\boldsymbol{AA}^{\mathrm{T}}$$

所以 $\boldsymbol{A}\boldsymbol{A}^{\mathrm{T}}$ 是对称矩阵.

同理可证，$\boldsymbol{A}^{\mathrm{T}}\boldsymbol{A}$ 是对称矩阵.

⚒ **例 3.14**　设列矩阵 $\boldsymbol{X}=(x_1,x_2,\cdots,x_n)^{\mathrm{T}}$ 满足 $\boldsymbol{X}^{\mathrm{T}}\boldsymbol{X}=1$,$\boldsymbol{E}$ 为 n 阶单位矩阵，$\boldsymbol{H}=\boldsymbol{E}-2\boldsymbol{X}\boldsymbol{X}^{\mathrm{T}}$, 证明 $\boldsymbol{H}$ 是对称矩阵，且 $\boldsymbol{H}\boldsymbol{H}^{\mathrm{T}}=\boldsymbol{E}$.

证　因为

$$\boldsymbol{H}^{\mathrm{T}}=(\boldsymbol{E}-2\boldsymbol{X}\boldsymbol{X}^{\mathrm{T}})^{\mathrm{T}}=\boldsymbol{E}^{\mathrm{T}}-2(\boldsymbol{X}\boldsymbol{X}^{\mathrm{T}})^{\mathrm{T}}=\boldsymbol{E}-2\boldsymbol{X}\boldsymbol{X}^{\mathrm{T}}=\boldsymbol{H}$$

所以 $\boldsymbol{H}$ 是对称矩阵.

$$\begin{aligned}\boldsymbol{H}\boldsymbol{H}^{\mathrm{T}}&=(\boldsymbol{H})^2=(\boldsymbol{E}-2\boldsymbol{X}\boldsymbol{X}^{\mathrm{T}})^2\\&=\boldsymbol{E}-4\boldsymbol{X}\boldsymbol{X}^{\mathrm{T}}+4(\boldsymbol{X}\boldsymbol{X}^{\mathrm{T}})(\boldsymbol{X}\boldsymbol{X}^{\mathrm{T}})\\&=\boldsymbol{E}-4\boldsymbol{X}\boldsymbol{X}^{\mathrm{T}}+4\boldsymbol{X}(\boldsymbol{X}^{\mathrm{T}}\boldsymbol{X})\boldsymbol{X}^{\mathrm{T}}\\&=\boldsymbol{E}-4\boldsymbol{X}\boldsymbol{X}^{\mathrm{T}}+4\boldsymbol{X}\boldsymbol{X}^{\mathrm{T}}=\boldsymbol{E}\end{aligned}$$

3.3　方阵的行列式

对矩阵 $\boldsymbol{A}_{m\times n}$ 而言，当且仅当 $m=n$，即 $\boldsymbol{A}$ 为方阵时，对应有方阵的行列式. 方阵的行列式是描述方阵性质的重要数量指标.

定义 3.9　方阵的行列式

由 n 阶方阵 $\boldsymbol{A}$ 的元素保持原来的位置不变所构成的行列式称为方阵 $\boldsymbol{A}$ 的行列式，记作 $\det\boldsymbol{A}$ 或 $|\boldsymbol{A}|$.

从定义看，方阵表示一个正方形数表，方阵的行列式表示由数表元素经过运算后的结果，是一个数值，二者本质不同. 从几何含义上看，二者又具有紧密的联系.

方阵 A 的行列式的几何解释

由 3.1 节知道，一个方阵代表一个具体的线性变换，由 2.1.4 小节的行列式的几何意义知道，行列式一方面表示由行列式的列向量所张成的平行多面体的有向面积或体积. 所以方阵的行列式可以看作由方阵的列向量所张成的平行多面体的有向面积或有向体积.

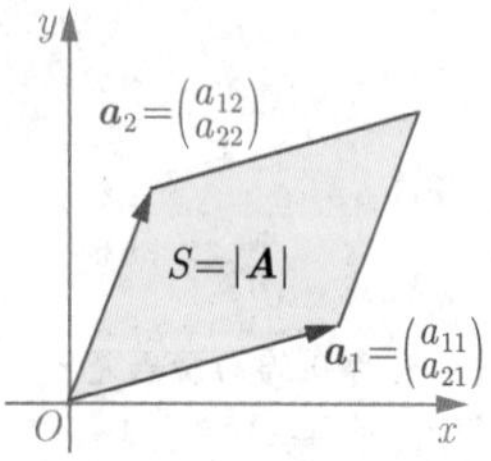

图 3.9　二阶方阵的行列式

以二维向量空间为例，设方阵 $\boldsymbol{A}=(\boldsymbol{a}_1,\boldsymbol{a}_2)$，其中，$\boldsymbol{a}_1=(a_{11},a_{21})^{\mathrm{T}}$，$\boldsymbol{a}_2=(a_{12},a_{22})^{\mathrm{T}}$，则方阵 $\boldsymbol{A}$ 的行列式 $|\boldsymbol{A}|$ 表示图 3.9 中平行四边形的有向面积.

同理，三阶方阵 $\boldsymbol{A}=(\boldsymbol{a}_1,\boldsymbol{a}_2,\boldsymbol{a}_3)$ 的行列式 $|\boldsymbol{A}|$ 表示由向量 $\boldsymbol{a}_1,\boldsymbol{a}_2,\boldsymbol{a}_3$ 所张成的平行六面体的有向体积.

另一方面，线性变换的系数行列式表示有向面积或有向体积在该线性变换下的伸缩倍数，即伸缩因子. 所以方阵 $\boldsymbol{A}$ 的行列式 $|\boldsymbol{A}|$ 表示方阵代表的线性变换下有向面积或体积的伸缩因子. 以二维向量空间为例，设方阵 $\boldsymbol{A}$ 表示的线性变换将有向面积 S 变换为 S'，如图 3.10 所示，则方阵

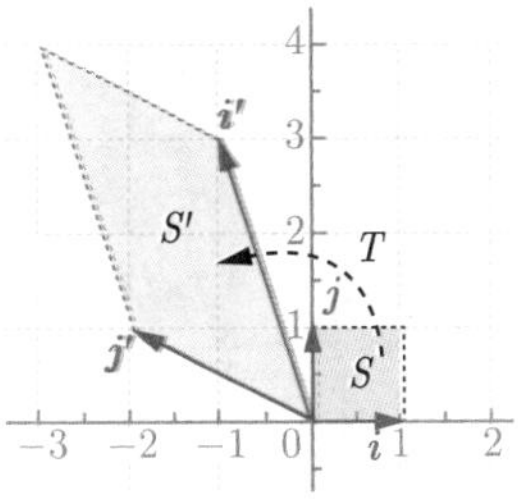

图 3.10　S 变换为 S'

$\boldsymbol{A}$ 的行列式 $|\boldsymbol{A}|$ 表示伸缩因子，即

$$|\boldsymbol{A}| = \frac{S'}{S}$$

同理，三阶方阵 $\boldsymbol{A} = (\boldsymbol{a}_1, \boldsymbol{a}_2, \boldsymbol{a}_3)$ 的行列式 $|\boldsymbol{A}|$ 表示由向量 $\boldsymbol{a}_1, \boldsymbol{a}_2, \boldsymbol{a}_3$ 所张成的平行六面体在线性变换 $\boldsymbol{A}$ 下的伸缩因子.

设 $\boldsymbol{A}$、$\boldsymbol{B}$ 为 n 阶方阵，λ 为数，则有如下性质.

(1) $|\boldsymbol{A}^{\mathrm{T}}| = |\boldsymbol{A}|$

(2) $|\lambda \boldsymbol{A}| = \lambda^n |\boldsymbol{A}|$

(3) $|\boldsymbol{AB}| = |\boldsymbol{A}||\boldsymbol{B}|$

由性质 (3) 知道，对于 n 阶方阵 $\boldsymbol{A}$、$\boldsymbol{B}$，一般来说 $\boldsymbol{AB} \neq \boldsymbol{BA}$，但总有

$$|\boldsymbol{AB}| = |\boldsymbol{A}||\boldsymbol{B}| = |\boldsymbol{B}||\boldsymbol{A}| = |\boldsymbol{BA}|$$

⚒ **例 3.15**　设

$$\boldsymbol{A} = \begin{pmatrix} x_1 & b_1 & c_1 \\ x_2 & b_2 & c_2 \\ x_3 & b_3 & c_3 \end{pmatrix}, \quad \boldsymbol{B} = \begin{pmatrix} y_1 & b_1 & c_1 \\ y_2 & b_2 & c_2 \\ y_3 & b_3 & c_3 \end{pmatrix}$$

且 $|\boldsymbol{A}| = 3$，$|\boldsymbol{B}| = -2$，求 $|\boldsymbol{A} + \boldsymbol{B}|$ 的值.

解　因为

$$\begin{aligned} \boldsymbol{A} + \boldsymbol{B} &= \begin{pmatrix} x_1 & b_1 & c_1 \\ x_2 & b_2 & c_2 \\ x_3 & b_3 & c_3 \end{pmatrix} + \begin{pmatrix} y_1 & b_1 & c_1 \\ y_2 & b_2 & c_2 \\ y_3 & b_3 & c_3 \end{pmatrix} \\ &= \begin{pmatrix} x_1 + y_1 & 2b_1 & 2c_1 \\ x_2 + y_2 & 2b_2 & 2c_2 \\ x_3 + y_3 & 2b_3 & 2c_3 \end{pmatrix} \end{aligned}$$

所以

$$\begin{aligned} |\boldsymbol{A} + \boldsymbol{B}| &= \begin{vmatrix} x_1 + y_1 & 2b_1 & 2c_1 \\ x_2 + y_2 & 2b_2 & 2c_2 \\ x_3 + y_3 & 2b_3 & 2c_3 \end{vmatrix} = 2^2 \begin{vmatrix} x_1 + y_1 & b_1 & c_1 \\ x_2 + y_2 & b_2 & c_2 \\ x_3 + y_3 & b_3 & c_3 \end{vmatrix} \\ &= 4\left(\begin{vmatrix} x_1 & b_1 & c_1 \\ x_2 & b_2 & c_2 \\ x_3 & b_3 & c_3 \end{vmatrix} + \begin{vmatrix} y_1 & b_1 & c_1 \\ y_2 & b_2 & c_2 \\ y_3 & b_3 & c_3 \end{vmatrix} \right) \\ &= 4(|\boldsymbol{A}| + |\boldsymbol{B}|) = 4[3 + (-2)] = 4 \end{aligned}$$

⚒ **例 3.16**　设 $\boldsymbol{A}$ 和 $\boldsymbol{B}$ 都是三阶方阵，且 $|\boldsymbol{A}| = -5$ 和 $|\boldsymbol{B}| = 3$，求 $|2\boldsymbol{AB}|$ 的值.

解　由运算性质知

$$|2\boldsymbol{AB}| = 2^3|\boldsymbol{AB}| = 8|\boldsymbol{A}||\boldsymbol{B}| = 8 \times (-5) \times 3 = -120$$

3.4 逆 矩 阵

假设向量 $\boldsymbol{x}$ 通过线性变换 $\boldsymbol{B}$ 映射到向量 $\boldsymbol{y}$，即 $\boldsymbol{y}=\boldsymbol{B}\boldsymbol{x}$，如图 3.11 所示.

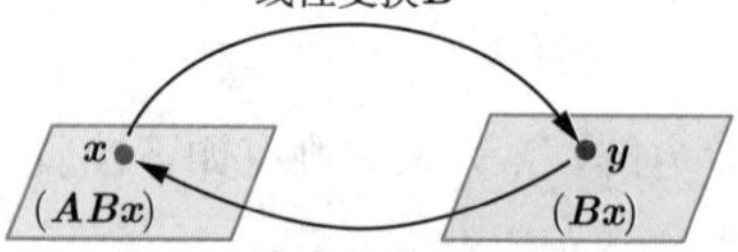

图 3.11 线性变换与其逆变换

在此基础上，若有线性变换 $\boldsymbol{A}$ 将向量 $\boldsymbol{y}$ 映射到向量 $\boldsymbol{x}$，即 $\boldsymbol{x}=\boldsymbol{A}\boldsymbol{y}$，则对向量 $\boldsymbol{x}$，复合线性变换 $\boldsymbol{AB}$ 将向量 $\boldsymbol{x}$ 映射回自身，$\boldsymbol{AB}$ 本质上就是一个恒等线性变换 $\boldsymbol{E}$，即

$$\boldsymbol{E}\boldsymbol{x}=\boldsymbol{x}=\boldsymbol{A}\boldsymbol{y}=\boldsymbol{AB}\boldsymbol{x}$$

所以

$$\boldsymbol{AB}=\boldsymbol{E}$$

对于向量 $\boldsymbol{y}$ 而言，复合线性变换 $\boldsymbol{BA}$ 将向量 $\boldsymbol{y}$ 映射回自身，$\boldsymbol{BA}$ 本质上也是一个恒等线性变换 $\boldsymbol{E}$，即

$$\boldsymbol{E}\boldsymbol{y}=\boldsymbol{y}=\boldsymbol{B}\boldsymbol{x}=\boldsymbol{BA}\boldsymbol{y}$$

所以

$$\boldsymbol{BA}=\boldsymbol{E}$$

线性变换 $\boldsymbol{A}$ 和 $\boldsymbol{B}$ 称为互逆的线性变换，其中一个线性变换称为另一个线性变换的逆变换. 对应的矩阵 $\boldsymbol{A}$ 和 $\boldsymbol{B}$ 称为互逆的矩阵，其中一个矩阵称为另一个矩阵的逆矩阵.

注：在矩阵运算中，单位阵 $\boldsymbol{E}$ 的作用相当于有理数运算中的 1，所以

$$\boldsymbol{AB}=\boldsymbol{BA}=\boldsymbol{E}$$
$$\Longrightarrow \boldsymbol{A}^{-1}=\boldsymbol{B}$$

这种推理的逻辑可以类比有理数运算中的

$$ab=ba=1$$
$$\Longrightarrow a^{-1}=b$$

3.4.1 逆矩阵的概念

定义 3.10 逆矩阵 (the inverse of a matrix)

对于 n 阶矩阵 $\boldsymbol{A}$，如果有一个 n 阶矩阵 $\boldsymbol{B}$，使

$$\boldsymbol{AB}=\boldsymbol{BA}=\boldsymbol{E} \tag{3.18}$$

则称矩阵 $\boldsymbol{A}$ 是可逆的，并把矩阵 $\boldsymbol{B}$ 称为矩阵 $\boldsymbol{A}$ 的逆矩阵，记作 $\boldsymbol{A}^{-1}=\boldsymbol{B}$.

逆矩阵是一个相对的概念，当称矩阵 $\boldsymbol{B}$ 为矩阵 $\boldsymbol{A}$ 的逆矩阵时，矩阵 $\boldsymbol{A}$ 也为矩阵 $\boldsymbol{B}$ 的逆矩阵.

由定义式 (3.18) 可知，当矩阵 $\boldsymbol{A}$ 可逆时，$\boldsymbol{A}$ 与 $\boldsymbol{B}$ 是可交换的，而可交换的矩阵一定是方阵，所以矩阵 $\boldsymbol{A}$ 与其逆矩阵 $\boldsymbol{B}$ 一定是方阵，并且矩阵 $\boldsymbol{A}$ 与其逆矩阵 $\boldsymbol{B}$ 的行数和列数相等.

对方阵 $\boldsymbol{A}$，当其逆矩阵 $\boldsymbol{A}^{-1}$ 存在时，称矩阵 $\boldsymbol{A}$ 可逆.

3.4.2 矩阵可逆的条件

> 通过观察不难发现，$\boldsymbol{A}^*$ 中元素的组成具有鲜明特点，即 $|\boldsymbol{A}|$ 各行元素的代数余子式按列排放在 $\boldsymbol{A}^*$ 中，如 $|\boldsymbol{A}|$ 中第 i 行元素的代数余子式 $A_{i1}, A_{i2}, \cdots, A_{in}$ 构成 $\boldsymbol{A}^*$ 中的第 i 列元素. 这样排放的好处是可以利用 2.3 节的推论得到 $\boldsymbol{AA}^* = |\boldsymbol{A}|\boldsymbol{E}$ 这一漂亮结果.

定义 3.11　伴随矩阵 (adjoint matrix)

矩阵 $\boldsymbol{A}$ 的行列式 $|\boldsymbol{A}|$ 的各个元素的代数余子式 $\boldsymbol{A}_{ij}$ 所构成的矩阵

$$\boldsymbol{A}^* = \begin{pmatrix} A_{11} & A_{21} & \cdots & A_{n1} \\ A_{12} & A_{22} & \cdots & A_{n2} \\ \vdots & \vdots & & \vdots \\ A_{1n} & A_{2n} & \cdots & A_{nn} \end{pmatrix}$$

称为矩阵 $\boldsymbol{A}$ 的伴随矩阵，简称伴随阵.

有关伴随矩阵的一个重要结论如下.

设 $\boldsymbol{A}^*$ 是 $\boldsymbol{A}$ 的伴随矩阵，则

$$\boldsymbol{AA}^* = \boldsymbol{A}^*\boldsymbol{A} = |\boldsymbol{A}|\boldsymbol{E} \tag{3.19}$$

证　设 $\boldsymbol{A} = (a_{ij})$，记 $\boldsymbol{AA}^* = (b_{ij})$，则

$$b_{ij} = a_{i1}A_{j1} + a_{i2}A_{j2} + \cdots + a_{in}A_{jn} = \begin{cases} |\boldsymbol{A}|, & 当 i = j 时 \\ 0, & 当 i \neq j 时 \end{cases}$$

故

$$\boldsymbol{AA}^* = \begin{pmatrix} |\boldsymbol{A}| & 0 & \cdots & 0 \\ 0 & |\boldsymbol{A}| & \cdots & 0 \\ \vdots & \vdots & & \vdots \\ 0 & 0 & \cdots & |\boldsymbol{A}| \end{pmatrix} = |\boldsymbol{A}|\boldsymbol{E}$$

同理，有

$$\boldsymbol{A}^*\boldsymbol{A} = |\boldsymbol{A}|\boldsymbol{E}$$

式 (3.19) 的结论非常重要，在后面的计算、证明过程中会经常用到这个结论.

矩阵 $\boldsymbol{A}$ 可逆与矩阵 $\boldsymbol{A}$ 的逆矩阵 $\boldsymbol{A}^{-1}$ 存在是等价的说法. 矩阵 $\boldsymbol{A}$ 可逆需要满足一定的条件. 使用矩阵 $\boldsymbol{A}$ 的逆矩阵 $\boldsymbol{A}^{-1}$ 之前要先行判定矩阵 $\boldsymbol{A}$ 是否可逆.

定理 3.1　可逆的充要条件

矩阵 $\boldsymbol{A}$ 可逆 $\Leftrightarrow |\boldsymbol{A}| \neq 0$，且

$$\boldsymbol{A}^{-1} = \frac{1}{|\boldsymbol{A}|}\boldsymbol{A}^* \tag{3.20}$$

其中，$\boldsymbol{A}^*$ 为矩阵 $\boldsymbol{A}$ 的伴随矩阵.

证　先证必要性：设矩阵 $\boldsymbol{A}$ 可逆，即存在 $\boldsymbol{A}^{-1}$，使

$$\boldsymbol{AA}^{-1} = \boldsymbol{E}$$

两边取行列式，有

$$|\boldsymbol{A}||\boldsymbol{A}^{-1}| = |\boldsymbol{E}| = 1$$

所以

$$|\boldsymbol{A}| \neq 0$$

再证充分性：由式 (3.19) 的结论知

$$\boldsymbol{A}\boldsymbol{A}^* = \boldsymbol{A}^*\boldsymbol{A} = |\boldsymbol{A}|\boldsymbol{E}$$

因为 $|\boldsymbol{A}| \neq 0$，所以有

$$\boldsymbol{A}\left(\frac{1}{|\boldsymbol{A}|}\boldsymbol{A}^*\right) = \left(\frac{1}{|\boldsymbol{A}|}\boldsymbol{A}^*\right)\boldsymbol{A} = \boldsymbol{E}$$

按照逆矩阵的定义知，矩阵 $\boldsymbol{A}$ 可逆，且

$$\boldsymbol{A}^{-1} = \frac{1}{|\boldsymbol{A}|}\boldsymbol{A}^*$$

定理不但给出了可逆性判定的充要条件，同时给出了求逆矩阵的方法，按照式 (3.20) 求矩阵的逆矩阵是主要的求解方法之一.

是否具有逆矩阵是矩阵性质的重要方面，因此，定理条件 $|\boldsymbol{A}| \neq 0$ 是否成立是刻画矩阵 $\boldsymbol{A}$ 性质的重要指标. 当 $|\boldsymbol{A}| = 0$ 时，矩阵 $\boldsymbol{A}$ 称为降秩矩阵，或退化矩阵；否则称其为满秩矩阵，或非退化矩阵.

由定理 3.1 可简化逆矩阵的定义.

定义 3.12　逆矩阵的等价定义

若 $\boldsymbol{AB} = \boldsymbol{E}$(或 $\boldsymbol{BA} = \boldsymbol{E}$)，则 $\boldsymbol{A}$ 可逆，且 $\boldsymbol{A}^{-1} = \boldsymbol{B}, \boldsymbol{B}^{-1} = \boldsymbol{A}$.

证　由 $\boldsymbol{AB} = \boldsymbol{E}$ 知

$$|\boldsymbol{AB}| = |\boldsymbol{A}||\boldsymbol{B}| = |\boldsymbol{E}| = 1$$

所以 $|\boldsymbol{A}| \neq 0$，$\boldsymbol{A}^{-1}$ 存在，且

$$\boldsymbol{B} = \boldsymbol{EB} = (\boldsymbol{A}^{-1}\boldsymbol{A})\boldsymbol{B} = \boldsymbol{A}^{-1}(\boldsymbol{AB}) = \boldsymbol{A}^{-1}\boldsymbol{E} = \boldsymbol{A}^{-1}$$

定义 3.12 对逆矩阵定义的要求放宽，同时简化了验证矩阵 $\boldsymbol{B}$ 是否为矩阵 $\boldsymbol{A}$ 的逆矩阵的过程，由验证 $\boldsymbol{AB} = \boldsymbol{BA} = \boldsymbol{E}$ 简化为验证 $\boldsymbol{AB} = \boldsymbol{E}$.

在矩阵运算中，$\boldsymbol{E}$ 和 $\boldsymbol{A}$ 的地位类似有理数运算中的有理数 1 和 a. 本例中，等号右边结构上与有理数运算中的 $1 + a + a^2 + \cdots + a^{k-1}$ 相似，所以，本例结论类似一个等比数列求和的问题，即当 $a^k = 0$ 时，等比数列

$$\begin{aligned}&1 + a + a^2 + \cdots + a^{k-1}\\=&\frac{1(1-a^k)}{1-a}\\=&\frac{1}{1-a} = (1-a)^{-1}\end{aligned}$$

例 3.17　设 $\boldsymbol{A}^k = \boldsymbol{O}$($k$ 为正整数)，证明

$$(\boldsymbol{E} - \boldsymbol{A})^{-1} = \boldsymbol{E} + \boldsymbol{A} + \boldsymbol{A}^2 + \cdots + \boldsymbol{A}^{k-1}$$

证　因为

$$\begin{aligned}&(\boldsymbol{E} - \boldsymbol{A})(\boldsymbol{E} + \boldsymbol{A} + \boldsymbol{A}^2 + \cdots + \boldsymbol{A}^{k-1})\\=&\boldsymbol{E}(\boldsymbol{E} + \boldsymbol{A} + \boldsymbol{A}^2 + \cdots + \boldsymbol{A}^{k-1}) - \boldsymbol{A}(\boldsymbol{E} + \boldsymbol{A} + \boldsymbol{A}^2 + \cdots + \boldsymbol{A}^{k-1})\\=&(\boldsymbol{E} + \boldsymbol{A} + \boldsymbol{A}^2 + \cdots + \boldsymbol{A}^{k-1}) - (\boldsymbol{A} + \boldsymbol{A}^2 + \cdots + \boldsymbol{A}^k)\\=&\boldsymbol{E} - \boldsymbol{A}^k\\=&\boldsymbol{E}\end{aligned}$$

所以有

$$(\boldsymbol{E} - \boldsymbol{A})^{-1} = \boldsymbol{E} + \boldsymbol{A} + \boldsymbol{A}^2 + \cdots + \boldsymbol{A}^{k-1}$$

若 $\exists k \in \mathbb{Z}^+$，使 $\boldsymbol{A}^k=\boldsymbol{O}$，则 $\boldsymbol{A}$ 称为幂零矩阵. 实际上，主对角线元素均为 0 的三角矩阵都是幂零矩阵. 例如，

$$\boldsymbol{A}=\begin{pmatrix}0&a&b\\0&0&a\\0&0&0\end{pmatrix},\quad \boldsymbol{A}^2=\begin{pmatrix}0&0&a^2\\0&0&0\\0&0&0\end{pmatrix},\quad \boldsymbol{A}^3=\boldsymbol{A}^4=\cdots=\boldsymbol{O}$$

⚒ **例 3.18**　假设 $ad-bc\neq 0$，求二阶矩阵 $\boldsymbol{A}=\begin{pmatrix}a&b\\c&d\end{pmatrix}$ 的逆矩阵.

解　$|\boldsymbol{A}|=ad-bc$，$\boldsymbol{A}^*=\begin{pmatrix}d&-b\\-c&a\end{pmatrix}$，当 $|\boldsymbol{A}|\neq 0$ 时，由可逆的充分条件定理知

$$\boldsymbol{A}^{-1}=\frac{1}{|\boldsymbol{A}|}\boldsymbol{A}^*=\frac{1}{ad-bc}\begin{pmatrix}d&-b\\-c&a\end{pmatrix}$$

注：求二阶矩阵 $\boldsymbol{A}$ 的伴随矩阵 $\boldsymbol{A}^*$ 是求解本题的关键. 比较发现，$\boldsymbol{A}^*$ 是将 $\boldsymbol{A}$ 中主对角线元素换位置、副对角线元素加负号而来. 今后，有关二阶矩阵的逆矩阵计算时可以直接使用该结论.

⚒ **例 3.19**　求矩阵 $\boldsymbol{A}=\begin{pmatrix}1&0&1\\2&1&0\\-3&2&-5\end{pmatrix}$ 的逆矩阵.

解　因为 $|\boldsymbol{A}|=\begin{vmatrix}1&0&1\\2&1&0\\-3&2&-5\end{vmatrix}=2\neq 0$. 所以，矩阵 $\boldsymbol{A}$ 可逆. 又知行列式 $|\boldsymbol{A}|$ 的代数余子式为

$$\boldsymbol{A}_{11}=(-1)^{1+1}\begin{vmatrix}1&0\\2&-5\end{vmatrix}=-5,\quad \boldsymbol{A}_{12}=(-1)^{1+2}\begin{vmatrix}2&0\\-3&-5\end{vmatrix}=10,$$

$$\boldsymbol{A}_{13}=(-1)^{1+3}\begin{vmatrix}2&1\\-3&2\end{vmatrix}=7,\quad \boldsymbol{A}_{21}=(-1)^{2+1}\begin{vmatrix}0&1\\2&-5\end{vmatrix}=2,$$

$$\boldsymbol{A}_{22}=(-1)^{2+2}\begin{vmatrix}1&1\\-3&-5\end{vmatrix}=-2,\quad \boldsymbol{A}_{23}=(-1)^{2+3}\begin{vmatrix}1&0\\-3&2\end{vmatrix}=-2,$$

$$\boldsymbol{A}_{31}=(-1)^{3+1}\begin{vmatrix}0&1\\1&0\end{vmatrix}=-1,\quad \boldsymbol{A}_{32}=(-1)^{3+2}\begin{vmatrix}1&1\\2&0\end{vmatrix}=2,$$

$$\boldsymbol{A}_{33}=(-1)^{3+3}\begin{vmatrix}1&0\\2&1\end{vmatrix}=1$$

所以

$$\boldsymbol{A}^{-1}=\frac{1}{|\boldsymbol{A}|}\boldsymbol{A}^*=\frac{1}{2}\begin{pmatrix}\boldsymbol{A}_{11}&\boldsymbol{A}_{21}&\boldsymbol{A}_{31}\\\boldsymbol{A}_{12}&\boldsymbol{A}_{22}&\boldsymbol{A}_{32}\\\boldsymbol{A}_{13}&\boldsymbol{A}_{23}&\boldsymbol{A}_{33}\end{pmatrix}$$

$$=\frac{1}{2}\begin{pmatrix}-5&2&-1\\10&-2&2\\7&-2&1\end{pmatrix}=\begin{pmatrix}-\frac{5}{2}&1&-\frac{1}{2}\\5&-1&1\\\frac{7}{2}&-1&\frac{1}{2}\end{pmatrix}$$

3.4.3 逆矩阵的性质

逆矩阵具有下列性质.

性质 1 如果矩阵 $\boldsymbol{A}$ 是可逆的，则 $\boldsymbol{A}$ 的逆矩阵是唯一的.

证 设 $\boldsymbol{B}$、$\boldsymbol{C}$ 是 $\boldsymbol{A}$ 的逆矩阵，则

$$\boldsymbol{B}=\boldsymbol{BE}=\boldsymbol{B}(\boldsymbol{AC})=(\boldsymbol{BA})(\boldsymbol{C})=\boldsymbol{EC}=\boldsymbol{C}$$

所以，$\boldsymbol{A}$ 的逆矩阵是唯一的.

性质 2 若矩阵 $\boldsymbol{A}$ 可逆，则 $\boldsymbol{A}^{-1}$ 也可逆，且 $(\boldsymbol{A}^{-1})^{-1}=\boldsymbol{A}$.

证 因为 $\boldsymbol{A}^{-1}\boldsymbol{A}=\boldsymbol{E}$，由推论知 $\boldsymbol{A}^{-1}$ 可逆，且

$$(\boldsymbol{A}^{-1})^{-1}=\boldsymbol{A}$$

性质 3 若矩阵 $\boldsymbol{A}$ 可逆，数 $\lambda\neq 0$，则 $\lambda\boldsymbol{A}$ 也可逆，且 $(\lambda\boldsymbol{A})^{-1}=\dfrac{1}{\lambda}\boldsymbol{A}^{-1}$.

证 因为

$$(\lambda\boldsymbol{A})\left(\frac{1}{\lambda}\boldsymbol{A}^{-1}\right)=\lambda\frac{1}{\lambda}\left(\boldsymbol{AA}^{-1}\right)=\boldsymbol{E}$$

由推论知 $\lambda\boldsymbol{A}$ 可逆，且

$$(\lambda\boldsymbol{A})^{-1}=\frac{1}{\lambda}\boldsymbol{A}^{-1}$$

性质 4 若 $\boldsymbol{A}$、$\boldsymbol{B}$ 为同阶矩阵且均可逆，则 $\boldsymbol{AB}$ 也可逆，且

$$(\boldsymbol{AB})^{-1}=\boldsymbol{B}^{-1}\boldsymbol{A}^{-1}$$

证 因为

$$(\boldsymbol{AB})(\boldsymbol{B}^{-1}\boldsymbol{A}^{-1})=\boldsymbol{A}(\boldsymbol{BB}^{-1})\boldsymbol{A}^{-1}=\boldsymbol{AA}^{-1}=\boldsymbol{E}$$

由推论知 $\boldsymbol{AB}$ 可逆，且

$$(\boldsymbol{AB})^{-1}=\boldsymbol{B}^{-1}\boldsymbol{A}^{-1}$$

性质 5 若矩阵 $\boldsymbol{A}$ 可逆，则 $\boldsymbol{A}^{\mathrm{T}}$ 也可逆，且 $(\boldsymbol{A}^{\mathrm{T}})^{-1}=(\boldsymbol{A}^{-1})^{\mathrm{T}}$.

证 因为

$$\boldsymbol{A}^{\mathrm{T}}(\boldsymbol{A}^{-1})^{\mathrm{T}}=(\boldsymbol{A}^{-1}\boldsymbol{A})^{\mathrm{T}}=\boldsymbol{E}^{\mathrm{T}}=\boldsymbol{E}$$

由推论知 $\boldsymbol{A}^{\mathrm{T}}$ 可逆，且

$$(\boldsymbol{A}^{\mathrm{T}})^{-1}=(\boldsymbol{A}^{-1})^{\mathrm{T}}$$

性质 6 若矩阵 $\boldsymbol{A}$ 可逆，则 $\boldsymbol{A}^k$(k 是正整数) 也可逆，且 $(\boldsymbol{A}^k)^{-1}=(\boldsymbol{A}^{-1})^k$.

证　因为

$$
\begin{aligned}
A^k(A^{-1})^k &= (\underbrace{A\cdots A}_{k})(\underbrace{A^{-1}\cdots A^{-1}}_{k}) \\
&= (\underbrace{A\cdots A}_{k-1})(AA^{-1})(\underbrace{A^{-1}\cdots A^{-1}}_{k-1}) \\
&= (\underbrace{A\cdots A}_{k-1})(\underbrace{A^{-1}\cdots A^{-1}}_{k-1}) \\
&\cdots \\
&= AA^{-1} \\
&= E
\end{aligned}
$$

由推论知 A^k 可逆，且

$$(A^k)^{-1} = (A^{-1})^k$$

定义 3.13　方阵 A 的负指数幂

设 A 是一个 n 阶方阵，规定

$$A^{-k} = (A^{-1})^k = (A^k)^{-1}$$

其中，k 为正整数；A^{-k} 称为矩阵 A 的负指数幂. A^{-k} 实质上就是 k 个 A^{-1} 相乘，也是 A^k 的逆矩阵.

定义了矩阵的负指数幂，矩阵幂的运算律可以扩展到负指数幂上，从而扩展矩阵幂的运算律适用条件. 设 A 为方阵，k,l 为整数，则

$$A^kA^l = A^{k+l},\quad (A^k)^l = A^{kl}$$

特别地，$A^0 = A^{(-1)+1} = A^{-1}A^1 = E$，$A^0$ 称为零指数幂. 矩阵的幂的运算律也适用于零指数幂运算.

3.4.4　方阵的多项式

定义了方阵的幂，就可以定义方阵的多项式了.

定义 3.14　方阵的多项式

设 $\varphi(x) = a_0 + a_1x + \cdots + a_mx^m$ 为 x 的 m 次多项式，A 为 n 阶方阵，记

$$\varphi(A) = a_0E + a_1A + \cdots + a_mA^m \tag{3.21}$$

$\varphi(A)$ 称为矩阵 A 的 m 次多项式.

由矩阵的幂的运算律知道，A^k、A^l 和 E 之间都是可交换的，所以，矩阵的多项式可以像有理数多项式一样进行因式分解.

⚒ **例 3.20**　已知 n 阶方阵 A 满足 $A^2 + 3A - 2E = 0$，

(1) 证明 A 可逆，求 A^{-1}；

(2) 证明 $A + 2E$ 可逆，求 $(A + 2E)^{-1}$.

证 (1) 由 $\boldsymbol{A}^2+3\boldsymbol{A}-2\boldsymbol{E}=\boldsymbol{0}$，得 $\boldsymbol{A}(\boldsymbol{A}+3\boldsymbol{E})=2\boldsymbol{E}$，即

$$\boldsymbol{A}\left[\frac{1}{2}(\boldsymbol{A}+3\boldsymbol{E})\right]=\boldsymbol{E}$$

由推论知 $\boldsymbol{A}$ 可逆，且

$$\boldsymbol{A}^{-1}=\frac{1}{2}(\boldsymbol{A}+3\boldsymbol{E})$$

(2) 因为 $\boldsymbol{A}^2+3\boldsymbol{A}-2\boldsymbol{E}=\boldsymbol{0}$，所以

$$(\boldsymbol{A}^2+3\boldsymbol{A}+2\boldsymbol{E})-4\boldsymbol{E}=\boldsymbol{0}$$

即

$$(\boldsymbol{A}+2\boldsymbol{E})(\boldsymbol{A}+\boldsymbol{E})=4\boldsymbol{E}$$

即

$$(\boldsymbol{A}+2\boldsymbol{E})\left[\frac{1}{4}(\boldsymbol{A}+\boldsymbol{E})\right]=\boldsymbol{E}$$

由推论知 $\boldsymbol{A}+2\boldsymbol{E}$ 可逆，且

$$(\boldsymbol{A}+2\boldsymbol{E})^{-1}=\frac{1}{4}(\boldsymbol{A}+\boldsymbol{E})$$

对方阵 $\boldsymbol{A}$，求其多项式 $\varphi(\boldsymbol{A})$，可以将 $\boldsymbol{A}$ 代入定义式 (3.21) 中，经过大量的矩阵的乘积和求和运算得到结果. 但当方阵 $\boldsymbol{A}$ 满足特定的结构时，多项式 $\varphi(\boldsymbol{A})$ 的求解有简单高效的计算方法.

设有可逆矩阵 $\boldsymbol{P}$ 和对角阵 $\boldsymbol{\Lambda}=\mathrm{diag}(\lambda_1,\lambda_2,\cdots,\lambda_n)$，使 $\boldsymbol{A}=\boldsymbol{P}\boldsymbol{\Lambda}\boldsymbol{P}^{-1}$，多项式 $\varphi(x)=a_0+a_1x+\cdots+a_mx^m$，则计算方阵 $\boldsymbol{A}$ 的多项式 $\varphi(\boldsymbol{A})$ 包括如下步骤.

注：算法中关于矩阵 $\boldsymbol{A}$ 满足的条件 $\boldsymbol{A}=\boldsymbol{P}\boldsymbol{\Lambda}\boldsymbol{P}^{-1}$ 可能看起来较为苛刻，觉得算法的适用范围只是极小部分的满足特定结构要求的矩阵. 实际上这种要求并不十分苛刻，在后面会讲到有相当多的矩阵 $\boldsymbol{A}$ 可以转化为这种结构，这一过程称为矩阵 $\boldsymbol{A}$ 的相似对角化. 后面章节会详细介绍矩阵 $\boldsymbol{A}$ 可相似对角化的条件.

步骤 1: $\boldsymbol{A}^k=\boldsymbol{P}\boldsymbol{\Lambda}^k\boldsymbol{P}^{-1}$，其中，$k\geqslant 1$.

证 采用数学归纳法证明.

当 $k=1$ 时，有 $\boldsymbol{A}=\boldsymbol{P}\boldsymbol{\Lambda}\boldsymbol{P}^{-1}$，结论成立.

设当 $k=m$ 时，有 $\boldsymbol{A}^m=\boldsymbol{P}\boldsymbol{\Lambda}^m\boldsymbol{P}^{-1}$.

当 $k=m+1$ 时，有

$$\begin{aligned}\boldsymbol{A}^{m+1}&=\boldsymbol{A}^m\boldsymbol{A}=(\boldsymbol{P}\boldsymbol{\Lambda}^m\boldsymbol{P}^{-1})(\boldsymbol{P}\boldsymbol{\Lambda}\boldsymbol{P}^{-1})\\&=\boldsymbol{P}\boldsymbol{\Lambda}^m(\boldsymbol{P}^{-1}\boldsymbol{P})\boldsymbol{\Lambda}\boldsymbol{P}^{-1}=\boldsymbol{P}\boldsymbol{\Lambda}^m\boldsymbol{\Lambda}\boldsymbol{P}^{-1}=\boldsymbol{P}\boldsymbol{\Lambda}^{m+1}\boldsymbol{P}^{-1}\end{aligned}$$

综上所述，结论成立.

步骤 2: $\varphi(\boldsymbol{A})=\boldsymbol{P}\varphi(\boldsymbol{\Lambda})\boldsymbol{P}^{-1}$.

证

$$\begin{aligned}\varphi(\boldsymbol{A})&=a_0\boldsymbol{E}+a_1\boldsymbol{A}+\cdots+a_m\boldsymbol{A}^m\\&=a_0\boldsymbol{P}\boldsymbol{E}\boldsymbol{P}^{-1}+a_1\boldsymbol{P}\boldsymbol{\Lambda}\boldsymbol{P}^{-1}+\cdots+a_m\boldsymbol{P}\boldsymbol{\Lambda}^m\boldsymbol{P}^{-1}\\&=\boldsymbol{P}a_0\boldsymbol{E}\boldsymbol{P}^{-1}+\boldsymbol{P}a_1\boldsymbol{\Lambda}\boldsymbol{P}^{-1}+\cdots+\boldsymbol{P}a_m\boldsymbol{\Lambda}^m\boldsymbol{P}^{-1}\\&=\boldsymbol{P}(a_0\boldsymbol{E}+a_1\boldsymbol{\Lambda}+\cdots+a_m\boldsymbol{\Lambda}^m)\boldsymbol{P}^{-1}\\&=\boldsymbol{P}\varphi(\boldsymbol{\Lambda})\boldsymbol{P}^{-1}\end{aligned}$$

步骤 3: $\varphi(\boldsymbol{\Lambda})=\mathrm{diag}(\varphi(\lambda_1),\varphi(\lambda_2),\cdots,\varphi(\lambda_n))$.

证 $\varphi(\boldsymbol{\Lambda}) = a_0\boldsymbol{E} + a_1\boldsymbol{\Lambda} + \cdots + a_m\boldsymbol{\Lambda}^m$

$$= a_0\begin{pmatrix} 1 & 0 & \cdots & 0 \\ 0 & 1 & \cdots & 0 \\ \vdots & \vdots & & \vdots \\ 0 & 0 & \cdots & 1 \end{pmatrix} + a_1\begin{pmatrix} \lambda_1 & 0 & \cdots & 0 \\ 0 & \lambda_2 & \cdots & 0 \\ \vdots & \vdots & & \vdots \\ 0 & 0 & \cdots & \lambda_n \end{pmatrix}$$

$$+ \cdots + a_m\begin{pmatrix} \lambda_1^m & 0 & \cdots & 0 \\ 0 & \lambda_2^m & \cdots & 0 \\ \vdots & \vdots & & \vdots \\ 0 & 0 & \cdots & \lambda_n^m \end{pmatrix}$$

$$= \begin{pmatrix} \varphi(\lambda_1) & 0 & \cdots & 0 \\ 0 & \varphi(\lambda_2) & \cdots & 0 \\ \vdots & \vdots & & \vdots \\ 0 & 0 & \cdots & \varphi(\lambda_n) \end{pmatrix}$$

$$= \mathrm{diag}(\varphi(\lambda_1), \varphi(\lambda_2), \cdots, \varphi(\lambda_n))$$

注：从形式上看，算法中多项式运算 $\varphi(\cdot)$ 穿进矩阵 $\boldsymbol{A}$ 作用到矩阵 $\boldsymbol{\Lambda}$ 上，进一步穿进 $\boldsymbol{\Lambda}$ 作用到 $\boldsymbol{\Lambda}$ 的元素 $\lambda_i(i = 1, 2, \cdots, n)$ 上. 算法从计算矩阵 $\boldsymbol{A}$ 的多项式转化为计算数 λ_i 的多项式，算法复杂度大幅下降.

综上有，计算方阵 $\boldsymbol{A}$ 的多项式 $\varphi(\boldsymbol{A})$ 的高效算法：

$$\varphi(\boldsymbol{A}) = \boldsymbol{P}\varphi(\boldsymbol{\Lambda})\boldsymbol{P}^{-1}$$

$$= \boldsymbol{P}\begin{pmatrix} \varphi(\lambda_1) & 0 & \cdots & 0 \\ 0 & \varphi(\lambda_2) & \cdots & 0 \\ \vdots & \vdots & & \vdots \\ 0 & 0 & \cdots & \varphi(\lambda_n) \end{pmatrix}\boldsymbol{P}^{-1}$$

$$= \boldsymbol{P}\mathrm{diag}(\varphi(\lambda_1), \varphi(\lambda_2), \cdots, \varphi(\lambda_n))\boldsymbol{P}^{-1}$$

⚒ **例 3.21**　设 $\boldsymbol{P} = \begin{pmatrix} 1 & 2 \\ 1 & 4 \end{pmatrix}$，$\boldsymbol{\Lambda} = \begin{pmatrix} 1 & 0 \\ 0 & 2 \end{pmatrix}$，$\boldsymbol{AP} = \boldsymbol{P\Lambda}$，求 $\boldsymbol{A}^n$.

解　因为 $|\boldsymbol{P}| = \begin{vmatrix} 1 & 2 \\ 1 & 4 \end{vmatrix} = 2 \neq 0$，所以 $\boldsymbol{P}$ 可逆，且

$$\boldsymbol{P}^{-1} = \frac{1}{2}\begin{pmatrix} 4 & -2 \\ -1 & 1 \end{pmatrix}$$

所以 $\boldsymbol{A} = \boldsymbol{P\Lambda P}^{-1}$，且

$$\boldsymbol{A}^n = \boldsymbol{P\Lambda}^n\boldsymbol{P}^{-1} = \begin{pmatrix} 1 & 2 \\ 1 & 4 \end{pmatrix}\begin{pmatrix} 1 & 0 \\ 0 & 2 \end{pmatrix}^n \frac{1}{2}\begin{pmatrix} 4 & -2 \\ -1 & 1 \end{pmatrix}$$

$$= \frac{1}{2}\begin{pmatrix} 1 & 2 \\ 1 & 4 \end{pmatrix}\begin{pmatrix} 1^n & 0 \\ 0 & 2^n \end{pmatrix}\begin{pmatrix} 4 & -2 \\ -1 & 1 \end{pmatrix}$$

$$= \frac{1}{2}\begin{pmatrix} 1 & 2^{n+1} \\ 1 & 2^{n+2} \end{pmatrix}\begin{pmatrix} 4 & -2 \\ -1 & 1 \end{pmatrix}$$

$$
=\frac{1}{2}\begin{pmatrix} 4-2^{n+1} & 2^{n+1}-2 \\ 4-2^{n+2} & 2^{n+2}-2 \end{pmatrix}
$$

$$
=\begin{pmatrix} 2-2^{n} & 2^{n}-1 \\ 2-2^{n+1} & 2^{n+1}-1 \end{pmatrix}
$$

⚒ **例 3.22** 设

$$
\boldsymbol{P}=\begin{pmatrix} -1 & 1 & 1 \\ 1 & 0 & 2 \\ 1 & 1 & -1 \end{pmatrix}, \quad \boldsymbol{\Lambda}=\begin{pmatrix} 1 & 0 & 0 \\ 0 & 2 & 0 \\ 0 & 0 & -3 \end{pmatrix}
$$

$\boldsymbol{AP}=\boldsymbol{P\Lambda}$，求 $\varphi(\boldsymbol{A})=\boldsymbol{A}^3+2\boldsymbol{A}^2-3\boldsymbol{A}$.

解 因为

$$
|\boldsymbol{P}|=\begin{vmatrix} -1 & 1 & 1 \\ 1 & 0 & 2 \\ 1 & 1 & -1 \end{vmatrix} \xlongequal{r_1+r_3} \begin{vmatrix} 0 & 2 & 0 \\ 1 & 0 & 2 \\ 1 & 1 & -1 \end{vmatrix}
$$

$$
=2(-1)^{1+2}\begin{vmatrix} 1 & 2 \\ 1 & -1 \end{vmatrix}=6\neq 0
$$

即 $\boldsymbol{P}$ 可逆，$\boldsymbol{P}$ 的代数余子式

$$
\begin{aligned}
&A_{11}=-2, \quad A_{12}=3, \quad A_{13}=1 \\
&A_{21}=2, \quad A_{22}=0, \quad A_{23}=2 \\
&A_{31}=2, \quad A_{32}=3, \quad A_{33}=-1
\end{aligned}
$$

于是

$$
\boldsymbol{P}^{-1}=\frac{1}{|\boldsymbol{P}|}\boldsymbol{P}^{*}=\frac{1}{|\boldsymbol{P}|}\begin{pmatrix} A_{11} & A_{21} & A_{31} \\ A_{12} & A_{22} & A_{32} \\ A_{13} & A_{23} & A_{33} \end{pmatrix}
$$

$$
=\frac{1}{6}\begin{pmatrix} -2 & 2 & 2 \\ 3 & 0 & 3 \\ 1 & 2 & -1 \end{pmatrix}
$$

所以 $\boldsymbol{A}=\boldsymbol{P\Lambda P}^{-1}$，则 $\boldsymbol{A}$ 的多项式

$$
\begin{aligned}
\varphi(\boldsymbol{A})&=\boldsymbol{P}\varphi(\boldsymbol{\Lambda})\boldsymbol{P}^{-1} \\
&=\boldsymbol{P}\begin{pmatrix} \varphi(1) & 0 & 0 \\ 0 & \varphi(2) & 0 \\ 0 & 0 & \varphi(-3) \end{pmatrix}\boldsymbol{P}^{-1} \\
&=\begin{pmatrix} -1 & 1 & 1 \\ 1 & 0 & 2 \\ 1 & 1 & -1 \end{pmatrix}\begin{pmatrix} 0 & 0 & 0 \\ 0 & 10 & 0 \\ 0 & 0 & 0 \end{pmatrix}\frac{1}{6}\begin{pmatrix} -2 & 2 & 2 \\ 3 & 0 & 3 \\ 1 & 2 & -1 \end{pmatrix} \\
&=\frac{10}{6}\begin{pmatrix} 0 & 1 & 0 \\ 0 & 0 & 0 \\ 0 & 1 & 0 \end{pmatrix}\begin{pmatrix} -2 & 2 & 2 \\ 3 & 0 & 3 \\ 1 & 2 & -1 \end{pmatrix}
\end{aligned}
$$

$$=\frac{5}{3}\begin{pmatrix}3&0&3\\0&0&0\\3&0&3\end{pmatrix}=\begin{pmatrix}5&0&5\\0&0&0\\5&0&5\end{pmatrix}$$

3.4.5 利用逆矩阵解线性方程组

设有 n 个未知数，n 个方程的线性方程组

$$\begin{cases}a_{11}x_1+a_{12}x_2+\cdots+a_{1n}x_n=b_1\\a_{21}x_1+a_{22}x_2+\cdots+a_{2n}x_n=b_2\\\quad\vdots\\a_{m1}x_1+a_{m2}x_2+\cdots+a_{mn}x_n=b_m\end{cases}\tag{3.22}$$

其矩阵形式为

$$\boldsymbol{Ax}=\boldsymbol{b}\tag{3.23}$$

其中

$$\boldsymbol{A}=\begin{pmatrix}a_{11}&a_{12}&\cdots&a_{1n}\\a_{21}&a_{22}&\cdots&a_{2n}\\\vdots&\vdots&&\vdots\\a_{m1}&a_{m2}&\cdots&a_{mn}\end{pmatrix},\quad \boldsymbol{x}=\begin{pmatrix}x_1\\x_2\\\vdots\\x_n\end{pmatrix},\quad \boldsymbol{b}=\begin{pmatrix}b_1\\b_2\\\vdots\\b_n\end{pmatrix}$$

当 $|\boldsymbol{A}|\neq 0$ 时，$\boldsymbol{A}^{-1}$ 存在，对式 (3.23) 两端左乘 $\boldsymbol{A}^{-1}$ 有

$$\boldsymbol{x}=\boldsymbol{A}^{-1}\boldsymbol{b}\tag{3.24}$$

就是线性方程组 (3.22) 的解.

⚒ **例 3.23** 求解线性方程组 $\begin{cases}2x_1+2x_2+3x_3=2\\x_1-x_2=2\\-x_1+2x_2+x_3=4\end{cases}$.

解 线性方程组的矩阵形式为 $\boldsymbol{Ax}=\boldsymbol{b}$，其中

$$\boldsymbol{A}=\begin{pmatrix}2&2&3\\1&-1&0\\-1&2&1\end{pmatrix},\quad \boldsymbol{x}=\begin{pmatrix}x_1\\x_2\\x_3\end{pmatrix},\quad \boldsymbol{b}=\begin{pmatrix}2\\2\\4\end{pmatrix}$$

计算可得 $|\boldsymbol{A}|=-1\neq 0$，故 $\boldsymbol{A}$ 可逆，且

$$\boldsymbol{A}^{-1}=\frac{1}{|\boldsymbol{A}|}\boldsymbol{A}^*=-\begin{pmatrix}-1&4&3\\-1&5&3\\1&-6&-4\end{pmatrix}=\begin{pmatrix}1&-4&-3\\1&-5&-3\\-1&6&4\end{pmatrix}$$

则线性方程组的解为

$$\boldsymbol{x}=\boldsymbol{A}^{-1}\boldsymbol{b}=\begin{pmatrix}1&-4&-3\\1&-5&-3\\-1&6&4\end{pmatrix}\begin{pmatrix}2\\2\\4\end{pmatrix}=\begin{pmatrix}-18\\-20\\26\end{pmatrix}$$

⚒ **例 3.24** 设有矩阵方程 $\boldsymbol{AXB}=\boldsymbol{C}$，其中

$$\boldsymbol{A}=\begin{pmatrix}1&2&3\\2&2&1\\3&4&3\end{pmatrix},\quad \boldsymbol{B}=\begin{pmatrix}2&1\\5&3\end{pmatrix},\quad \boldsymbol{C}=\begin{pmatrix}1&3\\2&0\\3&1\end{pmatrix}$$

求矩阵 $\boldsymbol{X}$.

解 计算可得

$$|\boldsymbol{A}|=2\neq 0,\quad |\boldsymbol{B}|=1\neq 0$$

所以，矩阵 $\boldsymbol{A}$、$\boldsymbol{B}$ 均可逆，且

$$\boldsymbol{A}^{-1}=\frac{1}{|\boldsymbol{A}|}\boldsymbol{A}^*=\begin{pmatrix}1&3&-2\\-\dfrac{3}{2}&-3&\dfrac{5}{2}\\1&1&-1\end{pmatrix}$$

$$\boldsymbol{B}^{-1}=\frac{1}{|\boldsymbol{B}|}\boldsymbol{B}^*=\begin{pmatrix}3&-1\\-5&2\end{pmatrix}$$

对方程左右两端分别左乘 $\boldsymbol{A}^{-1}$、右乘 $\boldsymbol{B}^{-1}$，得

$$\begin{aligned}\boldsymbol{X}&=\boldsymbol{A}^{-1}\boldsymbol{C}\boldsymbol{B}^{-1}\\&=\begin{pmatrix}1&3&-2\\-\dfrac{3}{2}&-3&\dfrac{5}{2}\\1&1&-1\end{pmatrix}\begin{pmatrix}1&3\\2&0\\3&1\end{pmatrix}\begin{pmatrix}3&-1\\-5&2\end{pmatrix}\\&=\begin{pmatrix}1&1\\0&-2\\0&2\end{pmatrix}\begin{pmatrix}3&-1\\-5&2\end{pmatrix}=\begin{pmatrix}-2&1\\10&-4\\-10&4\end{pmatrix}\end{aligned}$$

知识拓展: 利用逆矩阵进行编码和解码

一种常见的加密方法是给 26 个字母 $(a,b,c,\cdots)$ 中的每个字母赋予一个整数进行编码 (这种编码可以是个性化的，只要是提前约定好的即可)，从而将一段明文替换为一串整数值. 例如，明文 september，编码后的密文为 19, 5, 16, 20, 5, 13, 2, 5, 18.

这里字母 s 用 19 替换，字母 e 用 5 替换，…… 然而，这种编码加密方式在现实中极易被破解. 在英文语言中，字母出现的频率是有统计规律的，使用最多的前 12 个字母占了总使用次数的 80%，使用最多的前 8 个字母占了总使用次数的 65%. 因此，对一个长密文，可以通过统计数字出现的频率猜测其代表的字母. 例如，如果数字 5 在密文中出现频率最高，那它最可能代表字母 e，因为在英文语言中，字母 e 出现的频率最高 (12.702%).

我们可以利用矩阵乘法进一步伪装这种统计规律. 设 $\boldsymbol{A}$ 是一个矩阵，其元素均为整数，且 $\boldsymbol{A}$ 的行列式等于 1 或 -1，则

$$\boldsymbol{A}^{-1}=\frac{1}{|\boldsymbol{A}|}\boldsymbol{A}^*=\pm\boldsymbol{A}^*$$

其中，$\boldsymbol{A}^*$ 为 $\boldsymbol{A}$ 的伴随矩阵. 由于 $|\boldsymbol{A}|=1$ 或 -1，故 $\boldsymbol{A}^{-1}$ 的元素也为整数，可以使用矩阵 $\boldsymbol{A}$ 的乘法运算对密文进一步处理以增加解码的难度. 例如，设

$$\boldsymbol{A}=\begin{pmatrix}1&2&1\\2&5&3\\2&3&2\end{pmatrix}$$

将密文按列排放为矩阵 $\boldsymbol{B}$，即

$$\boldsymbol{B}=\begin{pmatrix}19&20&2\\5&5&5\\16&13&18\end{pmatrix}$$

处理后的新密文为

$$\boldsymbol{C}=\boldsymbol{AB}=\begin{pmatrix}1&2&1\\2&5&3\\2&3&2\end{pmatrix}\begin{pmatrix}19&20&2\\5&5&5\\16&13&18\end{pmatrix}=\begin{pmatrix}45&43&30\\111&104&83\\85&81&55\end{pmatrix}$$

则传递的新密文串为 $45,111,85,43,104,81,30,83,55$. 接收者收到新密文后，可以通过左乘 $\boldsymbol{A}^{-1}$ 进行解码，即

$$\boldsymbol{B}=\boldsymbol{A}^{-1}C=\begin{pmatrix}1&-1&1\\2&0&-1\\-4&1&1\end{pmatrix}\begin{pmatrix}45&43&30\\111&104&83\\85&81&55\end{pmatrix}=\begin{pmatrix}19&20&2\\5&5&5\\16&13&18\end{pmatrix}$$

为构造加密矩阵 $\boldsymbol{A}$，可以从单位矩阵 $\boldsymbol{E}$ 出发，通过 3.6 节定义 3.17 中第 (1)、(3) 种初等行变换得到 $\boldsymbol{A}$，这种方法构造的矩阵 $\boldsymbol{A}$ 的元素为整数，且

$$\det(\boldsymbol{A})=\det(\boldsymbol{E})=1 \quad 或 \quad -1$$

而 $\boldsymbol{A}^{-1}$ 的元素也为整数.

初等行变换将在 3.6 节中学习，待学习之后，读者可以自己来验证这种构造方法的合理性.

3.5 分块矩阵

现代社会每天都会产生巨量的数据，无论是想通过矩阵存储一张图片，还是存储某个领域中的数据，如集成电路中的数据，都可能产生行数和列数巨大的矩阵，为使其结构识别、数据存储与处理更加高效便捷，常采用矩阵分块的方式对数据的结构进行“降维”，即将矩阵分成若干小块，每一小块当作一个元素，从而把大矩阵当作小矩阵，使矩阵运算变得简单. 这种方法称为分块法.

3.5.1 分块矩阵的定义

定义 3.15 分块矩阵 (partitioned matrix)

将矩阵 $\boldsymbol{A}$ 用若干条纵线和横线分成许多个小矩阵，每一个小矩阵称为矩阵 $\boldsymbol{A}$ 的子块，以子块为元素的形式上的矩阵称为分块矩阵.

分块矩阵的思路之前已经用过，如求矩阵乘积 $\boldsymbol{AB}$. 当把 $\boldsymbol{B}$ 看作由列向量构成的一个整体时，即 $\boldsymbol{B}=(\boldsymbol{b}_1,\boldsymbol{b}_2,\cdots,\boldsymbol{b}_n)$，左乘矩阵 $\boldsymbol{A}$ 相当于对 $\boldsymbol{B}$ 的所有列向量左乘矩阵 $\boldsymbol{A}$，即

$$\boldsymbol{AB}=\boldsymbol{A}(\boldsymbol{b}_1,\boldsymbol{b}_2,\cdots,\boldsymbol{b}_n)=(\boldsymbol{Ab}_1,\boldsymbol{Ab}_2,\cdots,\boldsymbol{Ab}_n)$$

这种分块方式把矩阵和向量联系起来，对理论和应用意义深刻. 当然，矩阵分块的方式并非唯一. 例如，矩阵 $\boldsymbol{A}$ 的分块方式还包括

$$(1)\left(\begin{array}{cc:cc} a_{11} & a_{12} & a_{13} & a_{14} \\ a_{21} & a_{22} & a_{23} & a_{24} \\ \hdashline a_{31} & a_{32} & a_{33} & a_{34} \\ a_{41} & a_{42} & a_{43} & a_{44} \end{array}\right),\quad (2)\left(\begin{array}{c:cc:c} a_{11} & a_{12} & a_{13} & a_{14} \\ a_{21} & a_{22} & a_{23} & a_{24} \\ \hdashline a_{31} & a_{32} & a_{33} & a_{34} \\ a_{41} & a_{42} & a_{43} & a_{44} \end{array}\right),$$

$$(3)\left(\begin{array}{ccc:c} a_{11} & a_{12} & a_{13} & a_{14} \\ \hdashline a_{21} & a_{22} & a_{23} & a_{24} \\ a_{31} & a_{32} & a_{33} & a_{34} \\ a_{41} & a_{42} & a_{43} & a_{44} \end{array}\right),\quad (4)\left(\begin{array}{c:ccc} a_{11} & a_{12} & a_{13} & a_{14} \\ a_{21} & a_{22} & a_{23} & a_{24} \\ \hdashline a_{31} & a_{32} & a_{33} & a_{34} \\ a_{41} & a_{42} & a_{43} & a_{44} \end{array}\right)$$

等. 第 (1) 种分块方式可简记为

$$\boldsymbol{A}=\begin{pmatrix} \boldsymbol{A}_{11} & \boldsymbol{A}_{12} \\ \boldsymbol{A}_{21} & \boldsymbol{A}_{22} \end{pmatrix}$$

其中，矩阵 $\boldsymbol{A}_{11},\boldsymbol{A}_{12},\boldsymbol{A}_{21},\boldsymbol{A}_{22}$ 分别表示 $\boldsymbol{A}$ 中虚线分隔开的 4 个相应的子块.

对矩阵进行分块一般没有限制，只要符合矩阵结构的特点且便于简化处理即可. 例如，

$$\boldsymbol{A}=\left(\begin{array}{cc:ccc} 1 & 0 & 1 & 2 & 3 \\ 0 & 1 & 2 & 1 & 0 \\ \hdashline 0 & 0 & 3 & 0 & 0 \\ 0 & 0 & 0 & 3 & 0 \\ 0 & 0 & 0 & 0 & 3 \end{array}\right)=\begin{pmatrix} \boldsymbol{E}_2 & \boldsymbol{A}_1 \\ \boldsymbol{O} & 3\boldsymbol{E}_3 \end{pmatrix}$$

矩阵 $\boldsymbol{A}$ 被分成了 4 个子块，其中 $\boldsymbol{E}_2$ 和 $\boldsymbol{E}_3$ 是两个单位矩阵，$\boldsymbol{O}$ 是零矩阵，这种分块方式突出了矩阵 $\boldsymbol{A}$ 结构上的特点，同时，更多的单位矩阵和零矩阵使分块矩阵的运算更加简单.

3.5.2 分块矩阵的运算

分块矩阵的运算规则就是把子块当作元素，按照普通矩阵的运算规则进行计算.

1. 分块矩阵的加法

设矩阵 $\boldsymbol{A}$ 和 $\boldsymbol{B}$ 为同型矩阵，采用相同的分块方式，即

$$\boldsymbol{A}=\begin{pmatrix} \boldsymbol{A}_{11} & \cdots & \boldsymbol{A}_{1r} \\ \vdots & & \vdots \\ \boldsymbol{A}_{s1} & \cdots & \boldsymbol{A}_{sr} \end{pmatrix},\quad \boldsymbol{B}=\begin{pmatrix} \boldsymbol{B}_{11} & \cdots & \boldsymbol{B}_{1r} \\ \vdots & & \vdots \\ \boldsymbol{B}_{s1} & \cdots & \boldsymbol{B}_{sr} \end{pmatrix}$$

其中对应的子块 $\boldsymbol{A}_{ij}$ 和 $\boldsymbol{B}_{ij}$ 也为同型矩阵，即行数、列数相同，则

$$\boldsymbol{A}+\boldsymbol{B}=\begin{pmatrix}\boldsymbol{A}_{11}+\boldsymbol{B}_{11} & \cdots & \boldsymbol{A}_{1r}+\boldsymbol{B}_{1r}\\ \vdots & & \vdots\\ \boldsymbol{A}_{s1}+\boldsymbol{B}_{s1} & \cdots & \boldsymbol{A}_{sr}+\boldsymbol{B}_{sr}\end{pmatrix}$$

2. 分块矩阵的数乘

设 $\boldsymbol{A}=\begin{pmatrix}\boldsymbol{A}_{11} & \cdots & \boldsymbol{A}_{1r}\\ \vdots & & \vdots\\ \boldsymbol{A}_{s1} & \cdots & \boldsymbol{A}_{sr}\end{pmatrix}$，$\lambda$ 为数，那么

$$\lambda\boldsymbol{A}=\begin{pmatrix}\lambda\boldsymbol{A}_{11} & \cdots & \lambda\boldsymbol{A}_{1r}\\ \vdots & & \vdots\\ \lambda\boldsymbol{A}_{s1} & \cdots & \lambda\boldsymbol{A}_{sr}\end{pmatrix}$$

⚒ **例 3.25**　设

$$\boldsymbol{A}=\begin{pmatrix}1&0&1&2\\0&1&3&4\\0&0&-1&0\\0&0&0&-1\end{pmatrix},\quad \boldsymbol{B}=\begin{pmatrix}0&2&0&0\\2&0&0&0\\-1&0&1&0\\2&3&0&1\end{pmatrix}$$

用分块矩阵计算 $\boldsymbol{A}+\boldsymbol{B},2\boldsymbol{A}$.

解　将矩阵 $\boldsymbol{A},\boldsymbol{B}$ 分块如下：

$$\boldsymbol{A}=\left(\begin{array}{cc:cc}1&0&1&2\\0&1&3&4\\ \hdashline 0&0&-1&0\\0&0&0&-1\end{array}\right)=\begin{pmatrix}\boldsymbol{E}&\boldsymbol{A}_1\\ \boldsymbol{O}&-\boldsymbol{E}\end{pmatrix}$$

$$\boldsymbol{B}=\left(\begin{array}{cc:cc}0&2&0&0\\2&0&0&0\\ \hdashline -1&0&1&0\\2&3&0&1\end{array}\right)=\begin{pmatrix}\boldsymbol{B}_1&\boldsymbol{O}\\ \boldsymbol{B}2&\boldsymbol{E}\end{pmatrix}$$

则

$$\boldsymbol{A}+\boldsymbol{B}=\begin{pmatrix}\boldsymbol{E}+\boldsymbol{B}_1&\boldsymbol{A}_1\\ \boldsymbol{B}_2&\boldsymbol{O}\end{pmatrix}=\begin{pmatrix}1&2&1&2\\2&1&3&4\\-1&0&0&0\\2&3&0&0\end{pmatrix}$$

$$2\boldsymbol{A}=\begin{pmatrix}2\boldsymbol{E}&2\boldsymbol{A}_1\\ \boldsymbol{O}&-2\boldsymbol{E}\end{pmatrix}=\begin{pmatrix}2&0&2&4\\0&2&6&8\\0&0&-2&0\\0&0&0&-2\end{pmatrix}$$

3. 分块矩阵的乘法

设 $\boldsymbol{A}$ 为 $m\times l$ 矩阵，$\boldsymbol{B}$ 为 $l\times n$ 矩阵，分块为

$$\boldsymbol{A}=\begin{pmatrix}\boldsymbol{A}_{11} & \cdots & \boldsymbol{A}_{1t}\\ \vdots & & \vdots\\ \boldsymbol{A}_{s1} & \cdots & \boldsymbol{A}_{st}\end{pmatrix},\quad \boldsymbol{B}=\begin{pmatrix}\boldsymbol{B}_{11} & \cdots & \boldsymbol{B}_{1r}\\ \vdots & & \vdots\\ \boldsymbol{B}_{t1} & \cdots & \boldsymbol{B}_{tr}\end{pmatrix}$$

其中，$\boldsymbol{A}_{i1},\boldsymbol{A}_{i2},\cdots,\boldsymbol{A}_{it}$ 的列数分别等于 $\boldsymbol{B}_{1j},\boldsymbol{B}_{2j},\cdots,\boldsymbol{B}_{tj}$ 的行数，则

$$\boldsymbol{AB}=\begin{pmatrix}\boldsymbol{C}_{11} & \cdots & \boldsymbol{C}_{1r}\\ \vdots & & \vdots\\ \boldsymbol{C}_{s1} & \cdots & \boldsymbol{C}_{sr}\end{pmatrix}$$

其中，

$$\boldsymbol{C}_{ij}=\sum_{k=1}^{t}\boldsymbol{A}_{ik}\boldsymbol{B}_{kj}\quad(i=1,2,\cdots,s;j=1,2,\cdots,r)$$

⚒ 例 **3.26**　设

$$\boldsymbol{A}=\begin{pmatrix}1&2&0&0\\0&1&0&0\\1&0&1&0\\0&1&0&1\end{pmatrix},\quad \boldsymbol{B}=\begin{pmatrix}1&0&1&0\\0&1&0&0\\1&0&1&2\\1&1&0&1\end{pmatrix}$$

求 $\boldsymbol{AB}$.

解　把 $\boldsymbol{A}$, $\boldsymbol{B}$ 分块为

$$\boldsymbol{A}=\left(\begin{array}{cc|cc}1&2&0&0\\0&1&0&0\\\hline 1&0&1&0\\0&1&0&1\end{array}\right)=\begin{pmatrix}\boldsymbol{A}_1&\boldsymbol{O}\\\boldsymbol{E}&\boldsymbol{E}\end{pmatrix}$$

$$\boldsymbol{B}=\left(\begin{array}{cc|cc}1&0&1&0\\0&1&0&0\\\hline 1&0&1&2\\1&1&0&1\end{array}\right)=\begin{pmatrix}\boldsymbol{E}&\boldsymbol{B}_{12}\\\boldsymbol{B}_{21}&\boldsymbol{B}_{22}\end{pmatrix}$$

则

$$\boldsymbol{AB}=\begin{pmatrix}\boldsymbol{A}_1&\boldsymbol{O}\\\boldsymbol{E}&\boldsymbol{E}\end{pmatrix}\begin{pmatrix}\boldsymbol{E}&\boldsymbol{B}_{12}\\\boldsymbol{B}_{21}&\boldsymbol{B}_{22}\end{pmatrix}=\begin{pmatrix}\boldsymbol{A}_1&\boldsymbol{A}_1\boldsymbol{B}_{12}\\\boldsymbol{E}+\boldsymbol{B}_{21}&\boldsymbol{B}_{12}+\boldsymbol{B}_{22}\end{pmatrix}$$

又

$$\boldsymbol{A}_1\boldsymbol{B}_{12}=\begin{pmatrix}1&2\\0&1\end{pmatrix}\begin{pmatrix}1&0\\0&0\end{pmatrix}=\begin{pmatrix}1&0\\0&0\end{pmatrix}$$

$$\boldsymbol{B}_{12}+\boldsymbol{B}_{22}=\begin{pmatrix}1&0\\0&0\end{pmatrix}+\begin{pmatrix}1&2\\0&1\end{pmatrix}=\begin{pmatrix}2&2\\0&1\end{pmatrix}$$

$$\boldsymbol{E}+\boldsymbol{B}_{21}=\begin{pmatrix}1&0\\0&1\end{pmatrix}+\begin{pmatrix}1&0\\1&1\end{pmatrix}=\begin{pmatrix}2&0\\1&2\end{pmatrix}$$

于是

$$
\boldsymbol{AB}=\left(\begin{array}{cc:cc}1&2&1&0\\0&1&0&0\\ \hdashline 2&0&2&2\\1&2&0&1\end{array}\right)
$$

4. 分块矩阵的转置

设 $\boldsymbol{A}=\begin{pmatrix}\boldsymbol{A}_{11}&\cdots&\boldsymbol{A}_{1r}\\\vdots&&\vdots\\\boldsymbol{A}_{s1}&\cdots&\boldsymbol{A}_{sr}\end{pmatrix}$, 则矩阵 $\boldsymbol{A}$ 的转置

$$
\boldsymbol{A}^{\mathrm{T}}=\begin{pmatrix}\boldsymbol{A}_{11}^{\mathrm{T}}&\cdots&\boldsymbol{A}_{s1}^{\mathrm{T}}\\\vdots&&\vdots\\\boldsymbol{A}_{1r}^{\mathrm{T}}&\cdots&\boldsymbol{A}_{sr}^{\mathrm{T}}\end{pmatrix}
$$

注：分块矩阵的转置实际上进行了两层转置．一层是子块作为元素参与的矩阵转置；另一层是子块自身的转置．

5. 分块对角矩阵

定义 3.16　分块对角阵

设 $\boldsymbol{A}$ 为 n 阶方阵，若 $\boldsymbol{A}$ 的分块矩阵只有在对角线上有非零子块，其余子块均为零矩阵，且在对角线上的子块都是方阵，即

$$
\boldsymbol{A}=\begin{pmatrix}\boldsymbol{A}_1&&&\\&\boldsymbol{A}_2&&\\&&\ddots&\\&&&\boldsymbol{A}_s\end{pmatrix}
$$

其中，$\boldsymbol{A}_i(i=1,2,\cdots,s)$ 都是方阵，那么称 $\boldsymbol{A}$ 为分块对角矩阵．

分块对角矩阵具有下述性质．

(1) 设 $\boldsymbol{A}$ 为分块对角矩阵，则

$$
|\boldsymbol{A}|=|\boldsymbol{A}_1|\,|\boldsymbol{A}_2|\cdots|\boldsymbol{A}_s|
$$

(2) 若 $|\boldsymbol{A}_i|\neq\mathbf{0}\ (i=1,2,\cdots,s)$，则 $|\boldsymbol{A}|\neq 0$, 并且

$$
\boldsymbol{A}^{-1}=\begin{pmatrix}\boldsymbol{A}_1^{-1}&&&\\&\boldsymbol{A}_2^{-1}&&\\&&\ddots&\\&&&\boldsymbol{A}_s^{-1}\end{pmatrix}
$$

⚒ **例 3.27**　设

$$
\boldsymbol{A}=\begin{pmatrix}2&0&0\\0&2&1\\0&3&2\end{pmatrix}
$$

求其逆矩阵 $\boldsymbol{A}^{-1}$.

解 因为

$$\boldsymbol{A}=\left(\begin{array}{c|cc}2&0&0\\ \hline 0&2&1\\ 0&3&2\end{array}\right)=\begin{pmatrix}\boldsymbol{A}_1&\\&\boldsymbol{A}_2\end{pmatrix}$$

而

$$\boldsymbol{A}_1^{-1}=(2)^{-1}=\frac{1}{2},\qquad \boldsymbol{A}_2^{-1}=\begin{pmatrix}2&-1\\-3&2\end{pmatrix}$$

所以

$$\boldsymbol{A}^{-1}=\begin{pmatrix}\boldsymbol{A}_1^{-1}&\\&\boldsymbol{A}_2^{-1}\end{pmatrix}=\left(\begin{array}{c|cc}\frac{1}{2}&0&0\\ \hline 0&2&-1\\ 0&-3&2\end{array}\right)$$

6. 矩阵的两种特殊分块法

矩阵 $\boldsymbol{A}=(a_{ij})_{m\times s}$ 的每一行称为矩阵 $\boldsymbol{A}$ 的行向量. 若矩阵 $\boldsymbol{A}$ 的第 i 行记为 $\boldsymbol{\alpha}_i^{\mathrm{T}}(i=1,2,\cdots,m)$，则

$$\boldsymbol{A}=\left(\begin{array}{cccc}a_{11}&a_{12}&\cdots&a_{1s}\\ \hline a_{21}&a_{22}&\cdots&a_{2s}\\ \hline \vdots&\vdots&&\vdots\\ \hline a_{m1}&a_{m2}&\cdots&a_{ms}\end{array}\right)=\begin{pmatrix}\boldsymbol{\alpha}_1^{\mathrm{T}}\\ \boldsymbol{\alpha}_2^{\mathrm{T}}\\ \vdots\\ \boldsymbol{\alpha}_m^{\mathrm{T}}\end{pmatrix}$$

矩阵 $\boldsymbol{A}=(a_{ij})_{m\times s}$ 的每一列称为矩阵 $\boldsymbol{A}$ 的列向量. 若矩阵 $\boldsymbol{A}$ 的第 i 列记为 $\boldsymbol{a}_i(i=1,2,\cdots,s)$，则

$$\boldsymbol{A}=\left(\begin{array}{c|c|c|c}a_{11}&a_{12}&\cdots&a_{1s}\\ a_{21}&a_{22}&\cdots&a_{2s}\\ \vdots&\vdots&&\vdots\\ a_{m1}&a_{m2}&\cdots&a_{ms}\end{array}\right)=(\boldsymbol{a}_1,\boldsymbol{a}_2,\cdots,\boldsymbol{a}_s)$$

注：列向量 (列矩阵) 常用小写黑体字母表示，如 $\boldsymbol{a},\boldsymbol{\alpha},\boldsymbol{x}$ 等. 行向量 (行矩阵) 用列向量的转置表示，如 $\boldsymbol{a}^{\mathrm{T}},\boldsymbol{\alpha}^{\mathrm{T}},\boldsymbol{x}^{\mathrm{T}}$ 等. 若矩阵的第 i 行看作一个向量，用 $\boldsymbol{a}_i$ 表示，即

$$\boldsymbol{a}_i=\begin{pmatrix}a_{i1}\\a_{i2}\\ \vdots\\a_{in}\end{pmatrix},\quad (i=1,2,\cdots,m)$$

则第 i 行作为行向量表示为

$$(a_{i1},a_{i2},\cdots,a_{in})=\boldsymbol{a}_i^{\mathrm{T}}$$

7. 矩阵乘法的向量表示

将矩阵按行 (或按列) 分块，则矩阵的乘法可表示为向量的形式. 例如，设 $\boldsymbol{A}$ 为 $m\times s$ 阶矩阵，$\boldsymbol{B}$ 为 $s\times n$ 阶矩阵，

$$\boldsymbol{A}=(\boldsymbol{a}_1,\boldsymbol{a}_2,\cdots,\boldsymbol{a}_s)=\begin{pmatrix}\boldsymbol{\alpha}_1^{\mathrm{T}}\\ \boldsymbol{\alpha}_2^{\mathrm{T}}\\ \vdots\\ \boldsymbol{\alpha}_m^{\mathrm{T}}\end{pmatrix},\quad \boldsymbol{B}=(\boldsymbol{b}_1,\boldsymbol{b}_2,\cdots,\boldsymbol{b}_n)=\begin{pmatrix}\boldsymbol{\beta}_1^{\mathrm{T}}\\ \boldsymbol{\beta}_2^{\mathrm{T}}\\ \vdots\\ \boldsymbol{\beta}_s^{\mathrm{T}}\end{pmatrix}$$

则

$$\boldsymbol{AB}=\boldsymbol{A}(\boldsymbol{b}_1,\boldsymbol{b}_2,\cdots,\boldsymbol{b}_n)=(\boldsymbol{Ab}_1,\boldsymbol{Ab}_2,\cdots,\boldsymbol{Ab}_n)$$

$$\boldsymbol{AB}=(\boldsymbol{a}_1,\boldsymbol{a}_2,\cdots,\boldsymbol{a}_s)\begin{pmatrix}\boldsymbol{\beta}_1^{\mathrm{T}}\\ \boldsymbol{\beta}_2^{\mathrm{T}}\\ \vdots\\ \boldsymbol{\beta}_s^{\mathrm{T}}\end{pmatrix}=\boldsymbol{a}_1\boldsymbol{\beta}_1^{\mathrm{T}}+\boldsymbol{a}_2\boldsymbol{\beta}_2^{\mathrm{T}}+\cdots+\boldsymbol{a}_s\boldsymbol{\beta}_s^{\mathrm{T}}$$

$$\boldsymbol{AB}=\begin{pmatrix}\boldsymbol{\alpha}_1^{\mathrm{T}}\\\boldsymbol{\alpha}_2^{\mathrm{T}}\\\vdots\\\boldsymbol{\alpha}_m^{\mathrm{T}}\end{pmatrix}\boldsymbol{B}=\begin{pmatrix}\boldsymbol{\alpha}_1^{\mathrm{T}}\boldsymbol{B}\\\boldsymbol{\alpha}_2^{\mathrm{T}}\boldsymbol{B}\\\vdots\\\boldsymbol{\alpha}_m^{\mathrm{T}}\boldsymbol{B}\end{pmatrix}$$

$$\boldsymbol{AB}=\begin{pmatrix}\boldsymbol{\alpha}_1^{\mathrm{T}}\\\boldsymbol{\alpha}_2^{\mathrm{T}}\\\vdots\\\boldsymbol{\alpha}_m^{\mathrm{T}}\end{pmatrix}(\boldsymbol{b}_1,\boldsymbol{b}_2,\cdots,\boldsymbol{b}_n)=\begin{pmatrix}\boldsymbol{\alpha}_1^{\mathrm{T}}\boldsymbol{b}_1&\boldsymbol{\alpha}_1^{\mathrm{T}}\boldsymbol{b}_2&\cdots&\boldsymbol{\alpha}_1^{\mathrm{T}}\boldsymbol{b}_n\\\boldsymbol{\alpha}_2^{\mathrm{T}}\boldsymbol{b}_1&\boldsymbol{\alpha}_2^{\mathrm{T}}\boldsymbol{b}_2&\cdots&\boldsymbol{\alpha}_2^{\mathrm{T}}\boldsymbol{b}_n\\\vdots&\vdots&&\vdots\\\boldsymbol{\alpha}_m^{\mathrm{T}}\boldsymbol{b}_1&\boldsymbol{\alpha}_m^{\mathrm{T}}\boldsymbol{b}_2&\cdots&\boldsymbol{\alpha}_m^{\mathrm{T}}\boldsymbol{b}_n\end{pmatrix}$$

上述四种均为向量形式的矩阵乘法.

知识拓展: 向量的外积

向量 $\boldsymbol{x}$ 和 $\boldsymbol{y}^{\mathrm{T}}$ 的乘积是一个列向量乘一个行向量，结果是一个 $n\times n$ 矩阵，$\boldsymbol{xy}^{\mathrm{T}}$ 称为向量 $\boldsymbol{x}$ 和 $\boldsymbol{y}$ 的外积，即

$$\boldsymbol{xy}^{\mathrm{T}}=\begin{pmatrix}x_1\\x_2\\\vdots\\x_n\end{pmatrix}(y_1,y_2\cdots,y_n)=\begin{pmatrix}x_1y_1&x_1y_2&\cdots&x_1y_n\\x_2y_1&x_2y_2&\cdots&x_2y_n\\\vdots&\vdots&&\vdots\\x_ny_1&x_ny_2&\cdots&x_ny_n\end{pmatrix}$$

外积 $\boldsymbol{xy}^{\mathrm{T}}$ 具有特殊的结构特点，它的每一行都是右乘了行向量 $\boldsymbol{y}^{\mathrm{T}}$，每一列都是左乘了列向量 $\boldsymbol{x}$. 例如，向量

$$\boldsymbol{x}=\begin{pmatrix}4\\1\\3\end{pmatrix},\quad \boldsymbol{y}=\begin{pmatrix}3\\5\\2\end{pmatrix}$$

则外积

$$\boldsymbol{xy}^{\mathrm{T}}=\begin{pmatrix}4\\1\\3\end{pmatrix}\boldsymbol{y}^{\mathrm{T}}=\begin{pmatrix}4\boldsymbol{y}^{\mathrm{T}}\\1\boldsymbol{y}^{\mathrm{T}}\\3\boldsymbol{y}^{\mathrm{T}}\end{pmatrix}=\begin{pmatrix}4\,(3,5,2)\\1\,(3,5,2)\\3\,(3,5,2)\end{pmatrix}=\begin{pmatrix}12&20&8\\3&5&2\\9&15&6\end{pmatrix}$$

或

$$\boldsymbol{xy}^{\mathrm{T}}=\boldsymbol{x}\,(3,5,2)=(\boldsymbol{x}3,\boldsymbol{x}5,\boldsymbol{x}2)=\left(\begin{pmatrix}4\\1\\3\end{pmatrix}3,\begin{pmatrix}4\\1\\3\end{pmatrix}5,\begin{pmatrix}4\\1\\3\end{pmatrix}2\right)=\begin{pmatrix}12&20&8\\3&5&2\\9&15&6\end{pmatrix}.$$

⚒ **例 3.28**　求矩阵

$$\boldsymbol{A}=\begin{pmatrix}2&3\\1&-5\end{pmatrix}\quad 与 \quad \boldsymbol{B}=\begin{pmatrix}4&3&6\\1&-2&3\end{pmatrix}$$

的乘积 $\boldsymbol{AB}$.

解　设矩阵 $\boldsymbol{B}=(\boldsymbol{b}_1,\boldsymbol{b}_2,\boldsymbol{b}_3)$，有

注：该题是前面的例 3.7，但解法不同.

$$Ab_1 = \begin{pmatrix} 2 & 3 \\ 1 & -5 \end{pmatrix}\begin{pmatrix} 4 \\ 1 \end{pmatrix} = \begin{pmatrix} 11 \\ -1 \end{pmatrix}$$

$$Ab_2 = \begin{pmatrix} 2 & 3 \\ 1 & -5 \end{pmatrix}\begin{pmatrix} 3 \\ -2 \end{pmatrix} = \begin{pmatrix} 0 \\ 13 \end{pmatrix}$$

$$Ab_3 = \begin{pmatrix} 2 & 3 \\ 1 & -5 \end{pmatrix}\begin{pmatrix} 6 \\ 3 \end{pmatrix} = \begin{pmatrix} 21 \\ -9 \end{pmatrix}$$

则

$$AB = (Ab_1, Ab_2, Ab_3) = \begin{pmatrix} 11 & 0 & 21 \\ -1 & 13 & -9 \end{pmatrix}$$

⚒ **例 3.29** 证明矩阵 $A = 0$ 的充分必要条件是 $A^{\mathrm{T}}A = 0$.

证 $\Rightarrow$) 先证必要性. 当 $A = 0$ 时，显然有 $A^{\mathrm{T}}A = 0$.

$\Leftarrow$) 再证充分性. 设 $A = (a_{ij})_{m\times n}$，把 A 按列分块为 $A = (\alpha_1, \alpha_2, \cdots, \alpha_n)$，则

$$A^{\mathrm{T}}A = \begin{pmatrix} \alpha_1^{\mathrm{T}} \\ \alpha_2^{\mathrm{T}} \\ \vdots \\ \alpha_n^{\mathrm{T}} \end{pmatrix}(\alpha_1, \alpha_2, \cdots, \alpha_n) = \begin{pmatrix} \alpha_1^{\mathrm{T}}\alpha_1 & \alpha_1^{\mathrm{T}}\alpha_2 & \cdots & \alpha_1^{\mathrm{T}}\alpha_n \\ \alpha_2^{\mathrm{T}}\alpha_1 & \alpha_2^{\mathrm{T}}\alpha_2 & \cdots & \alpha_2^{\mathrm{T}}\alpha_n \\ \vdots & \vdots & & \vdots \\ \alpha_m^{\mathrm{T}}\alpha_1 & \alpha_n^{\mathrm{T}}\alpha_2 & \cdots & \alpha_n^{\mathrm{T}}\alpha_n \end{pmatrix}$$

由于 $A^{\mathrm{T}}A = 0$，故

$$\alpha_i^{\mathrm{T}}\alpha_j = 0 \quad (i, j = 1, 2, \cdots, n)$$

特别地，有

$$\alpha_i^{\mathrm{T}}\alpha_i = 0 \quad (i = 1, 2, \cdots, n)$$

即

$$\begin{aligned} \alpha_i^{\mathrm{T}}\alpha_i &= (a_{1i}, a_{2i}, \cdots, a_{mi})\begin{pmatrix} a_{1i} \\ a_{2i} \\ \vdots \\ a_{mi} \end{pmatrix} \\ &= a_{1i}^2 + a_{2i}^2 + \cdots + a_{mi}^2 \\ &= 0 \end{aligned}$$

注：特别地，当矩阵 A 为列向量时，例题的结论可以叙述为列向量 $\alpha = 0$ 的充分必要条件是 $\alpha^{\mathrm{T}}\alpha = 0$.

所以

$$a_{1i} = a_{2i} = \cdots = a_{mi} = 0 \quad (i = 1, 2, \cdots, n)$$

即 $A = 0$.

3.6 矩阵的初等变换

初等变换是矩阵的一种基本运算，借助初等变换，有助于分析和呈现矩阵的更多属性.

3.6.1　初等变换

线性方程组的基本解法是消元法. 消元法解线性方程组包含三种类型的同解变换.

(1) 交换两个方程的位置.

(2) 一个方程左右两端乘上一个非零常数.

(3) 将一个方程的常数倍加到另外一个方程上.

由于线性方程组与其增广矩阵是一一对应的，增广矩阵中的每一行对应线性方程组中相应的方程. 因此，消元法的三种同解变换对应增广矩阵的三种行操作，称为初等行变换，简称行变换.

下面通过一个求解线性方程组的例子进行说明.

表 3.1 体现了消元法与增广矩阵初等行变换的本质一致性. 例如，步骤1交换两个方程位置，相当于交换增广矩阵中的对应行，从而得到矩阵 1. 同理，步骤 2～ 步骤 4进行的一系列同解变换，对应了增广矩阵相应的初等行变换. 这表明，消元法求解线性方程组的过程，就是对增广矩阵不断进行初等行变换，最终变换为矩阵 4 的形式的过程.

表 3.1　消元法与矩阵的初等行变换

线性方程组：$\begin{cases} 3x-2y=0 \\ -x+y=2 \end{cases}$	增广矩阵：$\begin{pmatrix} 3 & -2 & 0 \\ -1 & 1 & 2 \end{pmatrix}$
步骤 1: 交换方程位置	步骤 1: 交换矩阵两行位置
方程组 1：$\begin{cases} -x+y=2 & (1) \\ 3x-2y=0 & (2) \end{cases}$	矩阵 1：$\begin{pmatrix} -1 & 1 & 2 \\ 3 & -2 & 0 \end{pmatrix}$
步骤 2: 方程 (1) 的 3 倍加到方程 (2) 上	步骤 2 : 矩阵第 1 行的 3 倍加到第 2 行上
方程组 2：$\begin{cases} -x+y=2 & (3) \\ y=6 & (4) \end{cases}$	矩阵 2：$\begin{pmatrix} -1 & 1 & 2 \\ 0 & 1 & 6 \end{pmatrix}$
步骤 3: 方程 (3) 两端同时乘以 -1	步骤 3 : 矩阵第 1 行乘以 -1
方程组 3：$\begin{cases} x-y=-2 & (5) \\ y=6 & (6) \end{cases}$	矩阵 3：$\begin{pmatrix} 1 & -1 & -2 \\ 0 & 1 & 6 \end{pmatrix}$
步骤 4: 方程 (6) 加到方程 (5) 上	步骤 4 : 矩阵第 2 行加到第 1 行上
方程组 4：$\begin{cases} x=4 \\ y=6 \end{cases}$	矩阵 4：$\begin{pmatrix} 1 & 0 & 4 \\ 0 & 1 & 6 \end{pmatrix}$

消元法的三种同解变换对应到增广矩阵上，就得到了矩阵的三种初等行变换.

定义 3.17　矩阵的初等行变换

对矩阵的行进行的下面三种操作称为矩阵的初等行变换.

(1) 对换 i,j 两行，记作 $r_i \leftrightarrow r_j$.

(2) 以数 $k \neq 0$ 乘第 i 行中的所有元素，记作 $r_i \times k$.

(3) 把第 j 行的 k 倍加到第 i 行上，记作 $r_i + kr_j$.

把定义中的行换成列就得到了初等列变换的定义.

定义 3.18　矩阵的初等列变换

对矩阵的列进行的下面三种操作称为矩阵的初等列变换.

(1) 对换 i, j 两列，记作 $c_i \leftrightarrow c_j$.

(2) 以数 $k \neq 0$ 乘第 i 列中的所有元素，记作 $c_i \times k$.

(3) 把第 j 列的 k 倍加到第 i 列上，记作 $c_i + kc_j$.

矩阵的初等行变换和初等列变换统称为初等变换.

显然，矩阵的初等变换是可逆的. 例如.变换 $r_i \leftrightarrow r_j$ 的逆变换就是其本身；变换 $r_i \times k$ 的逆变换为 $r_i \times \dfrac{1}{k}$；变换 $r_i + kr_j$ 的逆变换为 $r_i - kr_j$.

3.6.2　矩阵等价

如果矩阵 $\boldsymbol{A}$ 经有限次的初等行变换变成 $\boldsymbol{B}$，则称矩阵 $\boldsymbol{A}$ 与 $\boldsymbol{B}$ 行等价，记作 $\boldsymbol{A} \xrightarrow{r} \boldsymbol{B}$；如果矩阵 $\boldsymbol{A}$ 经有限次的初等列变换变成 $\boldsymbol{B}$，则称矩阵 $\boldsymbol{A}$ 与 $\boldsymbol{B}$ 列等价，记作 $\boldsymbol{A} \xrightarrow{c} \boldsymbol{B}$；如果矩阵 $\boldsymbol{A}$ 经有限次的初等变换变成 $\boldsymbol{B}$，则称矩阵 $\boldsymbol{A}$ 与 $\boldsymbol{B}$ 等价, 记作 $\boldsymbol{A} \sim \boldsymbol{B}$.

矩阵的等价关系具有下列性质.

(1) 反身性:$\boldsymbol{A} \sim \boldsymbol{A}$.

(2) 对称性:$\boldsymbol{A} \sim \boldsymbol{B}$，则 $\boldsymbol{B} \sim \boldsymbol{A}$.

(3) 传递性:$\boldsymbol{A} \sim \boldsymbol{B}$，$\boldsymbol{B} \sim \boldsymbol{C}$，则 $\boldsymbol{A} \sim \boldsymbol{C}$.

有了初等行变换和矩阵等价的定义，表 3.1 中第二列的过程可以重新表示如下：

$$
\begin{aligned}
\boldsymbol{B} = & \begin{pmatrix} 3 & -2 & 0 \\ -1 & 1 & 2 \end{pmatrix} \\
& \xrightarrow{r_1 \leftrightarrow r_2} \begin{pmatrix} -1 & 1 & 2 \\ 3 & -2 & 0 \end{pmatrix} = \boldsymbol{B}_1 \\
& \xrightarrow{r_2 - 3r_1} \begin{pmatrix} -1 & 1 & 2 \\ 0 & 1 & 6 \end{pmatrix} = \boldsymbol{B}_2 \\
& \xrightarrow{r_1 \times (-1)} \begin{pmatrix} 1 & -1 & -2 \\ 0 & 1 & 6 \end{pmatrix} = \boldsymbol{B}_3 \\
& \xrightarrow{r_1 + r_2} \begin{pmatrix} 1 & 0 & 4 \\ 0 & 1 & 6 \end{pmatrix} = \boldsymbol{B}_4
\end{aligned}
$$

增广矩阵 $\boldsymbol{B}$ 经过初等行变换变成 $\boldsymbol{B}_1$、$\boldsymbol{B}_2$、$\boldsymbol{B}_3$、$\boldsymbol{B}_4$，即 $\boldsymbol{B}$ 与 $\boldsymbol{B}_1$、$\boldsymbol{B}_2$、$\boldsymbol{B}_3$、$\boldsymbol{B}_4$ 之间是等价关系. 作为增广矩阵，$\boldsymbol{B}$ 与 $\boldsymbol{B}_1$、$\boldsymbol{B}_2$、$\boldsymbol{B}_3$、$\boldsymbol{B}_4$ 所对应的线性方程组之间是同解线性方程组的关系. 所以增广矩阵的初等行变换可以理解为对应线性方程组的同解变换. 行等价的增广矩阵所表示的线性方程组是同解线性方程组.

3.6.3 利用初等变换解线性方程组

利用矩阵的初等行变换把增广矩阵 $\boldsymbol{B}$ 变换为 $\boldsymbol{B}_2, \boldsymbol{B}_3$，最后变换为 $\boldsymbol{B}_4$，本质上就是在进行高斯消元. 这个过程就是利用初等变换解线性方程组的过程. 而矩阵 $\boldsymbol{B}_4$ 就是变换的最终目标形式.

矩阵 $\boldsymbol{B}_2, \boldsymbol{B}_3$ 和 $\boldsymbol{B}_4$ 的特点是都可以画出一条从第一行首非零元左边竖线开始到最后一列某非零元下方横线为止的阶梯线. 该阶梯线的左下方元全为 0，每段竖线的高度为 1 行，竖线右方的第一个元为非零元，称为该非零行的首非零元. 具有这样特点的矩阵称为行阶梯形矩阵，即

$$\boldsymbol{B}_2 = \begin{pmatrix} -1 & 1 & 2 \\ 0 & 1 & 6 \end{pmatrix}, \quad \boldsymbol{B}_3 = \begin{pmatrix} 1 & -1 & -2 \\ 0 & 1 & 6 \end{pmatrix},$$

$$\boldsymbol{B}_4 = \begin{pmatrix} 1 & 0 & 4 \\ 0 & 1 & 6 \end{pmatrix}$$

定义 3.19　行阶梯形矩阵与行最简形矩阵

1. 非零矩阵若满足：

(1) 非零行在零行的上面；

(2) 非零行的首非零元在上一行首非零元的右边，

称此矩阵为行阶梯形矩阵.

2. 若矩阵是行阶梯形矩阵，并且满足：

(1) 非零行的首非零元为 1；

(2) 首非零元所在的列的其他元均为 0，

称此矩阵为行最简形矩阵.

行最简形矩阵要求非零行首非零元为 1，对应线性方程组中未知数的系数化为了 1；首非零元所在列的其他元均为 0，对应线性方程组中其他方程与首非零元对应的未知数被消去了. 将增广矩阵化成行最简形，即表示已将线性方程组中未知数进行了消元，且把未知数的系数化成了 1.

根据定义，矩阵 $\boldsymbol{B}_2, \boldsymbol{B}_3, \boldsymbol{B}_4$ 均为行阶梯形矩阵，并且 $\boldsymbol{B}_4$ 还是行最简形矩阵. 由行最简形矩阵 $\boldsymbol{B}_4$ 即可写出方程组的解；反之，由方程组的解也可以写出行最简形矩阵 $\boldsymbol{B}_4$. 事实上，一个矩阵的行最简形矩阵是唯一确定的，行阶梯形矩阵非零行的行数也是唯一确定的.

对行最简形矩阵继续进行初等变换 (行变换和列变换), 可以将其变换为形式更为简单的矩阵，称为标准形. 例如，

$$\boldsymbol{B}_4 = \begin{pmatrix} 1 & 0 & 4 \\ 0 & 1 & 6 \end{pmatrix} \xrightarrow[c_3-6c_2]{c_3-4c_1} \begin{pmatrix} 1 & 0 & 0 \\ 0 & 1 & 0 \end{pmatrix} = \boldsymbol{F}$$

矩阵 $\boldsymbol{F}$ 称为矩阵 $\boldsymbol{B}$ 的标准形. 标准形 $\boldsymbol{F}$ 的特点是左上角是一个单位矩阵，其余元素都是 0.

对于 $m \times n$ 矩阵 $\boldsymbol{A}$，总可以通过初等变换 (行变换和列变换) 将它化为

标准形

$$\boldsymbol{F}=\begin{pmatrix}\boldsymbol{E}_r & \boldsymbol{O}\\ \boldsymbol{O} & \boldsymbol{O}\end{pmatrix}_{m\times n}$$

此标准形中的 r 为矩阵 $\boldsymbol{A}$ 化为行阶梯形矩阵或行最简形矩阵后的非零行的行数，数 r 是矩阵 $\boldsymbol{A}$ 的一个重要特征指标，所有与 $\boldsymbol{A}$ 等价的矩阵都具有相同的 r，在这些等价矩阵构成的集合中 $\boldsymbol{F}$ 是形状最简单的矩阵.

对任意非零矩阵 $\boldsymbol{A}_{m\times n}$，总可以经过有限次初等行变换将其变为行阶梯形矩阵和行最简形矩阵.

利用初等变换解线性方程组的过程就是对增广矩阵通过初等行变换化为行最简形的过程.

⚒ **例 3.30** 求解线性方程组

$$\begin{cases}2x_1-x_2-x_3+x_4=2\\ x_1+x_2-2x_3+x_4=4\\ 4x_1-6x_2+2x_3-2x_4=4\\ 3x_1+6x_2-9x_3+7x_4=9\end{cases}$$

解 设方程组的矩阵形式为 $\boldsymbol{Ax}=\boldsymbol{b}$，则增广矩阵 $\boldsymbol{B}=(\boldsymbol{A},\boldsymbol{b})$，

$$\boldsymbol{B}=\begin{pmatrix}2&-1&-1&1&2\\1&1&-2&1&4\\4&-6&2&-2&4\\3&6&-9&7&9\end{pmatrix}\xrightarrow{r_1\leftrightarrow r_2}\begin{pmatrix}1&1&-2&1&4\\2&-1&-1&1&2\\2&-3&1&-1&2\\3&6&-9&7&9\end{pmatrix}$$

$$\xrightarrow[r_4-3r_1]{\substack{r_2-r_3\\ r_3-2r_1}}\begin{pmatrix}1&1&-2&1&4\\0&2&-2&2&0\\0&-5&5&-3&-6\\0&3&-3&4&3\end{pmatrix}\xrightarrow[r_4-3r_2]{\substack{r_2\times\frac{1}{2}\\ r_3+5r_2}}\begin{pmatrix}1&1&-2&1&4\\0&1&-1&1&0\\0&0&0&2&-6\\0&0&0&1&-3\end{pmatrix}$$

$$\xrightarrow[r_4-2r_3]{r_3\leftrightarrow r_4}\begin{pmatrix}1&1&-2&1&4\\0&1&-1&1&0\\0&0&0&1&-3\\0&0&0&0&0\end{pmatrix}\xrightarrow[r_2-r_3]{r_1-r_2}\begin{pmatrix}1&0&-1&0&4\\0&1&-1&0&3\\0&0&0&1&-3\\0&0&0&0&0\end{pmatrix}$$

方程组化简为

$$\begin{cases}x_1-x_3=4\\ x_2-x_3=3\\ x_4=-3\end{cases}$$

取 x_3 为自由变量，并将其移到等式右边，得

$$\begin{cases}x_1=x_3+4\\ x_2=x_3+3\\ x_3=x_3+0\\ x_4=0x_3-3\end{cases}$$

令 $x_3=c$，得

$$\boldsymbol{x}=\begin{pmatrix}x_1\\x_2\\x_3\\x_4\end{pmatrix}=c\begin{pmatrix}1\\1\\1\\0\end{pmatrix}+\begin{pmatrix}4\\3\\0\\-3\end{pmatrix}\quad(c\in\mathbb{R})$$

本例中选取 x_3 作为自由变量，移到等式右端，依据的选取规则是将行最简形矩阵中非零行的首非零元对应的变量作为非自由变量，其他变量为自由变量. 这种自由变量的选取方式是一般的处理过程，但不是唯一的. 若选择 x_1,x_2,x_4 中的某一个作为自由变量，得到的通解虽然形式上不一样，但理论上也是正确的，只不过计算过程较复杂. 例如，选 x_1 为自由变量，并将其移到等式右端，得

$$\begin{cases}x_1=x_1\\x_2=x_1-1\\x_3=x_1-4\\x_4=0x_1-3\end{cases}$$

令 $x_1=c$，得

$$\boldsymbol{x}=\begin{pmatrix}x_1\\x_2\\x_3\\x_4\end{pmatrix}=c\begin{pmatrix}1\\1\\1\\0\end{pmatrix}+\begin{pmatrix}0\\-1\\-4\\-3\end{pmatrix}\quad(c\in\mathbb{R})$$

两种自由变量选取方式求得的解形式上看是不同的，但实质上表示的都是线性方程组的解集，都是正确的.

⚒ 例 **3.31**　求解线性方程组

$$\begin{cases}2x_1+x_2-x_3+x_4=1\\4x_1+2x_2-2x_3+x_4=2\\2x_1+x_2-x_3-x_4=1\end{cases}$$

解　设方程组的矩阵形式为 $\boldsymbol{Ax}=\boldsymbol{b}$，设增广矩阵 $\boldsymbol{B}=(\boldsymbol{A},\boldsymbol{b})$，

$$\boldsymbol{B}=\begin{pmatrix}2&1&-1&1&1\\4&2&-2&1&2\\2&1&-1&-1&1\end{pmatrix}\xrightarrow[r_2-2r_1]{r_3-r_1}\begin{pmatrix}2&1&-1&1&1\\0&0&0&-1&0\\0&0&0&-2&0\end{pmatrix}$$

$$\xrightarrow[r_1\times(-\frac{1}{2})]{\substack{r_3-2r_2\\r_2\times(-1)}}\begin{pmatrix}1&\frac{1}{2}&-\frac{1}{2}&\frac{1}{2}&\frac{1}{2}\\0&0&0&1&0\\0&0&0&0&0\end{pmatrix}$$

得其通解方程组为

$$\begin{cases}x_1=-\frac{1}{2}x_2+\frac{1}{2}x_3+\frac{1}{2}\\x_2=\quad x_2\\x_3=\quad\quad x_3\\x_4=\quad\quad\quad 0\end{cases}$$

令 $x_2=C_1,x_3=C_2$ 所以，线性方程组的解为

$$\boldsymbol{x}=\begin{pmatrix}x_1\\x_2\\x_3\\x_4\end{pmatrix}=c_1\begin{pmatrix}-\frac{1}{2}\\1\\0\\0\end{pmatrix}+c_2\begin{pmatrix}\frac{1}{2}\\0\\1\\0\end{pmatrix}+\begin{pmatrix}\frac{1}{2}\\0\\0\\0\end{pmatrix}\quad(c_1,c_2\in\mathbb{R})$$

初等变换作为一种运算可以用初等矩阵来表示.

定义 3.20 初等矩阵

单位矩阵 $\boldsymbol{E}$ 经过一次初等变换得到的矩阵称为初等矩阵.

因为初等变换有三种，所以对应的初等矩阵也有三种.

(1) 单位矩阵 $\boldsymbol{E}$ 中对换 i,j 两行 (或 i,j 两列)，得到初等矩阵

$$\boldsymbol{E}(i,j)=\begin{pmatrix}1&&&&&&&&\\&\ddots&&&&&&&\\&&1&&&&&&\\&&&0&\cdots&1&&&\\&&&&1&&&&\\&&&\vdots&\ddots&\vdots&&&\\&&&&&1&&&\\&&&1&\cdots&0&&&\\&&&&&&1&&\\&&&&&&&\ddots&\\&&&&&&&&1\end{pmatrix}\begin{matrix}\\\\\\\leftarrow 第\ i\ 行\\\\\\\\\leftarrow 第\ j\ 行\\\\\\\\\end{matrix}$$

注意: $\boldsymbol{E}(i,j)$ 是单位矩阵 $\boldsymbol{E}$ 对换两行 (列) 得到的，故

$$\left|\boldsymbol{E}(i,j)\right|=-\left|\boldsymbol{E}\right|=-1$$

用 m 阶初等矩阵 $\boldsymbol{E}_m(i,j)$ 左乘矩阵 $\boldsymbol{A}=(a_{ij})_{m\times n}$，其结果相当于对矩阵 $\boldsymbol{A}$ 作交换 i,j 两行的初等变换，即相当于变换 $r_i\leftrightarrow r_j$.

$$\boldsymbol{E}_m(i,j)\boldsymbol{A}=\begin{pmatrix}a_{11}&a_{12}&\cdots&a_{1n}\\\vdots&\vdots&&\vdots\\a_{j1}&a_{j2}&\cdots&a_{jn}\\\vdots&\vdots&&\vdots\\a_{i1}&a_{i2}&\cdots&a_{in}\\\vdots&\vdots&&\vdots\\a_{m1}&a_{m2}&\cdots&a_{mn}\end{pmatrix}\begin{matrix}\\\\\leftarrow 第\ i\ 行\\\\\leftarrow 第\ j\ 行\\\\\\\end{matrix}$$

同理，用 n 阶初等矩阵 $\boldsymbol{E}_n(i,j)$ 右乘矩阵 $\boldsymbol{A}$，其结果相当于对矩阵 $\boldsymbol{A}$ 作交换 i,j 两列的初等变换，即相当于变换 $c_i\leftrightarrow c_j$.

(2) 以数 $k \neq 0$ 乘单位矩阵的第 i 行 (或第 i 列) 中的所有元素，得初等矩阵

$$\boldsymbol{E}(i(k)) = \begin{pmatrix} 1 & & & & & & \\ & \ddots & & & & & \\ & & 1 & & & & \\ & & & k & & & \\ & & & & 1 & & \\ & & & & & \ddots & \\ & & & & & & 1 \end{pmatrix} \begin{matrix} \\ \\ \\ \leftarrow \text{第 } i \text{ 行} \\ \\ \\ \\ \end{matrix}$$

$\left|\boldsymbol{E}(i(k))\right| = k\left|\boldsymbol{E}\right| = k$

可以验证：用 $\boldsymbol{E}(i(k))$ 左乘矩阵 $\boldsymbol{A}$，其结果相当于对矩阵 $\boldsymbol{A}$ 作以数 k 乘第 i 行的初等变换，即相当于变换 $r_i \times k$；用 $\boldsymbol{E}(i(k))$ 右乘矩阵 $\boldsymbol{A}$，其结果相当于对矩阵 $\boldsymbol{A}$ 作以数 k 乘第 i 列的初等变换，即相当于变换 $c_i \times k$.

(3) 把第 j 行的 k 倍加到第 i 行上，记作 $r_i + kr_j$.

$$\boldsymbol{E}(ij(k)) = \begin{pmatrix} 1 & & & & & & \\ & \ddots & & & & & \\ & & 1 & \cdots & k & & \\ & & & \ddots & \vdots & & \\ & & & & 1 & & \\ & & & & & \ddots & \\ & & & & & & 1 \end{pmatrix} \begin{matrix} \\ \\ \leftarrow \text{第 } i \text{ 行} \\ \\ \leftarrow \text{第 } j \text{ 行} \\ \\ \\ \end{matrix}$$

$\left|\boldsymbol{E}(ij(k))\right| = \left|\boldsymbol{E}\right| = 1$

可以验证：用 $\boldsymbol{E}(ij(k))$ 左乘矩阵 $\boldsymbol{A}$，其结果相当于对矩阵 $\boldsymbol{A}$ 作以第 j 行的 k 倍加到第 i 行的初等变换，即相当于变换 $r_i + kr_j$；用 $\boldsymbol{E}(ij(k))$ 右乘矩阵 $\boldsymbol{A}$，其结果相当于对矩阵 $\boldsymbol{A}$ 作以第 i 列的 k 倍加到第 j 列的初等变换，即相当于变换 $c_j + kc_i$.

显然，初等矩阵都是可逆的，且其逆矩阵是同一类型的初等矩阵，即

$$\boldsymbol{E}^{-1}(i,j) = \boldsymbol{E}(i,j)$$

$$\boldsymbol{E}(i(k))^{-1} = \boldsymbol{E}\left(i\left(\frac{1}{k}\right)\right)$$

$$\boldsymbol{E}(ij(k))^{-1} = \boldsymbol{E}(ij(-k))$$

所以，我们经常不区分初等矩阵和初等变换. 当称一个初等矩阵为初等变换时，表示左 (右) 乘该初等矩阵代表的初等变换.

初等矩阵具有下列性质.

性质 1 设 $\boldsymbol{A}$ 是一个 $m \times n$ 矩阵，对 $\boldsymbol{A}$ 施行一次初等行变换，相当于在 $\boldsymbol{A}$ 的左边乘相应的 m 阶初等矩阵；对 $\boldsymbol{A}$ 施行一次初等列变换，相当于在 $\boldsymbol{A}$ 的右边乘相应的 n 阶初等矩阵.

✍ 性质 1 表明：对矩阵 $\boldsymbol{A}$ 进行初等行 (列) 变换等价于左 (右) 乘初等矩阵，即一个动态的操作可以用一个矩阵乘法来表示.

性质 2 方阵 $\boldsymbol{A}$ 可逆的充分必要条件是存在有限个初等矩阵 $\boldsymbol{P}_1, \boldsymbol{P}_2, \cdots, \boldsymbol{P}_l$，使 $\boldsymbol{A}=\boldsymbol{P}_1\boldsymbol{P}_2\cdots\boldsymbol{P}_l$.

✍ 性质 2 表明：每一个可逆矩阵 $\boldsymbol{A}=\boldsymbol{P}_1\boldsymbol{P}_2\cdots\boldsymbol{P}_l$ 都可以用来表示一系列初等变换 $\boldsymbol{P}_1,\boldsymbol{P}_2,\cdots,\boldsymbol{P}_l$，即一系列动态的操作可以用一个可逆矩阵表示.

证 先证充分性.

证法一：设 $\boldsymbol{A}=\boldsymbol{P}_1\boldsymbol{P}_2\cdots\boldsymbol{P}_l$，因初等矩阵可逆，有限个可逆矩阵的乘积仍可逆，故 $\boldsymbol{A}$ 可逆.

证法二：$|\boldsymbol{A}|=|\boldsymbol{P}_1\boldsymbol{P}_2\cdots\boldsymbol{P}_l|=|\boldsymbol{P}_1||\boldsymbol{P}_2|\cdots|\boldsymbol{P}_l|$. 又知，初等矩阵的行列式 $|\boldsymbol{P}_i|\neq 0$，故 $|\boldsymbol{A}|\neq 0$，$\boldsymbol{A}$ 可逆.

再证必要性. 设 n 阶方阵 $\boldsymbol{A}$ 可逆，它经有限次初等行变换成为行最简形矩阵 $\boldsymbol{B}$. 由性质 1 知，有初等矩阵 $\boldsymbol{Q}_1,\boldsymbol{Q}_2,\cdots,\boldsymbol{Q}_l$，使

$$\boldsymbol{Q}_1\boldsymbol{Q}_2\cdots\boldsymbol{Q}_l\boldsymbol{A}=\boldsymbol{B}$$

因 $\boldsymbol{A},\boldsymbol{Q}_1,\boldsymbol{Q}_2,\cdots,\boldsymbol{Q}_l$ 均可逆，故 $\boldsymbol{B}$ 也可逆，从而 $\boldsymbol{B}$ 的非零行数为 n，即 $\boldsymbol{B}$ 有 n 个首非零元 1，但 $\boldsymbol{B}$ 总共只有 n 个列，故 $\boldsymbol{B}=\boldsymbol{E}$. 于是

$$\boldsymbol{A}=\boldsymbol{Q}_1^{-1}\boldsymbol{Q}_2^{-1}\cdots\boldsymbol{Q}_l^{-1}\boldsymbol{B}=\boldsymbol{Q}_1^{-1}\boldsymbol{Q}_2^{-1}\cdots\boldsymbol{Q}_l^{-1}\boldsymbol{E}=\boldsymbol{P}_1\boldsymbol{P}_2\cdots\boldsymbol{P}_l$$

这里 $\boldsymbol{P}_i=\boldsymbol{Q}_i^{-1}$ 为初等矩阵，即 $\boldsymbol{A}$ 是若干个初等矩阵的乘积.

定理 3.2 矩阵等价的充要条件

设 $\boldsymbol{A}$ 与 $\boldsymbol{B}$ 为 $m\times n$ 矩阵，那么

(1) $\boldsymbol{A}\xrightarrow{r}\boldsymbol{B}$ 的充分必要条件是存在 m 阶可逆矩阵 $\boldsymbol{P}$，使 $\boldsymbol{PA}=\boldsymbol{B}$；

(2) $\boldsymbol{A}\xrightarrow{c}\boldsymbol{B}$ 的充分必要条件是存在 n 阶可逆矩阵 $\boldsymbol{Q}$，使 $\boldsymbol{AQ}=\boldsymbol{B}$；

(3) $\boldsymbol{A}\sim\boldsymbol{B}$ 的充分必要条件是存在 m 阶可逆矩阵 P 及 n 阶可逆矩阵 $\boldsymbol{Q}$，使 $\boldsymbol{PAQ}=\boldsymbol{B}$.

证 (1) 由行等价的定义和初等矩阵的性质，知

$$\begin{aligned}\boldsymbol{A}\xrightarrow{r}\boldsymbol{B} &\Leftrightarrow \boldsymbol{A}\text{经有限次初等行变换变成}\boldsymbol{B}\\ &\Leftrightarrow \text{存在有限个}\,m\,\text{阶初等矩阵}\boldsymbol{P}_1,\boldsymbol{P}_2,\cdots,\boldsymbol{P}_l\text{，使}\boldsymbol{P}_1\boldsymbol{P}_2\cdots\boldsymbol{P}_l\boldsymbol{A}=\boldsymbol{B}.\\ &\Leftrightarrow \text{存在}\,m\,\text{阶可逆矩阵}\boldsymbol{P}\text{，使}\boldsymbol{PA}=\boldsymbol{B}.\end{aligned}$$

类似可证明 (2) 和 (3).

定理把初等变换和矩阵乘法联系起来，左乘或右乘一个可逆矩阵 $\boldsymbol{P}$ 相当于对矩阵进行了 $\boldsymbol{P}$ 所代表的初等变换 $\boldsymbol{P}_1,\boldsymbol{P}_2,\cdots,\boldsymbol{P}_l$，其中 $\boldsymbol{P}=\boldsymbol{P}_1\boldsymbol{P}_2\cdots\boldsymbol{P}_l$. 反之，对矩阵进行一系列的初等行 (列) 变换，相当于矩阵左 (右) 乘可逆矩阵. 这样就建立了初等变换与矩阵乘法之间的转化关系.

此外，定理还表明，左乘或右乘可逆矩阵，并不改变矩阵的等价关系.

推论

方阵 $\boldsymbol{A}$ 可逆的充分必要条件是 $\boldsymbol{A}\xrightarrow{r}\boldsymbol{E}$(或 $\boldsymbol{A}\xrightarrow{c}\boldsymbol{E}$).

证 $\boldsymbol{A}$可逆 $\Leftrightarrow$ 存在可逆矩阵$\boldsymbol{P}$, 使$\boldsymbol{PA}=\boldsymbol{E}$

$$\Leftrightarrow \boldsymbol{A}\xrightarrow{r}\boldsymbol{E}$$

3.6.4 利用初等变换求逆矩阵

由定理 3.2 知，$\boldsymbol{A} \xrightarrow{r} \boldsymbol{B}$ 的充分必要条件是存在有限个 m 阶初等矩阵 $\boldsymbol{P}_1, \boldsymbol{P}_2, \cdots, \boldsymbol{P}_l$，其中，$\boldsymbol{P}_1\boldsymbol{P}_2\cdots\boldsymbol{P}_l = \boldsymbol{P}$，使 $\boldsymbol{PA} = \boldsymbol{B}$. 即左乘矩阵 $\boldsymbol{P}$ 相当于对矩阵 $\boldsymbol{A}$ 进行初等行变换. 若已知矩阵 $\boldsymbol{A}$、$\boldsymbol{B}$，也可以求矩阵 $\boldsymbol{P}$. 事实上，对矩阵 $(\boldsymbol{A}, \boldsymbol{E})$ 进行初等行变换 $\boldsymbol{P}_1, \boldsymbol{P}_2, \cdots, \boldsymbol{P}_l$，相当于

$$\boldsymbol{P}_1\boldsymbol{P}_2\cdots\boldsymbol{P}_l(\boldsymbol{A}, \boldsymbol{E}) = \boldsymbol{P}(\boldsymbol{A}, \boldsymbol{E}) = (\boldsymbol{PA}, \boldsymbol{PE}) = (\boldsymbol{B}, \boldsymbol{P}) \tag{3.25}$$

初等行变换将 $\boldsymbol{A}$ 变为 $\boldsymbol{B}$ 的同时，将 $\boldsymbol{E}$ 变为 $\boldsymbol{P}$.

⚒ **例 3.32** 设 $\boldsymbol{A} = \begin{pmatrix} 2 & -1 & -1 \\ 1 & 1 & -2 \\ 4 & -6 & 2 \end{pmatrix}$，对 $\boldsymbol{A}$ 进行一系列的初等行变换 $\boldsymbol{P}_1, \boldsymbol{P}_2, \cdots, \boldsymbol{P}_l$，将其变换为行最简形矩阵 $\boldsymbol{F}$，求可逆矩阵 $\boldsymbol{P} = \boldsymbol{P}_1\boldsymbol{P}_2\cdots\boldsymbol{P}_l$.

解

$$(\boldsymbol{A}, \boldsymbol{E}) = \left(\begin{array}{ccc:ccc} 2 & -1 & -1 & 1 & 0 & 0 \\ 1 & 1 & -2 & 0 & 1 & 0 \\ 4 & -6 & 2 & 0 & 0 & 1 \end{array}\right)$$

$$\xrightarrow[r_2-2r_1]{\substack{r_1\leftrightarrow r_2 \\ r_3-2r_2}} \left(\begin{array}{ccc:ccc} 1 & 1 & -2 & 0 & 1 & 0 \\ 0 & -3 & 3 & 1 & -2 & 0 \\ 0 & -4 & 4 & -2 & 0 & 1 \end{array}\right)$$

$$\xrightarrow[r_3+4r_2]{\substack{r_2-r_3 \\ r_1-r_2}} \left(\begin{array}{ccc:ccc} 1 & 0 & -1 & -3 & 3 & 1 \\ 0 & 1 & -1 & 3 & -2 & -1 \\ 0 & 0 & 0 & 10 & -8 & -3 \end{array}\right)$$

$$= (\boldsymbol{F}, \boldsymbol{P})$$

所以，可逆矩阵

$$\boldsymbol{P} = \begin{pmatrix} -3 & 3 & 1 \\ 3 & -2 & -1 \\ 10 & -8 & -3 \end{pmatrix}$$

注： 此处求得的可逆矩阵 $\boldsymbol{P}$ 不唯一. 事实上，对行列式 $(\boldsymbol{F}, \boldsymbol{P})$ 作初等行变换 $r_2 + kr_3$，则 $\boldsymbol{F}$ 不变，而 $\boldsymbol{P}$ 改变了.

在式 (3.25) 中，若矩阵 $\boldsymbol{B} = \boldsymbol{E}$，即 $\boldsymbol{PA} = \boldsymbol{E}$，则 $\boldsymbol{P} = \boldsymbol{A}^{-1}$，式 (3.25) 化为

$$\boldsymbol{P}(\boldsymbol{A}, \boldsymbol{E}) = (\boldsymbol{PA}, \boldsymbol{PE}) = (\boldsymbol{E}, \boldsymbol{A}^{-1}) \tag{3.26}$$

即将矩阵 $\boldsymbol{A}$ 与 $\boldsymbol{E}$ 并列构造成新的矩阵 $(\boldsymbol{A}, \boldsymbol{E})$，对其作一系列的初等行变换，当 $\boldsymbol{A}$ 变成 $\boldsymbol{E}$ 时，$\boldsymbol{E}$ 变成了 $\boldsymbol{A}^{-1}$.

⚒ **例 3.33** 设 $\boldsymbol{A} = \begin{pmatrix} 1 & 0 & 2 \\ 2 & -1 & 3 \\ 4 & 1 & 8 \end{pmatrix}$，证明 $\boldsymbol{A}$ 可逆，并求 $\boldsymbol{A}^{-1}$.

解

$$(\boldsymbol{A},\boldsymbol{E})=\left(\begin{array}{ccc:ccc}1&0&2&1&0&0\\2&-1&3&0&1&0\\4&1&8&0&0&1\end{array}\right)\xrightarrow[r_3-4r_1]{r_2-2r_1}\left(\begin{array}{ccc:ccc}1&0&2&1&0&0\\0&-1&-1&-2&1&0\\0&1&0&-4&0&1\end{array}\right)$$

$$\xrightarrow{r_2\leftrightarrow r_3}\left(\begin{array}{ccc:ccc}1&0&2&1&0&0\\0&1&0&-4&0&1\\0&-1&-1&-2&1&0\end{array}\right)\xrightarrow{r_3+r_2}\left(\begin{array}{ccc:ccc}1&0&2&1&0&0\\0&1&0&-4&0&1\\0&0&-1&-6&1&1\end{array}\right)$$

$$\xrightarrow[r_3\times(-1)]{r_1+2r_3}\left(\begin{array}{ccc:ccc}1&0&0&-11&2&2\\0&1&0&-4&0&1\\0&0&1&6&-1&-1\end{array}\right)=(\boldsymbol{E},\boldsymbol{A}^{-1})$$

因为 $\boldsymbol{A}\xrightarrow{r}\boldsymbol{E}$，故 $\boldsymbol{A}$ 可逆，且 $\boldsymbol{A}^{-1}=\begin{pmatrix}-11&2&2\\-4&0&1\\6&-1&-1\end{pmatrix}$.

3.6.5 利用初等变换求矩阵方程

若 $\boldsymbol{A}$ 是方阵，对矩阵方程

$$\boldsymbol{Ax}=\boldsymbol{B} \tag{3.27}$$

当 $|\boldsymbol{A}|\neq 0$ 时，$\boldsymbol{A}^{-1}$ 存在，对式 (3.27) 两端左乘 $\boldsymbol{A}^{-1}$ 有

$$\boldsymbol{x}=\boldsymbol{A}^{-1}\boldsymbol{B} \tag{3.28}$$

对矩阵 $(\boldsymbol{A},\boldsymbol{B})$ 作一系列的初等行变换，即左乘可逆矩阵 $\boldsymbol{P}$，当 $\boldsymbol{A}$ 变成 $\boldsymbol{E}$ 时，有 $\boldsymbol{PA}=\boldsymbol{E}$，此时 $\boldsymbol{P}=\boldsymbol{A}^{-1}$，则

$$\boldsymbol{P}(\boldsymbol{A},\boldsymbol{B})=(\boldsymbol{PA},\boldsymbol{PB})=(\boldsymbol{E},\boldsymbol{A}^{-1}\boldsymbol{B}) \tag{3.29}$$

式 (3.29) 提供了求解线性方程组 (3.27) 的简便方法.

⚒ **例 3.34** 求解矩阵方程 $\boldsymbol{Ax}=\boldsymbol{B}$，其中，

$$\boldsymbol{A}=\begin{pmatrix}1&2&3\\2&2&1\\3&4&3\end{pmatrix},\quad \boldsymbol{B}=\begin{pmatrix}2&5\\3&1\\4&3\end{pmatrix}$$

解 因为 $|\boldsymbol{A}|=\begin{vmatrix}1&2&3\\2&2&1\\3&4&3\end{vmatrix}=2\neq 0$，则 $\boldsymbol{A}$ 可逆，且

$$(\boldsymbol{A},\boldsymbol{B})=\begin{pmatrix}1&2&3&2&5\\2&2&1&3&1\\3&4&3&4&3\end{pmatrix}\xrightarrow[r_3-3r_1]{r_2-2r_1}\begin{pmatrix}1&2&3&2&5\\0&-2&-5&-1&-9\\0&-2&-6&-2&-12\end{pmatrix}$$

$$\xrightarrow[r_3-r_2]{r_1+r_2}\begin{pmatrix}1&0&-2&1&-4\\0&-2&-5&-1&-9\\0&0&-1&-1&-3\end{pmatrix}$$

$$\xrightarrow[r_2-5r_3]{r_1-2r_3}\begin{pmatrix}1&0&0&3&2\\0&-2&0&4&6\\0&0&-1&-1&-3\end{pmatrix}$$

$$\xrightarrow[(-1)r_3]{(-\frac{1}{2})r_2}\begin{pmatrix}1&0&0&3&2\\0&1&0&-2&-3\\0&0&1&1&3\end{pmatrix}$$

所以，方程组的解为

$$\boldsymbol{x}=\begin{pmatrix}3&2\\-2&-3\\1&3\end{pmatrix}$$

☆ **例 3.35**　求解线性方程组

$$\begin{cases}x_1-x_2-x_3=2\\2x_1-x_2-3x_3=1\\3x_1+2x_2-5x_3=0\end{cases}$$

解　设方程组的矩阵形式为 $\boldsymbol{Ax}=\boldsymbol{b}$，则增广矩阵

$$\boldsymbol{B}=(\boldsymbol{A},\boldsymbol{b})=\begin{pmatrix}1&-1&-1&2\\2&-1&-3&1\\3&2&-5&0\end{pmatrix}\xrightarrow[r_3-3r_1]{r_2-2r_1}\begin{pmatrix}1&-1&-1&2\\0&1&-1&-3\\0&5&-2&-6\end{pmatrix}$$

$$\xrightarrow[r_3\times\frac{1}{3}]{\substack{r_1+r_2\\r_3-5r_2}}\begin{pmatrix}1&0&-2&-1\\0&1&-1&-3\\0&0&1&3\end{pmatrix}\xrightarrow[r_2+r_3]{r_1+2r_3}\begin{pmatrix}1&0&0&5\\0&1&0&0\\0&0&1&3\end{pmatrix}$$

方程组的解为

$$\boldsymbol{x}=\begin{pmatrix}x_1\\x_2\\x_3\end{pmatrix}=\begin{pmatrix}5\\0\\3\end{pmatrix}$$

3.7　矩阵的秩

在上节引例中，矩阵 $\boldsymbol{B}$ 经初等行变换化为行阶梯形矩阵 $\boldsymbol{B}_2,\boldsymbol{B}_3$ 和行最简形矩阵 $\boldsymbol{B}_4$，在 $\boldsymbol{B}_2,\boldsymbol{B}_3$ 和 $\boldsymbol{B}_4$ 中，非零行的行数均为 3.

$$\underset{\boldsymbol{B}}{\begin{pmatrix}3&-2&0\\-1&1&2\end{pmatrix}}\xrightarrow{r}\underset{\boldsymbol{B}_2}{\begin{pmatrix}-1&1&2\\0&1&6\end{pmatrix}}\xrightarrow{r}\underset{\boldsymbol{B}_3}{\begin{pmatrix}1&-1&-2\\0&1&6\end{pmatrix}}$$

$$\xrightarrow{r}\underset{\boldsymbol{B}_4}{\begin{pmatrix}1&0&4\\0&1&6\end{pmatrix}}$$

那么自然就会问，与矩阵 $\boldsymbol{B}$ 行等价的任意其他矩阵化为行阶梯形矩阵后非零行的行数是否也是 3？答案是肯定的. 事实上，与矩阵 $\boldsymbol{B}$ 行等价的含义是经过有限次初等行变换可以化 $\boldsymbol{B}_2$，由 $\boldsymbol{B}_2$ 再经初等行变换可以进一步化为 $\boldsymbol{B}_3$，从而其非零行的行数也为 3. 所以，行等价的矩阵化为行阶梯形矩阵后，具有相同的非零行行数. 行阶梯形矩阵的非零行行数是行等价的矩阵之间共有的数量指标，是在行初等变换过程中保持不变的量，称为矩阵的秩.

矩阵的秩是等价矩阵之间共有的内在特性，它在线性代数理论中具有重要的地位. 它是讨论矩阵的可逆性、向量的线性表示与线性相关性、线性方程组解的理论等问题的主要工具.

3.7.1 矩阵的秩的定义

定义 3.21 矩阵的秩

矩阵 $\boldsymbol{A}$ 的行阶梯形矩阵中非零行的行数，称为矩阵 $\boldsymbol{A}$ 的秩，记作 $R(\boldsymbol{A})$ 或 $\mathrm{rank}(\boldsymbol{A})$.

对矩阵 $\boldsymbol{A}_{m\times n}$ 施以初等行 (列) 变换，化为行 (列) 阶梯形矩阵，其中非零行 (列) 的个数即矩阵 $\boldsymbol{A}$ 的秩.

定义 3.22 矩阵 A 的 k 阶子式

在 $m\times n$ 矩阵 $\boldsymbol{A}$ 中，任取 k 行 k 列 $(k\leqslant m, k\leqslant n)$，位于这些行、列交叉处的 k^2 个元素，不改变它们在 $\boldsymbol{A}$ 中的位置而得到的 k 阶行列式，称为矩阵 $\boldsymbol{A}$ 的 k 阶子式.

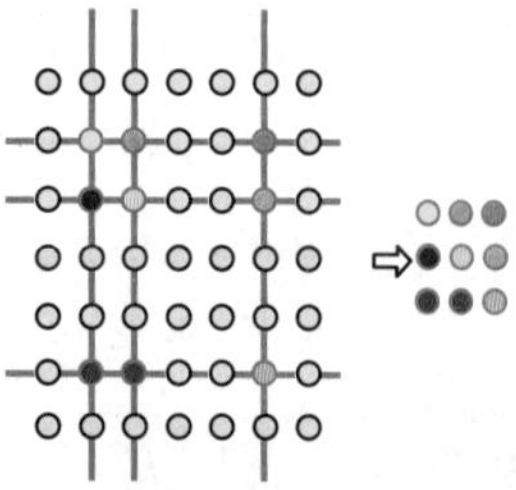

图 3.12 子式的示意图

$m\times n$ 矩阵 $\boldsymbol{A}$ 的 k 阶子式共有 $\mathrm{C}_m^k\cdot\mathrm{C}_n^k$ 个. 例如，矩阵

$$\boldsymbol{A}=\begin{pmatrix}1&3&2&2\\-3&1&1&2\\-1&1&-1&0\end{pmatrix}$$

则由第 1、2 行和第 2、3 列构成的二阶子式为 $\begin{vmatrix}3&2\\1&1\end{vmatrix}$. 子式的示意图如图 3.12 所示.

定义 3.23 矩阵的秩的等价定义

设在矩阵 $\boldsymbol{A}$ 中有一个不等于 0 的 r 阶子式 D，且所有 $r+1$ 阶子式都等于 0，那么 D 称为矩阵 $\boldsymbol{A}$ 的最高阶非零子式，数 r 称为矩阵 $\boldsymbol{A}$ 的秩，记作 $R(\boldsymbol{A})$ 或 $\mathrm{rank}(\boldsymbol{A})$.

由行列式按行 (列) 展开定理知，当所有 $r+1$ 阶子式都等于 0 时，所有高于 $r+1$ 阶的子式也都等于 0，所以 r 阶非零子式 D 称为最高阶非零子式，阶数 r 称为矩阵 $\boldsymbol{A}$ 的秩. 当 $\boldsymbol{A}=\boldsymbol{O}$ 时，它的任意子式都为 0，所以 $R(\boldsymbol{A})=0$.

当 $\boldsymbol{A}\neq\boldsymbol{O}$ 时，它至少有一个元素不为 0，即它至少有一个一阶子式不为 0，此时 $R(\boldsymbol{A})\geqslant 1$.

由于 $R(\boldsymbol{A})$ 是 $\boldsymbol{A}$ 的最高阶非零子式的阶数，所以，若矩阵 $\boldsymbol{A}$ 中有某个 s 阶子式不为 0，则 $R(\boldsymbol{A})\geqslant s$；若矩阵 $\boldsymbol{A}$ 中所有的 t 阶子式全为 0，则 $R(\boldsymbol{A})<t$.

由于行列式与其转置行列式相等，因此 $\boldsymbol{A}$ 的子式与 $\boldsymbol{A}^{\mathrm{T}}$ 的子式对应相等，所以 $R(\boldsymbol{A}^{\mathrm{T}})=R(\boldsymbol{A})$.

对于 n 阶方阵 $\boldsymbol{A}$，若 $R(\boldsymbol{A})=n$，则称 $\boldsymbol{A}$ 为满秩矩阵，否则称 $\boldsymbol{A}$ 为降秩矩阵. 当 $R(\boldsymbol{A})=n$ 时，$\boldsymbol{A}$ 的最高阶非零子式的阶数为 n，该非零子式即 $|\boldsymbol{A}|$，故 $|\boldsymbol{A}|\neq 0$. 由此，

$$n\text{阶方阵}\boldsymbol{A}\text{满秩}\Leftrightarrow R(\boldsymbol{A})=n\Leftrightarrow|\boldsymbol{A}|\neq 0\Leftrightarrow\boldsymbol{A}\text{可逆}$$

故可逆矩阵也称为满秩矩阵，不可逆矩阵也称为降秩矩阵.

⚒ **例 3.36**　求矩阵 $\boldsymbol{A}=\begin{pmatrix}-1&2&-3&1&4\\0&0&1&3&2\\0&0&0&2&-1\\0&0&0&0&0\end{pmatrix}$ 的秩.

解　取 $\boldsymbol{A}$ 的第 1、2、3 行，第 1、3、4 列交叉位置的元素构成 3 阶子式

$$\begin{vmatrix}-1&-3&1\\0&1&3\\0&0&2\end{vmatrix}=-2\neq 0$$

且 $\boldsymbol{A}$ 的所有 4 阶子式均包含第 4 行，即包括全 0 行，所以 $\boldsymbol{A}$ 的所有 4 阶子式均为 0，故 $R(\boldsymbol{A})=3$.

本例中的矩阵 $\boldsymbol{A}$ 是行阶梯形矩阵，且有 3 个非零行. 取非零行 (第 1、2、3 行) 和非零行的首非零元所在列 (第 1、3、4 列) 构成 3 阶子式，该子式为上三角行列式且主对角元素均为非零元，所以该子式为非零子式. 该非零子式即为最高阶非零子式. 最高阶非零子式的阶数与矩阵 $\boldsymbol{A}$ 中非零行的行数相等，均为 3.

定义 3.21 与定义 3.23 之所以等价，本质上在于矩阵中各行 (列) 之间的线性关系.

事实上，对行阶梯形矩阵，这种最高阶非零子式的取法具有一般性，取出的最高阶非零子式的阶数等于非零行的行数.

对行数和列数较大的矩阵，利用最高阶非零子式的阶数来求矩阵的秩，计算过程一般比较复杂，通常采用的方法是利用初等行变换将其化为行阶梯形，由非零行的行数确定矩阵的秩.

矩阵的秩与线性方程组的秩

矩阵的秩在数值上与线性方程组的秩相等.

事实上，$\boldsymbol{B}$ 作为增广矩阵，与线性方程组 $\boldsymbol{Ax}=\boldsymbol{b}$ 一一对应，$\boldsymbol{B}$ 中每一行对应线性方程组的一个方程，对 $\boldsymbol{B}$ 进行初等行变换将其化为行最简形矩阵 $\widetilde{\boldsymbol{B}}$，相当于对线性方程组进行加减消元操作，

而 $\widetilde{\boldsymbol{B}}$ 中若存在元素全为零的行 (即零行)，意味着该行对应的方程可由其他方程线性表示，该方程在消元过程中被消去了.$\widetilde{\boldsymbol{B}}$ 中非零行对应的方程构成原方程组的最大线性无关方程组，矩阵的秩等于线性方程组的秩，如图 3.13 所示.

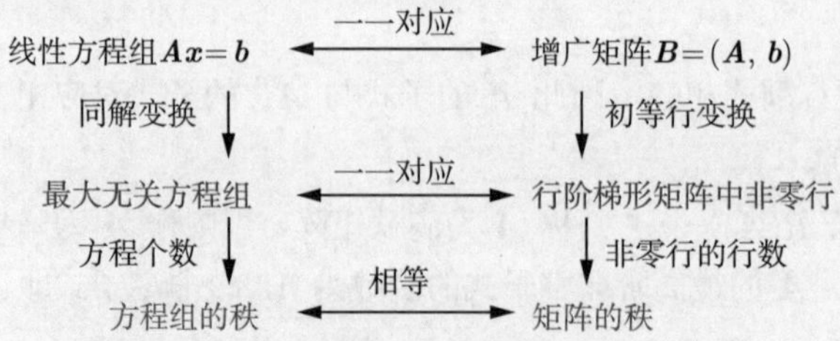

图 3.13　矩阵的秩与线性方程组的秩

3.7.2　用初等变换求矩阵的秩

对任意矩阵 $\boldsymbol{B}$ 而言，总可以经过有限次初等行变换化为行阶梯形矩阵 $\boldsymbol{C}$，即

$$\boldsymbol{B} \xrightarrow{\text{有限次初等行变换}} \boldsymbol{C}$$

设矩阵 $\boldsymbol{C}$ 中非零行的行数为 r，由定义 3.21知，矩阵 $\boldsymbol{A}$ 的秩 $R(\boldsymbol{B})=r$. 若矩阵 $\boldsymbol{A}$ 与矩阵 $\boldsymbol{B}$ 行等价，即 $\boldsymbol{A} \xrightarrow{r} \boldsymbol{B}$，由等价关系的传递性，

$$\boldsymbol{A} \xrightarrow{\text{有限次初等行变换}} \boldsymbol{B} \xrightarrow{\text{有限次初等行变换}} \boldsymbol{C}$$

这表明，通过有限次初等行变换，矩阵 $\boldsymbol{A}$ 与矩阵 $\boldsymbol{B}$ 总可以化为相同的行阶梯形矩阵 $\boldsymbol{C}$，由定义 3.21 知，矩阵 $\boldsymbol{A}$ 与矩阵 $\boldsymbol{B}$ 的秩相等，都是 $\boldsymbol{C}$ 中非零行的行数，即初等行变换不改变矩阵的秩.

更一般地，初等变换不改变矩阵的秩，有如下定理.

定理 3.3　初等变换不改变矩阵的秩

若 $\boldsymbol{A}\sim\boldsymbol{B}$，则 $R(\boldsymbol{A})=R(\boldsymbol{B})$.

证　先证行等价的情况，即证 $\boldsymbol{A}$ 经一次初等行变换化为 $\boldsymbol{B}$，有 $R(\boldsymbol{A})=R(\boldsymbol{B})$.

设 $R(\boldsymbol{A})=r$，则 $\boldsymbol{A}$ 的某个 r 阶子式 $D\neq 0$.

当 $\boldsymbol{A}\xrightarrow{r_i\leftrightarrow r_j}\boldsymbol{B}$ 或 $\boldsymbol{A}\xrightarrow{kr_i}\boldsymbol{B}$ 时，在 $\boldsymbol{B}$ 中总能找到与 D 相对应的 r 阶子式 D_1，由于 $D_1=D$ 或 $D_1=-D$ 或 $D_1=kD(k\neq 0)$，因此 $D_1\neq 0$，从而 $R(\boldsymbol{B})\geqslant r$.

当 $\boldsymbol{A}\xrightarrow{r_i+kr_j}\boldsymbol{B}$ 时，因为对于作变换 $r_i\leftrightarrow r_j$ 时结论成立，所以只需考虑 $\boldsymbol{A}\xrightarrow{r_1+kr_2}\boldsymbol{B}$ 这一特殊情形，分两种情形讨论.

情形 1：若 $\boldsymbol{A}$ 的 r 阶非零子式 D 不包含 $\boldsymbol{A}$ 的第 1 行，这时 D 也是 $\boldsymbol{B}$ 的 r 阶非零子式，如图 3.14 所示.

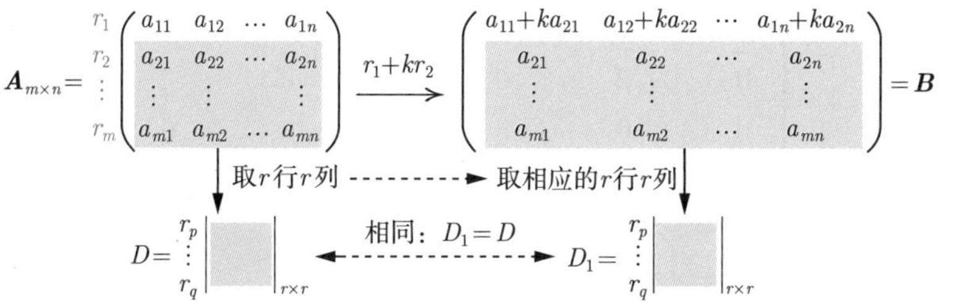

图 3.14　情形 1 的示意图

情形 2：若 D 包含 $\boldsymbol{A}$ 的第 1 行，这时将 $\boldsymbol{B}$ 中与 D 对应的 r 阶子式 D_1 记作

$$D_1=\begin{vmatrix} r_1+kr_2 \\ r_p \\ \vdots \\ r_q \end{vmatrix}=\begin{vmatrix} r_1 \\ r_p \\ \vdots \\ r_q \end{vmatrix}+k\begin{vmatrix} r_2 \\ r_p \\ \vdots \\ r_q \end{vmatrix}=D+kD_2$$

若 $p=2$，则 $D_2=0$，于是 $D_1=D\neq 0$；若 $p\neq 2$，则 D_2 也是 $\boldsymbol{B}$ 的 r 阶子式，由 $D_1-kD_2=D\neq 0$ 知，D_1 和 D_2 不同时为 0. 总之，$\boldsymbol{B}$ 中存在 r 阶非零子式 D_1 或 D_2，故 $R(\boldsymbol{B})\geqslant r$.

综上所述，$\boldsymbol{A}$ 经一次初等行变换化为 $\boldsymbol{B}$，有 $R(\boldsymbol{B})\geqslant R(\boldsymbol{A})$. 根据初等变换的可逆性，由于 $\boldsymbol{A}$ 经一次初等行变换成为 $\boldsymbol{B}$，那么 $\boldsymbol{B}$ 就可以经一次初等行变换化为 $\boldsymbol{A}$，故又有 $R(\boldsymbol{A})\geqslant R(\boldsymbol{B})$. 因此 $R(\boldsymbol{A})=R(\boldsymbol{B})$.

经一次初等行变换结论成立，即可知经有限次初等行变换结论也成立.

再证列等价的情况：设 $\boldsymbol{A}$ 经有限次初等列变换化为 $\boldsymbol{B}$，则 $\boldsymbol{A}^{\mathrm{T}}$ 经初等行变换化为 $\boldsymbol{B}^{\mathrm{T}}$，同理可知 $R(\boldsymbol{A}^{\mathrm{T}})=R(\boldsymbol{B}^{\mathrm{T}})$，又 $R(\boldsymbol{A})=R(\boldsymbol{A}^{\mathrm{T}})$，$R(\boldsymbol{B})=R(\boldsymbol{B}^{\mathrm{T}})$，因此 $R(\boldsymbol{A})=R(\boldsymbol{B})$.

根据定理 3.2，若 $\boldsymbol{A}\sim\boldsymbol{B}$，必存在可逆矩阵 $\boldsymbol{P},\boldsymbol{Q}$，使 $\boldsymbol{PAQ}=\boldsymbol{B}$，由此可得推论.

推论

若存在可逆矩阵 $\boldsymbol{P}$、$\boldsymbol{Q}$，使 $\boldsymbol{PAQ}=\boldsymbol{B}$，则 $R(\boldsymbol{A})=R(\boldsymbol{B})$.

由定理 3.3知，初等变换不改变矩阵的秩，所以可借助初等变换来求矩阵的秩，即对任意矩阵 $\boldsymbol{A}$，通过初等行变换将其化为行阶梯形矩阵 $\boldsymbol{B}$，则矩阵 $\boldsymbol{B}$ 中非零行的行数就是矩阵 $\boldsymbol{A}$ 的秩. 这是求矩阵的秩的简便方法.

⚒ **例 3.37**　求矩阵 $\boldsymbol{A}=\begin{pmatrix} 1 & -2 & 2 & -1 & 1 \\ 2 & -4 & 8 & 0 & 2 \\ -2 & 4 & -2 & 3 & 3 \\ 3 & -6 & 0 & -6 & 4 \end{pmatrix}$ 的秩.

解

$$\boldsymbol{A}=\begin{pmatrix} 1 & -2 & 2 & -1 & 1 \\ 2 & -4 & 8 & 0 & 2 \\ -2 & 4 & -2 & 3 & 3 \\ 3 & -6 & 0 & -6 & 4 \end{pmatrix}\xrightarrow[r_4-3r_1]{\substack{r_2-2r_1\\ r_3+2r_1}}\begin{pmatrix} 1 & -2 & 2 & -1 & 1 \\ 0 & 0 & 4 & 2 & 0 \\ 0 & 0 & 2 & 1 & 5 \\ 0 & 0 & -6 & -3 & 1 \end{pmatrix}$$

$$\xrightarrow[r_4+3r_2]{\substack{r_2\times\frac{1}{2}\\ r_3-r_2}}\begin{pmatrix}1 & -2 & 2 & -1 & 1\\ 0 & 0 & 2 & 1 & 0\\ 0 & 0 & 0 & 0 & 5\\ 0 & 0 & 0 & 0 & 1\end{pmatrix}\xrightarrow[r_4-r_3]{r_3\times\frac{1}{5}}\begin{pmatrix}1 & -2 & 2 & -1 & 1\\ 0 & 0 & 2 & 1 & 0\\ 0 & 0 & 0 & 0 & 1\\ 0 & 0 & 0 & 0 & 0\end{pmatrix}$$

所以，$R(\boldsymbol{A})=3$.

⚒ **例 3.38** 设矩阵

$$\boldsymbol{A}=\begin{pmatrix}-1 & -4 & 1 & 1\\ 0 & a & -3 & 3\\ 1 & 3 & a+1 & 0\end{pmatrix}$$

其中，a 为实数，求 $\boldsymbol{A}$ 的秩.

解

$$\boldsymbol{A}\xrightarrow{r_3+r_1}\begin{pmatrix}-1 & -4 & 1 & 1\\ 0 & a & -3 & 3\\ 0 & -1 & a+2 & 1\end{pmatrix}$$

$$\xrightarrow[r_3+ar_2]{r_2\leftrightarrow r_3}\begin{pmatrix}-1 & -4 & 1 & 1\\ 0 & -1 & a+2 & 1\\ 0 & 0 & (a+3)(a-1) & a+3\end{pmatrix}$$

当 $a=-3$ 时，$R(\boldsymbol{A})=2$；当 $a\neq-3$ 时，$R(\boldsymbol{A})=3$.

3.7.3 矩阵的秩的性质

矩阵秩的重要性质可归纳如下.

性质 1 若 $\boldsymbol{A}$ 为 $m\times n$ 矩阵，则 $0\leqslant R(\boldsymbol{A})\leqslant\min\{m,n\}$.

☕ 在第 4 章定理 4.10 中，我们将会看到，矩阵 $\boldsymbol{A}$ 的行阶梯形矩阵中非零行的行数，即 $\boldsymbol{A}$ 的行秩，而 $\boldsymbol{A}$ 的列阶梯形矩阵中非零列的列数，即 $\boldsymbol{A}$ 的列秩. 实际上，任意矩阵 $\boldsymbol{A}$，其行秩与列秩相等，均等于 $\boldsymbol{A}$ 的秩 $R(\boldsymbol{A})$.

按照定义，矩阵的秩为最高阶非零子式的阶数. 矩阵 $\boldsymbol{A}$ 的非零子式的阶数显然小于矩阵 $\boldsymbol{A}$ 的行数 m 和列数 n.

性质 2 $R(\boldsymbol{A}^{\mathrm{T}})=R(\boldsymbol{A})$.

从利用初等行变换求矩阵的秩角度看，$R(\boldsymbol{A}^{\mathrm{T}})=R(\boldsymbol{A})$ 说明对 $\boldsymbol{A}^{\mathrm{T}}$ 和 $\boldsymbol{A}$ 分别作初等行变换化为行阶梯形矩阵，非零行的行数相等. 而对 $\boldsymbol{A}^{\mathrm{T}}$ 作初等行变换相当于对 $\boldsymbol{A}$ 作初等列变换. 所以，对矩阵 $\boldsymbol{A}$ 作初等列变换化为列阶梯形矩阵，非零列的列数也等于 $\boldsymbol{A}$ 的秩.

性质 3 $\max\{R(\boldsymbol{A}),R(\boldsymbol{B})\}\leqslant R(\boldsymbol{A},\boldsymbol{B})\leqslant R(\boldsymbol{A})+R(\boldsymbol{B})$. 特别地，当 $\boldsymbol{B}=\boldsymbol{b}$ 为非零向量时，有

$$R(\boldsymbol{A})\leqslant R(\boldsymbol{A},\boldsymbol{b})\leqslant R(\boldsymbol{A})+1$$

证 因为 $\boldsymbol{A}$ 的最高阶非零子式总是 $(\boldsymbol{A},\boldsymbol{B})$ 的非零子式，所以 $R(\boldsymbol{A})\leqslant R(\boldsymbol{A},\boldsymbol{B})$，同理 $R(\boldsymbol{B})\leqslant R(\boldsymbol{A},\boldsymbol{B})$，故

$$\max\{R(\boldsymbol{A}),R(\boldsymbol{B})\}\leqslant R(\boldsymbol{A},\boldsymbol{B})$$

设 $R(\boldsymbol{A}) = r, R(\boldsymbol{B}) = t$，则 $\boldsymbol{A}$、$\boldsymbol{B}$ 经过初等列变换可以化为列阶梯形矩阵 $\widetilde{\boldsymbol{A}}, \widetilde{\boldsymbol{B}}$，由前可知，$\widetilde{\boldsymbol{A}}$ 有 r 个非零列，$\widetilde{\boldsymbol{B}}$ 有 t 个非零列. 由定理 3.3知初等变换不改变矩阵的秩，故

$$R(\boldsymbol{A}, \boldsymbol{B}) = R(\widetilde{\boldsymbol{A}}, \widetilde{\boldsymbol{B}})$$

对矩阵 $(\widetilde{\boldsymbol{A}}, \widetilde{\boldsymbol{B}})$ 进行初等列变换可以将其化为列阶梯形矩阵，其非零列列数可能进一步减少，故

$$R(\widetilde{\boldsymbol{A}}, \widetilde{\boldsymbol{B}}) \leqslant r + t = R(\boldsymbol{A}) + R(\boldsymbol{B})$$

综上所述，有

$$R(\boldsymbol{A}, \boldsymbol{B}) \leqslant R(\boldsymbol{A}) + R(\boldsymbol{B})$$

性质 4　$R(\boldsymbol{A} + \boldsymbol{B}) \leqslant R(\boldsymbol{A}) + R(\boldsymbol{B})$.

证　设 $\boldsymbol{A}$，$\boldsymbol{B}$ 为 $m \times n$ 矩阵，对 $(\boldsymbol{A}+\boldsymbol{B}, \boldsymbol{B})$ 作初等列变换 $c_i - c_{n+i}$ $(i = 1, 2, \cdots, n)$ 有

$$(\boldsymbol{A} + \boldsymbol{B}, \boldsymbol{B}) \xrightarrow{c} (\boldsymbol{A}, \boldsymbol{B})$$

所以

$$R(\boldsymbol{A} + \boldsymbol{B}) \leqslant R(\boldsymbol{A} + \boldsymbol{B}, \boldsymbol{B}) = R(\boldsymbol{A}, \boldsymbol{B}) \leqslant R(\boldsymbol{A}) + R(\boldsymbol{B})$$

⚒ **例 3.39**　设 $\boldsymbol{A}$ 为 n 阶矩阵，证明 $R(\boldsymbol{A} + \boldsymbol{E}) + R(\boldsymbol{A} - \boldsymbol{E}) \geqslant n$.

解　因为 $(\boldsymbol{A} + \boldsymbol{E}) + (\boldsymbol{E} - \boldsymbol{A}) = 2\boldsymbol{E}$，由性质 4 知

$$R(\boldsymbol{A} + \boldsymbol{E}) + R(\boldsymbol{E} - \boldsymbol{A}) \geqslant R(2\boldsymbol{E}) = n$$

而 $R(\boldsymbol{E} - \boldsymbol{A}) = R(\boldsymbol{A} - \boldsymbol{E})$，所以

$$R(\boldsymbol{A} + \boldsymbol{E}) + R(\boldsymbol{A} - \boldsymbol{E}) \geqslant n$$

性质 5　$R(\boldsymbol{AB}) \leqslant \min\{R(\boldsymbol{A}), R(\boldsymbol{B})\}$.

性质 5 证明见例 3.41.

性质 6　设 $\boldsymbol{A}$，$\boldsymbol{B}$ 分别为 $m \times n$ 和 $n \times l$ 矩阵，若 $\boldsymbol{AB} = \boldsymbol{O}$，则 $R(\boldsymbol{A}) + R(\boldsymbol{B}) \leqslant n$.

性质 6 证明见例 4.31.

⚒ **例 3.40**　设 $\boldsymbol{A}$ 为 $n(n \geqslant 2)$ 阶矩阵，$\boldsymbol{A}^*$ 为 $\boldsymbol{A}$ 的伴随矩阵，证明

$$R(\boldsymbol{A}^*) = \begin{cases} n, & 若R(\boldsymbol{A}) = n \\ 1, & 若R(\boldsymbol{A}) = n - 1 \\ 0, & 若R(\boldsymbol{A}) < n - 1 \end{cases}$$

证　(1) 当 $R(\boldsymbol{A}) = n$ 时，$\boldsymbol{A}$ 为满秩矩阵，且 $|\boldsymbol{A}| \neq 0$，由

$$\boldsymbol{AA}^* = |\boldsymbol{A}|\boldsymbol{E}$$

有

$$|\boldsymbol{A}| \cdot |\boldsymbol{A}^*| = |\boldsymbol{AA}^*| = \big||\boldsymbol{A}|\boldsymbol{E}\big| = |\boldsymbol{A}|^n \cdot |\boldsymbol{E}| = |\boldsymbol{A}|^n$$

故 $|\boldsymbol{A}^*| = |\boldsymbol{A}|^{n-1} \neq 0$，所以 $R(\boldsymbol{A}^*) = n$.

(2) 当 $R(\boldsymbol{A})=n-1$ 时，有 $|\boldsymbol{A}|=0$，则 $\boldsymbol{A}\boldsymbol{A}^*=|\boldsymbol{A}|\boldsymbol{E}=\boldsymbol{0}$，由性质 6 有 $R(\boldsymbol{A})+R(\boldsymbol{A}^*)\leqslant n$，所以

$$R(\boldsymbol{A}^*)\leqslant n-R(\boldsymbol{A})=1$$

另外，因为 $R(\boldsymbol{A})=n-1$，所以 $|\boldsymbol{A}|$ 至少有一个 $n-1$ 阶非零子式，故 $\boldsymbol{A}^*$ 不是零矩阵，所以

$$R(\boldsymbol{A}^*)\geqslant 1$$

综上所述，$R(\boldsymbol{A}^*)=1$.

(3) 当 $R(\boldsymbol{A})<n-1$ 时，$|\boldsymbol{A}|$ 所有的 $n-1$ 阶子式均为 0，所以 $\boldsymbol{A}^*$ 是零矩阵，则

$$R(\boldsymbol{A}^*)=0$$

3.8 线性方程组的解

线性代数不仅是人们研究线性问题的理论工具或方法集，同时还是一门描述线性现象的语言. 对同一研究对象的数学语言之间的转换，有助于增强读者对其内涵的理解深度和维度. 线性方程组的一般形式、矩阵形式和向量形式分别对应方程组语言、矩阵语言和向量 (组) 语言. 三种语言的熟练转换“翻译”，方便从不同的角度诠释和解决问题.

3.8.1 线性方程组的表示形式

对有 n 个未知数 m 个方程的线性方程组，有三种表示方式：一般形式、矩阵形式和向量形式.

1. 一般形式 (代数形式)

非齐次线性方程组的一般形式：

$$\begin{cases} a_{11}x_1+a_{12}x_2+\cdots+a_{1n}x_n=b_1 \\ a_{21}x_1+a_{22}x_2+\cdots+a_{2n}x_n=b_2 \\ \quad\vdots \\ a_{m1}x_1+a_{m2}x_2+\cdots+a_{mn}x_n=b_m \end{cases} \tag{3.30}$$

特别地，当 $b_1=b_2=\cdots=b_m=0$ 时，称其为齐次线性方程组.

2. 矩阵形式

设矩阵

$$\boldsymbol{A}=\begin{pmatrix} a_{11} & a_{12} & \cdots & a_{1n} \\ a_{21} & a_{22} & \cdots & a_{2n} \\ \vdots & \vdots & & \vdots \\ a_{m1} & a_{m2} & \cdots & a_{mn} \end{pmatrix},\quad \boldsymbol{x}=\begin{pmatrix} x_1 \\ x_2 \\ \vdots \\ x_n \end{pmatrix},\quad \boldsymbol{b}=\begin{pmatrix} b_1 \\ b_2 \\ \vdots \\ b_m \end{pmatrix}$$

线性方程组 (3.30) 可写成矩阵形式：

$$\boldsymbol{A}\boldsymbol{x}=\boldsymbol{b} \tag{3.31}$$

3. 向量形式

由式(3.31) 知，

$$\boldsymbol{A}\boldsymbol{x}=\begin{pmatrix} a_{11}x_1+a_{12}x_2+\cdots+a_{1n}x_n \\ a_{21}x_1+a_{22}x_2+\cdots+a_{2n}x_n \\ \vdots \\ a_{m1}x_1+a_{m2}x_2+\cdots+a_{mn}x_n \end{pmatrix}$$

$$
= x_1 \begin{pmatrix} a_{11} \\ a_{21} \\ \vdots \\ a_{m1} \end{pmatrix} + x_2 \begin{pmatrix} a_{12} \\ a_{22} \\ \vdots \\ a_{m2} \end{pmatrix} + \cdots + x_n \begin{pmatrix} a_{1n} \\ a_{2n} \\ \vdots \\ a_{mn} \end{pmatrix}
$$

$$
= x_1 \boldsymbol{a}_1 + x_2 \boldsymbol{a}_2 + \cdots + x_n \boldsymbol{a}_n = \boldsymbol{b}
$$

其中，列向量

$$
\boldsymbol{a}_i = \begin{pmatrix} a_{1i} \\ a_{2i} \\ \vdots \\ a_{mi} \end{pmatrix} \quad (i = 1, 2, \cdots, n), \quad \boldsymbol{b} = \begin{pmatrix} b_1 \\ b_2 \\ \vdots \\ b_m \end{pmatrix}
$$

于是，线性方程组 (3.30) 的向量形式为

$$
x_1 \boldsymbol{a}_1 + x_2 \boldsymbol{a}_2 + \cdots + x_n \boldsymbol{a}_n = \boldsymbol{b} \tag{3.32}
$$

3.8.2　线性方程组解的含义

若未知数 $x_1, x_2, \cdots, x_n$ 的取值

$$
x_1 = \xi_1, x_2 = \xi_2, \cdots, x_n = \xi_n
$$

满足线性方程组 $\boldsymbol{Ax} = \boldsymbol{b}$，则称这一组取值为线性方程组的解，称向量 $\boldsymbol{\xi} = (\xi_1, \xi_2, \cdots, \xi_n)^{\mathrm{T}}$ 为 $\boldsymbol{Ax} = \boldsymbol{b}$ 的解向量.

解和解向量可以不加区分地使用，统称为线性方程组的解.

线性方程组的解的几何解释

以 $\mathbb{R}^3$ 为例，线性方程组

$$
\begin{cases}
a_{11}x_1 + a_{12}x_2 + a_{13}x_n = b_1 \\
a_{21}x_1 + a_{22}x_2 + a_{23}x_n = b_2 \\
a_{31}x_1 + a_{32}x_2 + a_{33}x_n = b_3
\end{cases}
$$

的每个方程在几何上表示一个三维空间中的平面，线性方程组的解表示 3 个平面的公共部分. 平面之间的几何位置关系不同，解的情况也不同，如图 3.15 所示.

可以看到，线性方程组的解包括有唯一解、有无穷多个解和无解三种情况. 这个结论不仅在三维空间中成立，在 n 维空间中也成立.

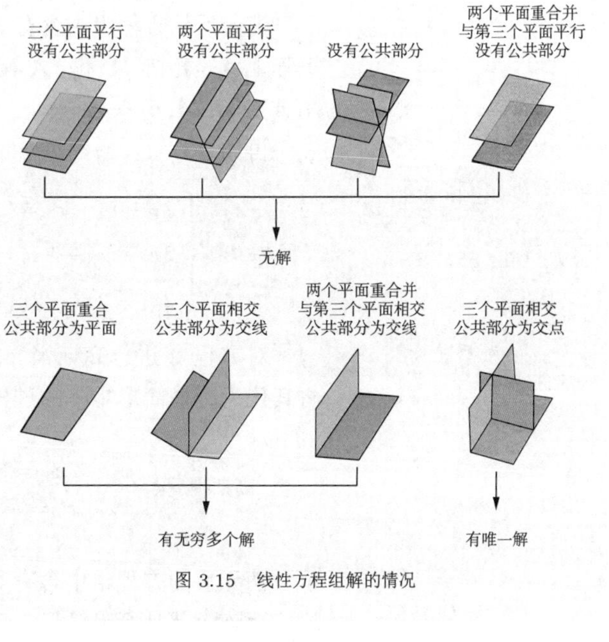

图 3.15　线性方程组解的情况

定理 3.4 线性方程组解的存在性定理

n 元线性方程组 $\boldsymbol{Ax}=\boldsymbol{b}$ 的解只包含三种情况.

(1) 无解.

(2) 有唯一解.

(3) 有无穷多个解.

3.8.3 线性方程组解的判定

在矩阵的初等变换一节我们知道：一个线性方程组与其增广矩阵是一一对应的，解线性方程组的三种同解运算对应增广矩阵的三种初等行变换，消元法对应将增广矩阵化为行最简形矩阵.

例如，

$$\text{方程 1：}\begin{cases} x_1-x_2-x_3=2 \\ 2x_1-x_2-3x_3=1 \\ 3x_1+2x_2-5x_3=0 \end{cases} \quad \text{增广矩阵}(\boldsymbol{A},\boldsymbol{b})=\left(\begin{array}{ccc:c} 1 & -1 & -1 & 2 \\ 2 & -1 & -3 & 1 \\ 3 & 2 & -5 & 0 \end{array}\right)$$

对方程 1 进行高斯消元求解的过程等价于对增广矩阵进行初等行变换将其化为行最简形矩阵的过程：

$$\text{高斯消元}\begin{cases} x_1=5 \\ x_2=0 \\ x_3=3 \end{cases} \quad \text{行最简形矩阵}\left(\begin{array}{ccc:c} 1 & 0 & 0 & 5 \\ 0 & 1 & 0 & 0 \\ 0 & 0 & 1 & 3 \end{array}\right)$$

消元后的方程组中含有 3 个未知数、3 个方程，有唯一解. 对应到增广矩阵上就是矩阵 $\boldsymbol{A}$ 和 $(\boldsymbol{A},\boldsymbol{b})$ 化为行最简形矩阵后都有 3 个非零行，此时 $R(\boldsymbol{A})=R(\boldsymbol{A},\boldsymbol{b})=3$.

再如，

$$\text{方程 2：}\begin{cases} x_1-x_2-x_3=2 \\ 2x_1-x_2-3x_3=1 \\ 2x_1-2x_2-2x_3=4 \end{cases} \quad \text{增广矩阵}(\boldsymbol{A},\boldsymbol{b})=\left(\begin{array}{ccc:c} 1 & -1 & -1 & 2 \\ 2 & -1 & -3 & 1 \\ 2 & -2 & -2 & 4 \end{array}\right)$$

对方程 2 进行高斯消元求解的过程等价于对增广矩阵进行初等行变换将其化为行最简形矩阵的过程：

$$\text{高斯消元}\begin{cases} x_1-2x_3=-1 \\ x_2-x_3=-3 \end{cases} \quad \text{行最简形矩阵}\left(\begin{array}{ccc:c} 1 & 0 & -2 & -1 \\ 0 & 1 & -1 & -3 \\ 0 & 0 & 0 & 0 \end{array}\right)$$

消元后的方程组中含有 3 个未知数、2 个方程，有无穷多个解. 对应到增广矩阵上就是行最简形矩阵中出现了全 0 行，非零行的个数减少了，矩阵 $\boldsymbol{A}$ 和 $(\boldsymbol{A},\boldsymbol{b})$ 化为行最简形矩阵后都有 2 个非零行，此时 $R(\boldsymbol{A})=R(\boldsymbol{A},\boldsymbol{b})=2<3$.

又如，

方程 3: $\begin{cases} x_1 - x_2 - x_3 = 2 \\ 2x_1 - x_2 - 3x_3 = 1 \\ x_1 - x_2 - x_3 = 3 \end{cases}$　增广矩阵$(\boldsymbol{A}, \boldsymbol{b}) = \left(\begin{array}{ccc:c} 1 & -1 & -1 & 2 \\ 2 & -1 & -3 & 1 \\ 1 & -1 & -1 & 3 \end{array}\right)$

对方程 3 进行高斯消元求解的过程等价于对增广矩阵进行初等行变换将其化为行最简形矩阵的过程：

高斯消元 $\begin{cases} x_1 - 2x_3 = -1 \\ x_2 - x_3 = -3 \\ 0 = 1. \end{cases}$　行最简形矩阵 $\left(\begin{array}{ccc:c} 1 & 0 & -2 & -1 \\ 0 & 1 & -1 & -3 \\ 0 & 0 & 0 & 1 \end{array}\right)$

消元后的方程组中含有矛盾方程 $0 = 1$，所以，方程组无解. 对应到增广矩阵上就是行最简形矩阵中出现了特殊行 $(0\quad 0\quad 0\quad 1)$，即矩阵 $\boldsymbol{A}$ 化为行最简形矩阵后非零行减少了，增广矩阵矩阵 $(\boldsymbol{A}, \boldsymbol{b})$ 化为行最简形矩阵后非零行没变，此时 $R(\boldsymbol{A}) < R(\boldsymbol{A}, \boldsymbol{b})$.

从上面的例子可以看到，使用系数矩阵 $\boldsymbol{A}$ 和增广矩阵 $(\boldsymbol{A}, \boldsymbol{b})$ 的秩可以很好地对线性方程组是否有解，以及解是唯一的还是有无穷多个进行讨论.

定理 3.5　非齐次线性方程组解的判定定理

n 元非齐次线性方程组 $\boldsymbol{A}_{m\times n}\boldsymbol{x} = \boldsymbol{b}$,

(1) 无解的充分必要条件是 $R(\boldsymbol{A}) < R(\boldsymbol{A}, \boldsymbol{b})$.

(2) 有解的充要条件是 $R(\boldsymbol{A}) = R(\boldsymbol{A}, \boldsymbol{b})$:

① 有唯一解的充分必要条件是 $R(\boldsymbol{A}) = R(\boldsymbol{A}, \boldsymbol{b}) = n$;

② 有无穷多个解的充分必要条件是 $R(\boldsymbol{A}) = R(\boldsymbol{A}, \boldsymbol{b}) < n$.

证　这里只证明充分性，当充分性成立时，必要性显然成立.

设 $R(\boldsymbol{A}) = r$，增广矩阵 $\boldsymbol{B} = (\boldsymbol{A}, \boldsymbol{b})$ 的行最简形矩阵为 $\widetilde{\boldsymbol{B}}$.

(1) 当 $R(\boldsymbol{A}) < R(\boldsymbol{A}, \boldsymbol{b})$ 时，有

$$\widetilde{\boldsymbol{B}} = \begin{pmatrix} 1 & 0 & \cdots & 0 & b_{11} & \cdots & b_{1,n-r} & d_1 \\ 0 & 1 & \cdots & 0 & b_{21} & \cdots & b_{2,n-r} & d_2 \\ \vdots & \vdots & & \vdots & \vdots & & \vdots & \vdots \\ 0 & 0 & \cdots & 1 & b_{r1} & \cdots & b_{r,n-r} & d_r \\ 0 & 0 & \cdots & 0 & 0 & \cdots & 0 & d_{r+1} \\ 0 & 0 & \cdots & 0 & 0 & \cdots & 0 & 0 \\ \vdots & \vdots & & \vdots & \vdots & & \vdots & \vdots \\ 0 & 0 & \cdots & 0 & 0 & \cdots & 0 & 0 \end{pmatrix}$$

其中，$d_{r+1} \neq 0$，此时出现了矛盾方程 $0 = d_{r+1}$，故线性方程组无解.

(2) 当 $R(\boldsymbol{A}) = R(\boldsymbol{A}, \boldsymbol{b}) = r < n$ 时，有 $d_{r+1} = 0$，方程组有 $n - r$ 个自由变量，有无穷多个解.

事实上，将自由变量移到等式右端，并设其为 $c_1, c_2, \cdots, c_{n-r}$ 即可写出线性方程组的含 $n-r$ 个参数的通解.

(3) 当 $R(\boldsymbol{A})=R(\boldsymbol{A},\boldsymbol{b})=n$ 时，有

$$\widetilde{\boldsymbol{B}}=\begin{pmatrix} 1 & 0 & \cdots & 0 & d_1 \\ 0 & 1 & \cdots & 0 & d_2 \\ \vdots & \vdots & & \vdots & \vdots \\ 0 & 0 & \cdots & 1 & d_n \end{pmatrix}$$

显然，线性方程组有唯一解，且解为

$$x_1=d_1, x_2=d_2, \cdots, x_n=d_n$$

我们可以将齐次线性方程 $\boldsymbol{Ax}=\boldsymbol{0}$ 视为 $\boldsymbol{Ax}=\boldsymbol{b}$ 的特殊情形 (取 $\boldsymbol{b}=\boldsymbol{0}$)，自然可推得下面的定理.

定理 3.6　齐次线性方程组解的判定定理

n 元齐次线性方程组 $\boldsymbol{A}_{m\times n}\boldsymbol{x}=\boldsymbol{0}$ 必有解，且

(1) 有唯一解的充分必要条件是 $R(\boldsymbol{A})=n$;

(2) 有非零解的充分必要条件是 $R(\boldsymbol{A})<n$.

证　显然，齐次线性方程组 $\boldsymbol{Ax}=\boldsymbol{0}$ 必有零解，若有非零解，由线性方程组解的存在性定理知，方程组必有无穷多个解，即 $\boldsymbol{Ax}=\boldsymbol{0}$ 有非零解等价于 $\boldsymbol{Ax}=\boldsymbol{0}$ 有无穷多个解.

齐次线性方程组是非齐次线性方程组的特殊情况，其增广矩阵

$$\boldsymbol{B}=(\boldsymbol{A},\boldsymbol{0})$$

显然，$R(\boldsymbol{A})=R(\boldsymbol{B})$. 由线性方程组解的判定定理有，齐次线性方程组 $\boldsymbol{Ax}=\boldsymbol{0}$ 有非零解的充分必要条件是 $R(\boldsymbol{A})<n$. 其逆否命题也成立，即 $\boldsymbol{Ax}=\boldsymbol{0}$ 有唯一零解的充要条件是 $R(\boldsymbol{A})=n$.

若 $\boldsymbol{A}$ 是方阵 $(m=n)$，由克拉默法则知，方程组有唯一零解的充要条件为 $|\boldsymbol{A}|\neq 0$. 所以

$$\begin{aligned}\text{线性方程组}\boldsymbol{A}_n\boldsymbol{x}=\boldsymbol{0}\text{有唯一零解} &\Leftrightarrow R(\boldsymbol{A})=n \\ &\Leftrightarrow \boldsymbol{A}\text{可逆} \\ &\Leftrightarrow |\boldsymbol{A}|\neq 0\end{aligned}$$

与上述定理 3.6 中的命题一致.

注：矩阵方程 $\boldsymbol{AX}=\boldsymbol{B}$ 等价于 n 个向量方程

$\boldsymbol{Ax}_i=\boldsymbol{b}_i\ (i=1,2,\cdots,n)$

矩阵方程有解等价于 n 个向量方程均有解，这是理解证明过程的关键.

定理 3.7　矩阵方程解的判定定理

矩阵方程 $\boldsymbol{AX}=\boldsymbol{B}$ 有解的充分必要条件是 $R(\boldsymbol{A})=R(\boldsymbol{A},\boldsymbol{B})$.

证　设 $\boldsymbol{A}$ 是秩为 r 的 $m\times l$ 矩阵，$\boldsymbol{X}$ 为 $l\times n$ 矩阵，则 $\boldsymbol{B}$ 为 $m\times n$ 矩阵，把 $\boldsymbol{X}$ 和 $\boldsymbol{B}$ 按列分块，记为

$$\boldsymbol{X}=(\boldsymbol{x}_1,\boldsymbol{x}_2,\cdots,\boldsymbol{x}_n),\quad \boldsymbol{B}=(\boldsymbol{b}_1,\boldsymbol{b}_2,\cdots,\boldsymbol{b}_n)$$

则

$$\boldsymbol{AX}=\boldsymbol{A}(\boldsymbol{x}_1,\boldsymbol{x}_2,\cdots,\boldsymbol{x}_n)=(\boldsymbol{Ax}_1,\boldsymbol{Ax}_2,\cdots,\boldsymbol{Ax}_n)=(\boldsymbol{b}_1,\boldsymbol{b}_2,\cdots,\boldsymbol{b}_n)$$

矩阵方程 $\boldsymbol{AX}=\boldsymbol{B}$ 等价于 n 个向量方程

$$\boldsymbol{Ax}_i=\boldsymbol{b}_i\quad(i=1,2,\cdots,n)$$

即恰好是 n 个线性方程组，对它们的增广矩阵 $(\boldsymbol{A},\boldsymbol{b}_1),(\boldsymbol{A},\boldsymbol{b}_2),\cdots,(\boldsymbol{A},\boldsymbol{b}_n)$ 逐一作初等行变换，无异于直接使用初等行变换将矩阵 $(\boldsymbol{A},\boldsymbol{B})$ 化为行最简形，即

$$(\boldsymbol{A},\boldsymbol{B})=(\boldsymbol{A},\boldsymbol{b}_1,\boldsymbol{b}_2,\cdots,\boldsymbol{b}_n)\xrightarrow{r}(\widetilde{\boldsymbol{A}},\widetilde{\boldsymbol{b}}_1,\widetilde{\boldsymbol{b}}_2,\cdots,\widetilde{\boldsymbol{b}}_n)$$

$$\begin{aligned}\boldsymbol{AX}=\boldsymbol{B}\text{有解}&\Leftrightarrow\forall i,\boldsymbol{Ax}_i=\boldsymbol{b}_i\text{有解}\quad(i=1,2,\cdots,n)\\&\Leftrightarrow\forall i,R(\boldsymbol{A})=R(\boldsymbol{A},\boldsymbol{b}_i)=r\quad(i=1,2,\cdots,n)\\&\Leftrightarrow\forall i,\widetilde{\boldsymbol{b}}_i\text{的后}m-r\text{行为}0\quad(i=1,2,\cdots,n)\\&\Leftrightarrow\mathbb{R}(\boldsymbol{A},\boldsymbol{B})=r=R(\boldsymbol{A})\end{aligned}$$

⚒ **例 3.41**　设 $\boldsymbol{AB}=\boldsymbol{C}$，证明 $R(\boldsymbol{C})\leqslant\min\{R(\boldsymbol{A}),R(\boldsymbol{B})\}$.

注：本题是对矩阵秩的性质 5 的证明.

证　由于 $\boldsymbol{AB}=\boldsymbol{C}$，所以矩阵方程 $\boldsymbol{AX}=\boldsymbol{C}$ 有解，解为 $\boldsymbol{X}=\boldsymbol{B}$，由定理 3.7 知

$$R(\boldsymbol{A})=R(\boldsymbol{A},\boldsymbol{C})$$

则 $R(\boldsymbol{C})\leqslant R(\boldsymbol{A},\boldsymbol{C})=R(\boldsymbol{A})$.

又 $\boldsymbol{B}^{\mathrm{T}}\boldsymbol{A}^{\mathrm{T}}=\boldsymbol{C}^{\mathrm{T}}$，同理有 $R(\boldsymbol{C}^{\mathrm{T}})\leqslant R(\boldsymbol{B}^{\mathrm{T}})$，即 $R(\boldsymbol{C})\leqslant R(\boldsymbol{B})$.

综上所述，有 $R(\boldsymbol{C})\leqslant\min\{R(\boldsymbol{A}),R(\boldsymbol{B})\}$.

⚒ **例 3.42**　解线性方程组

$$\begin{cases}x_1+x_2+2x_3+3x_4=1\\x_2+x_3-4x_4=1\\x_1+2x_2+3x_3-x_4=4\\2x_1+3x_2-x_3-x_4=-6\end{cases}$$

解　将增广矩阵矩阵 $\boldsymbol{B}=(\boldsymbol{A},\boldsymbol{b})$ 用初等行变换化成行阶梯形矩阵

$$\boldsymbol{B}=\begin{pmatrix}1&1&2&3&1\\0&1&1&-4&1\\1&2&3&-1&4\\2&3&-1&-1&-6\end{pmatrix}\xrightarrow[r_4-2r_1]{r_3-r_1}\begin{pmatrix}1&1&2&3&1\\0&1&1&-4&1\\0&1&1&-4&3\\0&1&-5&-7&-8\end{pmatrix}$$

$$\xrightarrow[r_4-r_2]{r_3-r_2}\begin{pmatrix}1&1&2&3&1\\0&1&1&-4&1\\0&0&0&0&2\\0&0&-6&-3&-9\end{pmatrix}\xrightarrow[r_3\leftrightarrow r_4]{r_4\times(-\frac{1}{3})}\begin{pmatrix}1&1&2&3&1\\0&1&1&-4&1\\0&0&2&1&3\\0&0&0&0&2\end{pmatrix}$$

因为 $R(\boldsymbol{A})=3<R(\boldsymbol{B})=4$，所以方程组无解.

⚒ **例 3.43**　解线性方程组

$$\begin{cases} 2x_1 - x_2 + 4x_3 - 3x_4 = -4 \\ x_1 + x_3 - x_4 = -3 \\ 3x_1 + x_2 + x_3 = 1 \\ 7x_1 + 7x_3 - 3x_4 = 3 \end{cases}$$

解　将增广矩阵矩阵 $\boldsymbol{B} = (\boldsymbol{A}, \boldsymbol{b})$ 用初等行变换化成行最简形矩阵

$$\boldsymbol{B} = \begin{pmatrix} 2 & -1 & 4 & -3 & -4 \\ 1 & 0 & 1 & -1 & -3 \\ 3 & 1 & 1 & 0 & 1 \\ 7 & 0 & 7 & -3 & 3 \end{pmatrix} \xrightarrow{r_1 \leftrightarrow r_2} \begin{pmatrix} 1 & 0 & 1 & -1 & -3 \\ 2 & -1 & 4 & -3 & -4 \\ 3 & 1 & 1 & 0 & 1 \\ 7 & 0 & 7 & -3 & 3 \end{pmatrix}$$

$$\xrightarrow[r_4 - 7r_1]{\substack{r_2 - 2r_1 \\ r_3 - 3r_1}} \begin{pmatrix} 1 & 0 & 1 & -1 & -3 \\ 0 & -1 & 2 & -1 & 2 \\ 0 & 1 & -2 & 3 & 10 \\ 0 & 0 & 0 & 4 & 24 \end{pmatrix} \xrightarrow[r_2 \times (-1)]{r_3 + r_2} \begin{pmatrix} 1 & 0 & 1 & -1 & -3 \\ 0 & 1 & -2 & 1 & -2 \\ 0 & 0 & 0 & 2 & 12 \\ 0 & 0 & 0 & 4 & 24 \end{pmatrix}$$

$$\xrightarrow[r_3 \times \frac{1}{2}]{r_4 - 2r_3} \begin{pmatrix} 1 & 0 & 1 & -1 & -3 \\ 0 & 1 & -2 & 1 & -2 \\ 0 & 0 & 0 & 1 & 6 \\ 0 & 0 & 0 & 0 & 0 \end{pmatrix} \xrightarrow[r_2 - r_3]{r_1 + r_3} \begin{pmatrix} 1 & 0 & 1 & 0 & 3 \\ 0 & 1 & -2 & 0 & -8 \\ 0 & 0 & 0 & 1 & 6 \\ 0 & 0 & 0 & 0 & 0 \end{pmatrix}$$

$R(\boldsymbol{A}) = R(\boldsymbol{B}) = 3 < 4$，方程组有无穷多个解，对应的同解方程组为

$$\begin{cases} x_1 = -x_3 + 3 \\ x_2 = 2x_3 - 8 \\ x_3 = x_3 \\ x_4 = 6 \end{cases}$$

令自由变量 $x_3 = c$(c为任意实数)，得原方程组的通解为

$$\boldsymbol{x} = \begin{pmatrix} x_1 \\ x_2 \\ x_3 \\ x_4 \end{pmatrix} = c \begin{pmatrix} -1 \\ 2 \\ 1 \\ 0 \end{pmatrix} + \begin{pmatrix} 3 \\ -8 \\ 0 \\ 6 \end{pmatrix} \quad (c \in \mathbb{R})$$

⚒ **例 3.44**　解线性方程组

$$\begin{cases} 3x_1 + 2x_2 + x_3 + x_4 - 3x_5 = 0 \\ x_1 + x_2 + x_3 + x_4 + x_5 = 0 \\ 5x_1 + 4x_2 + 3x_3 + 3x_4 - x_5 = 0 \end{cases}$$

解　将系数矩阵 $\boldsymbol{A}$ 用初等行变换化成行最简形矩阵

$$\boldsymbol{A} = \begin{pmatrix} 3 & 2 & 1 & 1 & -3 \\ 1 & 1 & 1 & 1 & 1 \\ 5 & 4 & 3 & 3 & -1 \end{pmatrix} \xrightarrow[r_3 - 5r_1]{\substack{r_1 \leftrightarrow r_2 \\ r_2 - 3r_1}} \begin{pmatrix} 1 & 1 & 1 & 1 & 1 \\ 0 & -1 & -2 & -2 & -6 \\ 0 & -1 & -2 & -2 & -6 \end{pmatrix}$$

$$\xrightarrow[r_2\times(-1)]{\substack{r_3-r_2\\r_1+r_2}}\begin{pmatrix}1&0&-1&-1&-5\\0&1&2&2&6\\0&0&0&0&0\end{pmatrix}$$

$R(\boldsymbol{A})=2<5$，方程组有无穷多个解，对应的同解方程组为

$$\begin{cases}x_1=\quad x_3+x_4+5x_5\\x_2=-2x_3-2x_4-6x_5\\x_3=\quad x_3\\x_4=\quad\quad x_4\\x_5=\quad\quad\quad x_5\end{cases}$$

令自由变量 $x_3=c_1,x_4=c_2,x_5=c_3(c_1,c_2,c_3$为任意实数)，得原方程组的通解为

$$\boldsymbol{x}=\begin{pmatrix}x_1\\x_2\\x_3\\x_4\\x_5\end{pmatrix}=c_1\begin{pmatrix}1\\-2\\1\\0\\0\end{pmatrix}+c_2\begin{pmatrix}1\\-2\\0\\1\\0\end{pmatrix}+c_3\begin{pmatrix}5\\-6\\0\\0\\1\end{pmatrix}$$

⚒ **例 3.45**　解线性方程组

$$\begin{cases}(1+\lambda)x_1+x_2+x_3=0\\x_1+(1+\lambda)x_2+x_3=3\\x_1+x_2+(1+\lambda)x_3=\lambda\end{cases}$$

当 λ 取何值时，方程组：(1) 有唯一解；(2) 无解；(3) 有无穷多个解？并在有无穷多个解时求通解.

解　方法一：利用解的判定定理.

将增广矩阵 $\boldsymbol{B}=(\boldsymbol{A},\boldsymbol{b})$ 作初等行变换化成行阶梯形矩阵

$$\boldsymbol{B}=\begin{pmatrix}1+\lambda&1&1&0\\1&1+\lambda&1&3\\1&1&1+\lambda&\lambda\end{pmatrix}\xrightarrow{r_1\leftrightarrow r_3}\begin{pmatrix}1&1&1+\lambda&\lambda\\1&1+\lambda&1&3\\1+\lambda&1&1&0\end{pmatrix}$$

$$\xrightarrow[r_3-(1+\lambda)r_1]{r_2-r_1}\begin{pmatrix}1&1&1+\lambda&\lambda\\0&\lambda&-\lambda&3-\lambda\\0&-\lambda&-\lambda(2+\lambda)&-\lambda(1+\lambda)\end{pmatrix}$$

$$\xrightarrow{r_3+r_2}\begin{pmatrix}1&1&1+\lambda&\lambda\\0&\lambda&-\lambda&3-\lambda\\0&0&-\lambda(3+\lambda)&(1-\lambda)(3+\lambda)\end{pmatrix}$$

(1) 当 $\lambda\neq0$ 且 $\lambda\neq-3$ 时，$R(\boldsymbol{A})=R(\boldsymbol{B})=3$，方程组有唯一解.

(2) 当 $\lambda=0$ 时，$R(\boldsymbol{A})=1$，$R(\boldsymbol{B})=2$，方程组无解.

(3) 当 $\lambda=-3$ 时，$R(\boldsymbol{A})=R(\boldsymbol{B})=2<3$，方程组有无穷多个解. 此时

本例是含未知参数的非齐次线性方程组的解的判定问题，直接的思路是按照非齐次线性方程组的解的判定定理从秩的角度讨论 λ 的取值.

$$\boldsymbol{B}\xrightarrow[\substack{r_2-r_1\\r_3+2r_1+r_2}]{r_1\leftrightarrow r_3}\begin{pmatrix}1&1&-2&-3\\0&-3&3&6\\0&0&0&0\end{pmatrix}\xrightarrow[r_1-r_2]{r_2\times(-\frac{1}{3})}\begin{pmatrix}1&0&-1&-1\\0&1&-1&-2\\0&0&0&0\end{pmatrix}$$

对应的同解方程组为

$$\begin{cases}x_1=x_3-1\\x_2=x_3-2\\x_3=x_3\end{cases}$$

令自由变量 $x_3=c$，得原方程组的通解为

$$\boldsymbol{x}=\begin{pmatrix}x_1\\x_2\\x_3\end{pmatrix}=c\begin{pmatrix}1\\1\\1\end{pmatrix}+\begin{pmatrix}-1\\-2\\0\end{pmatrix}\quad(c\in\mathbb{R})$$

方法二：利用克拉默法则.

系数矩阵 $\boldsymbol{A}$ 是方阵，故利用克拉默法则首先确定方程组有唯一解的充要条件为 $|\boldsymbol{A}|\neq 0$，而

$$|\boldsymbol{A}|=\begin{vmatrix}1+\lambda&1&1\\1&1+\lambda&1\\1&1&1+\lambda\end{vmatrix}=(3+\lambda)\begin{vmatrix}1&1&1\\1&1+\lambda&1\\1&1&1+\lambda\end{vmatrix}$$

$$=(3+\lambda)\begin{vmatrix}1&1&1\\0&\lambda&0\\0&0&\lambda\end{vmatrix}=(3+\lambda)\lambda^2$$

所以，当 $\lambda\neq 0$ 且 $\lambda\neq -3$ 时，方程组有唯一解.

当 $\lambda=0$ 时，增广矩阵

$$\boldsymbol{B}=\begin{pmatrix}1&1&1&0\\1&1&1&3\\1&1&1&0\end{pmatrix}\xrightarrow{r}\begin{pmatrix}1&1&1&0\\0&0&0&1\\0&0&0&0\end{pmatrix}$$

当系数矩阵为方阵时，线性方程组有唯一解的判定还可依据克拉默法则，即当系数行列式 $|\boldsymbol{A}|\neq 0$ 时，方程组有唯一解.

此时，$R(\boldsymbol{A})=1<R(\boldsymbol{B})=2$，方程组无解.

当 $\lambda=-3$ 时，增广矩阵

$$\boldsymbol{B}=\begin{pmatrix}-2&1&1&0\\1&-2&1&3\\1&1&-2&-3\end{pmatrix}\xrightarrow{r}\begin{pmatrix}1&0&-1&-1\\0&1&-1&-2\\0&0&0&0\end{pmatrix}$$

此时，$R(\boldsymbol{A})=R(\boldsymbol{B})=2<3$，方程组有无穷多个解，通解为

$$\boldsymbol{x}=\begin{pmatrix}x_1\\x_2\\x_3\end{pmatrix}=c\begin{pmatrix}1\\1\\1\end{pmatrix}+\begin{pmatrix}-1\\-2\\0\end{pmatrix}\quad(c\in\mathbb{R})$$

⚒ **例 3.46 (交通流问题)** 如图 3.16 所示，当研究一些量在网络中的流动时，线性方程组就会自然地产生. 例如，在城市规划、交通检测时，需要研究城市街道网格中的交通流模式；电气工程师计算电路中的电流；经

济学家分析产品通过批发商 (或零售商) 网络从制造商到消费者的分配情况 (商品流) 等. 这类问题通常是当网络中部分信息已知时，确定每个网络分支中的流量.

设有如图 3.17 所示的道路交通网络，其中 A, B, C, D 是道路交汇的节点,统计部分分支车辆数 (每小时),计算未知分支中的流量 $x_i(i=1,2,\cdots,5)$.

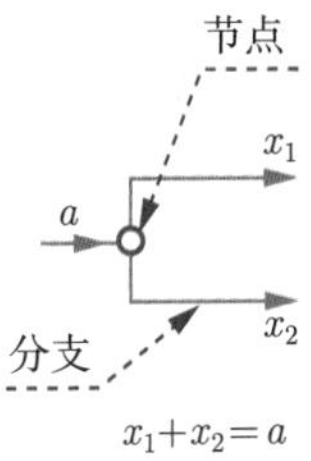

图 3.16　节点与分支

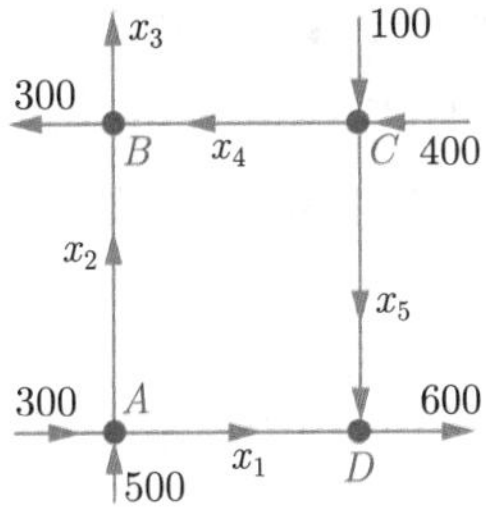

图 3.17　道路交通网络

解　假设节点 (十字路口) 处不滞留车辆，每个节点流入流出的车辆保持一致，建立线性方程组，如图 3.18 所示.

节点	流入	流出
A	300+500	x_1+x_2
B	x_2+x_4	$300+x_3$
C	100+400	x_4+x_5
D	$1+x_5$	600

$$\begin{cases} x_1+x_2 = 800 \\ x_2-x_3+x_4 = 300 \\ x_4+x_5 = 500 \\ x_1 \qquad +x_5 = 600 \end{cases}$$

图 3.18　各节点流入流出

解得

$$\begin{cases} x_1 = 600 - x_5 \\ x_2 = 200 + x_5 \\ x_3 = 400 \\ x_4 = 500 - x_5 \end{cases},\quad 即 \begin{pmatrix} x_1 \\ x_2 \\ x_3 \\ x_4 \\ x_5 \end{pmatrix} = k\begin{pmatrix} -1 \\ 1 \\ 0 \\ -1 \\ 1 \end{pmatrix} + \begin{pmatrix} 600 \\ 200 \\ 400 \\ 500 \\ 0 \end{pmatrix} \quad (k \in \mathbb{Z}^+)$$

对 $\forall x_5 \in \mathbb{Z}^+$，使之能够成立的每个 x_1, x_2, x_3, x_4 均为方程组的解. 方程组有解，表明该处交通能够正常运行.

若某环岛道路经简化后如图 3.19 所示，探究 $a_i(i=1,2,\cdots,6)$ 需满足何种条件，该交通车道才能够正常运行？

该交通车道能够正常运行，即每处节点处流入流出保持平衡，等价于线性方程组

$$\begin{cases} x_1 - x_2 = a_1 \\ x_2 - x_3 = a_2 \\ x_3 - x_4 = a_3 \\ x_4 - x_5 = a_4 \\ x_5 - x_6 = a_5 \\ x_6 - x_1 = a_6 \end{cases}$$

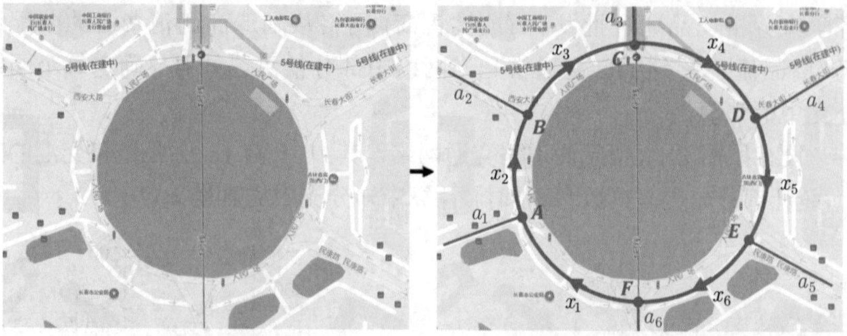

某环岛道路　　　　简化后的环岛道路交通图

图 3.19　环岛道路交通图

有解. 设其增广矩阵为 $\boldsymbol{B}$，则

$$\boldsymbol{B}=\left(\begin{array}{cccccc:c} 1 & -1 & & & & & a_1\\ & 1 & -1 & & & & a_2\\ & & 1 & -1 & & & a_3\\ & & & 1 & -1 & & a_4\\ & & & & 1 & -1 & a_5\\ -1 & & & & & 1 & a_6 \end{array}\right)$$

$$\xrightarrow[i=1,\cdots,5]{r_6+r_i}\left(\begin{array}{cccccc:c} 1 & -1 & & & & & a_1\\ & 1 & -1 & & & & a_2\\ & & 1 & -1 & & & a_3\\ & & & 1 & -1 & & a_4\\ & & & & 1 & -1 & a_5\\ 0 & 0 & 0 & 0 & 0 & 0 & \sum\limits_{i=1}^{6} a_i \end{array}\right)$$

由 $R(\boldsymbol{A})=R(\boldsymbol{B})$ 时方程组有解，即当 $\sum\limits_{i=1}^{6} a_i=0$ 时方程组有解，此时

$$\begin{pmatrix} x_1\\ x_2\\ x_3\\ x_4\\ x_5\\ x_6 \end{pmatrix}=k\begin{pmatrix} 1\\ 1\\ 1\\ 1\\ 1\\ 1 \end{pmatrix}+\begin{pmatrix} a_1+a_2+a_3+a_4+a_5\\ a_2+a_3+a_4+a_5\\ a_3+a_4+a_5\\ a_4+a_5\\ a_5\\ 0 \end{pmatrix}\quad (k\in\mathbb{Z})$$

习　题　3

1. 设 $\begin{pmatrix} a+b & c\\ 0 & 5 \end{pmatrix}=\begin{pmatrix} 3 & 10\\ d & a-b \end{pmatrix}$，试求 a,b,c,d.

2. 用何种线性变换将图 3.20 中 (a) 变换为 (b) 和 (c)，试写出相应的变换矩阵.

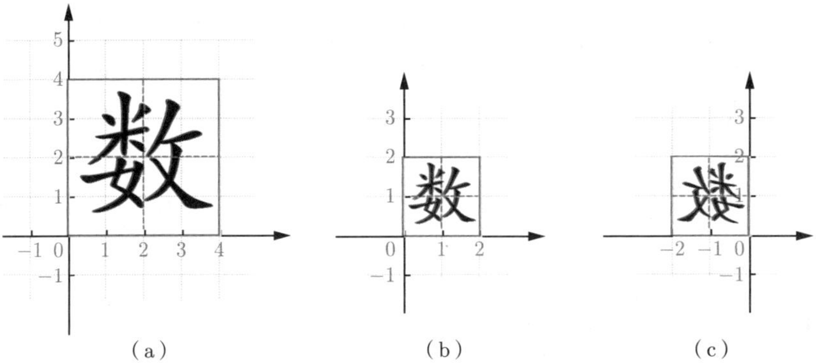

图 3.20　题 2 图

3. 计算 (1) $\begin{pmatrix} 1 & 6 & 4 \\ -4 & 2 & 8 \end{pmatrix} + \begin{pmatrix} -2 & 0 & 1 \\ 2 & -3 & 4 \end{pmatrix}$；　(2) $\begin{pmatrix} 1 & 2 \\ 0 & 1 \end{pmatrix} - \begin{pmatrix} 2 & -2 \\ 0 & 3 \end{pmatrix}$.

4. 计算矩阵的乘法：

(1) $(a_1, a_2, a_3)\begin{pmatrix} a_1 \\ a_2 \\ a_3 \end{pmatrix}$；　(2) $\begin{pmatrix} a_1 \\ a_2 \\ a_3 \end{pmatrix}(a_1, a_2, a_3)$；

(3) $(x_1, x_2, x_3)\begin{pmatrix} a_{11} & a_{12} & a_{13} \\ a_{12} & a_{22} & a_{23} \\ a_{13} & a_{23} & a_{33} \end{pmatrix}\begin{pmatrix} x_1 \\ x_2 \\ x_3 \end{pmatrix}$；

(4) $\begin{pmatrix} x_1 & & \\ & x_2 & \\ & & x_3 \end{pmatrix}\begin{pmatrix} a_{11} & a_{12} & a_{13} \\ a_{21} & a_{22} & a_{23} \\ a_{31} & a_{32} & a_{33} \end{pmatrix}$；

(5) $\begin{pmatrix} a_{11} & a_{12} & a_{13} \\ a_{21} & a_{22} & a_{23} \\ a_{31} & a_{32} & a_{33} \\ a_{41} & a_{42} & a_{43} \end{pmatrix}\begin{pmatrix} x_1 & & \\ & x_2 & \\ & & x_3 \end{pmatrix}$.

5. 证明：$\begin{pmatrix} \lambda_1 & 0 & 0 \\ 0 & \lambda_2 & 0 \\ 0 & 0 & \lambda_3 \end{pmatrix}^n = \begin{pmatrix} \lambda_1^n & 0 & 0 \\ 0 & \lambda_2^n & 0 \\ 0 & 0 & \lambda_3^n \end{pmatrix} (n \in \mathbb{Z}^+)$.

6. 设 $\boldsymbol{A} = \begin{pmatrix} 3 & 3 \\ 1 & 2 \end{pmatrix}, \boldsymbol{B} = \begin{pmatrix} 1 & -1 \\ -2 & 1 \end{pmatrix}$，求 $\boldsymbol{ABA} - \boldsymbol{AB}$.

7. 已知 n 维向量 $\boldsymbol{\alpha} = \left(\frac{1}{2}, 0, 0, \cdots, 0, \frac{1}{2}\right)$, $\boldsymbol{A} = \boldsymbol{E} - \boldsymbol{\alpha}^{\mathrm{T}}\boldsymbol{\alpha}, \boldsymbol{B} = \boldsymbol{E} + 2\boldsymbol{\alpha}^{\mathrm{T}}\boldsymbol{\alpha}$，求 $\boldsymbol{AB}$.

8. 设 $\boldsymbol{A} = \begin{pmatrix} 3 & 1 \\ 1 & 3 \\ 2 & 1 \end{pmatrix}, \boldsymbol{B} = \begin{pmatrix} 2 & -1 \\ 1 & 2 \end{pmatrix}$，求 $\boldsymbol{B}^{\mathrm{T}}\boldsymbol{A}^{\mathrm{T}}$.

9. 由 $\begin{pmatrix}1&2&3\\a_1&a_2&a_3\\b_1&b_2&b_3\end{pmatrix}$ 与 $\begin{pmatrix}0&1&0\\0&0&1\\1&0&0\end{pmatrix}$ 可交换，试求 $\begin{vmatrix}1&2&3\\a_1&a_2&a_3\\b_1&b_2&b_3\end{vmatrix}$ 的值.

10. 设 $\boldsymbol{A}=\begin{pmatrix}1&1&1\\1&1&-1\\1&-1&1\end{pmatrix}, \boldsymbol{B}=\begin{pmatrix}1&2&3\\-1&-2&4\\0&5&1\end{pmatrix}$，求 $3\boldsymbol{AB}-2\boldsymbol{A}$ 及 $\boldsymbol{A}^{\mathrm{T}}\boldsymbol{B}$.

11. (1) 设 $\boldsymbol{A}=\begin{pmatrix}1&0\\\lambda&1\end{pmatrix}$，求 $\boldsymbol{A}^2,\boldsymbol{A}^3,\cdots,\boldsymbol{A}^k$.

12. 设 $\boldsymbol{A}=\begin{pmatrix}\lambda&1&0\\0&\lambda&1\\0&0&\lambda\end{pmatrix}$，求 $\boldsymbol{A}^k$.

13. 某航空公司在 A,B,C,D 四座城市之间开辟了若干航线,四座城市间的航班情况如图 3.21 所示. 图中，用带箭头的线表示两座城市之间有航班. 问：

(1) 若用“1”表示两座城市之间有航班，用“0”表示无航班 (本地之间也可用“0”表示)，试建立四座城市间航班往来情况的表示矩阵 $\boldsymbol{A}$.

(2) $\boldsymbol{A}^2$，$\boldsymbol{A}+\boldsymbol{A}^2$ 表示的实际意义是什么？

(3) 从 A,B,C,D 中任意一地出发，最少经过几次中转，可保证从一座城市到达其他三座城市？

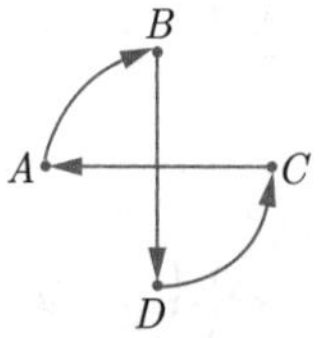

图 3.21　题 13 图

14. 设 $\boldsymbol{A},\boldsymbol{B}$ 为 n 阶矩阵，且 $\boldsymbol{A}$ 为对称矩阵，证明 $\boldsymbol{B}^{\mathrm{T}}\boldsymbol{AB}$ 也是对称矩阵.

15. 设 $\boldsymbol{A},\boldsymbol{B}$ 都是 n 阶对称矩阵，证明 $\boldsymbol{AB}$ 是对称矩阵的充分必要条件是 $\boldsymbol{AB}=\boldsymbol{BA}$.

16. 已知 $\boldsymbol{\alpha}=(1,2,3),\boldsymbol{\beta}=\left(1,\dfrac{1}{2},\dfrac{1}{3}\right)$.设矩阵 $\boldsymbol{A}=\boldsymbol{\alpha}^{\mathrm{T}}\boldsymbol{\beta}$，其中 $\boldsymbol{\alpha}^{\mathrm{T}}$ 是 $\boldsymbol{\alpha}$ 的转置. 求 $\boldsymbol{A}^n$(n 为正整数).

17. 设 $\boldsymbol{A}=\begin{pmatrix}-2&2&1\\-1&-2&2\\2&1&2\end{pmatrix}$，求 $\left|\boldsymbol{A}^2\right|$.

18. 设 $\boldsymbol{A}$ 为 3 阶矩阵，已知 $|\boldsymbol{A}|=m$，求 $|-m\boldsymbol{A}|$.

19. 设 $\boldsymbol{A}$ 为 3 阶方阵，$\boldsymbol{A}^*$ 为其伴随矩阵，$|\boldsymbol{A}|=\dfrac{1}{2}$，求 $\left|\left(\dfrac{1}{3}\boldsymbol{A}\right)^{-1}-10\boldsymbol{A}^*\right|$.

20. 设 n 阶矩阵 $\boldsymbol{A}$ 的伴随矩阵为 $\boldsymbol{A}^*$, 证明: (1) 若 $|\boldsymbol{A}|=0$, 则 $|\boldsymbol{A}^*|=0$; (2) $|\boldsymbol{A}^*|=|\boldsymbol{A}|^{n-1}$.

21. 已知 $\boldsymbol{A},\boldsymbol{B}$ 为 4 阶方阵，且 $|\boldsymbol{A}|=-2,|\boldsymbol{B}|=3$，求：

(1) $|5\boldsymbol{AB}|$;　(2) $\left|-\boldsymbol{AB}^{\mathrm{T}}\right|$;　(3) $\left|(\boldsymbol{AB})^{-1}\right|$;　(4) $\left|\boldsymbol{A}^{-1}\boldsymbol{B}^{-1}\right|$;

(5) $\left|\left((\boldsymbol{AB})^{\mathrm{T}}\right)^{-1}\right|$.

22. 求下列矩阵的逆矩阵:

(1) $\begin{pmatrix}1 & 2\\ 2 & 5\end{pmatrix}$; (2) $\begin{pmatrix}\cos\theta & -\sin\theta\\ \sin\theta & \cos\theta\end{pmatrix}$; (3) $\begin{pmatrix}1 & 2 & -1\\ 3 & 4 & -2\\ 5 & -4 & 1\end{pmatrix}$;

(4) $\begin{pmatrix}a_1 & & & \\ & a_2 & & \\ & & \ddots & \\ & & & a_n\end{pmatrix}$ $(a_1a_2\cdots a_n\neq 0)$.

23. 设 $\boldsymbol{A}=\begin{pmatrix}-1 & 3 & 1\\ 1 & 1 & 0\\ 2 & 3 & 1\end{pmatrix}$，$\boldsymbol{B}$ 是三阶矩阵，且 $\boldsymbol{AB}+\boldsymbol{E}=\boldsymbol{A}^2-\boldsymbol{B}$，求 $\boldsymbol{B}$.

24. 设 $\boldsymbol{A}^k=\boldsymbol{O}$($k$ 为正整数), 证明 $(\boldsymbol{E}-\boldsymbol{A})^{-1}=\boldsymbol{E}+\boldsymbol{A}+\boldsymbol{A}^2+\cdots+\boldsymbol{A}^{k-1}$.

25. 设方阵 $\boldsymbol{A}$ 满足 $\boldsymbol{A}^2-\boldsymbol{A}-2\boldsymbol{E}=\boldsymbol{O}$, 证明 $\boldsymbol{A}$ 及 $\boldsymbol{A}+2\boldsymbol{E}$ 都可逆, 并求 $\boldsymbol{A}^{-1}$ 及 $(\boldsymbol{A}+2\boldsymbol{E})^{-1}$.

26. 设 $\boldsymbol{A}$ 为非奇异矩阵，证明：(1) $(\boldsymbol{A}^{-1})^{\mathrm{T}}=(\boldsymbol{A}^{\mathrm{T}})^{-1}$；(2) $(\boldsymbol{A}^{-1})^*=(\boldsymbol{A}^*)^{-1}$.

27. 设 n 阶矩阵 $\boldsymbol{A}$ 的伴随矩阵为 $\boldsymbol{A}^*$, 证明: (1) 若 $|\boldsymbol{A}|=0$, 则 $|\boldsymbol{A}^*|=0$; (2) $|\boldsymbol{A}^*|=|\boldsymbol{A}|^{n-1}$.

28. 解矩阵方程 $\begin{pmatrix}1 & 4\\ -1 & 2\end{pmatrix}\boldsymbol{X}\begin{pmatrix}2 & 0\\ -1 & 1\end{pmatrix}=\begin{pmatrix}3 & 1\\ 0 & -1\end{pmatrix}$.

29. 利用逆矩阵解线性方程组 $\begin{cases}x_1+2x_2+3x_3=1\\ 2x_1+2x_2+5x_3=2\\ 3x_1+5x_2+x_3=3\end{cases}$

30. 设 $\boldsymbol{A}=\mathrm{diag}(1,-2,1), \boldsymbol{A}^*\boldsymbol{BA}=2\boldsymbol{BA}-8\boldsymbol{E}$, 求 $\boldsymbol{B}$.

31. 设 $f(\lambda)=a_0\lambda^m+a_1\lambda^{m-1}+\cdots+a_{m-1}\lambda+a_m$，$\boldsymbol{A}$ 是 n 阶方阵，定义

$$f(\boldsymbol{A})=a_0\boldsymbol{A}^m+a_1\boldsymbol{A}^{m-1}+\cdots+a_{m-1}\boldsymbol{A}+a_m\boldsymbol{E}_n$$

若 $f(\lambda)=\lambda^2-5\lambda+3$，$\boldsymbol{A}=\begin{pmatrix}2 & -1\\ -3 & 3\end{pmatrix}$，求 $f(\boldsymbol{A})$.

32. 设 $\boldsymbol{P}^{-1}\boldsymbol{AP}=\boldsymbol{\Lambda}$，其中 $\boldsymbol{P}=\begin{pmatrix}-1 & -4\\ 1 & 1\end{pmatrix}$，$\boldsymbol{\Lambda}=\begin{pmatrix}-1 & 0\\ 0 & 2\end{pmatrix}$，求 $\boldsymbol{A}^{11}$.

33. 设 $\boldsymbol{AP}=\boldsymbol{P\Lambda}$，其中 $\boldsymbol{P}=\begin{pmatrix}1 & 1 & 1\\ 1 & 0 & -2\\ 1 & -1 & 1\end{pmatrix}$，$\boldsymbol{\Lambda}=\begin{pmatrix}-1 & & \\ & 1 & \\ & & 5\end{pmatrix}$，求 $\varphi(\boldsymbol{A})=\boldsymbol{A}^8(5\boldsymbol{E}-6\boldsymbol{A}+\boldsymbol{A}^2)$.

34. 设 $\boldsymbol{A}=\begin{pmatrix}3&4&0&0\\4&-3&0&0\\0&0&2&0\\0&0&2&2\end{pmatrix}$，求 $\left|\boldsymbol{A}^8\right|$ 及 $\boldsymbol{A}^4$.

35. 设 $\boldsymbol{A}$ 为 n 阶矩阵，$\boldsymbol{\alpha}_1,\boldsymbol{\alpha}_2,\cdots,\boldsymbol{\alpha}_n$ 为 $\boldsymbol{A}$ 的列子块，试用 $\boldsymbol{\alpha}_1,\boldsymbol{\alpha}_2,\cdots,\boldsymbol{\alpha}_n$ 为 $\boldsymbol{A}$ 表示 $\boldsymbol{A}^{\mathrm{T}}\boldsymbol{A}$.

36. 设 $\boldsymbol{A}$ 为 n 阶矩阵，$\boldsymbol{a}_1,\boldsymbol{a}_2,\cdots,\boldsymbol{a}_n$ 为 $\boldsymbol{A}$ 的列子块，试用 $\boldsymbol{a}_1,\boldsymbol{a}_2,\cdots,\boldsymbol{a}_n$ 为 $\boldsymbol{A}$ 表示 $\boldsymbol{A}\boldsymbol{A}^{\mathrm{T}}$.

37. 设 $\boldsymbol{A},\boldsymbol{B}$ 分别是 m,n 阶可逆矩阵，$\boldsymbol{O}$ 是零矩阵，$\boldsymbol{X}=\begin{pmatrix}\boldsymbol{A}&\boldsymbol{O}\\\boldsymbol{O}&\boldsymbol{B}\end{pmatrix}$，求 $\boldsymbol{X}^{-1}$，并计算 $\begin{pmatrix}5&2&0&0\\2&1&0&0\\0&0&8&3\\0&0&5&2\end{pmatrix}$ 的逆矩阵.

38. 设 $\boldsymbol{A},\boldsymbol{B}$ 分别是 m,n 阶可逆矩阵，$\boldsymbol{O}$ 是零矩阵，$\boldsymbol{Y}=\begin{pmatrix}\boldsymbol{O}&\boldsymbol{A}\\\boldsymbol{B}&\boldsymbol{O}\end{pmatrix}$，求 $\boldsymbol{Y}^{-1}$，并计算 $\begin{pmatrix}0&0&1&3\\0&0&2&7\\2&-1&0&0\\5&-3&0&0\end{pmatrix}$ 的逆矩阵.

39. 设 $\boldsymbol{A},\boldsymbol{B}$ 都是 n 阶可逆矩阵，$\boldsymbol{O}$ 是零矩阵，证明 $\begin{pmatrix}\boldsymbol{A}&\boldsymbol{O}\\\boldsymbol{C}&\boldsymbol{B}\end{pmatrix}$，$\begin{pmatrix}\boldsymbol{A}&\boldsymbol{C}\\\boldsymbol{O}&\boldsymbol{B}\end{pmatrix}$，$\begin{pmatrix}\boldsymbol{C}&\boldsymbol{A}\\\boldsymbol{B}&\boldsymbol{O}\end{pmatrix}$，$\begin{pmatrix}\boldsymbol{O}&\boldsymbol{A}\\\boldsymbol{B}&\boldsymbol{C}\end{pmatrix}$ 均可逆，并求其逆矩阵.

40. 把下列矩阵化为行最简形矩阵:

(1) $\begin{pmatrix}1&0&2&-1\\2&0&3&1\\3&0&4&-3\end{pmatrix}$；　(2) $\begin{pmatrix}2&3&1&-3&-7\\1&2&0&-2&-4\\3&-2&8&3&0\\2&-3&7&4&3\end{pmatrix}$.

41. 将矩阵 $\begin{pmatrix}1&-1&2\\3&2&1\\1&-2&0\end{pmatrix}$ 化为标准型 $\begin{pmatrix}\boldsymbol{E}_r&\boldsymbol{O}\\\boldsymbol{O}&\boldsymbol{O}\end{pmatrix}$.

42. 利用初等变换求下列矩阵的逆矩阵.

(1) $\begin{pmatrix}1&3&3\\1&4&3\\1&3&4\end{pmatrix}$；　(2) $\begin{pmatrix}3&-2&0&-1\\0&2&2&1\\1&-2&-3&-2\\0&1&2&1\end{pmatrix}$.

43. 设 $\boldsymbol{A}=\begin{pmatrix}3&0&1\\1&1&0\\0&1&4\end{pmatrix}$，若矩阵 $\boldsymbol{A}$ 满足关系式 $\boldsymbol{AX}=2\boldsymbol{X}+\boldsymbol{A}$，求 $\boldsymbol{X}$.

44. 已知 $\boldsymbol{A}=\begin{pmatrix}1&1&-1\\-1&1&1\\1&-1&1\end{pmatrix}$，矩阵 $\boldsymbol{X}$ 满足 $\boldsymbol{A}^*\boldsymbol{X}=\boldsymbol{A}^{-1}+2\boldsymbol{X}$，$\boldsymbol{A}^*$ 是 $\boldsymbol{A}$ 的伴随矩阵，求矩阵 $\boldsymbol{X}$.

45. 设 $\boldsymbol{A}=\begin{pmatrix}4&1&-2\\2&2&1\\3&1&-1\end{pmatrix},\boldsymbol{B}=\begin{pmatrix}1&-3\\2&2\\3&-1\end{pmatrix}$，求 $\boldsymbol{X}$，使 $\boldsymbol{AX}=\boldsymbol{B}$.

46. 设 $\boldsymbol{A}=\begin{pmatrix}0&2&1\\2&-1&3\\-3&3&-4\end{pmatrix},\boldsymbol{B}=\begin{pmatrix}1&2&3\\2&-3&1\end{pmatrix}$，求 $\boldsymbol{X}$，使 $\boldsymbol{XA}=\boldsymbol{B}$.

47. 求下列矩阵的秩:

(1) $\boldsymbol{A}=\begin{pmatrix}2&-2&1\\0&1&-2\\0&0&2\end{pmatrix}$； (2) $\boldsymbol{B}=\begin{pmatrix}3&1&0&2\\1&-1&2&-1\\1&3&-4&4\end{pmatrix}$.

48. 求矩阵 $\begin{pmatrix}3&1&0&2\\1&-1&2&-1\\1&3&-4&4\end{pmatrix}$ 的秩，并求一个最高阶非零子式.

49. 设 $\boldsymbol{A}=\begin{pmatrix}1&2&3\\\lambda&0&1\\2&1&1\end{pmatrix}$，求 $R(\boldsymbol{A})$.

50. 设 $\boldsymbol{A}=\begin{pmatrix}1&-2&3k\\-1&2k&-3\\k&-2&3\end{pmatrix}$，问 k 为何值时，可使：(1) $R(\boldsymbol{A})=1$；(2) $R(\boldsymbol{A})=2$；(3) $R(\boldsymbol{A})=3$.

51. 设 $\boldsymbol{A}$ 为 n 阶方阵，$\boldsymbol{A}^*$ 为 $\boldsymbol{A}$ 的伴随矩阵，证明：$R(\boldsymbol{A}^*)=\begin{cases}n, & R(\boldsymbol{A})=n\\1, & R(\boldsymbol{A})=n-1\\0, & R(\boldsymbol{A})<n-1\end{cases}$.

52. 已知线性方程组 $\begin{cases}x_1+x_2+x_3=0\\ax_1+bx_2+cx_3=0\\a^2x_1+b^2x_2+c^2x_3=0\end{cases}$，求 a,b,c 满足什么条件时，方程组仅有零解?

53. 求 λ 的值，使齐次线性方程组 $\begin{cases} 2x_1+\lambda x_2-x_3=0 \\ \lambda x_1-x_2+x_3=0 \\ 4x_1+5x_2-5x_3=0 \end{cases}$ 有非零解，并求出其通解.

54. 求齐次线性方程组的通解 $\begin{cases} x_1+2x_2+x_3-x_4=0 \\ 3x_1+6x_2-x_3-3x_4=0 \\ 5x_1+10x_2+x_3-5x_4=0 \end{cases}$.

55. 问 λ,μ 取何值时, 齐次线性方程组 $\begin{cases} \lambda x_1+x_2+x_3=0 \\ x_1+\mu x_2+x_3=0 \\ x_1+2\mu x_2+x_3=0 \end{cases}$ 有非零解?

56. 若线性方程组 $\begin{cases} x_1+x_2+x_3+x_4=2 \\ 2x_2+3x_3+4x_4=a-2 \\ (a^2-1)x_4=a(a-1) \end{cases}$ 无解，计算 a 的值.

57. 已知 n 阶方阵 $\boldsymbol{A}=\begin{pmatrix} a_{11} & a_{12} & \cdots & a_{1n} \\ a_{21} & a_{22} & \cdots & a_{2n} \\ \vdots & \vdots & & \vdots \\ a_{n1} & a_{n2} & \cdots & a_{nn} \end{pmatrix}$ 是非奇异矩阵，证明：线性方程组

$$\begin{cases} a_{11}x_1+a_{12}x_2+\cdots+a_{1,n-1}x_{n-1}=a_{1n} \\ a_{21}x_1+a_{22}x_2+\cdots+a_{2,n-1}x_{n-1}=a_{2n} \\ \quad\vdots \\ a_{n1}x_1+a_{n2}x_2+\cdots+a_{n,n-1}x_{n-1}=a_{nn} \end{cases}$$

无解.

58. 证明线性方程组 $\begin{cases} x_1-x_2=b_1 \\ x_2-x_3=b_2 \\ x_3-x_4=b_3 \\ x_4-x_5=b_4 \\ x_5-x_1=b_5 \end{cases}$ 有解的充要条件是 $\sum\limits_{i=1}^{5} b_i=0$.

59. 设有空间三个平面

$$x=cy+bz$$
$$y=az+cx$$
$$z=bx+ay$$

证明：当 a,b,c 满足条件 $a^2+b^2+c^2+2abc=1$ 时，这三个平面至少

相交于一公共直线.

60. 求解下列非齐次线性方程组：

(1) $\begin{cases} 2x_1 + x_2 - x_3 = 1 \\ x_1 - 3x_2 + 4x_3 = 2 \\ 11x_1 - 12x_2 + 17x_3 = 3 \end{cases}$；　(2) $\begin{cases} 2x + y - z + w = 1 \\ 4x + 2y - 2z + w = 2. \\ 2x + y - z - w = 1 \end{cases}$

61. λ 取何值时，非齐次线性方程组

$$\begin{cases} \lambda x_1 + x_2 + x_3 = 1 \\ x_1 + \lambda x_2 + x_3 = \lambda \\ x_1 + x_2 + \lambda x_3 = \lambda^3 \end{cases}$$

(1) 有唯一解；(2) 无解；(3) 有无穷多个解，并表示出来.

62. 设

$$\begin{cases} (2-\lambda)x_1 + 2x_2 - 2x_3 = 1 \\ 2x_1 + (5-\lambda)x_2 - 4x_3 = 2 \\ -2x_1 - 4x_2 + (5-\lambda)x_3 = -\lambda - 1 \end{cases}$$

问 λ 为何值时, 此方程组有唯一解、无解或有无穷多个解? 并在有无穷多个解时求通解.

63. 已知 3 阶矩阵 $\boldsymbol{B} \neq \boldsymbol{O}$，且 $\boldsymbol{B}$ 的每一个列向量都是以下方程组

$$\begin{cases} x_1 + 2x_2 - 2x_3 = 0 \\ 2x_1 - x_2 + \lambda x_3 = 0 \\ 3x_1 + x_2 - x_3 = 0 \end{cases}$$

(1) 求 λ 的值；(2) 证明 $|\boldsymbol{B}| = 0$.

第 4 章　向量组与线性方程组

第 1 章讨论了二维空间、三维空间中向量的代数运算及几何表示，借助低维空间中向量的相关概念、性质及规则，可以方便地将其推广至 n 维向量情形，并且可进一步拓展至无穷维. 这种从特殊到一般的方法是数学中的常用方法.

向量是线性代数中的基本概念，向量方法也是描述和研究线性代数问题的重要理论工具. 向量理论为解决线性代数问题提供全新的角度. 例如，考虑二元非齐次线性方程组的一般形式为

$$\begin{cases} a_{11}x_1 + a_{12}x_2 = b_1 \\ a_{21}x_1 + a_{22}x_2 = b_2 \end{cases} \tag{4.1}$$

引入列向量组

$$\boldsymbol{a}_1 = \begin{pmatrix} a_{11} \\ a_{21} \end{pmatrix}, \quad \boldsymbol{a}_2 = \begin{pmatrix} a_{12} \\ a_{22} \end{pmatrix}, \quad \boldsymbol{b} = \begin{pmatrix} b_1 \\ b_2 \end{pmatrix} \tag{4.2}$$

则方程组(4.1)可以写成

$$x_1 \begin{pmatrix} a_{11} \\ a_{21} \end{pmatrix} + x_2 \begin{pmatrix} a_{12} \\ a_{22} \end{pmatrix} = \begin{pmatrix} b_1 \\ b_2 \end{pmatrix}$$

即

$$x_1\boldsymbol{a}_1 + x_2\boldsymbol{a}_2 = \boldsymbol{b} \tag{4.3}$$

由此，我们将方程组(4.1)写成了向量形式. 方程组(4.1)是否有解就转化成了研究向量 $\boldsymbol{a}_1, \boldsymbol{a}_2, \boldsymbol{b}$ 之间的关系，即能否找出一组数 x_1, x_2 满足式(4.3)所示的向量之间的线性关系. 实际上，任意 n 元线性方程组均可表示成向量形式，从而可借助“向量语言”研究线性方程组的解的情况. 此外，方程组(4.1)还可写成矩阵形式

$$\boldsymbol{A}\boldsymbol{x} = \boldsymbol{b} \tag{4.4}$$

其中，$\boldsymbol{A}$ 是系数矩阵，即

$$\boldsymbol{A} = (\boldsymbol{a}_1, \boldsymbol{a}_2) = \begin{pmatrix} a_{11} & a_{12} \\ a_{21} & a_{22} \end{pmatrix}, \quad \boldsymbol{x} = \begin{pmatrix} x_1 \\ x_2 \end{pmatrix}$$

线性方程组的向量形式、矩阵形式与一般形式是从不同的侧重点或角度对同一数学对象 (线性方程组) 的形式化表示，说明了矩阵、向量和线性方程组之间具有密切的联系. 实际上，考虑矩阵 $\boldsymbol{A}$，将其每一列元素视为一

个列向量，那么矩阵 $\boldsymbol{A}$ 就与列向量 $\boldsymbol{a}_1,\boldsymbol{a}_2,\cdots,\boldsymbol{a}_n$ 按次序组成的集合构成一一对应的关系 (同理，也可以将 $\boldsymbol{A}$ 的每一行元素视为一个行向量，那么矩阵 $\boldsymbol{A}$ 就与行向量 $\boldsymbol{\beta}_1,\boldsymbol{\beta}_2,\cdots,\boldsymbol{\beta}_n$ 按次序组成的集合构成一一对应的关系). 既然有了一一对应关系，那么矩阵 $\boldsymbol{A}$ 的各种属性必将在向量 $\boldsymbol{a}_1,\boldsymbol{a}_2,\cdots,\boldsymbol{a}_n$ 之间的关系上反映出来; 反之，向量 $\boldsymbol{a}_1,\boldsymbol{a}_2,\cdots,\boldsymbol{a}_n$ 之间的关联关系将呈现为矩阵的相关属性.

$$\boldsymbol{A}=\begin{pmatrix} a_{11} & a_{12} & \cdots & a_{1n} \\ a_{21} & a_{22} & \cdots & a_{2n} \\ \vdots & \vdots & \ddots & \vdots \\ a_{m1} & a_{m2} & \cdots & a_{mn} \end{pmatrix} \begin{matrix} \\ \\ \\ \\ \end{matrix}\quad \text{或}\quad \boldsymbol{A}=\begin{pmatrix} a_{11} & a_{12} & \cdots & a_{1n} \\ a_{21} & a_{22} & \cdots & a_{2n} \\ \vdots & \vdots & \ddots & \vdots \\ a_{m1} & a_{m2} & \cdots & a_{mn} \end{pmatrix}\begin{matrix}\to\boldsymbol{\beta}_1 \\ \to\boldsymbol{\beta}_2 \\ \\ \to\boldsymbol{\beta}_n\end{matrix}$$

$$\downarrow\ \boldsymbol{a}_1 \quad \downarrow\ \boldsymbol{a}_2 \quad \cdots \quad \downarrow\ \boldsymbol{a}_n$$

为探究向量与向量之间的关系，并进一步发展向量的相关理论，有必要引入向量组的概念，利用向量组的线性相关性描述向量与向量之间的关系将更为精确和细致. 本章首先讨论向量组的线性相关性，进而给出向量空间的基、维数、坐标等重要概念，并应用向量的相关理论研究线性方程组解的结构.

4.1　向量组的线性相关性

4.1.1　向量组

定义 4.1　向量组

若干个同维数的列向量 (或行向量) 所组成的集合称为向量组.

例如，两个三维向量 $\boldsymbol{a}_1=(1,0,0)^{\mathrm{T}},\boldsymbol{a}_2=(-1,1,0)^{\mathrm{T}}$ 就构成一个向量组；再如，由所有 n 维实向量构成的集合构成一个向量组，记作 $\mathbb{R}^n$，即

$$\mathbb{R}^n=\left\{\boldsymbol{x}=\begin{pmatrix} x_1 \\ x_2 \\ \vdots \\ x_n \end{pmatrix}\middle|\, x_i\in\mathbb{R}, i=1,2,\cdots,n\right\}$$

在 $\mathbb{R}^n$ 中，向量的个数有无限多个.

矩阵与向量组的关系：包含有限个有限维向量的有序向量组可以与矩阵一一对应. 也就是说，向量组可以包含有限个向量 (此时向量组对应矩阵)，矩阵也可以对应无限多个向量组. 一个 $m\times n$ 矩阵 $\boldsymbol{A}$ 的全体列向量是一个含 n 个 m 维列向量的列向量组，$\boldsymbol{A}$ 的全体行向量是一个含 m 个 n 维行向量的行向量组.

$$\boldsymbol{A}_{m\times n}=\begin{pmatrix} a_{11} & a_{12} & \cdots & a_{1n} \\ a_{21} & a_{22} & \cdots & a_{2n} \\ \vdots & \vdots & \ddots & \vdots \\ a_{m1} & a_{m2} & \cdots & a_{mn} \end{pmatrix}=(\boldsymbol{a}_1,\boldsymbol{a}_2,\cdots,\boldsymbol{a}_n)=\begin{pmatrix} \boldsymbol{\beta}_1 \\ \boldsymbol{\beta}_2 \\ \vdots \\ \boldsymbol{\beta}_m \end{pmatrix}$$

其中，第 $i\,(i=1,2,\cdots,n)$ 个列向量 $\boldsymbol{a}_i=(a_{1i},a_{2i},\cdots,a_{mi})^{\mathrm{T}}$；第 $j\,(j=1,2,\cdots,m)$ 个行向量 $\boldsymbol{\beta}_j=(a_{j1},a_{j2},\cdots,a_{jn})$.

矩阵的列向量组和行向量组都是只含有限个向量的向量组；反之，一个含有限个有限维向量的向量组总可以构成一个矩阵. 这样，结合前面所述，可以得出结论：一个线性方程组、系数矩阵 (或增广矩阵)、有序且有限的向量组三者是一一对应的，我们可以通过向量组来研究矩阵和线性方程组，也可以将向量组问题转化为讨论相应的矩阵或线性方程组.

向量组可以用大写字母 A,B,C 等表示.

需注意的是，若有向量 $\boldsymbol{a}_1=(2,2,-3)^{\mathrm{T}},\boldsymbol{a}_2=(1,2,1)^{\mathrm{T}},\boldsymbol{a}_3=(3,0,2)^{\mathrm{T}}$，则由 $\boldsymbol{a}_1,\boldsymbol{a}_2,\boldsymbol{a}_3$ 所组成的向量组 A 与由 $\boldsymbol{a}_2,\boldsymbol{a}_1,\boldsymbol{a}_3$ 所组成的向量组 B 是相同的，也就是说向量组是同维向量的集合，对向量的排序无要求. 然而，向量组 $A:\boldsymbol{a}_1,\boldsymbol{a}_2,\boldsymbol{a}_3$ 和 $B:\boldsymbol{a}_2,\boldsymbol{a}_1,\boldsymbol{a}_3$ 对应的矩阵是不同的，分别为 $\begin{pmatrix}2&1&3\\2&2&0\\-3&1&2\end{pmatrix},\begin{pmatrix}1&2&3\\2&2&0\\1&-3&2\end{pmatrix}$.

接下来我们主要从三个方面讨论向量组的线性相关性：单个向量与向量组之间的关系；向量组与向量组之间的关系；向量组内向量之间的线性关系.

4.1.2 向量组的线性组合

定义 4.2 线性组合 (linear combination)

给定向量组 $A:\boldsymbol{a}_1,\boldsymbol{a}_2,\cdots,\boldsymbol{a}_n$，对任意一组实数 $k_1,k_2,\cdots,k_n$，表达式

$$k_1\boldsymbol{a}_1+k_2\boldsymbol{a}_2+\cdots+k_n\boldsymbol{a}_n \tag{4.5}$$

称为向量组 A 的一个线性组合，$k_1,k_2,\cdots,k_n$ 称为这个线性组合的组合系数.

线性组合中仅包含线性运算，即数乘和加法两种运算.

例如，向量 $\boldsymbol{a}=(2,1)^{\mathrm{T}},\boldsymbol{b}=(1,3)^{\mathrm{T}}$，表达式 $\boldsymbol{a}+2\boldsymbol{b}$ 就是向量 $\boldsymbol{a},\boldsymbol{b}$ 的一个线性组合，其几何表示如图 4.1所示.

再如，任给向量 $\boldsymbol{\alpha}_1,\boldsymbol{\alpha}_2$，表达式 $\dfrac{1}{3}\boldsymbol{\alpha}_1-\sqrt{2}\boldsymbol{\alpha}_2,0\boldsymbol{\alpha}_1+0\boldsymbol{\alpha}_2$ 均为 $\boldsymbol{\alpha}_1,\boldsymbol{\alpha}_2$ 的线性组合.

定义 4.3 线性表示 (linear representation)

给定向量组 $A:\boldsymbol{a}_1,\boldsymbol{a}_2,\cdots,\boldsymbol{a}_n$ 和向量 $\boldsymbol{b}$, 如果存在一组实数 $k_1,k_2,\cdots,k_n$，使

$$\boldsymbol{b}=k_1\boldsymbol{a}_1+k_2\boldsymbol{a}_2+\cdots+k_n\boldsymbol{a}_n \tag{4.6}$$

则向量 $\boldsymbol{b}$ 是向量组 A 的线性组合，这时称向量 $\boldsymbol{b}$ 可以由向量组 A 线性表

示(或线性表出).

注意： $k_1,k_2,\cdots$，k_n 可以为任意实数，甚至全为 0.

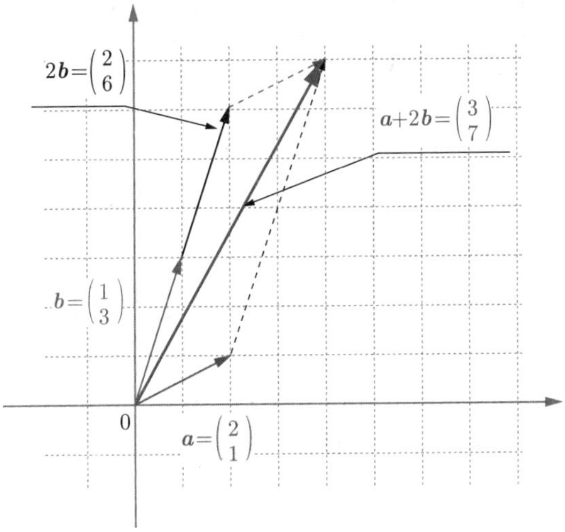

图 4.1　向量 $\boldsymbol{a},\boldsymbol{b}$ 的线性组合

例 4.1　称 n 维单位矩阵的列向量

$$\boldsymbol{e}_1=\begin{pmatrix}1\\0\\\vdots\\0\end{pmatrix},\boldsymbol{e}_2=\begin{pmatrix}0\\1\\\vdots\\0\end{pmatrix},\cdots,\boldsymbol{e}_n=\begin{pmatrix}0\\0\\\vdots\\1\end{pmatrix}$$

为 n 维单位向量组或 n 维标准向量组. 任意 n 维向量 $\boldsymbol{\alpha}=(a_1,a_2,\cdots,a_n)^{\mathrm{T}}$ 都可以由 n 维单位向量组线性表示，这是因为

$$\boldsymbol{\alpha}=a_1\boldsymbol{e}_1+a_2\boldsymbol{e}_2+\cdots+a_n\boldsymbol{e}_n$$

例 4.2　证明：零向量可以由任意向量组线性表示.

证　设 $\boldsymbol{\alpha}_1,\boldsymbol{\alpha}_2,\cdots,\boldsymbol{\alpha}_n$ 为任意一个向量组，则有

$$\mathbf{0}=0\boldsymbol{\alpha}_1+0\boldsymbol{\alpha}_2+\cdots+0\boldsymbol{\alpha}_n$$

显然成立，即零向量 $\mathbf{0}$ 可以由任意向量组线性表示.

例 4.3　证明：向量组 $A:\boldsymbol{a}_1,\boldsymbol{a}_2,\cdots,\boldsymbol{a}_n$ 中任意一个向量 $\boldsymbol{a}_i\ (i=1,2,\cdots,n)$ 均可由该向量组线性表示.

证　由于等式

$$\boldsymbol{a}_i=0\boldsymbol{a}_1+\cdots+0\boldsymbol{a}_{i-1}+1\boldsymbol{a}_i+0\boldsymbol{a}_{i+1}+\cdots+0\boldsymbol{a}_n$$

总成立，即向量组 A 中仅 $\boldsymbol{a}_i$ 的系数取 1，其余向量的系数均取 0 即可. 故向量 $\boldsymbol{a}_i(i=1,2,\cdots,n)$ 可由向量组 A 线性表示.

例 4.4　已知 $\mathbb{R}^3$ 上向量 $\boldsymbol{\beta}=(-1,-2,-2)^{\mathrm{T}},\boldsymbol{\alpha}_1=(0,1,4)^{\mathrm{T}},\boldsymbol{\alpha}_2=(-1,1,2)^{\mathrm{T}},\boldsymbol{\alpha}_3=(3,1,2)^{\mathrm{T}}$，且 $\boldsymbol{\beta}$ 能由 $\boldsymbol{\alpha}_1,\boldsymbol{\alpha}_2,\boldsymbol{\alpha}_3$ 线性表示，即

$$\boldsymbol{\beta}=x_1\boldsymbol{\alpha}_1+x_2\boldsymbol{\alpha}_2+x_3\boldsymbol{\alpha}_3$$

求系数 x_1,x_2,x_3.

解 已知 $\boldsymbol{\beta}=x_1\boldsymbol{\alpha}_1+x_2\boldsymbol{\alpha}_2+x_3\boldsymbol{\alpha}_3$，即

$$\begin{pmatrix}-1\\-2\\-2\end{pmatrix}=x_1\begin{pmatrix}0\\1\\4\end{pmatrix}+x_2\begin{pmatrix}-1\\1\\2\end{pmatrix}+x_3\begin{pmatrix}3\\1\\2\end{pmatrix}=\begin{pmatrix}-x_2+3x_3\\x_1+x_2+x_3\\4x_1+2x_2+2x_3\end{pmatrix}$$

即

$$\begin{cases}-x_2+3x_3=-1\\x_1+x_2+x_3=-2\\4x_1+2x_2+2x_3=-2\end{cases}$$

解方程组得 $x_1=1,x_2=-2,x_3=-1$. 因此，$\boldsymbol{\beta}$ 可表示为 $\boldsymbol{\alpha}_1,\boldsymbol{\alpha}_2,\boldsymbol{\alpha}_3$ 的线性组合

$$\boldsymbol{\beta}=\boldsymbol{\alpha}_1-2\boldsymbol{\alpha}_2-\boldsymbol{\alpha}_3$$

根据定义，向量 $\boldsymbol{\beta}$ 能够由向量组 $A:\boldsymbol{\alpha}_1,\boldsymbol{\alpha}_2,\cdots,\boldsymbol{\alpha}_n$ 线性表示，也就是存在 (能够找出) 一组数 $k_1,k_2,\cdots$，k_n 使 $\boldsymbol{\beta}=k_1\boldsymbol{\alpha}_1+k_2\boldsymbol{\alpha}_2+\cdots+k_n\boldsymbol{\alpha}_n$，等价于方程组

这里不妨令 $k_1=x_1,k_2=x_2,\cdots,k_n=x_n$，即系数为未知数.

$$x_1\boldsymbol{\alpha}_1+x_2\boldsymbol{\alpha}_2+\cdots+x_n\boldsymbol{\alpha}_n=\boldsymbol{\beta} \tag{4.7}$$

有解. 也就是说，判断向量 $\boldsymbol{\beta}$ 是否为向量组 A 的线性组合，可以归结为判断对应的线性方程组是否有解，且这个线性方程组的解就是其组合系数. 这揭示了向量之间的线性关系同线性方程组的解之间的紧密联系.

同理，也可以从向量角度考虑线性方程组的解的情况. 例如，n 元非齐次线性方程组

$$\begin{cases}a_{11}x_1+a_{12}x_2+\cdots+a_{1n}x_n=b_1\\a_{21}x_1+a_{22}x_2+\cdots+a_{2n}x_n=b_2\\\ \vdots\\a_{m1}x_1+a_{m2}x_2+\cdots+a_{mn}x_n=b_m\end{cases} \tag{4.8}$$

是否有解，等价于向量 $\boldsymbol{b}=(b_1,b_2,\cdots,b_m)^{\mathrm{T}}$ 能否由向量组

$$\boldsymbol{a}_1=\begin{pmatrix}a_{11}\\a_{21}\\\vdots\\a_{m1}\end{pmatrix},\boldsymbol{a}_2=\begin{pmatrix}a_{12}\\a_{22}\\\vdots\\a_{m2}\end{pmatrix},\cdots,\boldsymbol{a}_n=\begin{pmatrix}a_{1n}\\a_{2n}\\\vdots\\a_{mn}\end{pmatrix}$$

线性表示，线性组合的系数即方程组(4.8)的解. 因此，结合上一章利用矩阵的秩判定线性方程组的方法，可得以下定理.

定理 4.1 向量能由向量组线性表示的充要条件

向量 $\boldsymbol{b}$ 能由向量组 $A:\boldsymbol{a}_1,\boldsymbol{a}_2,\cdots,\boldsymbol{a}_n$ 线性表示

$\Leftrightarrow$ 方程组 $x_1\boldsymbol{a}_1+\cdots+x_n\boldsymbol{a}_n=\boldsymbol{b}$(即 $\boldsymbol{Ax}=\boldsymbol{b}$) 有解

$\Leftrightarrow R(\boldsymbol{A})=R(\boldsymbol{A},\boldsymbol{b})$

其中，矩阵 $\boldsymbol{A}=(\boldsymbol{a}_1,\boldsymbol{a}_2,\cdots,\boldsymbol{a}_n)$；向量 $\boldsymbol{x}=(x_1,x_2,\cdots,x_n)^{\mathrm{T}}$.

我们知道，要使方程组 $\boldsymbol{Ax}=\boldsymbol{b}$ 有解，只需系数矩阵 $\boldsymbol{A}$ 与增广矩阵 $(\boldsymbol{A},\boldsymbol{b})$ 的秩相等.

当 $R(\boldsymbol{A})=R(\boldsymbol{A},\boldsymbol{b})=n$($n$ 为未知数的个数，也是向量组所含向量的个数) 时，方程组有唯一解，此时向量 $\boldsymbol{b}$ 能由向量组 A 线性表示，且表达式唯一.

当 $R(\boldsymbol{A})=R(\boldsymbol{A},\boldsymbol{b})<n$ 时，有无穷多个解，此时向量 $\boldsymbol{b}$ 能由向量组 A 线性表示，但表达式不唯一.

当 $R(\boldsymbol{A})\neq R(\boldsymbol{A},\boldsymbol{b})$ 时，向量 $\boldsymbol{b}$ 不能由向量组 A 线性表示.

从线性方程组的角度考虑例 4.2：零向量可由任意向量组线性表示. 设任取向量组 $A:\boldsymbol{a}_1,\boldsymbol{a}_2,\cdots,\boldsymbol{a}_n$ 构成矩阵 $\boldsymbol{A}$，由于齐次线性方程组 $\boldsymbol{Ax}=\boldsymbol{0}$ 必有解，故零向量必可由向量组 A 线性表示.

那么，向量组 A 表示零向量 $\boldsymbol{0}$ 的线性组合系数是否一定全为零呢？该问题等价于：齐次线性方程组 $\boldsymbol{Ax}=\boldsymbol{0}$ 是否存在非零解. 故当 $R(\boldsymbol{A})<n$(n 为向量组中向量的个数，也对应齐次线性方程组中未知数的个数) 时，$\boldsymbol{Ax}=\boldsymbol{0}$ 有非零解，此时组合系数可以不全为零；当 $R(\boldsymbol{A})=n$ 时，$\boldsymbol{Ax}=\boldsymbol{0}$ 只有零解，此时组合系数一定全为零.

⚒ **例 4.5**　设

$$\boldsymbol{a}_1=\begin{pmatrix}1\\1\\2\\2\end{pmatrix},\quad \boldsymbol{a}_2=\begin{pmatrix}1\\2\\1\\3\end{pmatrix},\quad \boldsymbol{a}_3=\begin{pmatrix}1\\-1\\4\\0\end{pmatrix},\quad \boldsymbol{b}=\begin{pmatrix}1\\0\\3\\1\end{pmatrix}$$

证明向量 $\boldsymbol{b}$ 能由向量组 $\boldsymbol{a}_1,\boldsymbol{a}_2,\boldsymbol{a}_3$ 线性表示，并求出表达式.

解　设 $\boldsymbol{A}=(\boldsymbol{a}_1,\boldsymbol{a}_2,\boldsymbol{a}_3)$，$\boldsymbol{B}=(\boldsymbol{A},\boldsymbol{b})=(\boldsymbol{a}_1,\boldsymbol{a}_2,\boldsymbol{a}_3,\boldsymbol{b})$. 因为

$$\boldsymbol{B}=\begin{pmatrix}1&1&1&1\\1&2&-1&0\\2&1&4&3\\2&3&0&1\end{pmatrix}\xrightarrow{r}\begin{pmatrix}1&0&3&2\\0&1&-2&-1\\0&0&0&0\\0&0&0&0\end{pmatrix}$$

所以 $R(\boldsymbol{A})=R(\boldsymbol{B})$，因此，向量 $\boldsymbol{b}$ 能由向量组 $\boldsymbol{a}_1,\boldsymbol{a}_2,\boldsymbol{a}_3$ 线性表示. 且由上述行最简形矩阵可得方程 $(\boldsymbol{a}_1,\boldsymbol{a}_2,\boldsymbol{a}_3)\begin{pmatrix}x_1\\x_2\\x_3\end{pmatrix}=\boldsymbol{b}$ 的通解为

$$\begin{pmatrix}x_1\\x_2\\x_3\end{pmatrix}=c\begin{pmatrix}-3\\2\\1\end{pmatrix}+\begin{pmatrix}2\\-1\\0\end{pmatrix}=\begin{pmatrix}-3c+2\\2c-1\\c\end{pmatrix}\quad (c\in\mathbb{R})$$

从而得表达式

$$\boldsymbol{b}=(\boldsymbol{a}_1,\boldsymbol{a}_2,\boldsymbol{a}_3)\begin{pmatrix}x_1\\x_2\\x_3\end{pmatrix}=(-3c+2)\boldsymbol{a}_1+(2c-1)\boldsymbol{a}_2+c\boldsymbol{a}_3$$

本例中用 $\boldsymbol{a}_1,\boldsymbol{a}_2,\boldsymbol{a}_3$ 线性表示 $\boldsymbol{b}$ 的表达式中，组合系数含有未知参数 c，意味着 c 取不同实数时有不同的表达式，c 可以取任意实数，表达式就有无穷多个，其原因就在于组合系数实质上是对应线性方程组的解向量的分量，而本例中线性方程组有无穷多个解.

⚒ **例 4.6** 已知向量组 A:

$$\boldsymbol{a}_1=\begin{pmatrix}1\\3\\1\end{pmatrix},\quad \boldsymbol{a}_2=\begin{pmatrix}2\\3\\1\end{pmatrix},\quad \boldsymbol{a}_3=\begin{pmatrix}0\\1\\2\end{pmatrix}$$

向量 $\boldsymbol{b}=(1,4,0)^{\mathrm{T}}$，问 $\boldsymbol{b}$ 是否可由向量组 A 线性表示?

解 由定理 4.1知，要验证 $\boldsymbol{b}$ 是否可由向量组 A 线性表示，只需验证矩阵 $\boldsymbol{A}=(\boldsymbol{a}_1,\boldsymbol{a}_2,\boldsymbol{a}_3)$ 与矩阵 $\boldsymbol{B}=(\boldsymbol{a}_1,\boldsymbol{a}_2,\boldsymbol{a}_3,\boldsymbol{b})$ 的秩是否相等. 为此，把 $\boldsymbol{B}$ 化为行阶梯形矩阵，进而化为行最简形矩阵.

$$\boldsymbol{B}=\begin{pmatrix}1&2&0&1\\3&3&1&4\\1&1&2&0\end{pmatrix}\xrightarrow{r}\begin{pmatrix}1&2&0&1\\0&1&-2&1\\0&0&1&-\dfrac{4}{5}\end{pmatrix}$$

$$\xrightarrow{r}\begin{pmatrix}1&0&0&\dfrac{11}{5}\\0&1&0&-\dfrac{3}{5}\\0&0&1&-\dfrac{4}{5}\end{pmatrix}=(\widetilde{\boldsymbol{a}_1},\widetilde{\boldsymbol{a}_2},\widetilde{\boldsymbol{a}_3},\widetilde{\boldsymbol{b}})$$

由行阶梯形矩阵知 $R(\boldsymbol{A})=R(\boldsymbol{B})$，因此 $\boldsymbol{b}$ 可以由向量组 $A:\boldsymbol{a}_1,\boldsymbol{a}_2,\boldsymbol{a}_3$ 线性表示.

若进一步明确 $\boldsymbol{b}$ 由向量组 A 线性表示的表达式，可以采用上例 4.5解方程的方法，还可以借助增广矩阵的行最简形得出.

事实上，要确定向量 $\boldsymbol{b}$ 由 $\boldsymbol{a}_1,\boldsymbol{a}_2,\boldsymbol{a}_3$ 线性表示的表达式，只需明确表达式中的组合系数，而组合系数为以 $\boldsymbol{B}$ 为增广矩阵的线性方程组的解. 设解为 x_1,x_2,x_3，则

$$\boldsymbol{b}=x_1\boldsymbol{a}_1+x_2\boldsymbol{a}_2+x_3\boldsymbol{a}_3$$

由于 $\boldsymbol{B}\xrightarrow{r}\widetilde{\boldsymbol{B}}$，$\boldsymbol{B}$ 与 $\widetilde{\boldsymbol{B}}$ 所对应的线性方程同解. 所以，$\widetilde{\boldsymbol{b}}$ 也可由 $\widetilde{\boldsymbol{a}_1},\widetilde{\boldsymbol{a}_2},\widetilde{\boldsymbol{a}_3}$ 线性表示，且表达式为

$$\widetilde{\boldsymbol{b}}=x_1\widetilde{\boldsymbol{a}_1}+x_2\widetilde{\boldsymbol{a}_2}+x_3\widetilde{\boldsymbol{a}_3}$$

即向量组 $\boldsymbol{a}_1,\boldsymbol{a}_2,\boldsymbol{a}_3,\boldsymbol{b}$ 与向量组 $\widetilde{\boldsymbol{a}_1},\widetilde{\boldsymbol{a}_2},\widetilde{\boldsymbol{a}_3},\widetilde{\boldsymbol{b}}$ 线性关系相同. 作为行最简形矩阵，$\widetilde{\boldsymbol{B}}$ 中列向量之间的线性关系一目了然，容易看到，

$$\widetilde{\boldsymbol{b}}=\frac{11}{5}\widetilde{\boldsymbol{a}_1}-\frac{3}{5}\widetilde{\boldsymbol{a}_2}-\frac{4}{5}\widetilde{\boldsymbol{a}_3}$$

故 $\boldsymbol{a}_1, \boldsymbol{a}_2, \boldsymbol{a}_3, \boldsymbol{b}$ 也具有这种线性关系，即

$$\boldsymbol{b} = \frac{11}{5}\boldsymbol{a}_1 - \frac{3}{5}\boldsymbol{a}_2 - \frac{4}{5}\boldsymbol{a}_3$$

本例表明：初等变换不改变向量之间的线性关系，因而借助行最简形中列向量的线性关系来确定原向量组中向量间的线性关系是一种有效方法.

从另一个视角看，本例 $\boldsymbol{B} = (\boldsymbol{A}, \boldsymbol{b})$ 作为 $\boldsymbol{Ax} = \boldsymbol{b}$ 的增广矩阵，经过初等行变换后，$\boldsymbol{A}$ 恰好化为了单位阵 $\boldsymbol{E}$，此时，$\boldsymbol{b}$ 化为 $\boldsymbol{A}^{-1}\boldsymbol{b}$，线性方程组的解为

$$\boldsymbol{x} = \boldsymbol{A}^{-1}\boldsymbol{b} = \begin{pmatrix} \dfrac{11}{5} \\ -\dfrac{3}{5} \\ -\dfrac{4}{5} \end{pmatrix}$$

而 $\boldsymbol{x}$ 的分量为线性表示的组合系数，故

$$\boldsymbol{b} = \frac{11}{5}\boldsymbol{a}_1 - \frac{3}{5}\boldsymbol{a}_2 - \frac{4}{5}\boldsymbol{a}_3$$

思路：从定义出发，将向量的线性表示问题转化为方程组的解的存在性问题，进而直接利用向量能由向量组线性表示的充要条件进行判定.

⚒ **例 4.7**　设有向量组

$$\boldsymbol{\alpha}_1 = \begin{pmatrix} 1 \\ 0 \\ 2 \\ 3 \end{pmatrix}, \quad \boldsymbol{\alpha}_2 = \begin{pmatrix} 1 \\ 1 \\ 3 \\ 5 \end{pmatrix}, \quad \boldsymbol{\alpha}_3 = \begin{pmatrix} 1 \\ -1 \\ a+2 \\ 1 \end{pmatrix}, \quad \boldsymbol{\alpha}_4 = \begin{pmatrix} 1 \\ 2 \\ 4 \\ a+8 \end{pmatrix}, \quad \boldsymbol{\beta} = \begin{pmatrix} 1 \\ 1 \\ b+3 \\ 5 \end{pmatrix}$$

讨论如下问题.

(1) a, b 为何值时，$\boldsymbol{\beta}$ 不能由 $\boldsymbol{\alpha}_1, \boldsymbol{\alpha}_2, \boldsymbol{\alpha}_3, \boldsymbol{\alpha}_4$ 线性表示？

(2) a, b 为何值时，$\boldsymbol{\beta}$ 可由 $\boldsymbol{\alpha}_1, \boldsymbol{\alpha}_2, \boldsymbol{\alpha}_3, \boldsymbol{\alpha}_4$ 线性表示，但表达式不唯一？

(3) a, b 为何值时，$\boldsymbol{\beta}$ 可由 $\boldsymbol{\alpha}_1, \boldsymbol{\alpha}_2, \boldsymbol{\alpha}_3, \boldsymbol{\alpha}_4$ 线性表示，且表达式唯一？写出该表达式.

解　设 $\boldsymbol{\beta} = x_1\boldsymbol{\alpha}_1 + x_2\boldsymbol{\alpha}_2 + x_3\boldsymbol{\alpha}_3 + x_4\boldsymbol{\alpha}_4$，既有非齐次线性方程组

$$\boldsymbol{Ax} = \boldsymbol{\beta}$$

其中，

$$\boldsymbol{A} = (\boldsymbol{\alpha}_1, \boldsymbol{\alpha}_2, \boldsymbol{\alpha}_3, \boldsymbol{\alpha}_4), \quad \boldsymbol{x} = \begin{pmatrix} x_1 \\ x_2 \\ x_3 \\ x_4 \end{pmatrix}$$

则

$$(\boldsymbol{A}, \boldsymbol{\beta}) = \begin{pmatrix} 1 & 1 & 1 & 1 & 1 \\ 0 & 1 & -1 & 2 & 1 \\ 2 & 3 & a+2 & 4 & b+3 \\ 3 & 5 & 1 & a+8 & 5 \end{pmatrix} \xrightarrow{r} \begin{pmatrix} 1 & 0 & 2 & 1 & 0 \\ 0 & 1 & -1 & 2 & 1 \\ 0 & 0 & a+1 & 0 & b \\ 0 & 0 & 0 & a+1 & 0 \end{pmatrix}$$

于是：

(1) 当 $a=-1, b\neq 0$ 时，$R(\boldsymbol{A})=2, R(\boldsymbol{A},\boldsymbol{\beta})=3$，$R(\boldsymbol{A})\neq R(\boldsymbol{A},\boldsymbol{\beta})$，方程组 $\boldsymbol{Ax}=\boldsymbol{\beta}$ 无解，即 $\boldsymbol{\beta}$ 不能由 $\boldsymbol{\alpha}_1,\boldsymbol{\alpha}_2,\boldsymbol{\alpha}_3,\boldsymbol{\alpha}_4$ 线性表示.

(2) 当 $a=-1, b=0$ 时，$R(\boldsymbol{A})=R(\boldsymbol{A},\boldsymbol{\beta})=2<4$，方程组 $\boldsymbol{Ax}=\boldsymbol{\beta}$ 有无穷多组解，此时向量 $\boldsymbol{\beta}$ 可由 $\boldsymbol{\alpha}_1,\boldsymbol{\alpha}_2,\boldsymbol{\alpha}_3,\boldsymbol{\alpha}_4$ 线性表示，表达式不唯一.

(3) 当 $a\neq -1$ 时，$R(\boldsymbol{A})=R(\boldsymbol{A},\boldsymbol{\beta})=4$，方程组 $\boldsymbol{Ax}=\boldsymbol{\beta}$ 有唯一解. 解方程组得

$$\boldsymbol{x}=\begin{pmatrix}x_1\\x_2\\x_3\\x_4\end{pmatrix}=\begin{pmatrix}-\dfrac{2b}{a+1}\\ \dfrac{a+b+1}{a+1}\\ \dfrac{b}{a+1}\\ 0\end{pmatrix}$$

即 $\boldsymbol{\beta}$ 由 $\boldsymbol{\alpha}_1,\boldsymbol{\alpha}_2,\boldsymbol{\alpha}_3,\boldsymbol{\alpha}_4$ 线性表示的唯一表达式为

$$\boldsymbol{\beta}=-\frac{2b}{a+1}\boldsymbol{\alpha}_1+\frac{a+b+1}{a+1}\boldsymbol{\alpha}_2+\frac{b}{a+1}\boldsymbol{\alpha}_3+0\boldsymbol{\alpha}_4$$

⚒ 例 4.8　已知向量 $\boldsymbol{a}$ 是向量组 $B:\boldsymbol{b}_1,\boldsymbol{b}_2,\cdots,\boldsymbol{b}_t$ 的线性组合，且每一个 $\boldsymbol{b}_i(i=1,2,\cdots,t)$ 又是向量组 $C:\boldsymbol{c}_1,\boldsymbol{c}_2,\cdots,\boldsymbol{c}_s$ 的线性组合. 证明向量 $\boldsymbol{a}$ 也是向量组 C 的线性组合.

证　因 $\boldsymbol{a}$ 是向量组 $B:\boldsymbol{b}_1,\boldsymbol{b}_2,\cdots,\boldsymbol{b}_t$ 的线性组合，即向量 $\boldsymbol{a}$ 可由向量组 B 线性表示，故存在数 $k_1,k_2,\cdots,k_t$ 使

$$\boldsymbol{a}=k_1\boldsymbol{b}_1+k_2\boldsymbol{b}_2+\cdots+k_t\boldsymbol{b}_t=\sum_{i=1}^{t}k_i\boldsymbol{b}_i$$

又由 $\boldsymbol{b}_i$ 可由向量组 C 线性表示，同样存在数 $\lambda_{1i},\lambda_{2i},\cdots,\lambda_{si}$ 使

$$\begin{aligned}\boldsymbol{b}_i&=\lambda_{1i}\boldsymbol{c}_1+\lambda_{2i}\boldsymbol{c}_2+\cdots+\lambda_{si}\boldsymbol{c}_s\\&=\sum_{j=1}^{s}\lambda_{ij}\boldsymbol{c}_j\quad(i=1,2,\cdots,t)\end{aligned}$$

于是

$$\begin{aligned}\boldsymbol{a}&=\sum_{i=1}^{t}k_i\left(\sum_{j=1}^{s}\lambda_{ij}\boldsymbol{c}_j\right)\\&=\sum_{j=1}^{s}\left(\sum_{i=1}^{t}k_i\lambda_{ij}\right)\boldsymbol{c}_j\end{aligned}$$

其中，$\sum\limits_{i=1}^{t}k_i\lambda_{ij}$ 是常数，表明向量 $\boldsymbol{a}$ 也是向量组 C 的线性组合.

例 4.8表明线性表示具有传递性.

上述线性表示的定义 4.3及定理 4.1体现了单个向量与向量组的线性关系. 在此基础上，可进一步拓展至向量组与向量组之间的关系.

定义 4.4　向量组之间的线性关系与向量组等价

设有两个向量组 $A:\boldsymbol{a}_1,\boldsymbol{a}_2,\cdots,\boldsymbol{a}_m$ 及 $B:\boldsymbol{b}_1,\boldsymbol{b}_2,\cdots,\boldsymbol{b}_n$，若向量组 B 中每个向量都可由向量组 A 线性表示，则称向量组 B 能由向量组 A 线性表示. 若向量组 A 与向量组 B 能互相线性表示，则称这两个向量组等价.

若向量组 B 能由向量组 A 线性表示，即

$$\begin{cases}\boldsymbol{b}_1 = k_{11}\boldsymbol{a}_1 + k_{21}\boldsymbol{a}_2 + \cdots + k_{m1}\boldsymbol{a}_m\\ \boldsymbol{b}_2 = k_{12}\boldsymbol{a}_1 + k_{22}\boldsymbol{a}_2 + \cdots + k_{m2}\boldsymbol{a}_m\\ \quad\vdots\\ \boldsymbol{b}_n = k_{1n}\boldsymbol{a}_1 + k_{2n}\boldsymbol{a}_2 + \cdots + k_{mn}\boldsymbol{a}_m\end{cases}$$

则上式又可写成

$$(\boldsymbol{b}_1,\boldsymbol{b}_2,\cdots,\boldsymbol{b}_n) = (\boldsymbol{a}_1,\boldsymbol{a}_2,\cdots,\boldsymbol{a}_m)\begin{pmatrix}k_{11} & k_{12} & \cdots & k_{1n}\\ k_{21} & k_{22} & \cdots & k_{2n}\\ \vdots & \vdots & & \vdots\\ k_{m1} & k_{m2} & \cdots & k_{mn}\end{pmatrix} \tag{4.9}$$

则

$$\boldsymbol{B} = \boldsymbol{A}\boldsymbol{K} \tag{4.10}$$

其中, 矩阵 $\boldsymbol{A},\boldsymbol{B}$ 分别为向量组 A 与向量组 B 所构成的矩阵. 矩阵 $\boldsymbol{K}_{m\times n} = (k_{ij})$ 称为这一线性表示的系数矩阵.

⚒ 例 4.9　从向量组之间线性表示的角度分析矩阵乘法，并比较向量组等价与矩阵等价.

分析　若矩阵 $\boldsymbol{A},\boldsymbol{B}$ 可乘，不妨记 $\boldsymbol{C}_{m\times n} = \boldsymbol{A}_{m\times l}\boldsymbol{B}_{l\times n}$，且矩阵 $\boldsymbol{C}$ 对应的列向量组为 $\boldsymbol{c}_1,\boldsymbol{c}_2,\cdots,\boldsymbol{c}_n$，矩阵 $\boldsymbol{A}$ 对应的列向量组为 $\boldsymbol{a}_1,\boldsymbol{a}_2,\cdots,\boldsymbol{a}_l$，由矩阵的乘法运算及式(4.9)、式(4.10)得

$$(\boldsymbol{c}_1,\boldsymbol{c}_2,\cdots,\boldsymbol{c}_n) = (\boldsymbol{a}_1,\boldsymbol{a}_2,\cdots,\boldsymbol{a}_l)\begin{pmatrix}b_{11} & b_{12} & \cdots & b_{1n}\\ b_{21} & b_{22} & \cdots & b_{2n}\\ \vdots & \vdots & & \vdots\\ b_{l1} & b_{l2} & \cdots & b_{ln}\end{pmatrix}$$

即

$$\boldsymbol{c}_1 = (\boldsymbol{a}_1,\boldsymbol{a}_2,\cdots,\boldsymbol{a}_l)\begin{pmatrix}b_{11}\\ b_{21}\\ \vdots\\ b_{l1}\end{pmatrix} = b_{11}\boldsymbol{a}_1 + b_{21}\boldsymbol{a}_2 + \cdots + b_{l1}\boldsymbol{a}_l$$

$$\boldsymbol{c}_2 = (\boldsymbol{a}_1,\boldsymbol{a}_2,\cdots,\boldsymbol{a}_l)\begin{pmatrix}b_{12}\\ b_{22}\\ \vdots\\ b_{l2}\end{pmatrix} = b_{12}\boldsymbol{a}_1 + b_{22}\boldsymbol{a}_2 + \cdots + b_{l2}\boldsymbol{a}_l$$

$$\vdots$$

$$c_n = (a_1, a_2, \cdots, a_l)\begin{pmatrix} b_{1n} \\ b_{2n} \\ \vdots \\ b_{ln} \end{pmatrix} = b_{1n}a_1 + b_{2n}a_2 + \cdots + b_{ln}a_l$$

上式说明了向量组 $C: c_1, c_2, \cdots, c_n$ 中每一个向量都能有向量组 $A: a_1, a_2, \cdots, a_l$ 线性表示. 因此, $C = AB$ 表明: 矩阵 C 的列向量组能由矩阵 A 的列向量组线性表示, 且 B 为这一表示的系数矩阵.

同理, 若 $C = AB$, 也表明 C 的行向量组能由 B 的行向量组线性表示, A 为这一表示的系数矩阵. 不妨设 C 的行向量组为 $\gamma_1, \gamma_2, \cdots, \gamma_m$, B 的行向量组为 $\beta_1, \beta_2, \cdots, \beta_l$, 则

$$\begin{pmatrix} \gamma_1 \\ \gamma_2 \\ \vdots \\ \gamma_m \end{pmatrix} = \begin{pmatrix} a_{11} & a_{12} & \cdots & a_{1l} \\ a_{21} & a_{22} & \cdots & a_{2l} \\ \vdots & \vdots & \ddots & \vdots \\ a_{m1} & a_{m2} & \cdots & a_{ml} \end{pmatrix}\begin{pmatrix} \beta_1 \\ \beta_2 \\ \vdots \\ \beta_l \end{pmatrix}$$

即

$$\gamma_1 = (a_{11}, a_{12}, \cdots, a_{1l})\begin{pmatrix} \beta_1 \\ \beta_2 \\ \vdots \\ \beta_l \end{pmatrix} = a_{11}\beta_1 + a_{12}\beta_2 + \cdots + a_{1l}\beta_l$$

$$\gamma_2 = (a_{21}, a_{22}, \cdots, a_{2l})\begin{pmatrix} \beta_1 \\ \beta_2 \\ \vdots \\ \beta_l \end{pmatrix} = a_{21}\beta_1 + a_{22}\beta_2 + \cdots + a_{2l}\beta_l$$

$$\vdots$$

$$\gamma_m = (a_{m1}, a_{m2}, \cdots, a_{ml})\begin{pmatrix} \beta_1 \\ \beta_2 \\ \vdots \\ \beta_l \end{pmatrix} = a_{m1}\beta_1 + a_{m2}\beta_2 + \cdots + a_{ml}\beta_l$$

故 C 的行向量组中每一个向量 $\gamma_i (i = 1, 2, \cdots, m)$ 都能够有矩阵 B 的行向量组线性表示, 且矩阵 A 的第 i 行元素就是对应的组合系数.

总之, 若 $C = AB$, 则

(1) C 的列向量组能由 A 的列向量组线性表示, B 为这一线性表示的系数矩阵;

(2) C 的行向量组能由 B 的行向量组线性表示, A 为这一线性表示的系数矩阵.

下面利用上述结论讨论矩阵等价与向量组等价.

若矩阵 $\boldsymbol{A}$ 与 $\boldsymbol{B}$ 行等价，即 $\boldsymbol{A}$ 经一系列初等行变换化为 $\boldsymbol{B}$，则存在有限个初等矩阵 $\boldsymbol{P}_1,\boldsymbol{P}_2,\cdots,\boldsymbol{P}_l$ 使

$$\boldsymbol{P}_1\boldsymbol{P}_2\cdots\boldsymbol{P}_l\boldsymbol{A}=\boldsymbol{B}$$

令 $\boldsymbol{P}_1\boldsymbol{P}_2\cdots\boldsymbol{P}_l=\boldsymbol{P}$，则 $\boldsymbol{B}=\boldsymbol{PA}$，所以 $\boldsymbol{B}$ 的行向量组可由 $\boldsymbol{A}$ 的行向量组线性表示. 又因为 $\boldsymbol{P}$ 可逆，所以 $\boldsymbol{A}=\boldsymbol{P}^{-1}\boldsymbol{B}$，从而 $\boldsymbol{A}$ 的行向量组又可由 $\boldsymbol{B}$ 的行向量组线性表示. 故若 $\boldsymbol{A}$ 与 $\boldsymbol{B}$ 行等价，则 $\boldsymbol{A}$ 的行向量组与 $\boldsymbol{B}$ 的行向量组等价.

类似的，若 $\boldsymbol{A}$ 与 $\boldsymbol{B}$ 列等价，则 $\boldsymbol{A}$ 的列向量组与 $\boldsymbol{B}$ 的列向量组等价.

等价向量组满足反身性、对称性和传递性.

(1) 反身性 (自反性)：任一向量组与它自身等价.

(2) 对称性：若向量组 A 与向量组 B 等价，则 B 与 A 等价.

(3) 传递性：若向量组 A 与向量组 B 等价，向量组 B 与向量组 C 等价，则 A 与 C 也等价.

从线性方程组的角度来看，向量组 B 能够由向量组 A 线性表示，即存在系数矩阵 $\boldsymbol{K}$，使矩阵表达式 (4.10) ($\boldsymbol{B}=\boldsymbol{AK}$) 成立. 这种“存在性”等价于矩阵方程 $\boldsymbol{AX}=\boldsymbol{B}$ 有解.

定理 4.2　向量组之间可线性表示的充要条件

向量组 $B:\boldsymbol{b}_1,\boldsymbol{b}_2,\cdots,\boldsymbol{b}_n$ 能由向量组 $A:\boldsymbol{a}_1,\boldsymbol{a}_2,\cdots,\boldsymbol{a}_m$ 线性表示

$\Leftrightarrow$ 存在系数矩阵 $\boldsymbol{K}$，使 $\boldsymbol{B}=\boldsymbol{AK}$

$\Leftrightarrow$ 矩阵方程 $\boldsymbol{AX}=\boldsymbol{B}$ 有解

$\Leftrightarrow$ 矩阵 $\boldsymbol{A}$ 与矩阵 $(\boldsymbol{A},\boldsymbol{B})$ 的秩相等，即 $R(\boldsymbol{A})=R(\boldsymbol{A},\boldsymbol{B})$

其中，矩阵 $\boldsymbol{A}=(\boldsymbol{a}_1,\boldsymbol{a}_2,\cdots,\boldsymbol{a}_m),\boldsymbol{B}=(\boldsymbol{b}_1,\boldsymbol{b}_2,\cdots,\boldsymbol{b}_n)$.

从矩阵的秩的性质来看，由于

$$\max\{R(\boldsymbol{A}),R(\boldsymbol{B})\}\leqslant R(\boldsymbol{A},\boldsymbol{B})\leqslant R(\boldsymbol{A})+R(\boldsymbol{B})$$

结合定理 4.2有 $R(\boldsymbol{A})=R(\boldsymbol{A},\boldsymbol{B})$，因此有以下必要条件.

定理 4.3　向量组之间可线性表示的必要条件

向量组 B 能由向量组 A 线性表示 $\Rightarrow R(\boldsymbol{B})\leqslant R(\boldsymbol{A})$

在不强调严谨性的前提下通俗地理解该定理：如果我们将矩阵的秩理解为矩阵的“等级”，或矩阵的“有效信息”，通过初等行变换将矩阵化为行阶梯形矩阵时，若出现零行，则认为该零行的信息被其他非零行的信息替代了，是可被线性表示或“线性替代”的，是“无效信息”，而非零行则是“有效信息”. 矩阵通过初等变换“消除无效信息”如图 4.2所示.

又好比会议讨论发言，有人提出的观点新颖而富有创意，其他人的观点组合起来也不能涵盖和代替，所以对整个会议主题而言是“有效信息”；而有的人只是将其他人提出的观点加以组合，具有重复性，因此可以认为是可被替代的，这里我们称其为“无效信息”.

向量组中的线性表示如图 4.3所示.

同理，在向量组中，若某向量不能被其他向量线性表示，说明该向量所含的信息 (数据、元素) 对整个向量组而言是具有“支撑作用”的，是无法

被其他向量所“取代”的，是“有效信息”；若某向量能够表示成其他向量的线性组合，即能够被其他向量线性表示，说明该向量所含的信息是可被其他向量“替代”的“冗余信息或重复信息”，是“无效信息”.

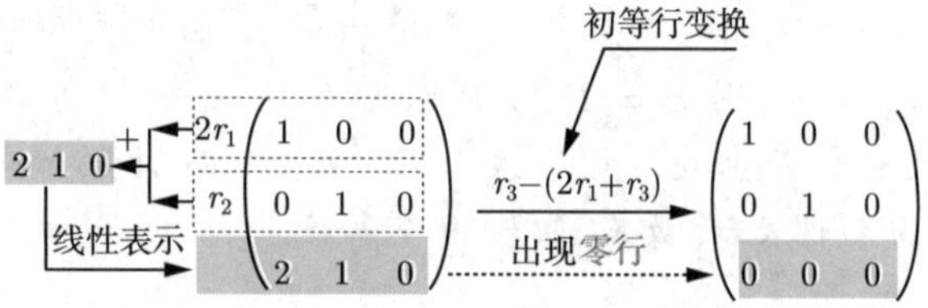

图 4.2 矩阵通过初等变换“消除无效信息”

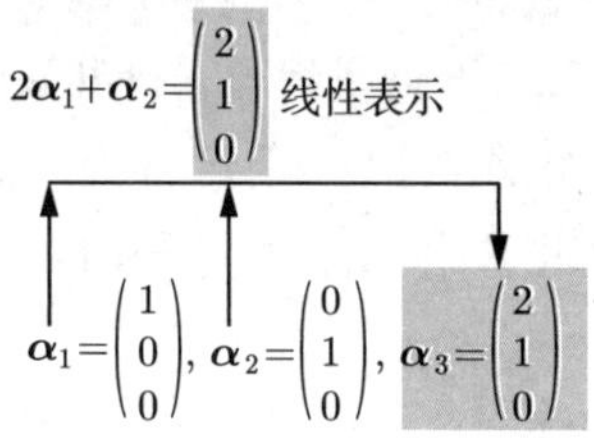

图 4.3 向量组中的线性表示

“有效信息”多的向量组自然能够表示“有效信息”少的，也就是说向量组 B 能够由向量组 A 线性表示，则 B 的“有效信息”一定不多于 A.

注意：此处提到的有效信息与无效信息并非数学上的严格定义 (无法作为严格定义在于我们的论域限定为线性关系，不考虑非线性关系，而有效、无效不能仅以线性关系评判)，此处仅为辅助理解. 围绕数学概念广泛进行类比、联想是数学学习的重要方法.

更进一步的，如果向量组 A 与向量组 B 能够互相线性表示，表明两者对应的矩阵所含的“有效信息”是相同的，即 $R(\boldsymbol{A}) = R(\boldsymbol{B}) = R(\boldsymbol{A},\boldsymbol{B})$.

推论　向量组等价的充要条件

向量组 $A:\boldsymbol{a}_1,\boldsymbol{a}_2,\cdots,\boldsymbol{a}_m$ 与向量组 $B:\boldsymbol{b}_1,\boldsymbol{b}_2,\cdots,\boldsymbol{b}_n$ 等价的充要条件是

$$R(\boldsymbol{A}) = R(\boldsymbol{B}) = R(\boldsymbol{A},\boldsymbol{B})$$

其中，$\boldsymbol{A}$ 和 $\boldsymbol{B}$ 是向量组 A 和向量组 B 所构成的矩阵.

证　因向量组 A 与向量组 B 能互相线性表示，根据定理 4.2知

$$R(\boldsymbol{A}) = R(\boldsymbol{A},\boldsymbol{B}) \quad 且 \quad R(\boldsymbol{B}) = R(\boldsymbol{B},\boldsymbol{A})$$

而 $R(\boldsymbol{A},\boldsymbol{B}) = R(\boldsymbol{B},\boldsymbol{A})$，合起来即得充分必要条件为

$$R(\boldsymbol{A}) = R(\boldsymbol{B}) = R(\boldsymbol{A},\boldsymbol{B})$$

在上述证明过程中，由于向量组 A 与向量组 B 等价，

$$R(\boldsymbol{A},\boldsymbol{B}) = R(\boldsymbol{B},\boldsymbol{A}) = R(\boldsymbol{A}) = R(\boldsymbol{B})$$

说明在向量组 A 的基础上增加向量组 B 构成向量组 A,B，所对应的矩阵的 $(\boldsymbol{A},\boldsymbol{B})$ 的秩没有发生改变. 通俗地说，这是因为向量组 B 可由向量组 A 线性表示，在 A 的基础上增加 B 的向量，并没有增加新的“有效信息”，即一个向量组增加可由其线性表示的向量后，其对应矩阵的秩不会发生改变.

例 4.10　设向量组 $A:\boldsymbol{\alpha}_1 = (1,2,1,3)^{\mathrm{T}},\boldsymbol{\alpha}_2 = (4,-1,-5,-6)^{\mathrm{T}}$；向

量组 $B:\boldsymbol{\beta}_1=(-1,3,4,7)^{\mathrm{T}},\boldsymbol{\beta}_2=(-2,-1,-3,-4)^{\mathrm{T}}$. 试证明：向量组 A 与向量组 B 等价.

由推论知，欲证向量组 A,B 等价，只需验证其秩满足 $R(\boldsymbol{A})=R(\boldsymbol{B})=R(\boldsymbol{A},\boldsymbol{B})$.

证　由

$$(\boldsymbol{A},\boldsymbol{B})=(\boldsymbol{\alpha}_1,\boldsymbol{\alpha}_2,\boldsymbol{\beta}_1,\boldsymbol{\beta}_2)=\begin{pmatrix}1&4&-1&-2\\2&-1&3&-1\\1&-5&4&-3\\3&-6&7&-4\end{pmatrix}\xrightarrow{r}\begin{pmatrix}1&4&-1&-2\\0&-9&5&-5\\0&0&0&0\\0&0&0&0\end{pmatrix}$$

知

$$R(\boldsymbol{A})=R(\boldsymbol{A},\boldsymbol{B})=2$$

又由

$$\boldsymbol{B}=(\boldsymbol{\beta}_1,\boldsymbol{\beta}_2)\xrightarrow{r}\begin{pmatrix}-1&-2\\5&-5\\0&0\\0&0\end{pmatrix}\xrightarrow{r}\begin{pmatrix}-1&-2\\0&-15\\0&0\\0&0\end{pmatrix}$$

知 $R(\boldsymbol{B})=2$，故 $R(\boldsymbol{A})=R(\boldsymbol{B})=R(\boldsymbol{A},\boldsymbol{B})$，向量组 A 与向量组 B 等价.

⚒ **例 4.11**　设 $\boldsymbol{\beta}_1=\boldsymbol{\alpha}_1+\boldsymbol{\alpha}_2,\boldsymbol{\beta}_2=\boldsymbol{\alpha}_2+\boldsymbol{\alpha}_3,\boldsymbol{\beta}_3=\boldsymbol{\alpha}_1+\boldsymbol{\alpha}_3$，证明 $\boldsymbol{\alpha}_1,\boldsymbol{\alpha}_2,\boldsymbol{\alpha}_3$ 与 $\boldsymbol{\beta}_1,\boldsymbol{\beta}_2,\boldsymbol{\beta}_3$ 等价.

若能找到两个向量组相互线性表示的具体表达式，由定义 4.4知两向量组等价.

解　由已知条件得，

$$(\boldsymbol{\beta}_1,\boldsymbol{\beta}_2,\boldsymbol{\beta}_3)=(\boldsymbol{\alpha}_1,\boldsymbol{\alpha}_2,\boldsymbol{\alpha}_3)\begin{pmatrix}1&0&1\\1&1&0\\0&1&1\end{pmatrix}$$

记 $\begin{pmatrix}1&0&1\\1&1&0\\0&1&1\end{pmatrix}=\boldsymbol{K}$，$\boldsymbol{K}$ 存在，故 $\boldsymbol{\alpha}_1,\boldsymbol{\alpha}_2,\boldsymbol{\alpha}_3$ 可由 $\boldsymbol{\beta}_1,\boldsymbol{\beta}_2,\boldsymbol{\beta}_3$ 线性表示.

又 $|\boldsymbol{K}|\neq 0$，$\boldsymbol{K}$ 可逆，所以

$$(\boldsymbol{\beta}_1,\boldsymbol{\beta}_2,\boldsymbol{\beta}_3)\boldsymbol{K}^{-1}=(\boldsymbol{\alpha}_1,\boldsymbol{\alpha}_2,\boldsymbol{\alpha}_3)$$

故 $\boldsymbol{\alpha}_1,\boldsymbol{\alpha}_2,\boldsymbol{\alpha}_3$ 可由 $\boldsymbol{\beta}_1,\boldsymbol{\beta}_2,\boldsymbol{\beta}_3$ 线性表示.

综上所述，$\boldsymbol{\alpha}_1,\boldsymbol{\alpha}_2,\boldsymbol{\alpha}_3$ 与 $\boldsymbol{\beta}_1,\boldsymbol{\beta}_2,\boldsymbol{\beta}_3$ 等价.

本例表明：虽然向量组中的具体元素未知，但是利用两组向量之间的关系 (已知条件)，依据向量组等价的定义，证明两者可以互相线性表示即可. 实际上，只要两个向量组 A,B 可以线性表示对应的矩阵形式 $\boldsymbol{B}=\boldsymbol{AK}$，系数矩阵 $\boldsymbol{K}$ 可逆，即可知向量组 A 与 B 等价.

前面讨论了单个向量与向量组之间的关系，向量组与向量组之间的关系，下面进一步讨论向量组内向量之间的线性关系.

4.1.3 线性相关与线性无关

万事万物是普遍联系的，想要理解把握甚至预测事物发展变化的规律，就需要在成千上万个影响因素中找到那些主要的影响因素，并建立它们之间的函数关系.

设 y 是我们要研究的变量，基于领域知识或者专家经验，我们找到了 n 个可能影响 y 的因素，并期望建立线性函数关系

$$y = f(x_1, x_2, \cdots, x_n)$$

从而依据 $x_1, x_2, \cdots, x_n$ 的历史数据对 y 在历史上的取值进行解释，对 y 未来的取值进行预测，对影响 y 的因素 $x_1, x_2, \cdots, x_n$ 的影响程度进行比较评估. 例如，经济学中，国内生产总值 (GDP) 与投资、消费、进口之间的关系；金融学领域中，股票价格与广义货币供应量 (M2)、消费者物价指数 (CPI)、生产者物价指数 (PPI)、采购经理人指数 (PMI) 等之间的关系；医药领域中，流行病学的危险因素分析，药物在不同剂量下对疾病的疗效分析；等等.

建立这种函数关系的一种重要方法是多元线性回归分析 (multiple linear regression analysis). 多元线性回归通过统计的方法利用历史数据建立多个变量之间的线性关系. 应用多元线性回归方法时，一个难点在于自变量的选择. 由于事物之间联系的普遍性，很难找到完全独立的自变量. 假设在选取的 n 个自变量中存在线性关系，如 $x_3 = 2x_1 + x_2$，即 x_3 与 x_1, x_2 具有确定的线性关系，则称 x_3 为由 x_1, x_2 派生出来的变量. 派生变量 x_3 的取值和变化完全由 x_1, x_2 决定，x_3 对因变量 y 的影响完全可由 x_1, x_2 对 y 的影响所决定，则 x_3 不应出现在自变量列表中. 选取的自变量之间存在确定性或统计学意义上的线性关系，称出现了多重共线性. 多重共线性的存在导致回归方程的系数难以估计，影响模型的有效性. 自变量中多重共线性存在与否的判定及处理是多元线性回归分析过程中的重要环节.

变量之间存在线性关系称为线性相关，本节我们研究向量之间的线性相关与线性无关，并给出线性相关与线性无关的判定方法.

设 $\mathbb{R}^2$ 上任意向量 $\boldsymbol{a}$，且向量 $\boldsymbol{\beta}$ 与 $\boldsymbol{a}$ 的关系为 $\boldsymbol{\beta} = -4\boldsymbol{a}$, 易知向量 $\boldsymbol{a}, \boldsymbol{\beta}$ 在二维平面上是共线 (或平行) 的关系，此时称向量 $\boldsymbol{a}, \boldsymbol{\beta}$ 是线性相关的，并且两者能够互相线性表示. 将自由向量 $\boldsymbol{a}, \boldsymbol{\beta}$ 移至坐标系中观察它们的坐标分量，若 $\boldsymbol{a} = (1,1)^{\mathrm{T}}$，则 $\boldsymbol{\beta} = \begin{pmatrix} -4 \\ -4 \end{pmatrix}$, 可以发现线性相关的两个向量对应的坐标分量成比例，即

$$\frac{\boldsymbol{\beta}_x}{\boldsymbol{a}_x} = \frac{\boldsymbol{\beta}_y}{\boldsymbol{a}_y} = -4$$

若设向量 $\boldsymbol{b} = (1,2)$，向量 $\boldsymbol{b}$ 不能由 $\boldsymbol{a}$ 线性表示，两者的对应坐标分量不成比例，在几何上既不共线也不平行，此时称向量组 $\boldsymbol{a}, \boldsymbol{b}$ 是线性无关的. $\mathbb{R}^2$ 上两个向量的线性相关与线性无关如图 4.4所示.

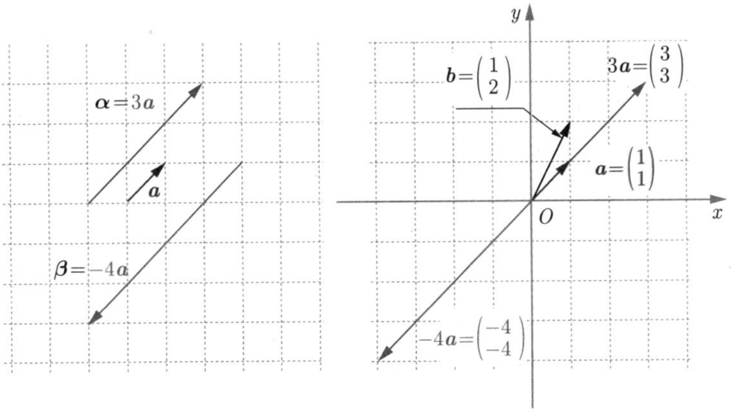

图 4.4　$\mathbb{R}^2$ 上两个向量的线性相关与线性无关

综上所述，在 $\mathbb{R}^2$ 中由两个向量组成的向量组，如果两者共线或平行，则该向量组线性相关；否则，向量组线性无关. 为推广至更高维，需要借助代数的方法对线性相关和线性无关进行定义. 通过研究 $\mathbb{R}^2$ 上的情形，不难发现，如果向量组 $\boldsymbol{a},\boldsymbol{b}$ 线性相关，只需满足

$$\boldsymbol{b}=k\boldsymbol{a}\quad(k\in\mathbb{R},k\neq 0)$$

即存在 $k\neq 0$ 使 $-k\boldsymbol{a}+\boldsymbol{b}=\boldsymbol{0}$. 否则，向量组 $\boldsymbol{a},\boldsymbol{b}$ 线性无关. 由此推广至一般情形.

定义 4.5　线性相关 (linear correlation) 与线性无关 (linearly independent)

给定向量组 $A:\boldsymbol{a}_1,\boldsymbol{a}_2,\cdots,\boldsymbol{a}_n$，如果存在不全为零的数$k_1,k_2,\cdots,k_n$，使

$$k_1\boldsymbol{a}_1+k_2\boldsymbol{a}_2+\cdots+k_n\boldsymbol{a}_n=\boldsymbol{0}\tag{4.11}$$

成立，则称向量组 A 是线性相关的，否则称它是线性无关的.

注 1：式(4.11)自然可以写成如下形式

$$(\boldsymbol{a}_1,\boldsymbol{a}_2,\cdots,\boldsymbol{a}_n)\begin{pmatrix}k_1\\k_2\\\vdots\\k_n\end{pmatrix}=\begin{pmatrix}0\\0\\\vdots\\0\end{pmatrix}$$

若令矩阵

$$\boldsymbol{A}=(\boldsymbol{a}_1,\boldsymbol{a}_2,\cdots,\boldsymbol{a}_n),\quad \boldsymbol{k}=\begin{pmatrix}k_1\\k_2\\\vdots\\k_n\end{pmatrix}$$

则式(4.11)可简写成

$$\boldsymbol{A}\boldsymbol{k}=\boldsymbol{0}$$

因此，向量组 A 线性相关，即存在非零向量 $\boldsymbol{k} \neq 0$ 使 $\boldsymbol{Ak} = \boldsymbol{0}$.

注 2：向量组 A 线性无关，也称为线性独立，即只有 $k_1 = k_2 = \cdots = k_n = 0$ 时，等式 $k_1\boldsymbol{a}_1 + k_2\boldsymbol{a}_2 + \cdots + k_n\boldsymbol{a}_n = \boldsymbol{0}$ 才成立，而若 $k_1, k_2, \cdots, k_n$ 不全为零，则 $k_1\boldsymbol{a}_1 + k_2\boldsymbol{a}_2 + \cdots + k_n\boldsymbol{a}_n \neq \boldsymbol{0}$.

注 3：

▶ 当 $n = 1$ 时，向量组仅含一个向量，对只含一个向量 $\boldsymbol{a}_1$ 的向量组，当 $\boldsymbol{a}_1 = \boldsymbol{0}$ 时，是线性相关的；当 $\boldsymbol{a}_1 \neq \boldsymbol{0}$ 时，是线性无关的. 即

向量组 $A : \boldsymbol{a}_1$ 线性相关 $\Leftrightarrow \boldsymbol{a}_1 = \boldsymbol{0}$

向量组 $A : \boldsymbol{a}_1$ 线性无关 $\Leftrightarrow \boldsymbol{a}_1 \neq \boldsymbol{0}$

也就是说，对单个向量而言 (向量组仅含一个向量时)，如果这个向量是零向量，则线性相关；如果是非零向量，则线性无关.

▶ 当 $n = 2$ 时，向量组含两个非零向量 $\boldsymbol{a}_1, \boldsymbol{a}_2$，它线性相关的充要条件是 $\boldsymbol{a}_1, \boldsymbol{a}_2$ 的分量对应成比例，其几何意义是两向量共线.另外，由于零向量可以被任意同维向量线性表示，所以，如果向量组中含有零向量，则这个向量组一定线性相关.

三个向量线性相关的几何意义是三向量共面.

▶ 当 $n \geqslant 2$ 时，

向量组 A 线性相关 $\Leftrightarrow A$ 中至少有一个向量可由其余 $n–1$ 个向量线性表示

向量组 A 线性无关 $\Leftrightarrow A$ 中任意一个向量都不能由其余 $n-1$ 个向量线性表示

这是因为，根据定义，如果向量组 A 线性相关，就存在一组不全为 0 的数 $k_1, k_2, \cdots, k_n$ 使 $k_1\boldsymbol{a}_1 + k_2\boldsymbol{a}_2 + \cdots + k_n\boldsymbol{a}_n = \boldsymbol{0}$. 不妨设 $k_1 \neq 0$，于是便有

$$\boldsymbol{a}_1 = -\frac{k_2}{k_1}\boldsymbol{a}_2 - \frac{k_3}{k_1}\boldsymbol{a}_3 - \cdots - \frac{k_n}{k_1}\boldsymbol{a}_n$$

即 $\boldsymbol{a}_1$ 能由 $\boldsymbol{a}_2, \boldsymbol{a}_3, \cdots, \boldsymbol{a}_n$ 线性表示.

反之，若向量组 A 中有某个向量 $\boldsymbol{a}_n$ 能由其余 $n-1$ 个向量线性表示，不妨设 $\boldsymbol{a}_n = \lambda_1\boldsymbol{a}_1 + \cdots + \lambda_{n-1}\boldsymbol{a}_{n-1}$，则

$$\lambda_1\boldsymbol{a}_1 + \cdots + \lambda_{n-1}\boldsymbol{a}_{n-1} - \boldsymbol{a}_n = \boldsymbol{0}$$

因为 $\lambda_1, \cdots, \lambda_{n-1}, -1$ 这 n 个数不全为 0(至少 $-1 \neq 0$)，所以向量组 A 线性相关.

如果向量组 A 线性无关，则 $k_1 = k_2 = \cdots = k_n = 0$，故 A 中任意一个向量都不能表示成其余 $n-1$ 个向量的线性组合，即 A 中任意一个向量都不能由其余 $n-1$ 个向量线性表示.

通俗地说，若向量组线性相关，则其中至少有一个向量是“无效信息”，即该向量可以被其他向量的线性组合所代替；若向量组线性无关，那么其中每一个向量都是“有效信息”，每一个向量都无可替代 (即无法被其余向量线性表示).

例如，向量组

$$\boldsymbol{a}_1=\begin{pmatrix}1\\0\\0\end{pmatrix},\quad \boldsymbol{a}_2=\begin{pmatrix}0\\1\\0\end{pmatrix},\quad \boldsymbol{a}_3=\begin{pmatrix}1\\1\\0\end{pmatrix}$$

不难发现

$$\boldsymbol{a}_3=\boldsymbol{a}_1+\boldsymbol{a}_2$$

表明 $\boldsymbol{a}_3$ 是 $\boldsymbol{a}_1,\boldsymbol{a}_2$ 的线性组合，或者说 $\boldsymbol{a}_3$ 可由 $\boldsymbol{a}_1,\boldsymbol{a}_2$ 线性表示，即存在系数 $1,1,-1$ 使 $\boldsymbol{a}_1+\boldsymbol{a}_2-\boldsymbol{a}_3=\mathbf{0}$ 成立，故向量组 $\boldsymbol{a}_1,\boldsymbol{a}_2,\boldsymbol{a}_3$ 线性相关.

但是，无法找到不全为 0 的数 k_1,k_2 使 $k_1\boldsymbol{a}_1+k_2\boldsymbol{a}_2=\mathbf{0}$，因此，向量组 $\boldsymbol{a}_1,\boldsymbol{a}_2$ 线性无关. 同理，向量组 $\boldsymbol{a}_1,\boldsymbol{a}_3$ 和向量组 $\boldsymbol{a}_2,\boldsymbol{a}_3$ 均线性无关.

下面从线性方程组、矩阵的角度入手探究向量组线性相关、线性无关的充分必要条件.

n 元齐次线性方程组

$$\begin{cases}a_{11}x_1+a_{12}x_2+\cdots+a_{1n}x_n=0\\a_{21}x_1+a_{22}x_2+\cdots+a_{2n}x_n=0\\\quad\vdots\\a_{m1}x_1+a_{m2}x_2+\cdots+a_{mn}x_n=0\end{cases}\tag{4.12}$$

由 m 个方程组成，其矩阵形式为 $\boldsymbol{Ax}=\mathbf{0}$，其中

$$\boldsymbol{A}=\begin{pmatrix}a_{11}&a_{12}&\cdots&a_{1n}\\a_{21}&a_{22}&\cdots&a_{2n}\\\vdots&\vdots&\ddots&\vdots\\a_{m1}&a_{m2}&\cdots&a_{mn}\end{pmatrix}$$

对应的向量组 A 为

$$\boldsymbol{a}_1=\begin{pmatrix}a_{11}\\a_{21}\\\vdots\\a_{m1}\end{pmatrix},\boldsymbol{a}_2=\begin{pmatrix}a_{12}\\a_{22}\\\vdots\\a_{m2}\end{pmatrix},\cdots,\boldsymbol{a}_n=\begin{pmatrix}a_{1n}\\a_{2n}\\\vdots\\a_{mn}\end{pmatrix}$$

则方程组(4.12)对应的向量形式为

$$x_1\boldsymbol{a}_1+x_2\boldsymbol{a}_2+\cdots+x_n\boldsymbol{a}_n=\mathbf{0}\tag{4.13}$$

故向量组 $A:\boldsymbol{a}_1,\boldsymbol{a}_2,\cdots,\boldsymbol{a}_n$ 线性相关，即存在不全为零的 $x_1,x_2,\cdots,x_n$ 使 $x_1\boldsymbol{a}_1+x_2\boldsymbol{a}_2+\cdots+x_n\boldsymbol{a}_n=\mathbf{0}$ 成立，等价于方程组(4.12)有非零解，等价于矩阵 $\boldsymbol{A}$ 的秩 $R(\boldsymbol{A})<n$，其中 n 为向量的个数，也是方程组(4.12)中未知数的个数.

而向量组 $A:\boldsymbol{a}_1,\boldsymbol{a}_2,\cdots,\boldsymbol{a}_n$ 线性无关，即只有 $x_1=x_2=\cdots=x_n=0$ 时，$x_1\boldsymbol{a}_1+x_2\boldsymbol{a}_2+\cdots+x_n\boldsymbol{a}_n=\mathbf{0}$ 才成立，等价于方程组(4.12)只有零解(唯一解)，等价于矩阵 $\boldsymbol{A}$ 的秩 $R(\boldsymbol{A})=n$.

综上所述，有以下定理.

定理 4.4

设向量组 $A:\boldsymbol{a}_1,\boldsymbol{a}_2,\cdots,\boldsymbol{a}_n$ 构成的矩阵为 $\boldsymbol{A}$，则

(1) 向量组 A 线性相关

$\Leftrightarrow$ 方程组 $x_1\boldsymbol{a}_1+x_2\boldsymbol{a}_2+\cdots+x_n\boldsymbol{a}_n=\boldsymbol{0}$ 有非零解

$\Leftrightarrow R(\boldsymbol{A})<n$，矩阵 $\boldsymbol{A}$ 的秩小于向量个数 n

(2) 向量组 A 线性无关

$\Leftrightarrow$ 方程组 $\boldsymbol{Ax}=\boldsymbol{0}$ 只有零解

$\Leftrightarrow R(\boldsymbol{A})=n$，矩阵 $\boldsymbol{A}$ 的秩等于向量个数 n

⚒ **例 4.12** 证明：n 维单位坐标向量组

$$\boldsymbol{e}_1=(1,0,\cdots,0)^{\mathrm{T}},\boldsymbol{e}_2=(0,1,\cdots,0)^{\mathrm{T}},\cdots,\boldsymbol{e}_n=(0,0,\cdots,1)^{\mathrm{T}}$$

线性无关.

证 方法一：根据定义. 设有数 $k_1,k_2,\cdots,k_n$ 使

$$k_1\boldsymbol{e}_1+k_2\boldsymbol{e}_2+\cdots+k_n\boldsymbol{e}_n=\boldsymbol{0}$$

即

$$\begin{pmatrix}k_1\\k_2\\\vdots\\k_n\end{pmatrix}=\begin{pmatrix}0\\0\\\vdots\\0\end{pmatrix}$$

从而有 $k_1=k_2=\cdots=k_n=0$，故 $\boldsymbol{e}_1,\boldsymbol{e}_2,\cdots,\boldsymbol{e}_n$ 线性无关.

方法二：利用方程组的解的情况. 设有数 $x_1,x_2,\cdots,x_n$ 使

$$x_1\boldsymbol{e}_1+x_2\boldsymbol{e}_2+\cdots+x_n\boldsymbol{e}_n=\boldsymbol{0}$$

即

$$\boldsymbol{Ex}=\boldsymbol{0}$$

因为 $|\boldsymbol{E}|=1\neq 0$，由克拉默法则知 $\boldsymbol{Ex}=\boldsymbol{0}$ 有唯一零解，根据定理 4.4，$\boldsymbol{e}_1,\boldsymbol{e}_2,\cdots,\boldsymbol{e}_n$ 线性无关.

方法三：利用矩阵的秩. n 维单位坐标向量组构成的矩阵

$$\boldsymbol{E}=(\boldsymbol{e}_1,\boldsymbol{e}_2,\cdots,\boldsymbol{e}_n)$$

是 n 阶单位矩阵，由 $|\boldsymbol{E}|=1\neq 0$，$R(\boldsymbol{E})=n$，即 $R(\boldsymbol{E})$ 等于向量组中向量的个数，根据定理 4.4，故线性无关.

⚒ **例 4.13** 讨论向量组

$$\boldsymbol{a}_1=\begin{pmatrix}1\\1\\1\\2\end{pmatrix},\quad \boldsymbol{a}_2=\begin{pmatrix}0\\2\\1\\3\end{pmatrix},\quad \boldsymbol{a}_3=\begin{pmatrix}3\\1\\0\\1\end{pmatrix},\quad \boldsymbol{a}_4=\begin{pmatrix}2\\-4\\-3\\-7\end{pmatrix}$$

的线性相关性.

解 向量组 $\boldsymbol{a}_1,\boldsymbol{a}_2,\boldsymbol{a}_3,\boldsymbol{a}_4$ 构成的矩阵记为 $\boldsymbol{A}$，则对 $\boldsymbol{A}$ 施以初等行变换，得

$$
\boldsymbol{A}=\begin{pmatrix}1&0&3&2\\1&2&1&-4\\1&1&0&-3\\2&3&1&-7\end{pmatrix}\xrightarrow{r}\begin{pmatrix}1&0&3&2\\0&1&0&-2\\0&0&1&1\\0&0&0&0\end{pmatrix}
$$

由于 $R(\boldsymbol{A})=3<4$, 即矩阵 $\boldsymbol{A}$ 的秩小于向量的个数, 故向量组 $\boldsymbol{a}_1,\boldsymbol{a}_2,\boldsymbol{a}_3,\boldsymbol{a}_4$ 线性相关.

⚒ **例 4.14**　设 $\boldsymbol{\alpha}_1=(1,1,1)^{\mathrm{T}},\boldsymbol{\alpha}_2=(1,2,3)^{\mathrm{T}},\boldsymbol{\alpha}_3=(1,3,t)^{\mathrm{T}}$，问:

(1) t 为何值时，向量组 $\boldsymbol{\alpha}_1,\boldsymbol{\alpha}_2,\boldsymbol{\alpha}_3$ 线性相关？并将 $\boldsymbol{\alpha}_3$ 表示为 $\boldsymbol{\alpha}_1,\boldsymbol{\alpha}_2$ 的线性组合.

(2) t 为何值时，向量组 $\boldsymbol{\alpha}_1,\boldsymbol{\alpha}_2,\boldsymbol{\alpha}_3$ 线性无关？

解　方法一: 利用定义. 设有数 k_1,k_2,k_3，使 $k_1\boldsymbol{\alpha}_1+k_2\boldsymbol{\alpha}_2+k_3\boldsymbol{\alpha}_3=\mathbf{0}$, 即

$$
\begin{cases}k_1+k_2+k_3=0\\k_1+2k_2+3k_3=0\\k_1+3k_2+tk_3=0\end{cases}
$$

其系数行列式

$$
\begin{vmatrix}1&1&1\\1&2&3\\1&3&t\end{vmatrix}=\begin{vmatrix}1&1&1\\0&1&2\\0&2&t-1\end{vmatrix}=t-5
$$

当 $t-5=0$, 即 $t=5$ 时，方程组有非零解，因此 $\boldsymbol{\alpha}_1,\boldsymbol{\alpha}_2,\boldsymbol{\alpha}_3$ 线性相关. 此时，设 $\boldsymbol{\alpha}_3=\lambda_1\boldsymbol{\alpha}_1+\lambda_2\boldsymbol{\alpha}_2$，即

$$
\lambda_1\begin{pmatrix}1\\1\\1\end{pmatrix}+\lambda_2\begin{pmatrix}1\\2\\3\end{pmatrix}=\begin{pmatrix}1\\3\\5\end{pmatrix}
$$

写成方程的形式，即

$$
\begin{cases}\lambda_1+\lambda_2=1\\\lambda_1+2\lambda_2=3\\\lambda_1+3\lambda_2=5\end{cases}
$$

解得 $\lambda_1=-1,\lambda_2=2$，于是 $\boldsymbol{\alpha}_3=-\boldsymbol{\alpha}_1+2\boldsymbol{\alpha}_2$.

当 $t-5\neq 0$，即 $t\neq 5$ 时，由克莱姆法则知，方程组有唯一零解，因此 $\boldsymbol{\alpha}_1,\boldsymbol{\alpha}_2,\boldsymbol{\alpha}_3$ 线性无关.

方法二: 利用矩阵的秩. 设向量组 $\boldsymbol{\alpha}_1,\boldsymbol{\alpha}_2,\boldsymbol{\alpha}_3$ 构成的矩阵为 $\boldsymbol{A}$，对其施以初等变换

$$
\boldsymbol{A}=\begin{pmatrix}1&1&1\\1&2&3\\1&3&t\end{pmatrix}\xrightarrow{r}\begin{pmatrix}1&1&1\\0&1&2\\0&0&t-5\end{pmatrix}
$$

当 $t=5$ 时，$R(\boldsymbol{A})=2<3$，$\boldsymbol{\alpha}_1,\boldsymbol{\alpha}_2,\boldsymbol{\alpha}_3$ 线性相关. 此时代入 $t=5$，并通过行初等变换进一步将 $\boldsymbol{A}$ 化为行最简形矩阵,

$$A \longrightarrow \begin{pmatrix} 1 & 1 & 1 \\ 0 & 1 & 2 \\ 0 & 0 & 0 \end{pmatrix} \xrightarrow{r} \begin{pmatrix} 1 & 0 & -1 \\ 0 & 1 & 2 \\ 0 & 0 & 0 \end{pmatrix}$$

即 $\boldsymbol{\alpha}_3 = -\boldsymbol{\alpha}_1 + 2\boldsymbol{\alpha}_2$.

初等行变换不改变列向量之间的线性关系. 当我们通过初等变换将向量组构成的矩阵化为行最简形矩阵时, 可以直接观察得出向量之间的线性关系, 观察得

$$\begin{pmatrix} -1 \\ 2 \\ 0 \end{pmatrix} = -\begin{pmatrix} 1 \\ 0 \\ 0 \end{pmatrix} + 2\begin{pmatrix} 0 \\ 1 \\ 0 \end{pmatrix}$$

当 $t \neq 5$ 时, $R(\boldsymbol{A}) = 3$, $\boldsymbol{\alpha}_1, \boldsymbol{\alpha}_2, \boldsymbol{\alpha}_3$ 线性无关.

⚒ 例 4.15 设向量组 $\boldsymbol{a}_1, \boldsymbol{a}_2, \cdots, \boldsymbol{a}_m$ 线性无关, $\boldsymbol{b}_1$ 可由这组向量线性表示, 而 $\boldsymbol{b}_2$ 不能由这组向量线性表示. 证明: 向量组 $\boldsymbol{a}_1, \boldsymbol{a}_2, \cdots, \boldsymbol{a}_m, \boldsymbol{b}_1 + \boldsymbol{b}_2$ 线性无关.

欲证明向量组线性组线性无关, 常从定义出发, 只需证明系数 $k_1 = k_2 = \cdots = k_{m+1} = 0$ 即可.

反证法是证明此类问题的常用方法.

证 假设

$$k_1\boldsymbol{a}_1 + k_2\boldsymbol{a}_2 + \cdots + k_m\boldsymbol{a}_m + k_{m+1}(\boldsymbol{b}_1 + \boldsymbol{b}_2) = \boldsymbol{0}$$

先证明 $k_{m+1} = 0$.

用反证法. 若 $k_{m+1} \neq 0$, 则

$$\boldsymbol{b}_2 = -\frac{k_1}{k_{m+1}}\boldsymbol{a}_1 - \frac{k_2}{k_{m+1}}\boldsymbol{a}_2 - \cdots - \frac{k_m}{k_{m+1}}\boldsymbol{a}_m - \boldsymbol{b}_1$$

又已知 $\boldsymbol{b}_1$ 可由 $\boldsymbol{a}_1, \boldsymbol{a}_2, \cdots, \boldsymbol{a}_m$ 线性表示, 于是 $\boldsymbol{b}_2$ 可由 $\boldsymbol{a}_1, \boldsymbol{a}_2, \cdots, \boldsymbol{a}_m$ 线性表示, 与题目已知条件矛盾, 所以假设不成立, 故必有 $k_{m+1} = 0$, 于是

$$k_1\boldsymbol{a}_1 + k_2\boldsymbol{a}_2 + \cdots + k_m\boldsymbol{a}_m = \boldsymbol{0}$$

因为 $\boldsymbol{a}_1, \boldsymbol{a}_2, \cdots, \boldsymbol{a}_m$ 线性无关, 必有

$$k_1 = k_2 = \cdots = k_m = 0$$

故向量组 $\boldsymbol{a}_1, \boldsymbol{a}_2, \cdots, \boldsymbol{a}_m, \boldsymbol{b}_1 + \boldsymbol{b}_2$ 线性无关.

⚒ 例 4.16 已知 $\boldsymbol{\alpha}_1, \boldsymbol{\alpha}_2, \boldsymbol{\alpha}_3$ 线性无关, 证明 $\boldsymbol{\alpha}_1 + \boldsymbol{\alpha}_2, 3\boldsymbol{\alpha}_2 + 2\boldsymbol{\alpha}_3, \boldsymbol{\alpha}_1 - 2\boldsymbol{\alpha}_2 + \boldsymbol{\alpha}_3$ 线性无关.

证 方法一: 利用定义, 若

$$k_1(\boldsymbol{\alpha}_1 + \boldsymbol{\alpha}_2) + k_2(3\boldsymbol{\alpha}_2 + 2\boldsymbol{\alpha}_3) + k_3(\boldsymbol{\alpha}_1 - 2\boldsymbol{\alpha}_2 + \boldsymbol{\alpha}_3) = \boldsymbol{0}$$

即

$$(k_1 + k_3)\boldsymbol{\alpha}_1 + (k_1 + 3k_2 - 2k_3)\boldsymbol{\alpha}_2 + (2k_2 + k_3)\boldsymbol{\alpha}_3 = \boldsymbol{0}$$

由于 $\boldsymbol{\alpha}_1, \boldsymbol{\alpha}_2, \boldsymbol{\alpha}_3$ 线性无关, 上式成立必有

$$\begin{cases} k_1 + k_3 = 0 \\ k_1 + 3k_2 - 2k_3 = 0 \\ 2k_2 + k_3 = 0 \end{cases}$$

由于系数行列式

$$\begin{vmatrix} 1 & 0 & 1 \\ 1 & 3 & -2 \\ 0 & 2 & 1 \end{vmatrix} = 9 \neq 0$$

由克莱姆法则知, 方程组只有零解, 故必有 $k_1 = k_2 = k_3 = 0$, 故 $\boldsymbol{\alpha}_1 + \boldsymbol{\alpha}_2, 3\boldsymbol{\alpha}_2 + 2\boldsymbol{\alpha}_3, \boldsymbol{\alpha}_1 - 2\boldsymbol{\alpha}_2 + \boldsymbol{\alpha}_3$ 线性无关.

方法二：由 $\boldsymbol{\alpha}_1,\boldsymbol{\alpha}_2,\boldsymbol{\alpha}_3$ 线性无关知 $R(\boldsymbol{\alpha}_1,\boldsymbol{\alpha}_2,\boldsymbol{\alpha}_3)=3$.

令 $\boldsymbol{\beta}_1=\boldsymbol{\alpha}_1+\boldsymbol{\alpha}_2,\boldsymbol{\beta}_2=3\boldsymbol{\alpha}_2+2\boldsymbol{\alpha}_3,\boldsymbol{\beta}_3=\boldsymbol{\alpha}_1-2\boldsymbol{\alpha}_2+\boldsymbol{\alpha}_3$，则

$$(\boldsymbol{\beta}_1,\boldsymbol{\beta}_2,\boldsymbol{\beta}_3)=(\boldsymbol{\alpha}_1,\boldsymbol{\alpha}_2,\boldsymbol{\alpha}_3)\begin{pmatrix}1&0&1\\1&3&-2\\0&2&1\end{pmatrix}$$

由于

$$|\boldsymbol{K}|=\begin{vmatrix}1&0&1\\1&3&-2\\0&2&1\end{vmatrix}=9\neq 0$$

故矩阵 $\boldsymbol{K}$ 可逆，因此 $\boldsymbol{\beta}_1,\boldsymbol{\beta}_2,\boldsymbol{\beta}_3$ 与 $\boldsymbol{\alpha}_1,\boldsymbol{\alpha}_2,\boldsymbol{\alpha}_3$ 是等价向量组，故两者对应的矩阵的秩相等，即

$$R(\boldsymbol{\beta}_1,\boldsymbol{\beta}_2,\boldsymbol{\beta}_3)=R(\boldsymbol{\alpha}_1,\boldsymbol{\alpha}_2,\boldsymbol{\alpha}_3)=3$$

即 $\boldsymbol{\alpha}_1+\boldsymbol{\alpha}_2,3\boldsymbol{\alpha}_2+2\boldsymbol{\alpha}_3,\boldsymbol{\alpha}_1-2\boldsymbol{\alpha}_2+\boldsymbol{\alpha}_3$ 线性无关.

这里推出“两向量组等价”利用了例 4.11的结论. 此外，也可以通过“右乘可逆矩阵等价于对矩阵 $(\boldsymbol{\alpha}_1,\boldsymbol{\alpha}_2,\boldsymbol{\alpha}_3)$ 施以列初等变换，而初等变换不改变矩阵的秩”的角度直接得出 $R(\boldsymbol{\beta}_1,\boldsymbol{\beta}_2,\boldsymbol{\beta}_3)=3$.

线性相关性是向量组的一个重要性质，下面介绍与之相关的一些简单结论.

定理 4.5　整体组与部分组的线性相关性

向量组

$$A:\boldsymbol{a}_1,\boldsymbol{a}_2,\cdots,\boldsymbol{a}_n$$

称为向量组

$$B:\boldsymbol{a}_1,\boldsymbol{a}_2,\cdots,\boldsymbol{a}_n,\boldsymbol{a}_{n+1}$$

的部分组，而向量组 B 称为向量组 A 的整体组.

(1) 若部分组 A 线性相关，则整体组 B 必线性相关；

(2) 若整体组 B 线性无关，则部分组 A 必线性无关.

⚒ **例 4.17**　设向量组 $\boldsymbol{\alpha}_1,\boldsymbol{\alpha}_2,\boldsymbol{\alpha}_3$ 线性相关，证明向量组 $\boldsymbol{\alpha}_1,\boldsymbol{\alpha}_2,\boldsymbol{\alpha}_3,\boldsymbol{\alpha}_4$ 也线性相关.

证　由 $\boldsymbol{\alpha}_1,\boldsymbol{\alpha}_2,\boldsymbol{\alpha}_3$ 线性相关知，存在不全为零的数 k_1,k_2,k_3 使

$$k_1\boldsymbol{\alpha}_1+k_2\boldsymbol{\alpha}_2+k_3\boldsymbol{\alpha}_3=\mathbf{0}$$

由此

$$k_1\boldsymbol{\alpha}_1+k_2\boldsymbol{\alpha}_2+k_3\boldsymbol{\alpha}_3+0\boldsymbol{\alpha}_4=\mathbf{0}$$

可见系数 $k_1,k_2,k_3,0$ 不全为零，由定义知 $\boldsymbol{\alpha}_1,\boldsymbol{\alpha}_2,\boldsymbol{\alpha}_3,\boldsymbol{\alpha}_4$ 也线性相关.

借助此例题的思路，利用反证法，可以证明其逆否命题也成立：若 $\boldsymbol{\alpha}_1,\boldsymbol{\alpha}_2,\boldsymbol{\alpha}_3,\boldsymbol{\alpha}_4$ 线性无关，则 $\boldsymbol{\alpha}_1,\boldsymbol{\alpha}_2,\boldsymbol{\alpha}_3$ 也线性无关.

定理 4.6　向量组中向量维数与向量个数对线性相关性的影响

n 个 m 维向量组成的向量组，当维数 m 小于向量个数 n 时，向量组必定线性相关.

特别地，$n+1$ 个 n 维向量组成的向量组一定线性相关.

证 n 个 m 维向量 $\boldsymbol{a}_1, \boldsymbol{a}_2, \cdots, \boldsymbol{a}_n$ 构成矩阵

$$\boldsymbol{A}_{m\times n} = (\boldsymbol{a}_1, \boldsymbol{a}_2, \cdots, \boldsymbol{a}_n)$$

由矩阵的秩的性质 $0 \leqslant R(\boldsymbol{A}) \leqslant \min\{m, n\}$，有

$$R(\boldsymbol{A}) \leqslant m$$

当 $m < n$ 时，有 $R(\boldsymbol{A}) < n$，即矩阵的秩小于向量的个数，故 n 个向量 $\boldsymbol{a}_1, \boldsymbol{a}_2, \cdots, \boldsymbol{a}_n$ 线性相关.

例如，向量组 A: $\begin{pmatrix}0\\0\end{pmatrix}, \begin{pmatrix}1\\2\end{pmatrix}, \begin{pmatrix}2\\3\end{pmatrix}, \cdots, \begin{pmatrix}k\\k+1\end{pmatrix}, \cdots$ 是线性无关的，其中 A 的每个向量都是二维向量，而 A 含无限多个向量. 实际上，A 中任意三个向量都是线性无关的.

⚒ **例 4.18** 设向量组 A：

$$\boldsymbol{\alpha}_1 = \begin{pmatrix}a_{11}\\a_{21}\\\vdots\\a_{r1}\end{pmatrix}, \boldsymbol{\alpha}_2 = \begin{pmatrix}a_{12}\\a_{22}\\\vdots\\a_{r2}\end{pmatrix}, \cdots, \boldsymbol{\alpha}_m = \begin{pmatrix}a_{1m}\\a_{2m}\\\vdots\\a_{rm}\end{pmatrix}$$

线性无关. 证明：在向量组 A 中每个向量 $\boldsymbol{\alpha}_i$ 的同一位置上增加 k 个分量得向量组 B：

$$\boldsymbol{\beta}_1 = \begin{pmatrix}a_{11}\\a_{21}\\\vdots\\a_{r1}\\a_{r+1,1}\\\vdots\\a_{r+k,1}\end{pmatrix}, \boldsymbol{\beta}_2 = \begin{pmatrix}a_{12}\\a_{22}\\\vdots\\a_{r2}\\a_{r+1,2}\\\vdots\\a_{r+k,2}\end{pmatrix}, \cdots, \boldsymbol{\beta}_m = \begin{pmatrix}a_{1m}\\a_{2m}\\\vdots\\a_{rm}\\a_{r+1,m}\\\vdots\\a_{r+k,m}\end{pmatrix}$$

向量组 B 仍线性无关.

✍ 我们可以将本例题证明的命题简述为线性无关组的延伸组仍线性无关.

分析 若向量组 A, B 构造的矩阵分别记作 $\boldsymbol{A}$ 和 $\boldsymbol{B}$，本题描述的操作如图 4.5所示，即在原矩阵 $\boldsymbol{A}$ 的基础上增加 k 行元素得到新矩阵 $\boldsymbol{B}$.

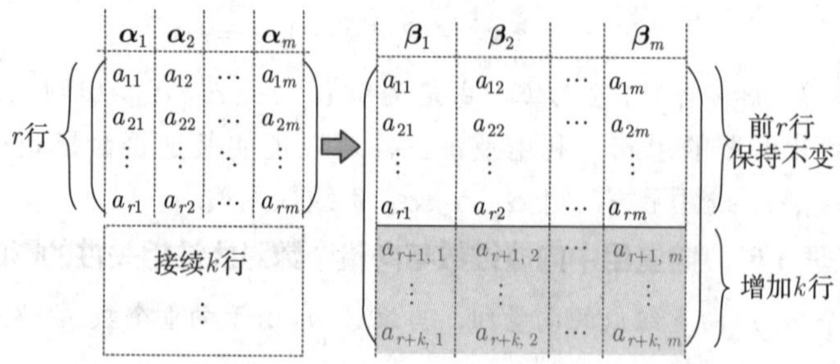

图 4.5 矩阵增加 k 行，即对向量组进行升维操作

证 方法一：记向量组 A 构成矩阵 $\boldsymbol{A}_{r\times m}$，由 A 线性无关得

$$R(\boldsymbol{A})=m$$

其中，m 为 A 中向量的个数，且由矩阵的秩的性质 $0\leqslant R(\boldsymbol{A})\leqslant\min\{r,m\}$ 知 $r\geqslant m$.

向量组 B 构成的矩阵 $\boldsymbol{B}$ 是在矩阵 $\boldsymbol{A}$ 的基础上增加了 k 行，且

$$\begin{cases}0\leqslant R(\boldsymbol{A})\leqslant R(\boldsymbol{B})\leqslant\min\{r+k,m\}\\ \min\{r+k,m\}=m\end{cases}$$

因此，

$$R(\boldsymbol{B})=m$$

其中，m 也为向量组 B 中向量的个数，所以向量组 B 仍线性无关.

方法二：用反证法. 假设 $\boldsymbol{\beta}_1,\boldsymbol{\beta}_2,\cdots,\boldsymbol{\beta}_m$ 线性相关，则存在不全为 0 的数 $k_1,k_2,\cdots,k_m$ 使

$$k_1\boldsymbol{\beta}_1+k_2\boldsymbol{\beta}_2+\cdots+k_m\boldsymbol{\beta}_m=\mathbf{0}$$

即

$$\begin{cases}k_1a_{11}+k_2a_{12}+\cdots+k_ma_{1m}=0\\ k_1a_{21}+k_2a_{22}+\cdots+k_ma_{2m}=0\\ \qquad\vdots\\ k_1a_{r1}+k_2a_{r2}+\cdots+k_ma_{rm}=0\\ k_1a_{r+1,1}+k_2a_{r+1,2}+\cdots+k_ma_{r+1,m}=0\\ \qquad\vdots\\ k_1a_{r+k,1}+k_2a_{r+k,2}+\cdots+k_ma_{r+k,m}=0\end{cases}\tag{4.14}$$

方程组(4.14)的前 r 个方程写成向量形式，即

$$k_1\boldsymbol{\alpha}_1+k_2\boldsymbol{\alpha}_2+\cdots+k_m\boldsymbol{\alpha}_m=\mathbf{0}$$

于是向量组 $A:\boldsymbol{\alpha}_1,\boldsymbol{\alpha}_2,\cdots,\boldsymbol{\alpha}_m$ 线性相关，与已知矛盾，所以假设 $k_1,k_2,\cdots,k_m$ 不全为 0 不成立. 只能是 $k_1=k_2=\cdots=k_m=0$，即向量组 $B:\boldsymbol{\beta}_1,\boldsymbol{\beta}_2,\cdots,\boldsymbol{\beta}_m$ 线性无关.

定理 4.7

设向量组 $A:\boldsymbol{a}_1,\boldsymbol{a}_2,\cdots,\boldsymbol{a}_n$ 线性无关，而向量组 $B:\boldsymbol{a}_1,\boldsymbol{a}_2,\cdots,\boldsymbol{a}_n,\boldsymbol{b}$ 线性相关，则向量 $\boldsymbol{b}$ 必能由向量组 A 线性表示，且表达式唯一.

证 方法一：记

$$\boldsymbol{A}=(\boldsymbol{a}_1,\boldsymbol{a}_2,\cdots,\boldsymbol{a}_n),\quad \boldsymbol{B}=(\boldsymbol{a}_1,\boldsymbol{a}_2,\cdots,\boldsymbol{a}_n,\boldsymbol{b})$$

将 $\boldsymbol{B}$ 视为 $\boldsymbol{A}$ 的增广矩阵 $\boldsymbol{B}=(\boldsymbol{A},\boldsymbol{b})$. 由矩阵的秩的性质有

$$R(\boldsymbol{A})\leqslant R(\boldsymbol{B})$$

因向量组 A 线性无关，故 $R(\boldsymbol{A})=n$.

因向量组 B 线性相关，有 $R(\boldsymbol{B}) < n+1$，所以 $n \leqslant R(\boldsymbol{B}) < n+1$，即 $R(\boldsymbol{B}) = n$.

所以，$R(\boldsymbol{A}) = R(\boldsymbol{B}) = n$，于是方程组

$$\boldsymbol{Ax} = \boldsymbol{b}$$

有唯一解，即向量 $\boldsymbol{b}$ 必能由向量组 A 线性表示，且表达式唯一.

方法二：由 $\boldsymbol{a}_1, \boldsymbol{a}_2, \cdots, \boldsymbol{a}_n, \boldsymbol{b}$ 线性相关知，存在不全为零的数 $k_1, k_2, \cdots, k_n, \ell$ 使

$$k_1\boldsymbol{a}_1 + k_2\boldsymbol{a}_2 + \cdots + k_n\boldsymbol{a}_n + \ell\boldsymbol{b} = \boldsymbol{0}$$

要证 $\boldsymbol{b}$ 能由 $\boldsymbol{a}_1, \boldsymbol{a}_2, \cdots, \boldsymbol{a}_m$ 线性表示，只需证 $\ell \neq 0$.

利用反证法. 假设 $\ell = 0$，则 $k_1, k_2, \cdots, k_n$ 不全为零，且有 $k_1\boldsymbol{a}_1 + k_2\boldsymbol{a}_2 + \cdots + k_n\boldsymbol{a}_n = \boldsymbol{0}$，这与 $\boldsymbol{a}_1, \boldsymbol{a}_2, \cdots, \boldsymbol{a}_n$ 线性无关矛盾，所以假设不成立，即 $\ell \neq 0$，于是

$$\boldsymbol{b} = -\frac{k_1}{\ell}\boldsymbol{a}_1 - \frac{k_2}{\ell}\boldsymbol{a}_2 - \cdots - \frac{k_n}{\ell}\boldsymbol{a}_n$$

即 $\boldsymbol{b}$ 能由 $\boldsymbol{a}_1, \boldsymbol{a}_2, \cdots, \boldsymbol{a}_n$ 线性表示.

再证表达式的唯一性. 仍采用反证法，假设表达式不唯一，即 $\boldsymbol{b}$ 有两种表示法：

$$\boldsymbol{b} = t_1\boldsymbol{a}_1 + t_2\boldsymbol{a}_2 + \cdots + t_n\boldsymbol{a}_n$$

和

$$\boldsymbol{b} = s_1\boldsymbol{a}_1 + s_2\boldsymbol{a}_2 + \cdots + s_n\boldsymbol{a}_n$$

两式作差，得

$$(t_1 - s_1)\boldsymbol{a}_1 + (t_2 - s_2)\boldsymbol{a}_2 + \cdots + (t_n - s_n)\boldsymbol{a}_n = \boldsymbol{0}$$

因 $\boldsymbol{a}_1, \boldsymbol{a}_2, \cdots, \boldsymbol{a}_n$ 线性无关，所以 $t_i - s_i = 0 (i = 1, 2, \cdots, n)$，即

$$t_1 = s_1, \quad t_2 = s_2, \quad \cdots \quad t_n = s_n$$

故表达式唯一.

4.2 向量组的秩

向量组的何种指标能够体现线性相关或线性无关呢？或者说，向量组是否存在某种不变指标与其线性相关性密切相关呢？向量组的秩就是这样的指标.

向量组的秩能够反映向量组的线性相关性. 一个向量组中，可能有一部分是线性无关的，而另一部分可由线性无关的部分线性表示出来. 在这种情形下，虽然向量组中有许多向量 (甚至它可能是一个无穷集合)，但我们只要知道了线性无关的部分，就等于掌握了整个向量组的性质，因为其余向量都可由这一线性无关的部分组表示. 而向量组的秩正是对这一线性无关的部分组的度量.

4.2.1 最大线性无关组

按向量组与矩阵的对应，将含最多个向量的线性无关部分组与矩阵的最高阶非零子式相对应.

在讨论矩阵的秩的定义时，引入了矩阵的最高阶非零子式，并把它的阶数定义为矩阵的秩. 接下来，采用相似的方式引入最大线性无关组的概念，并借此给出向量组的秩的更一般化定义，使其不仅适用于含有限个有限维向量的向量组，而且适用于含无限多个有限维向量的向量组情形.

定义 4.6是从最大线性无关组的内涵角度进行定义：它是一个部分组，该部分组是线性无关的，且包含的向量数量最大.

定义 4.6　最大线性无关组

设有向量组 A，如果在 A 中能选出 r 个向量 $\boldsymbol{a}_1,\boldsymbol{a}_2,\cdots,\boldsymbol{a}_r$ 得到 A 的部分组 A_0，如果满足：

(1) 部分组 $A_0:\boldsymbol{a}_1,\boldsymbol{a}_2,\cdots,\boldsymbol{a}_r$ 线性无关；

(2) 从向量组 A 中任意取一个向量 (如果还有的话) 加入该部分组 A_0，此含有 $r+1$ 个向量的向量组必线性相关，则称向量组 A_0 是向量组 A 的一个最大线性无关向量组 (maximal linearly independent set, 简称最大无关组或极大无关组).

最大无关组所含向量的个数 r 称为向量组 A 的秩，常记作 R_A.

注 1：一个线性无关向量组的最大无关组就是该向量组本身.

注 2：只含零向量的向量组没有最大无关组，且规定它的秩为 0.

注 3：向量组中所包含向量的个数可能是无限多个，但其最大线性无关组中所含向量的个数不会超过向量的维数，从而认为是有限的.

注 4：一个向量组的最大无关组可能不是唯一的.

例如，对向量组 A：

$$\boldsymbol{a}_1=\begin{pmatrix}1\\0\end{pmatrix},\quad \boldsymbol{a}_2=\begin{pmatrix}0\\1\end{pmatrix},\quad \boldsymbol{a}_3=\begin{pmatrix}1\\1\end{pmatrix}$$

易得 $\boldsymbol{a}_1,\boldsymbol{a}_2$ 线性无关，$\boldsymbol{a}_1,\boldsymbol{a}_2,\boldsymbol{a}_3$ 线性相关，则 $\boldsymbol{a}_1,\boldsymbol{a}_2$ 是向量组 A 的最大无关组，且 $R_A=2$. 另外，不难验证 $\boldsymbol{a}_2,\boldsymbol{a}_3$ 及 $\boldsymbol{a}_1,\boldsymbol{a}_3$ 也是向量组 A 的最大无关组，这说明一个向量组的最大无关组不具有唯一性，但它的所有最大无关组中所含向量的个数是固定的.

定理 4.8

(1) 向量组与其最大无关组等价；

(2) 向量组的任意两个最大无关组等价，且所含向量的个数相等.

分析　(1) 设 A_0 (A_0 中有 r 个向量) 是向量组 A 的最大无关组，一方面，因为 A_0 是 A 的一个部分组，故 A_0 组总能由 A 组线性表示 (A 中每个向量自然都能由 A 组线性表示)；另一方面，根据最大线性无关组的定义 4.6知，对 A 中任一向量 $\boldsymbol{b}$，$r+1$ 个向量 $\boldsymbol{a}_1,\boldsymbol{a}_2,\cdots,\boldsymbol{a}_r,\boldsymbol{b}$ 都线性相关，这表明 A 中任意的向量都能由 A_0 线性表示，即 A 组也能由 A_0 组线性表示. 所以 A 组与 A_0 组等价.

(2) 向量组 A 的任意两个最大无关组均与 A 等价，根据等价的传递性知两个最大无关组等价.

证 (1) 设向量组 A 有最大无关组 $A_0:\boldsymbol{a}_1,\boldsymbol{a}_2,\cdots,\boldsymbol{a}_r$，由定义 4.6知，向量组 A 中的任一向量 $\boldsymbol{b}$ 与向量组 $\boldsymbol{a}_1,\boldsymbol{a}_2,\cdots,\boldsymbol{a}_r$ 组成的 $r+1$ 个向量线性相关，而 $\boldsymbol{a}_1,\boldsymbol{a}_2,\cdots,\boldsymbol{a}_r$ 线性无关. 由定理 4.7知，向量 $\boldsymbol{b}$ 可由向量组 $A_0:\boldsymbol{a}_1,\boldsymbol{a}_2,\cdots,\boldsymbol{a}_r$ 线性表示，即向量组 A 可由向量组 A_0 线性表示.

又向量组 A_0 是向量组 A 的部分组，故 A_0 能由 A 线性表示.

所以向量组 A 与它的最大无关组 $A_0:\boldsymbol{a}_1,\boldsymbol{a}_2,\cdots,\boldsymbol{a}_r$ 等价.

(2) 设向量组 A 有两个最大无关组，分别为 $A_0:\boldsymbol{a}_1,\boldsymbol{a}_2,\cdots,\boldsymbol{a}_r$ 和 $B_0:\boldsymbol{b}_1,\boldsymbol{b}_2,\cdots,\boldsymbol{b}_s$. 由 (1) 知，向量组 A_0 和 B_0 均与 A 等价，由等价的传递性知向量组 A_0 与 B_0 等价.

若向量组 $\boldsymbol{a}_1,\boldsymbol{a}_2,\cdots,\boldsymbol{a}_r$ 和向量组 $\boldsymbol{b}_1,\boldsymbol{b}_2,\cdots,\boldsymbol{b}_s$ 等价，且两者均线性无关，则 $r=s$. 简言之，等价的线性无关向量组所含向量个数相等.

再证 $r=s$. 由于组 A_0 与 B_0 均线性无关，故 $R_{A_0}=r, R_{B_0}=s$. 一方面，向量组 A_0 可由向量组 B_0 线性表示，则 $r\leqslant s$；另一方面，向量组 B_0 可由向量组 A_0 线性表示，则 $s\leqslant r$. 所以 $r=s$.

上述定理表明，若两个向量组等价，则两者的秩相等. 反之，若两个向量组的秩相等，则它们不一定等价，因为它们之间未必有线性表示关系. 例如，设向量组 A,B 分别为

$$A:\boldsymbol{a}_1=\begin{pmatrix}1\\0\end{pmatrix},\quad \boldsymbol{a}_2=\begin{pmatrix}0\\0\end{pmatrix};\qquad B:\boldsymbol{b}_1=\begin{pmatrix}0\\1\end{pmatrix}$$

它们的秩均为 1, 但两向量组不等价. 由此说明，向量组的秩体现的是向量组中最大无关组的向量个数，而向量组等价刻画的是两个向量组的关系，不仅表明两个向量组的秩相等，还表明两个向量组中的向量能够由对方线性表示.

由上述定理不难得出：能与向量组自身等价的线性无关部分组一定是最大无关组. 由此可以得出最大无关组的等价定义.

向量组 A 必然能线性表示它的部分组 A_0，而部分组 A_0 能表示 A 中任意向量，即 A_0 与 A 可以互相线性表示，通俗地说，它们具有相同的线性表示“能力”.

定义 4.7　最大无关组的等价定义

设向量组 $A_0:\boldsymbol{a}_1,\boldsymbol{a}_2,\cdots,\boldsymbol{a}_r$ 是向量组 A 的一个部分组，且满足：

(1) 向量组 A_0 线性无关；

(2) 向量组 A 的任一向量都能由向量组 A_0 线性表示.

那么向量组 A_0 便是向量组 A 的一个最大无关组.

定义 4.7与定义 4.6是等价的. 主要看两个定义中的条件 (2)：任取向量 $\boldsymbol{b}\in A$，由定义 4.7中条件 (2) 和定理 4.7知，$\boldsymbol{b}$ 可由 A_0 线性表示等价于向量组 $\boldsymbol{a}_1,\boldsymbol{a}_2,\cdots,\boldsymbol{a}_r,\boldsymbol{b}$ 线性相关，即定义 4.6中的条件 (2).

引入最大无关组这一概念，不仅为定义向量组的秩提供了基础，更是体现了利用有限向量组研究无限向量组的数学思想. n 维向量组 A 可能含有许多个甚至无限多个向量，但其最大无关组 A_0 仅含 n 个向量，用 A_0 来代表 A，就把 A 组的问题转化为相应的 A_0 组的问题了. 这说明，凡是对有限向量组成立的结论，借助向量组与其最大无关组的等价关系，利用最大无关组作桥梁过渡，立即可推广到无限向量组的情形中.

⚒ 例 4.19 已知向量组 A : $\boldsymbol{\alpha}_1,\boldsymbol{\alpha}_2,\boldsymbol{\alpha}_3$; B : $\boldsymbol{\alpha}_1,\boldsymbol{\alpha}_2,\boldsymbol{\alpha}_3,\boldsymbol{\alpha}_4$; C : $\boldsymbol{\alpha}_1,\boldsymbol{\alpha}_2,\boldsymbol{\alpha}_3,\boldsymbol{\alpha}_5$. 若各向量组的秩为 $R_A=R_B=3$, $R_C=4$. 证明：向量组 $\boldsymbol{\alpha}_1,\boldsymbol{\alpha}_2,\boldsymbol{\alpha}_3,\boldsymbol{\alpha}_5-\boldsymbol{\alpha}_4$ 的秩为 4.

证 因 $R_A=R_B=3$，所以向量组 A 线性无关，而向量组 B 线性相关，故 $\boldsymbol{\alpha}_4$ 必可由 $A:\boldsymbol{\alpha}_1,\boldsymbol{\alpha}_2,\boldsymbol{\alpha}_3$ 线性表示，即存在 $\lambda_1,\lambda_2,\lambda_3\in\mathbb{R}$，使

$$\boldsymbol{\alpha}_4=\lambda_1\boldsymbol{\alpha}_1+\lambda_2\boldsymbol{\alpha}_2+\lambda_3\boldsymbol{\alpha}_3 \tag{4.15}$$

下面证明向量组 $\boldsymbol{\alpha}_1,\boldsymbol{\alpha}_2,\boldsymbol{\alpha}_3,\boldsymbol{\alpha}_5-\boldsymbol{\alpha}_4$ 线性无关.

设有数 k_1,k_2,k_3,k_4 使

$$k_1\boldsymbol{\alpha}_1+k_2\boldsymbol{\alpha}_2+k_3\boldsymbol{\alpha}_3+k_4(\boldsymbol{\alpha}_5-\boldsymbol{\alpha}_4)=\boldsymbol{0}$$

将式(4.15)代入上式，整理得

$$(k_1-\lambda_1k_4)\boldsymbol{\alpha}_1+(k_2-\lambda_2k_4)\boldsymbol{\alpha}_2+(k_3-\lambda_3k_4)\boldsymbol{\alpha}_3+k_4\boldsymbol{\alpha}_5=\boldsymbol{0}$$

由已知 $R_C=4$ 知 $C:\boldsymbol{\alpha}_1,\boldsymbol{\alpha}_2,\boldsymbol{\alpha}_3,\boldsymbol{\alpha}_5$ 线性无关，由线性无关的定义得

$$\begin{cases} k_1-\lambda_1k_4=0\\ k_2-\lambda_2k_4=0\\ k_3-\lambda_3k_4=0\\ k_4=0\end{cases}$$

解得 $k_1=k_2=k_3=k_4=0$，故 $\boldsymbol{\alpha}_1,\boldsymbol{\alpha}_2,\boldsymbol{\alpha}_3,\boldsymbol{\alpha}_5-\boldsymbol{\alpha}_4$ 线性无关，从而其秩为 4.

4.2.2 矩阵的秩与向量组的秩

作为一个集合，向量组是无序的. 对矩阵而言，其各列是有序的. 所以，一个含有限个有限维向量的向量组对应多个矩阵. 例如，向量组 A:

$$\boldsymbol{\alpha}_1=\begin{pmatrix}2\\2\\-3\end{pmatrix},\quad \boldsymbol{\alpha}_2=\begin{pmatrix}1\\2\\1\end{pmatrix},\quad \boldsymbol{\alpha}_3=\begin{pmatrix}3\\0\\2\end{pmatrix}$$

则由 $\boldsymbol{\alpha}_1,\boldsymbol{\alpha}_2,\boldsymbol{\alpha}_3$ 和 $\boldsymbol{\alpha}_2,\boldsymbol{\alpha}_1,\boldsymbol{\alpha}_3$ 所构成的矩阵分别为

$$\boldsymbol{A}=\begin{pmatrix}2&1&3\\2&2&0\\-3&1&2\end{pmatrix},\quad \boldsymbol{B}=\begin{pmatrix}1&2&3\\2&2&0\\1&-3&2\end{pmatrix}$$

两个矩阵的形式不同,但是它们是列等价关系,其秩相等,即 $R(\boldsymbol{A})=R(\boldsymbol{B})=3$. 并且不难验证，$\boldsymbol{\alpha}_1,\boldsymbol{\alpha}_2,\boldsymbol{\alpha}_3$ 的任意排序构成的矩阵的秩均相等. 实际上，由不同排序构造的矩阵之间经有限次初等列变换均能化成统一的形式，而初等变换不改变矩阵的秩.

因此，对只含有限个有限维向量的向量组而言，向量组的秩就等于它所构成的矩阵的秩.

定理 4.9

设只含有限个 m 维向量的向量组 $A: \boldsymbol{a}_1, \boldsymbol{a}_2, \cdots, \boldsymbol{a}_n$，它可以构成矩阵 $\boldsymbol{A} = (\boldsymbol{a}_1, \boldsymbol{a}_2, \cdots, \boldsymbol{a}_n)$. 则向量组 A 的秩就等于矩阵 $\boldsymbol{A}$ 的秩，记作

$$R(\boldsymbol{a}_1, \boldsymbol{a}_2, \cdots, \boldsymbol{a}_n) = R(\boldsymbol{A})$$

对 $m \times n$ 矩阵

$$\boldsymbol{A}_{m\times n} = \begin{pmatrix} a_{11} & a_{12} & \cdots & a_{1n} \\ a_{21} & a_{22} & \cdots & a_{2n} \\ \vdots & \vdots & \ddots & \vdots \\ a_{m1} & a_{m2} & \cdots & a_{mn} \end{pmatrix}$$

则矩阵 $\boldsymbol{A}$ 的列向量组 $\boldsymbol{a}_1, \boldsymbol{a}_2, \cdots, \boldsymbol{a}_n$ 的秩 $R(\boldsymbol{a}_1, \boldsymbol{a}_2, \cdots, \boldsymbol{a}_n)$ 称为矩阵 $\boldsymbol{A}$ 的列秩，其中

$$\boldsymbol{a}_j = (a_{1j}, a_{2j}, \cdots, a_{mj})^{\mathrm{T}} \quad (j = 1, 2, \cdots, n)$$

类似地，矩阵 $\boldsymbol{A}$ 的行向量组 $\boldsymbol{\beta}_1, \boldsymbol{\beta}_2, \cdots, \boldsymbol{\beta}_m$ 的秩 $R(\boldsymbol{\beta}_1, \boldsymbol{\beta}_2, \cdots, \boldsymbol{\beta}_m)$ 称为矩阵 $\boldsymbol{A}$ 的行秩，其中

$$\boldsymbol{\beta}_i = (a_{i1}, a_{i2}, \cdots, a_{in})^{\mathrm{T}} \quad (i = 1, 2, \cdots, m)$$

定理 4.10 三秩相等

矩阵 $\boldsymbol{A}$ 的行秩等于列秩，且等于矩阵 $\boldsymbol{A}$ 的秩，即

$$\boldsymbol{A}\text{的秩} = \boldsymbol{A}\text{的行秩} = \boldsymbol{A}\text{的列秩}$$

三秩相等.

需要注意矩阵行满秩、列满秩、满秩的不同. 例如，矩阵

$$\boldsymbol{A} = \begin{pmatrix} 1 & 0 & 0 \\ 0 & 1 & 0 \end{pmatrix}$$

的秩 ($R(\boldsymbol{A}) = 2$) 等于 $\boldsymbol{A}$ 的行数，但小于其列数，即 $\boldsymbol{A}$ 行满秩，而非列满秩，也就是说矩阵 $\boldsymbol{A}$ 对应的行向量组线性无关，而列向量组线性相关；同理，矩阵

$$\boldsymbol{B} = \begin{pmatrix} 1 & 0 \\ 0 & 1 \\ 0 & 0 \end{pmatrix}$$

列满秩而非行满秩，而矩阵

$$\boldsymbol{C} = \begin{pmatrix} 1 & 0 & 0 \\ 0 & 1 & 0 \\ 0 & 0 & 1 \end{pmatrix}$$

满秩，则 $\boldsymbol{C}$ 行满秩且列满秩.

⚒ 例 4.20 已知向量组 A:

$$\boldsymbol{\alpha}_1=\begin{pmatrix}1\\0\\1\\2\end{pmatrix},\quad \boldsymbol{\alpha}_2=\begin{pmatrix}0\\1\\1\\2\end{pmatrix},\quad \boldsymbol{\alpha}_3=\begin{pmatrix}-1\\1\\0\\a-3\end{pmatrix},\quad \boldsymbol{\alpha}_4=\begin{pmatrix}1\\2\\a\\6\end{pmatrix},\quad \boldsymbol{\alpha}_5=\begin{pmatrix}1\\1\\2\\3\end{pmatrix}$$

问 a 为何值时，向量组 A 的秩等于 3？并求出此时它的一个最大线性无关组，并把不属于最大无关组的其他向量用最大无关组线性表示.

解 对矩阵 $\boldsymbol{A}=(\boldsymbol{\alpha}_1,\boldsymbol{\alpha}_2,\boldsymbol{\alpha}_3,\boldsymbol{\alpha}_4,\boldsymbol{\alpha}_5)$ 施以初等行变换将其变为行阶梯形矩阵：

$$\boldsymbol{A}=\begin{pmatrix}1&0&-1&1&1\\0&1&1&2&1\\1&1&0&a&2\\2&2&a-3&6&3\end{pmatrix}\xrightarrow{r}\begin{pmatrix}1&0&-1&1&1\\0&1&1&2&1\\0&0&a-3&0&-1\\0&0&0&a-3&0\end{pmatrix}$$

当 $a=3$ 时向量组 A 的秩等于 3，此时，

$$\boldsymbol{A}\xrightarrow{r}\begin{pmatrix}1&0&-1&1&1\\0&1&1&2&1\\0&0&0&0&-1\\0&0&0&0&0\end{pmatrix}\xrightarrow{r}\begin{pmatrix}1&0&-1&1&0\\0&1&1&2&0\\0&0&0&0&1\\0&0&0&0&0\end{pmatrix}$$

显然，$\boldsymbol{\alpha}_1,\boldsymbol{\alpha}_2,\boldsymbol{\alpha}_5$ 是它的一个最大无关组，且

$$\boldsymbol{\alpha}_3=-\boldsymbol{\alpha}_1+\boldsymbol{\alpha}_2,\quad \boldsymbol{\alpha}_4=\boldsymbol{\alpha}_1+2\boldsymbol{\alpha}$$

初等行变换不改变列向量之间的线性关系，如例 4.14.

通常，我们选择矩阵 $\boldsymbol{A}$ 化为行最简形矩阵后非零行主元所在列对应的向量作为最大无关组，如

$$\begin{pmatrix}1&0&-1&1&0\\0&1&1&2&0\\0&0&0&0&1\\0&0&0&0&0\end{pmatrix}$$

在本例中，$\boldsymbol{\alpha}_1,\boldsymbol{\alpha}_3,\boldsymbol{\alpha}_5$ 及 $\boldsymbol{\alpha}_1,\boldsymbol{\alpha}_4,\boldsymbol{\alpha}_5$ 等也是向量组 A 的最大无关组，

$$\begin{pmatrix}1&0&-1&1&0\\0&1&1&2&0\\0&0&0&0&1\\0&0&0&0&0\end{pmatrix},\quad\begin{pmatrix}1&0&-1&1&0\\0&1&1&2&0\\0&0&0&0&1\\0&0&0&0&0\end{pmatrix}$$

实际上，欲找出已知向量组的最大无关组，根据向量组与其最大无关组的等价关系，只需选择的部分组的秩与整体组 A 的秩相等即可，如本例

$$R(\boldsymbol{\alpha}_1,\boldsymbol{\alpha}_2,\boldsymbol{\alpha}_5)=R(\boldsymbol{\alpha}_1,\boldsymbol{\alpha}_3,\boldsymbol{\alpha}_5)=R(\boldsymbol{\alpha}_1,\boldsymbol{\alpha}_4,\boldsymbol{\alpha}_5)=R_A=3$$

实际上，$\mathbb{R}^n$ 的最大无关组有很多，任意 n 个线性无关的 n 维向量都是 $\mathbb{R}^n$ 的最大无关组.

⚒ **例 4.21** 全体 n 维向量构成的向量组记作 $\mathbb{R}^n$，求 $\mathbb{R}^n$ 的一个最大无关组及 $\mathbb{R}^n$ 的秩.

证 由例 4.12知，n 维单位坐标向量组构成的矩阵为

$$\boldsymbol{E}=\begin{pmatrix}1&0&\cdots&0\\0&1&\cdots&0\\\vdots&\vdots&&\vdots\\0&0&\cdots&1\end{pmatrix}=(\boldsymbol{e}_1,\boldsymbol{e}_2,\cdots,\boldsymbol{e}_n)$$
$$\quad\uparrow\quad\uparrow\qquad\quad\uparrow$$
$$\quad\boldsymbol{e}_1\quad\boldsymbol{e}_2\qquad\boldsymbol{e}_n$$

是 n 阶单位矩阵，由 $|\boldsymbol{E}|=1\neq 0$ 知 $R(\boldsymbol{E})=n$，即 $R(\boldsymbol{E})$ 等于向量组中向量的个数，故 n 维单位向量构成的向量组 $\boldsymbol{e}_1,\boldsymbol{e}_2,\cdots,\boldsymbol{e}_n$ 线性无关.

又根据例 4.1，任意 n 维向量都可以由 n 维单位向量组线性表示，所以 n 维单位向量组 $\boldsymbol{e}_1,\boldsymbol{e}_2,\cdots,\boldsymbol{e}_n$ 就是 $\mathbb{R}^n$ 的一个最大无关组，且 $\mathbb{R}^n$ 的秩等于 n.

⚒ **例 4.22** 设向量组

$$\boldsymbol{\alpha}_1=\begin{pmatrix}a\\3\\1\end{pmatrix},\quad \boldsymbol{\alpha}_2=\begin{pmatrix}2\\b\\3\end{pmatrix},\quad \boldsymbol{\alpha}_3=\begin{pmatrix}1\\2\\1\end{pmatrix},\quad \boldsymbol{\alpha}_4=\begin{pmatrix}2\\3\\1\end{pmatrix}$$

的秩为 2，求 a,b.

解 令矩阵 $\boldsymbol{A}=(\boldsymbol{\alpha}_3,\boldsymbol{\alpha}_4,\boldsymbol{\alpha}_1,\boldsymbol{\alpha}_2)$，则

$$\boldsymbol{A}=\begin{pmatrix}1&2&a&2\\2&3&3&b\\1&1&1&3\end{pmatrix}\xrightarrow{r}\begin{pmatrix}1&2&a&2\\0&-1&3-2a&b-4\\0&-1&1-a&1\end{pmatrix}$$
$$\xrightarrow{r}\begin{pmatrix}1&2&a&2\\0&-1&3-2a&b-4\\0&0&a-2&5-b\end{pmatrix}$$

向量组 $\boldsymbol{\alpha}_1,\boldsymbol{\alpha}_2,\boldsymbol{\alpha}_3,\boldsymbol{\alpha}_4$ 的秩为 2，即 $R(\boldsymbol{A})=2$，故 $a=2,b=5$.

4.3 向量空间

在第 1 章中介绍了向量空间这一代数结构，实际上，向量空间就是满足特定条件 (非空，且对加法和数乘运算封闭) 的向量组. 本节我们将从向量组的角度进一步研究向量空间的相关特性.

4.3.1 向量空间的基

由最大无关组的定义知，向量组中任意向量均可由其最大无关组线性表示. 相应的，若把向量空间看作向量组，则最大无关组就是该向量空间的基.

下面利用向量组的线性相关性定义向量空间的基.

定义 4.8 向量空间的基

设 V 是向量空间，如果 r 个向量 $\boldsymbol{a}_1,\boldsymbol{a}_2,\cdots,\boldsymbol{a}_r\in V$，且满足

(1) $\boldsymbol{a}_1,\boldsymbol{a}_2,\cdots,\boldsymbol{a}_r$ 线性无关；

(2) V 中任一向量 $\boldsymbol{b}$ 都可由 $\boldsymbol{a}_1,\boldsymbol{a}_2,\cdots,\boldsymbol{a}_r$ 线性表示，即存在 $\lambda_1,\lambda_2,\cdots,$

λ_r 使

$$b = \lambda_1 a_1 + \lambda_2 a_2 + \cdots + \lambda_r a_r$$

那么，向量组 $a_1, a_2, \cdots, a_r$ 就称为向量空间 V 的一个基，r 称为向量空间 V 的维数(dimension)，记作 $\dim V$，并称 V 为 r 维向量空间，$(\lambda_1, \lambda_2, \cdots, \lambda_r)$ 为 b 在基 $a_1, a_2, \cdots, a_r$ 下的坐标.

注 1：如果向量空间 V 没有基，那么 V 的维数为 0. 0 维向量空间只含一个零向量 $\mathbf{0}$.

注 2：向量空间 V 的基就是其对应的向量组 V 的最大无关组，维数 $\dim V$ 就是其对应的向量组 V 的秩 R_V.

注 3：向量组与其最大无关组等价，对应的，向量空间可看作由其基生成的. 确定了一组基，就确定了由其生成的向量空间.

注 4：向量组的最大无关组可能不唯一，对应的，向量空间的基不具有唯一性.

例如，对二维向量空间 $\mathbb{R}^2$，$i = (1,0)^{\mathrm{T}}, j = (0,1)$ 是 $\mathbb{R}^2$ 的基，$\mathbb{R}^2$ 中的任意向量都可以表示成基 i, j 的线性组合；不难验证，$-i, -j$ 仍然是 $\mathbb{R}^2$ 的基.

实际上，任意两个线性无关的二维向量 α, β 都构成 $\mathbb{R}^2$ 的一个基. 从几何上看，只要两个向量 α, β 不共线，那么二维平面上的任意向量都可以表示成 α, β 的线性组合. 我们称该二维平面为向量 α, β 张成的平面 (空间). 向量空间 $\mathbb{R}^2$ 的基如图 4.6所示.

任意 n 个线性无关的 n 维向量都是 $\mathbb{R}^n$ 的最大无关组，即任意 n 个线性无关的 n 维向量都可以是向量空间 $\mathbb{R}^n$ 的一个基，且由此可知 $\mathbb{R}^n$ 的维数 $\dim \mathbb{R}^n = n$.

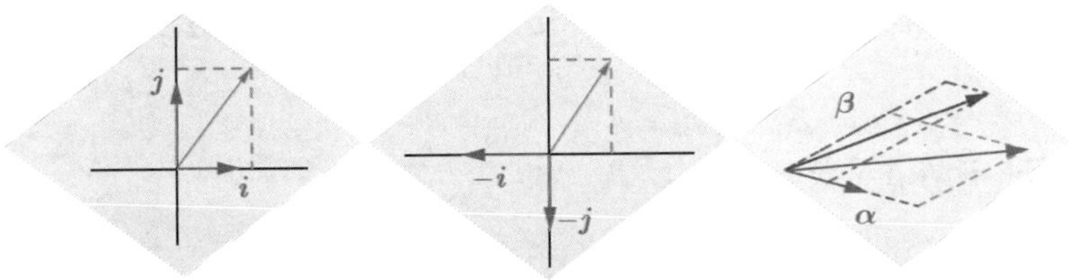

图 4.6　向量空间 $\mathbb{R}^2$ 的基

注 5：特别地，在 $\mathbb{R}^n$ 中，取单位坐标向量组 $e_1, e_2, \cdots, e_n$ 为基，则以 $x_1, x_2, \cdots, x_n$ 为分量的向量 x 可表示为

$$x = x_1 e_1 + x_2 e_2 + \cdots + x_n e_n$$

可见，向量在基 $e_1, e_2, \cdots, e_n$ 中的坐标就是该向量的分量. 因此，$e_1, e_2, \cdots, e_n$ 这一组特殊的基称作 $\mathbb{R}^n$ 中的自然基或标准基.

⚒ **例 4.23**　验证向量组

$$\alpha_1 = \begin{pmatrix} 1 \\ 1 \\ 1 \end{pmatrix}, \quad \alpha_2 = \begin{pmatrix} 1 \\ 1 \\ 0 \end{pmatrix}, \quad \alpha_3 = \begin{pmatrix} 1 \\ 0 \\ 0 \end{pmatrix}$$

为 $\mathbb{R}^3$ 的一组基，并求向量 $\beta = (2, 4, -2)^{\mathrm{T}}$ 在这组基下的坐标.

解　要证 $\boldsymbol{\alpha}_1,\boldsymbol{\alpha}_2,\boldsymbol{\alpha}_3$ 是 $\mathbb{R}^3$ 的一组基，只需证 $\boldsymbol{\alpha}_1,\boldsymbol{\alpha}_2,\boldsymbol{\alpha}_3$ 线性无关，因

$$(\boldsymbol{\alpha}_1,\boldsymbol{\alpha}_2,\boldsymbol{\alpha}_3)=\begin{pmatrix}1&1&1\\1&1&0\\1&0&0\end{pmatrix}\xrightarrow{r}\begin{pmatrix}0&0&1\\0&1&0\\1&0&0\end{pmatrix}\xrightarrow{r}\begin{pmatrix}1&0&0\\0&1&0\\0&0&1\end{pmatrix}$$

所以 $R(\boldsymbol{\alpha}_1,\boldsymbol{\alpha}_2,\boldsymbol{\alpha}_3)=3$，$\boldsymbol{\alpha}_1,\boldsymbol{\alpha}_2,\boldsymbol{\alpha}_3$ 线性无关，是 $\mathbb{R}^3$ 的一组基.

设 $\boldsymbol{\beta}=x_1\boldsymbol{\alpha}_1+x_2\boldsymbol{\alpha}_2+x_3\boldsymbol{\alpha}_3$，由

$$(\boldsymbol{\alpha}_1,\boldsymbol{\alpha}_2,\boldsymbol{\alpha}_3,\boldsymbol{\beta})=\begin{pmatrix}1&1&1&2\\1&1&0&4\\1&0&0&-2\end{pmatrix}\xrightarrow{r}\begin{pmatrix}1&0&0&-2\\0&1&0&6\\0&0&1&-2\end{pmatrix}$$

知 $\boldsymbol{\beta}=-2\boldsymbol{\alpha}_1+6\boldsymbol{\alpha}_2-2\boldsymbol{\alpha}_3$，故 $\boldsymbol{\beta}$ 在这组基下的坐标是 $(-2,6,-2)$.

4.3.2　标准正交基

正交是两个线性无关向量的位置度量关系的特殊情形. 从几何上看，$\mathbb{R}^2$ 中的任意两个向量 $\boldsymbol{\alpha},\boldsymbol{\beta}$ 不共线，那么 $\boldsymbol{\alpha},\boldsymbol{\beta}$ 线性无关. 在此基础上，若 $\boldsymbol{\alpha},\boldsymbol{\beta}$ 垂直 (夹角为 90°)，即内积 $[\boldsymbol{\alpha},\boldsymbol{\beta}]=0$ 时，称 $\boldsymbol{\alpha},\boldsymbol{\beta}$ 正交. 由此可见，正交的向量必线性无关，而线性无关的向量未必正交.

正交反映的是向量之间的度量属性，线性相关 (或线性无关) 反映的是向量之间的线性关系.

定义 4.9　正交向量组

一组两两正交的非零向量的集合称为正交向量组.

所谓两两正交，是指向量组中的任意两个向量之间均正交.

定理 4.11　正交向量组必线性无关

若 n 维非零向量组 $\boldsymbol{a}_1,\boldsymbol{a}_2,\cdots,\boldsymbol{a}_r$ 两两正交，则 $\boldsymbol{a}_1,\boldsymbol{a}_2,\cdots,\boldsymbol{a}_r$ 线性无关.

证　设存在常数 $k_1,k_2,\cdots,k_r$ 使

$$k_1\boldsymbol{a}_1+k_2\boldsymbol{a}_2+\cdots+k_r\boldsymbol{a}_r=\mathbf{0}$$

以 $\boldsymbol{a}_1^{\mathrm{T}}$ 左乘上式两端 (即将 $\boldsymbol{a}_1$ 与上式两端作内积)，有

$$k_1\boldsymbol{a}_1^{\mathrm{T}}\boldsymbol{a}_1+k_2\boldsymbol{a}_1^{\mathrm{T}}\boldsymbol{a}_2+\cdots+k_r\boldsymbol{a}_1^{\mathrm{T}}\boldsymbol{a}_r=\boldsymbol{a}_1^{\mathrm{T}}\mathbf{0}$$

由于 $\boldsymbol{a}_1,\boldsymbol{a}_2,\cdots,\boldsymbol{a}_r$ 两两正交，知 $\boldsymbol{a}_1^{\mathrm{T}}\boldsymbol{a}_i=0, i\neq 1$，得

$$k_1\boldsymbol{a}_1^{\mathrm{T}}\boldsymbol{a}_1=0$$

又 $\boldsymbol{a}_1\neq\mathbf{0}$，故 $\boldsymbol{a}_1^{\mathrm{T}}\boldsymbol{a}_1=||\boldsymbol{a}_1||^2\neq 0$，从而 $k_1=0$.

同理可证 $k_2=k_3=\cdots=k_r=0$. 于是向量组 $\boldsymbol{a}_1,\boldsymbol{a}_2,\cdots,\boldsymbol{a}_r$ 线性无关.

在向量空间中，正交向量组作为向量空间的基，称为向量空间的正交基. 任意 n 个两两正交的 n 维非零向量均可构成向量空间 $\mathbb{R}^n$ 的一个正交基.

✍ 一组两两正交的单位向量组成的向量组称为标准正交向量组.

定义 4.10　标准正交基

设 n 维向量组 $\boldsymbol{e}_1,\boldsymbol{e}_2,\cdots,\boldsymbol{e}_r$ 是向量空间 $V\,(V\subseteq\mathbb{R}^n)$ 的一个正交基，且 $\boldsymbol{e}_1,\boldsymbol{e}_2,\cdots,\boldsymbol{e}_r$ 都是单位向量，则称 $\boldsymbol{e}_1,\boldsymbol{e}_2,\cdots,\boldsymbol{e}_r$ 是 V 的一个标准正交

基(或称规范正交基).

由定义知，向量空间的标准正交基中的向量同时满足两个条件：① 两两正交；② 都是单位向量. 例如，

$$e_1=\begin{pmatrix}\frac{1}{\sqrt{2}}\\ \frac{1}{\sqrt{2}}\\ 0\\ 0\end{pmatrix},\quad e_2=\begin{pmatrix}\frac{1}{\sqrt{2}}\\ -\frac{1}{\sqrt{2}}\\ 0\\ 0\end{pmatrix},\quad e_3=\begin{pmatrix}0\\ 0\\ \frac{1}{\sqrt{2}}\\ \frac{1}{\sqrt{2}}\end{pmatrix},\quad e_4=\begin{pmatrix}0\\ 0\\ \frac{1}{\sqrt{2}}\\ -\frac{1}{\sqrt{2}}\end{pmatrix}$$

是 $\mathbb{R}^4$ 的一个标准正交基.

$$e_1=\begin{pmatrix}1\\0\\0\\0\end{pmatrix},\quad e_2=\begin{pmatrix}0\\1\\0\\0\end{pmatrix},\quad e_3=\begin{pmatrix}0\\0\\1\\0\end{pmatrix},\quad e_4=\begin{pmatrix}0\\0\\0\\1\end{pmatrix}$$

也是 $\mathbb{R}^4$ 的一个标准正交基 (自然基).

如何求给定向量在标准正交基中的坐标？若 $e_1,e_2,\cdots,e_r$ 是向量空间 V 的一个标准正交基，那么 V 中任意一个向量 α 能由 $e_1,e_2,\cdots,e_r$ 线性表示：

$$\alpha=\lambda_1e_1+\lambda_2e_2+\cdots+\lambda_re_r$$

为求坐标 $\lambda_i\,(i=1,2,\cdots,r)$，可用$e_i^{\mathrm{T}}$ 左乘上式，则

$$e_i^{\mathrm{T}}\alpha=\lambda_ie_i^{\mathrm{T}}e_i=\lambda_i$$

即

$$\lambda_i=e_i^{\mathrm{T}}\alpha=[e_i,\alpha]=[\alpha,e_i]$$

这就是向量在标准正交基中的坐标计算公式.

由此看来，利用标准正交基表示向量的坐标十分便利 (坐标可以用内积简单地表示)，因此我们在给向量空间取基时常常选用标准正交基，正如通常选用两两垂直的单位向量构造直角坐标系一样.

那么，如何将向量空间 V 中的一组基转化为标准正交基呢？常采用的方法是施密特正交化 (Schmidt orthogonalization) 方法.

✍ 由于两两正交，则 $e_i^{\mathrm{T}}e_j=[e_i,e_j]=0(i\neq j)$.

☕ 实际上，施密特正交化方法全称为格拉姆—施密特正交化方法 (Gram-Schmidt orthogonalization)，由 Jørgen Pedersen Gram 和 Erhard Schmidt 两人提出.

4.3.3 施密特正交化方法

设 $a_1,a_2,\cdots,a_r$ 是向量空间的一个基，要求 V 的一个标准正交基. 这也就是要通过对 $a_1,a_2,\cdots,a_r$ 进行处理，导出一组两两正交的单位向量 $e_1,e_2,\cdots,e_r$，使其与 $a_1,a_2,\cdots,a_r$ 等价. 这个问题称为将 $a_1,a_2,\cdots,a_r$ 标准正交化.

其基本思路是基 $\xrightarrow{\text{施密特正交化}}$ 正交基 $\xrightarrow{\text{单位化}}$ 标准正交基.

第一步：施密特正交化. 下面的例 4.24从几何上解释施密特正交化的基本思想.

⚒ **例 4.24**　由基 $\boldsymbol{a}_1, \boldsymbol{a}_2, \boldsymbol{a}_3$ 得到一组两两正交的正交基 $\boldsymbol{b}_1, \boldsymbol{b}_2, \boldsymbol{b}_3$.

分析　(1) 表示出 $\boldsymbol{a}_2$ 在 $\boldsymbol{a}_1$ 上的投影向量，如图 4.7所示.

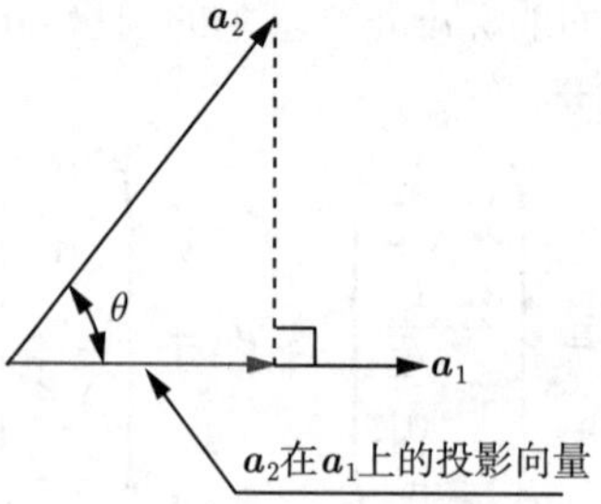

图 4.7　投影向量

即

$$\boldsymbol{a}_2\text{在}\boldsymbol{a}_1\text{上的投影向量} = \mathrm{Prj}_{\boldsymbol{a}_1}\boldsymbol{a}_2 \cdot \frac{\boldsymbol{a}_1}{||\boldsymbol{a}_1||} = ||\boldsymbol{a}_2||\cos\theta \cdot \frac{\boldsymbol{a}_1}{||\boldsymbol{a}_1||}$$
$$= \frac{||\boldsymbol{a}_1||\ ||\boldsymbol{a}_2||\cos\theta}{||\boldsymbol{a}_1||\ ||\boldsymbol{a}_1||}\boldsymbol{a}_1$$
$$= \frac{[\boldsymbol{a}_2, \boldsymbol{a}_1]}{[\boldsymbol{a}_1, \boldsymbol{a}_1]}\boldsymbol{a}_1 \tag{4.16}$$

其中，θ 是 $\boldsymbol{a}_1, \boldsymbol{a}_2$ 的夹角.

(2) 由 $\boldsymbol{a}_1, \boldsymbol{a}_2$ 导出一组正交向量 $\boldsymbol{b}_1, \boldsymbol{b}_2$.

取 $\boldsymbol{b}_1 = \boldsymbol{a}_1$，如图 4.8所示，则

$$\boldsymbol{b}_2 = \boldsymbol{a}_2 - \boldsymbol{a}_2\text{在}\boldsymbol{b}_1\text{上的投影向量}$$
$$= \boldsymbol{a}_2 - \frac{[\boldsymbol{a}_2, \boldsymbol{a}_1]}{[\boldsymbol{a}_1, \boldsymbol{a}_1]}\boldsymbol{a}_1 \qquad (\text{取}\boldsymbol{b}_1 = \boldsymbol{a}_1)$$
$$= \boldsymbol{a}_2 - \frac{[\boldsymbol{a}_2, \boldsymbol{b}_1]}{[\boldsymbol{b}_1, \boldsymbol{b}_1]}\boldsymbol{b}_1 \tag{4.17}$$

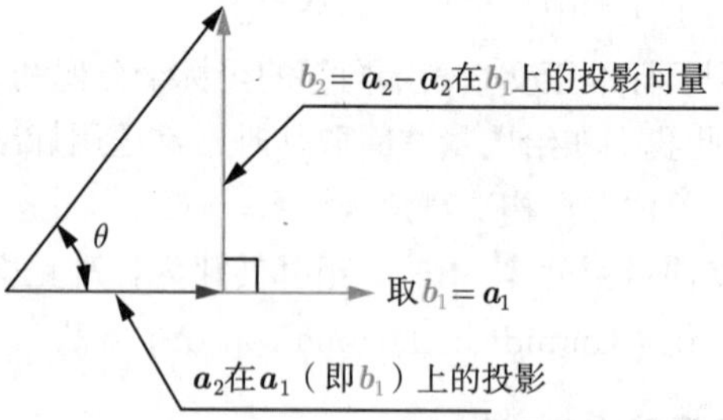

图 4.8　由 $\boldsymbol{a}_1, \boldsymbol{a}_2$ 导出一组正交向量 $\boldsymbol{b}_1, \boldsymbol{b}_2$

(3) 进一步导出 $\boldsymbol{b}_3$，使其满足 $\boldsymbol{b}_3 \perp \boldsymbol{b}_1$ 且 $\boldsymbol{b}_3 \perp \boldsymbol{b}_2$. 如图 4.9所示，$\boldsymbol{c}_3$ 为 $\boldsymbol{a}_3$ 在 $\boldsymbol{b}_1, \boldsymbol{b}_2$ 所在平面的投影向量；$\boldsymbol{c}_{31}, \boldsymbol{c}_{32}$ 是 $\boldsymbol{c}_3$ 分别在 $\boldsymbol{b}_1, \boldsymbol{b}_2$ 上的投影向量 (分量)，则

$$\boldsymbol{b}_3 = \boldsymbol{a}_3 - \boldsymbol{c}_3$$
$$= \boldsymbol{a}_3 - (\boldsymbol{c}_{31} + \boldsymbol{c}_{32})$$
$$= \boldsymbol{a}_3 - \boldsymbol{a}_3\text{在}\boldsymbol{b}_1\text{上的投影向量} - \boldsymbol{a}_3\text{在}\boldsymbol{b}_2\text{上的投影向量}$$

$$= \boldsymbol{a}_3 - \frac{[\boldsymbol{a}_3, b_1]}{[b_1, b_1]} b_1 - - \frac{[\boldsymbol{a}_3, b_2]}{[b_2, b_2]} b_2 \tag{4.18}$$

这样，就由基 $\boldsymbol{a}_1, \boldsymbol{a}_2, \boldsymbol{a}_3$ 得到了正交基 $\boldsymbol{b}_1, \boldsymbol{b}_2, \boldsymbol{b}_3$.

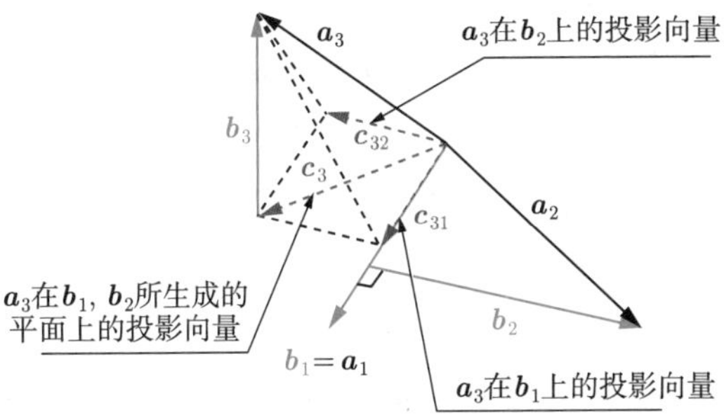

图 4.9　由基 $\boldsymbol{a}_1, \boldsymbol{a}_2, \boldsymbol{a}_3$ 导出正交基 $\boldsymbol{b}_1, \boldsymbol{b}_2, \boldsymbol{b}_3$

按照例 4.24中叙述的方法进一步推广，得出如下的施密特正交化方法.

取

$$\boldsymbol{b}_1 = \boldsymbol{a}_1$$

$$\boldsymbol{b}_2 = \boldsymbol{a}_2 - \frac{[\boldsymbol{a}_2, \boldsymbol{b}_1]}{[\boldsymbol{b}_1, \boldsymbol{b}_1]} \boldsymbol{b}_1$$

$$\vdots$$

$$\boldsymbol{b}_r = \boldsymbol{a}_r - \frac{[\boldsymbol{a}_r, \boldsymbol{b}_1]}{[\boldsymbol{b}_1, \boldsymbol{b}_1]} \boldsymbol{b}_1 - \frac{[\boldsymbol{a}_r, \boldsymbol{b}_2]}{[\boldsymbol{b}_2, \boldsymbol{b}_2]} \boldsymbol{b}_2 - \cdots - \frac{[\boldsymbol{a}_r, \boldsymbol{b}_{r-1}]}{[\boldsymbol{b}_{r-1}, \boldsymbol{b}_{r-1}]} \boldsymbol{b}_{r-1}$$

于是 $\boldsymbol{b}_1, \boldsymbol{b}_2, \cdots, \boldsymbol{b}_r$ 两两正交且与 $\boldsymbol{a}_1, \boldsymbol{a}_2, \boldsymbol{a}_3$ 等价 (可互相线性表示).

第二步：单位化. 将 $\boldsymbol{b}_1, \boldsymbol{b}_2, \cdots, \boldsymbol{b}_r$ 单位化，取

$$\boldsymbol{e}_1 = \frac{\boldsymbol{b}_1}{\|\boldsymbol{b}_1\|}, \quad \boldsymbol{e}_2 = \frac{\boldsymbol{b}_2}{\|\boldsymbol{b}_2\|}, \quad \cdots, \quad \boldsymbol{e}_r = \frac{\boldsymbol{b}_r}{\|\boldsymbol{b}_r\|}$$

$\boldsymbol{e}_1, \boldsymbol{e}_2, \cdots, \boldsymbol{e}_r$ 就是 V 的一个标准正交基.

⚒ **例 4.25**　设 $\boldsymbol{a}_1 = \begin{pmatrix} 1 \\ 1 \\ 0 \end{pmatrix}, \boldsymbol{a}_2 = \begin{pmatrix} 1 \\ 1 \\ 1 \end{pmatrix}, \boldsymbol{a}_3 = \begin{pmatrix} -1 \\ 1 \\ -1 \end{pmatrix}$，将 $\boldsymbol{a}_1, \boldsymbol{a}_2, \boldsymbol{a}_3$ 标准正交化.

解　先正交化. 取

$$\boldsymbol{b}_1 = \boldsymbol{a}_1$$

$$\boldsymbol{b}_2 = \boldsymbol{a}_2 - \frac{[\boldsymbol{a}_2, \boldsymbol{b}_1]}{[\boldsymbol{b}_1, \boldsymbol{b}_1]} \boldsymbol{b}_1 = \begin{pmatrix} 1 \\ 1 \\ 1 \end{pmatrix} - \frac{2}{2} \begin{pmatrix} 1 \\ 1 \\ 0 \end{pmatrix} = \begin{pmatrix} 0 \\ 0 \\ 1 \end{pmatrix}$$

$$\boldsymbol{b}_3 = \boldsymbol{a}_3 - \frac{[\boldsymbol{a}_3, \boldsymbol{b}_1]}{[\boldsymbol{b}_1, \boldsymbol{b}_1]} \boldsymbol{b}_1 - \frac{[\boldsymbol{a}_3, \boldsymbol{b}_2]}{[\boldsymbol{b}_2, \boldsymbol{b}_2]} \boldsymbol{b}_2 = \begin{pmatrix} -1 \\ 1 \\ -1 \end{pmatrix} - \frac{0}{2} \begin{pmatrix} 1 \\ 1 \\ 0 \end{pmatrix} - \frac{-1}{1} \begin{pmatrix} 0 \\ 0 \\ 1 \end{pmatrix} = \begin{pmatrix} -1 \\ 1 \\ 0 \end{pmatrix}$$

再单位化.

$$e_1=\frac{1}{\sqrt{2}}\begin{pmatrix}1\\1\\0\end{pmatrix},\quad e_2=\begin{pmatrix}0\\0\\1\end{pmatrix},\quad e_3=\frac{1}{\sqrt{2}}\begin{pmatrix}-1\\1\\0\end{pmatrix}$$

定义 4.11　正交矩阵 (orthogonal matrices)

设 $\boldsymbol{A}$ 是方阵，若

$$\boldsymbol{A}^{\mathrm{T}}\boldsymbol{A}=\boldsymbol{E}\quad(\text{即 } \boldsymbol{A}^{-1}=\boldsymbol{A}^{\mathrm{T}})$$

则称 $\boldsymbol{A}$ 为正交矩阵，简称正交阵.

注 1：事实上，设 $\boldsymbol{A}=(\boldsymbol{\alpha}_1,\boldsymbol{\alpha}_2,\cdots,\boldsymbol{\alpha}_n)$，则

$$\begin{pmatrix}\boldsymbol{\alpha}_1^{\mathrm{T}}\\\boldsymbol{\alpha}_2^{\mathrm{T}}\\\vdots\\\boldsymbol{\alpha}_n^{\mathrm{T}}\end{pmatrix}(\boldsymbol{\alpha}_1,\boldsymbol{\alpha}_2,\cdots,\boldsymbol{\alpha}_n)=\begin{pmatrix}1&0&0&0\\0&1&0&0\\0&0&\ddots&0\\0&0&0&1\end{pmatrix}\Leftrightarrow \boldsymbol{\alpha}_i^{\mathrm{T}}\boldsymbol{\alpha}_j=\begin{cases}1,&i=j\\0,&i\neq j\end{cases}$$

故正交矩阵的一个等价定义：$\boldsymbol{A}$ 是正交矩阵当且仅当 $\boldsymbol{A}$ 的列向量组是单位正交向量组.

✍ 因为 $\boldsymbol{A}^{\mathrm{T}}\boldsymbol{A}=\boldsymbol{E}$ 与 $\boldsymbol{A}\boldsymbol{A}^{\mathrm{T}}=\boldsymbol{E}$ 等价，所以 $\boldsymbol{A}$ 的行向量组也是单位正交向量组.

注 2：n 阶正交矩阵 $\boldsymbol{A}$ 的 n 个列 (行) 向量构成向量空间 $\mathbb{R}^n$ 的一个标准正交基.

正交矩阵具有以下性质.

性质　若 $\boldsymbol{A},\boldsymbol{B}$ 都是 n 阶正交矩阵，则

(1) $\boldsymbol{A}^{-1}=\boldsymbol{A}^{\mathrm{T}}$ 也是正交矩阵；

(2) $|\boldsymbol{A}|=\pm1$；

(3) $\boldsymbol{AB}$ 也是正交矩阵.

根据正交矩阵的定义和性质，可验证下面的矩阵都是正交矩阵：

$$\boldsymbol{A}=\begin{pmatrix}\cos\theta&-\sin\theta\\\sin\theta&\cos\theta\end{pmatrix},\quad \boldsymbol{B}=\begin{pmatrix}\frac{1}{9}&-\frac{8}{9}&-\frac{4}{9}\\-\frac{8}{9}&\frac{1}{9}&-\frac{4}{9}\\-\frac{4}{9}&-\frac{4}{9}&\frac{7}{9}\end{pmatrix},$$

$$\boldsymbol{C}=\begin{pmatrix}\frac{1}{\sqrt{3}}&-\frac{1}{\sqrt{2}}&-\frac{1}{\sqrt{6}}\\\frac{1}{\sqrt{3}}&\frac{1}{\sqrt{2}}&-\frac{1}{\sqrt{6}}\\\frac{1}{\sqrt{3}}&0&\frac{2}{\sqrt{6}}\end{pmatrix}$$

定义 4.12　正交变换 (orthogonal transformation)

设 $\boldsymbol{P}$ 是正交矩阵，则线性变换 $\boldsymbol{y}=\boldsymbol{P}\boldsymbol{x}$ 称为正交变换.

正交变换的特点：正交变换保持向量的长度、两向量的夹角不变.

设 $\boldsymbol{y}=\boldsymbol{P}\boldsymbol{x}$ 为正交变换，则有

$$\|\boldsymbol{y}\|=\sqrt{\boldsymbol{y}^{\mathrm{T}}\boldsymbol{y}}=\sqrt{\boldsymbol{x}^{\mathrm{T}}\boldsymbol{P}^{\mathrm{T}}\boldsymbol{P}\boldsymbol{x}}=\sqrt{\boldsymbol{x}^{\mathrm{T}}\boldsymbol{x}}=\|\boldsymbol{x}\| \tag{4.19}$$

由于 $\|\boldsymbol{y}\|=\|\boldsymbol{x}\|$，这说明经正交变换后向量的长度保持不变.

设 $\boldsymbol{y}=\boldsymbol{P}\boldsymbol{x}$ 为正交变换，若 $\boldsymbol{\beta}_1=\boldsymbol{P}\boldsymbol{\alpha}_1,\boldsymbol{\beta}_2=\boldsymbol{P}\boldsymbol{\alpha}_2$，则有

$$[\boldsymbol{\beta}_1,\boldsymbol{\beta}_2]=[\boldsymbol{P}\boldsymbol{\alpha}_1,\boldsymbol{P}\boldsymbol{\alpha}_2]=\boldsymbol{\alpha}_1^{\mathrm{T}}\boldsymbol{P}^{\mathrm{T}}\boldsymbol{P}\boldsymbol{\alpha}_2=\boldsymbol{\alpha}_1^{\mathrm{T}}\boldsymbol{\alpha}_2=[\boldsymbol{\alpha}_1,\boldsymbol{\alpha}_2] \tag{4.20}$$

上式表明，在正交变换下，向量的内积保持不变. 由于向量间的夹角是用内积定义的，所以经正交变换，两向量的夹角保持不变.

综上所述，任意几何图形经正交变换前后的形状保持不变.

4.3.4　基变换与坐标变换

向量空间的同一向量在不同基中的坐标是不同的. 例如，

$$\boldsymbol{e}_1=\begin{pmatrix}1\\0\\0\end{pmatrix},\quad \boldsymbol{e}_2=\begin{pmatrix}0\\1\\0\end{pmatrix},\quad \boldsymbol{e}_3=\begin{pmatrix}0\\0\\1\end{pmatrix}$$

与

$$\boldsymbol{\alpha}_1=\begin{pmatrix}1\\0\\0\end{pmatrix},\quad \boldsymbol{\alpha}_2=\begin{pmatrix}0\\2\\0\end{pmatrix},\quad \boldsymbol{\alpha}_3=\begin{pmatrix}0\\0\\3\end{pmatrix}$$

是 $\mathbb{R}^3$ 的两个基，对于向量 $\boldsymbol{x}=\begin{pmatrix}1,2,3\end{pmatrix}^{\mathrm{T}}$ 有

$$\boldsymbol{x}=\boldsymbol{e}_1+2\boldsymbol{e}_2+3\boldsymbol{e}_3$$

$$\boldsymbol{x}=\boldsymbol{\alpha}_1+\boldsymbol{\alpha}_2+\boldsymbol{\alpha}_3$$

即 $\boldsymbol{x}$ 在两个基中的坐标分别为 $(1,2,3)$ 和 $(1,1,1)$. 那么，怎样进行基之间的转换，怎样转换不同基中的坐标呢？这就是向量空间的基变换与坐标变换问题.

⚒ **例 4.26**　在 $\mathbb{R}^3$ 中取定一个基 (旧基)$\boldsymbol{a}_1,\boldsymbol{a}_2,\boldsymbol{a}_3$，再取一个新基 $\boldsymbol{b}_1,\boldsymbol{b}_2,\boldsymbol{b}_3$，设矩阵 $\boldsymbol{A}=(\boldsymbol{a}_1,\boldsymbol{a}_2,\boldsymbol{a}_3),\boldsymbol{B}=(\boldsymbol{b}_1,\boldsymbol{b}_2,\boldsymbol{b}_3)$，求用基 $\boldsymbol{a}_1,\boldsymbol{a}_2,\boldsymbol{a}_3$ 表示基 $\boldsymbol{b}_1,\boldsymbol{b}_2,\boldsymbol{b}_3$ 的表达式 (称为基变换公式)，并求一向量 $\boldsymbol{\xi}$ 在两个基中的坐标间的关系 (称为坐标变换公式).

解　$\boldsymbol{a}_1,\boldsymbol{a}_2,\boldsymbol{a}_3$ 是一个基，故 $\boldsymbol{A}=(\boldsymbol{a}_1,\boldsymbol{a}_2,\boldsymbol{a}_3)$ 必可逆. 由 $\boldsymbol{E}=\boldsymbol{A}\boldsymbol{A}^{-1}$，即

$$(\boldsymbol{e}_1,\boldsymbol{e}_2,\boldsymbol{e}_3)=(\boldsymbol{a}_1,\boldsymbol{a}_2,\boldsymbol{a}_3)\boldsymbol{A}^{-1}$$

其中，$\boldsymbol{e}_1=\begin{pmatrix}1\\0\\0\end{pmatrix},\boldsymbol{e}_2=\begin{pmatrix}0\\1\\0\end{pmatrix},\boldsymbol{e}_3=\begin{pmatrix}0\\0\\1\end{pmatrix}$，是单位坐标向量 ($\boldsymbol{E}$ 的列向量).

所以

$$(\boldsymbol{b}_1,\boldsymbol{b}_2,\boldsymbol{b}_3)=(\boldsymbol{e}_1,\boldsymbol{e}_2,\boldsymbol{e}_3)\boldsymbol{B}=(\boldsymbol{a}_1,\boldsymbol{a}_2,\boldsymbol{a}_3)\boldsymbol{A}^{-1}\boldsymbol{B}$$

即基变换公式为

$$(\boldsymbol{b}_1,\boldsymbol{b}_2,\boldsymbol{b}_3)=(\boldsymbol{a}_1,\boldsymbol{a}_2,\boldsymbol{a}_3)\boldsymbol{P} \tag{4.21}$$

其中，表达式的系数矩阵 $\boldsymbol{P}=\boldsymbol{A}^{-1}\boldsymbol{B}$，称为从旧基到新基的过渡矩阵.

设向量 $\boldsymbol{\xi}$ 在旧基和新基中的坐标分别为 x_1,x_2,x_3 和 y_1,y_2,y_3，如图 4.10 所示，则

$$\boldsymbol{\xi}=x_1\boldsymbol{a}_1+x_2\boldsymbol{a}_2+x_3\boldsymbol{a}_3=y_1\boldsymbol{b}_1+y_2\boldsymbol{b}_2+y_3\boldsymbol{b}_3$$

$$=(\boldsymbol{a}_1,\boldsymbol{a}_2,\boldsymbol{a}_3)\begin{pmatrix}x_1\\x_2\\x_3\end{pmatrix}=(\boldsymbol{b}_1,\boldsymbol{b}_2,\boldsymbol{b}_3)\begin{pmatrix}y_1\\y_2\\y_3\end{pmatrix}$$

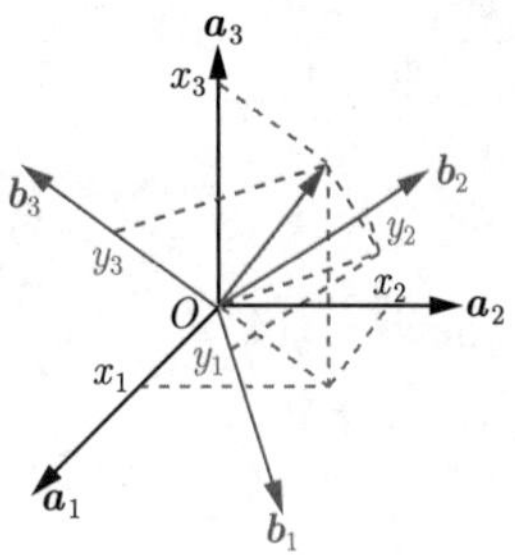

图 4.10 向量 $\boldsymbol{\xi}$ 在不同基中的坐标

即

$$\boldsymbol{A}\begin{pmatrix}x_1\\x_2\\x_3\end{pmatrix}=\boldsymbol{B}\begin{pmatrix}y_1\\y_2\\y_3\end{pmatrix}$$

显然 $\boldsymbol{B}$ 也可逆，所以

$$\begin{pmatrix}y_1\\y_2\\y_3\end{pmatrix}=\boldsymbol{B}^{-1}\boldsymbol{A}\begin{pmatrix}x_1\\x_2\\x_3\end{pmatrix}$$

其中，$\boldsymbol{B}^{-1}\boldsymbol{A}=(\boldsymbol{A}^{-1}\boldsymbol{B})^{-1}=\boldsymbol{P}^{-1}$，即

$$\begin{pmatrix}y_1\\y_2\\y_3\end{pmatrix}=\boldsymbol{P}^{-1}\begin{pmatrix}x_1\\x_2\\x_3\end{pmatrix} \tag{4.22}$$

简记作 $\boldsymbol{y}=\boldsymbol{P}^{-1}\boldsymbol{x}$，其中 $\boldsymbol{x}=(x_1,x_2,x_3)^{\mathrm{T}},\boldsymbol{y}=(y_1,y_2,y_3)^{\mathrm{T}}$. 这就是从旧坐标到新坐标的坐标变换公式.

⚒ **例 4.27** 设 $\mathbb{R}^3$ 中有两个基 $\boldsymbol{a}_1,\boldsymbol{a}_2,\boldsymbol{a}_3$ 和 $\boldsymbol{b}_1,\boldsymbol{b}_2,\boldsymbol{b}_3$，其中，

$$\boldsymbol{a}_1=\begin{pmatrix}1\\1\\0\end{pmatrix},\quad \boldsymbol{a}_2=\begin{pmatrix}0\\1\\1\end{pmatrix},\quad \boldsymbol{a}_3=\begin{pmatrix}1\\0\\1\end{pmatrix}$$

$$\boldsymbol{b}_1=\begin{pmatrix}1\\0\\0\end{pmatrix},\quad \boldsymbol{b}_2=\begin{pmatrix}1\\1\\0\end{pmatrix},\quad \boldsymbol{b}_3=\begin{pmatrix}1\\1\\1\end{pmatrix}$$

(1) 求从基 $\boldsymbol{a}_1,\boldsymbol{a}_2,\boldsymbol{a}_3$ 到基 $\boldsymbol{b}_1,\boldsymbol{b}_2,\boldsymbol{b}_3$ 的过渡矩阵;

(2) 设向量 $\boldsymbol{\beta}$ 在基 $\boldsymbol{a}_1,\boldsymbol{a}_2,\boldsymbol{a}_3$ 中的坐标为 $(3,1,2)^{\mathrm{T}}$，求 $\boldsymbol{\beta}$ 在基 $\boldsymbol{b}_1,\boldsymbol{b}_2,\boldsymbol{b}_3$ 中的坐标.

解 (1) 设从旧基 $\boldsymbol{a}_1,\boldsymbol{a}_2,\boldsymbol{a}_3$ 到新基 $\boldsymbol{b}_1,\boldsymbol{b}_2,\boldsymbol{b}_3$ 的过渡矩阵为 $\boldsymbol{P}$，即

$$(\boldsymbol{b}_1,\boldsymbol{b}_2,\boldsymbol{b}_3)=(\boldsymbol{a}_1,\boldsymbol{a}_2,\boldsymbol{a}_3)\boldsymbol{P}$$

记 $\boldsymbol{B}=(\boldsymbol{b}_1,\boldsymbol{b}_2,\boldsymbol{b}_3),\boldsymbol{A}=(\boldsymbol{a}_1,\boldsymbol{a}_2,\boldsymbol{a}_3)$，则

$$\boldsymbol{B}=\boldsymbol{AP}\Rightarrow\boldsymbol{P}=\boldsymbol{A}^{-1}\boldsymbol{B}$$

由

$$(\boldsymbol{A},\boldsymbol{B})=\begin{pmatrix}1&0&1&1&1&1\\1&1&0&0&1&1\\0&1&1&0&0&1\end{pmatrix}\xrightarrow{r}\begin{pmatrix}1&0&1&1&1&1\\0&1&-1&-1&0&0\\0&0&2&1&0&1\end{pmatrix}$$

$$\xrightarrow{r}\begin{pmatrix}1&0&0&\dfrac{1}{2}&1&\dfrac{1}{2}\\0&1&0&-\dfrac{1}{2}&0&\dfrac{1}{2}\\0&0&1&\dfrac{1}{2}&0&\dfrac{1}{2}\end{pmatrix}$$

得

$$\boldsymbol{P}=\begin{pmatrix}\dfrac{1}{2}&1&\dfrac{1}{2}\\-\dfrac{1}{2}&0&\dfrac{1}{2}\\\dfrac{1}{2}&0&\dfrac{1}{2}\end{pmatrix}$$

(2) 设 $\boldsymbol{\beta}$ 在基 $\boldsymbol{b}_1,\boldsymbol{b}_2,\boldsymbol{b}_3$ 中的坐标为 (y_1,y_2,y_3)，则

$$\begin{pmatrix}y_1\\y_2\\y_3\end{pmatrix}=\boldsymbol{P}^{-1}\begin{pmatrix}3\\1\\2\end{pmatrix}$$

由

$$\left(\begin{array}{c:c}P&\begin{matrix}3\\1\\2\end{matrix}\end{array}\right)=\left(\begin{array}{ccc:c}\dfrac{1}{2}&1&\dfrac{1}{2}&3\\-\dfrac{1}{2}&0&\dfrac{1}{2}&1\\\dfrac{1}{2}&0&\dfrac{1}{2}&2\end{array}\right)\xrightarrow{r}\left(\begin{array}{ccc:c}1&0&0&1\\0&1&0&1\\0&0&1&3\end{array}\right)$$

✍ 这里采用 $\boldsymbol{P}^{-1}(\boldsymbol{P},\boldsymbol{x})=(\boldsymbol{E},\boldsymbol{P}^{-1}\boldsymbol{x})$ 的方法 [等价于对增广矩阵 $(\boldsymbol{P},\boldsymbol{x})$ 施以一系列行初等变换]，求出 $(y_1,y_2,y_3)^{\mathrm{T}}$，其中，向量 $\boldsymbol{x}$ 表示 $(3,1,2)^{\mathrm{T}}$. 当然，也可以先计算出 $\boldsymbol{P}^{-1}$，直接利用矩阵的乘法求得向量 $(y_1,y_2,y_3)^{\mathrm{T}}$.

故

$$\begin{pmatrix}y_1\\y_2\\y_3\end{pmatrix}=\begin{pmatrix}1\\1\\3\end{pmatrix}$$

即 $\boldsymbol{\beta}$ 在基 $\boldsymbol{b}_1,\boldsymbol{b}_2,\boldsymbol{b}_3$ 中的坐标为 $(1,1,3)$.

知识拓展

虚拟现实 (virtual reality, VR) 是利用计算等设备模拟产生一个逼真的虚拟世界，使处在虚拟世界中的人身临其境，可以即时、没有限制地观察三维虚拟空间内的事物.

在虚拟场景中，Actor (演员) 的同一个动作，不同的 Watcher (观察者) 从不同角度看到的场景也不同 (图 4.11)，从而在他们的 3D 虚拟现实眼镜中显示的动作也不同. 动作的显示归结为点的移动，数学上可用向量的线性变换来描述点的移动.

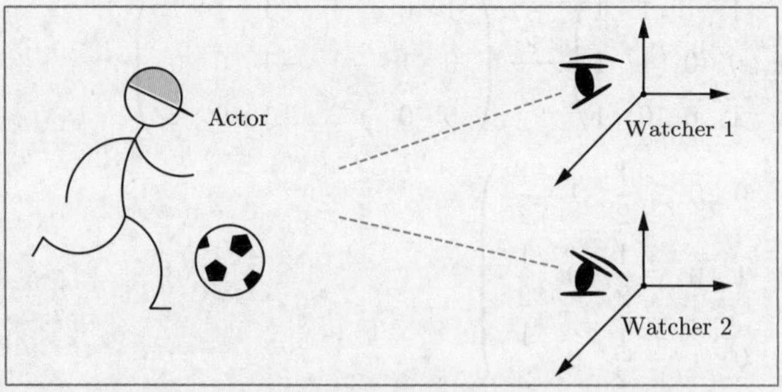

图 4.11 观察者眼中的场景受其位置关系影响

以 $\mathbb{R}^2$ 空间为例，线性变换 $\boldsymbol{A}=\begin{pmatrix}0 & 1\\ 1 & 0\end{pmatrix}$ 表示关于对称轴 $y=x$ 的轴对称变换. 在 $\boldsymbol{i},\boldsymbol{j}$ 基 (平面直角坐标系) 下，向量 $\boldsymbol{x}$ 变换为向量 $\boldsymbol{Ax}$，如图 4.12(a) 所示. 取一组新基 $\boldsymbol{i}'=\begin{pmatrix}1\\ 1\end{pmatrix},\boldsymbol{j}'=\begin{pmatrix}-1\\ 1\end{pmatrix}$，建立新的坐标系，如图 4.12(b) 所示，则过渡矩阵

$$\boldsymbol{P}=(\boldsymbol{i},\boldsymbol{j})^{-1}(\boldsymbol{i}',\boldsymbol{j}')=\begin{pmatrix}0 & 1\\ 1 & 0\end{pmatrix}^{-1}\begin{pmatrix}1 & 1\\ -1 & 1\end{pmatrix}=\begin{pmatrix}1 & 1\\ -1 & 1\end{pmatrix}$$

向量 $\boldsymbol{x}$ 在 $\boldsymbol{i}',\boldsymbol{j}'$ 基下的坐标 $\boldsymbol{x}'=\boldsymbol{P}^{-1}\boldsymbol{x}$，同一轴对称变换，将 $\boldsymbol{i}'$ 变换为 $\boldsymbol{i}'$，$\boldsymbol{j}'$ 变换为向量 $\begin{pmatrix}0\\ -1\end{pmatrix}$，故在 $\boldsymbol{i}',\boldsymbol{j}'$ 基下该变换对应的矩阵 $\boldsymbol{B}=\begin{pmatrix}1 & 0\\ 0 & -1\end{pmatrix}$. 不同基下，向量的轴对称变换前后的关系如图 4.12所示，即 $\boldsymbol{Bx}'=\boldsymbol{P}^{-1}\boldsymbol{Ax}=\boldsymbol{P}^{-1}\boldsymbol{APx}'$，说明当矩阵 $\boldsymbol{A},\boldsymbol{B}$ 之间满足关系式 $\boldsymbol{B}=\boldsymbol{P}^{-1}\boldsymbol{AP}$ 时，其对 $\boldsymbol{x}'$ 的变换相同，即矩阵 $\boldsymbol{A},\boldsymbol{B}$ 实际上是同一线性变换在不同基 (坐标系) 下的不同表示. 5.2 节相似矩阵的知识拓展中我们会进一步讨论这一话题.

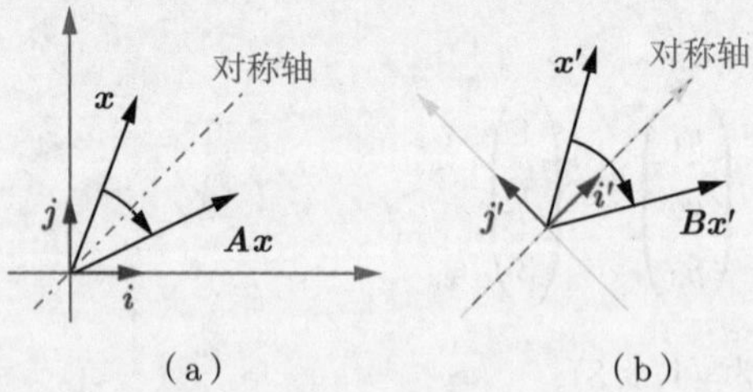

图 4.12 向量 $\boldsymbol{x}$ 分别在 $\boldsymbol{i},\boldsymbol{j}$ 基和 $\boldsymbol{i}',\boldsymbol{j}'$ 基下的坐标变换

4.4 线性方程组的解的结构

解线性方程组是线性代数研究的核心问题之一. 上一章我们讨论了线性方程组有解的判别条件及解的求法，当线性方程组有无穷多个解时，解与解之间是何关系、能否用最少的部分解表示全体解等，都是人们关心的问题.

本节从向量组、向量空间的角度对线性方程组的解的结构进行讨论，即研究当线性方程组有无穷多个解时，解与解之间的相互关系. 当方程组存在唯一解 (或无解) 时，无须讨论解的结构.

4.4.1　齐次线性方程组解的结构

对 n 元齐次线性方程组

$$\begin{cases} a_{11}x_1 + a_{12}x_2 + \cdots + a_{1n}x_n = 0 \\ a_{21}x_1 + a_{22}x_2 + \cdots + a_{2n}x_n = 0 \\ \quad\vdots \\ a_{m1}x_1 + a_{m2}x_2 + \cdots + a_{mn}x_n = 0 \end{cases} \tag{4.23}$$

写成矩阵方程形式为 $\boldsymbol{Ax}=\boldsymbol{0}$，其中 $\boldsymbol{A}$ 是系数矩阵，$\boldsymbol{x}$ 是未知向量. 由上一章讨论可知，当 $R(\boldsymbol{A})=n$ 时，方程组只有零解；当 $R(\boldsymbol{A})<n$ 时，方程组有非零解. 若 n 维列向量 $\boldsymbol{x}=\boldsymbol{\xi}$ 满足 $\boldsymbol{Ax}=\boldsymbol{0}$，则称 $\boldsymbol{x}=\boldsymbol{\xi}$ 为 $\boldsymbol{Ax}=\boldsymbol{0}$ 的解向量 (简称方程 $\boldsymbol{Ax}=\boldsymbol{0}$ 的解).

✍ 下文简称方程 $\boldsymbol{Ax}=\boldsymbol{0}$ 时，也是指 n 元齐次线性方程组(4.23)，两者混用不加区分，解向量与解的名称也不加区别.

例如，解方程组

$$\begin{cases} x_1 + 2x_2 + x_3 - 2x_4 = 0 \\ 2x_1 + 3x_2 - x_4 = 0 \\ x_1 - x_2 - 5x_3 + 7x_4 = 0 \end{cases}$$

得

$$\boldsymbol{x} = \begin{pmatrix} x_1 \\ x_2 \\ x_3 \\ x_4 \end{pmatrix} = \begin{pmatrix} 3c_1 - 4c_2 \\ -2c_1 + 3c_2 \\ c_1 \\ c_2 \end{pmatrix} \quad (c_1, c_2 \in \mathbb{R})$$

若取 $c_1=1, c_2=1$，即 $\boldsymbol{x}=(-1,1,1,1)^{\mathrm{T}}$ 为方程组的一个解向量.

解向量具有如下性质.

性质 1　若 $\boldsymbol{x}=\boldsymbol{\xi}_1, \boldsymbol{x}=\boldsymbol{\xi}_2$ 是方程组 $\boldsymbol{Ax}=\boldsymbol{0}$ 的解，则 $\boldsymbol{x}=\boldsymbol{\xi}_1+\boldsymbol{\xi}_2$ 也是方程组 $\boldsymbol{Ax}=\boldsymbol{0}$ 的解.

证　因为

$$\boldsymbol{A}(\boldsymbol{\xi}_1+\boldsymbol{\xi}_2) = \boldsymbol{A\xi}_1 + \boldsymbol{A\xi}_2 = \boldsymbol{0}+\boldsymbol{0} = \boldsymbol{0}$$

所以 $\boldsymbol{\xi}_1+\boldsymbol{\xi}_2$ 也是方程 $\boldsymbol{Ax}=\boldsymbol{0}$ 的解.

性质 2　若 $\boldsymbol{x}=\boldsymbol{\xi}_1$ 是方程组 $\boldsymbol{Ax}=\boldsymbol{0}$ 的解，k 为任意常数，则 $\boldsymbol{x}=k\boldsymbol{\xi}_1$ 也是方程组 $\boldsymbol{Ax}=\boldsymbol{0}$ 的解.

证　因为

$$\boldsymbol{A}(k\boldsymbol{\xi}_1) = k(\boldsymbol{A\xi}_1) = k\cdot\boldsymbol{0} = \boldsymbol{0}$$

所以 $k\boldsymbol{\xi}_1$ 也是方程 $\boldsymbol{Ax}=\boldsymbol{0}$ 的解.

由性质 1、性质 2 不难得出：$\boldsymbol{\xi}_1,\boldsymbol{\xi}_2$ 的线性组合 $c_1\boldsymbol{\xi}_1+c_2\boldsymbol{\xi}_2(c_1,c_2\in\mathbb{R})$ 仍是方程 $\boldsymbol{Ax}=\boldsymbol{0}$ 的解. 即如果 $\boldsymbol{\xi}_1,\boldsymbol{\xi}_2,\cdots,\boldsymbol{\xi}_t$ 是齐次线性方程组(4.23)的任意 t 个解，那么它们的任意线性组合 $k_1\boldsymbol{\xi}_1+k_2\boldsymbol{\xi}_2+\cdots+k_t\boldsymbol{\xi}_t$ 仍是该齐次线性方程组的解.

齐次线性方程组的全部解组成的集合称为解集，记作 S，即 $S=\{\boldsymbol{x}|\boldsymbol{Ax}=\boldsymbol{0}\}$. 由于零向量 $\boldsymbol{0}\in S$，且 S 对解向量的线性运算是封闭的，所以 S 是向量空间，称 S 为齐次线性方程组的解空间.

当齐次线性方程组(4.23)有无穷多个解时，其解的结构如何描述？即能否找到有限个解向量，用它们的线性组合去表示无穷多个解？这是下面要讨论的主要问题.

问题重述：我们希望用个数尽量少的解向量 $\boldsymbol{\xi}_1,\boldsymbol{\xi}_2,\cdots,\boldsymbol{\xi}_t$ 来表示含有无限多个解向量的解集 S，结合前面讨论的向量组与其最大无关组、向量空间与它的基之间的联系，不难得出，若从向量组的角度，只需找出 $\boldsymbol{Ax}=\boldsymbol{0}$ 的解集 S 的最大无关组，即可线性表示全体解向量；若从向量空间的角度，只需找出 $\boldsymbol{Ax}=\boldsymbol{0}$ 的解空间 S 的基，S 中的任意解向量均可由基线性表示. 为此引入齐次线性方程组基础解系的概念.

定义 4.13　基础解系

设 $\boldsymbol{\xi}_1,\boldsymbol{\xi}_2,\cdots,\boldsymbol{\xi}_t$ 是齐次线性方程组(4.23)的 t 个非零解向量，且满足：

(1) $\boldsymbol{\xi}_1,\boldsymbol{\xi}_2,\cdots,\boldsymbol{\xi}_t$ 线性无关；

(2) 方程组的任一解向量都可由 $\boldsymbol{\xi}_1,\boldsymbol{\xi}_2,\cdots,\boldsymbol{\xi}_t$ 线性表示，

则称 $\boldsymbol{\xi}_1,\boldsymbol{\xi}_2,\cdots,\boldsymbol{\xi}_t$ 是齐次线性方程组(4.23)的一个基础解系.

注 1：从向量组的角度看，基础解系是解集的最大无关组；从向量空间的角度看，基础解系是解空间的基.

注 2：若能求得 $\boldsymbol{Ax}=\boldsymbol{0}$ 的一个基础解系 $S_0:\boldsymbol{\xi}_1,\boldsymbol{\xi}_2,\cdots,\boldsymbol{\xi}_t$，由解向量的性质 1、性质 2 知 S_0 的任意线性组合

$$k_1\boldsymbol{\xi}_1+k_2\boldsymbol{\xi}_2+\cdots+k_t\boldsymbol{\xi}_t=\boldsymbol{x}$$

都是 $\boldsymbol{Ax}=\boldsymbol{0}$ 的解；另外，$\boldsymbol{Ax}=\boldsymbol{0}$ 的任一解都可由 S_0 线性表示为

$$\boldsymbol{x}=k_1\boldsymbol{\xi}_1+k_2\boldsymbol{\xi}_2+\cdots+k_t\boldsymbol{\xi}_t \tag{4.24}$$

这正是齐次线性方程组的通解. 因此，只要找出了基础解系，就可以将齐次线性方程组的通解表示出来；或者先求出齐次线性方程组的通解，再由通解得出基础解系.

当齐次线性方程组 $\boldsymbol{Ax}=\boldsymbol{0}$ 有非零解时 (有无穷多个解)，是否一定存在基础解系？基础解系中所含解向量的个数是多少？如何求基础解系？下面进行讨论.

对方程组(4.23)，设 $R(\boldsymbol{A})=r$，为叙述方便，不妨设 $\boldsymbol{A}$ 的前 r 个列向量线性无关，用初等行变换将 $\boldsymbol{A}$ 化为行最简形矩阵：

$$
\boldsymbol{A} \xrightarrow{r} \begin{pmatrix}
1 & 0 & \cdots & 0 & b_{11} & \cdots & b_{1,n-r} \\
0 & 1 & \cdots & 0 & b_{21} & \cdots & b_{2,n-r} \\
\vdots & \vdots & & \vdots & \vdots & & \vdots \\
0 & 0 & \cdots & 1 & b_{r1} & \cdots & b_{r,n-r} \\
0 & 0 & \cdots & 0 & 0 & \cdots & 0 \\
0 & 0 & \cdots & 0 & 0 & \cdots & 0 \\
\vdots & \vdots & & \vdots & \vdots & & \vdots \\
0 & 0 & \cdots & 0 & 0 & \cdots & 0
\end{pmatrix} = \boldsymbol{B}
$$

对应的方程组为

$$
\begin{cases}
x_1 \qquad\qquad + b_{11}x_{r+1} + \cdots + b_{1,n-r}x_n = 0 \\
\qquad x_2 \qquad + b_{21}x_{r+1} + \cdots + b_{2,n-r}x_n = 0 \\
\qquad\qquad\qquad \vdots \\
\qquad\qquad x_r + b_{r1}x_{r+1} + \cdots + b_{r,n-r}x_n = 0
\end{cases} \tag{4.25}
$$

取 $x_{r+1},\cdots,x_n$ 作自由未知量，则方程组(4.23)的同解方程组为

$$
\begin{cases}
x_1 = -b_{11}x_{r+1} - \cdots - b_{1,n-r}x_n \\
x_2 = -b_{21}x_{r+1} - \cdots - b_{2,n-r}x_n \\
\quad \vdots \\
x_r = -b_{r1}x_{r+1} - \cdots - b_{r,n-r}x_n
\end{cases} \tag{4.26}
$$

令 $x_{r+1} = c_1, x_{x+2} = c_2, \cdots, x_n = c_{n-r}$，则通解为

$$
\begin{pmatrix} x_1 \\ \vdots \\ x_r \\ x_{r+1} \\ \vdots \\ x_n \end{pmatrix} = \begin{pmatrix}
-b_{11}c_1- & \cdots & -b_{1,n-r}c_{n-r} \\
 & \vdots & \\
-b_{r1}c_1- & \cdots & -b_{r,n-r}c_{n-r} \\
c_1 & & \\
 & \ddots & \\
 & & c_{n-r}
\end{pmatrix}
$$

$$
= c_1 \begin{pmatrix} -b_{11} \\ \vdots \\ -b_{r1} \\ 1 \\ 0 \\ \vdots \\ 0 \end{pmatrix} + c_2 \begin{pmatrix} -b_{12} \\ \vdots \\ -b_{r2} \\ 0 \\ 1 \\ \vdots \\ 0 \end{pmatrix} + \cdots + c_{n-r} \begin{pmatrix} -b_{1,n-r} \\ \vdots \\ -b_{r,n-r} \\ 0 \\ 0 \\ \vdots \\ 1 \end{pmatrix} \tag{4.27}
$$

将上式记作

$$x = c_1\xi_1 + c_2\xi_2 + \cdots + c_{n-r}\xi_{n-r} \tag{4.28}$$

其中，

$$\xi_1 = \begin{pmatrix} -b_{11} \\ \vdots \\ -b_{r1} \\ 1 \\ 0 \\ \vdots \\ 0 \end{pmatrix}, \quad \xi_2 = \begin{pmatrix} -b_{12} \\ \vdots \\ -b_{r2} \\ 0 \\ 1 \\ \vdots \\ 0 \end{pmatrix}, \quad \cdots, \quad \xi_{n-r} \begin{pmatrix} -b_{1,n-r} \\ \vdots \\ -b_{r,n-r} \\ 0 \\ 0 \\ \vdots \\ 1 \end{pmatrix}$$

可知

(1) 解集 S 中的任一向量能由 $\xi_r, \xi_2, \cdots, \xi_{n-r}$ 线性表示;

(2) 因为 $n-r$ 个 $n-r$ 维向量组 $E_{n-r}: \begin{pmatrix} 1 \\ 0 \\ \vdots \\ 0 \end{pmatrix}, \begin{pmatrix} 0 \\ 1 \\ \vdots \\ 0 \end{pmatrix}, \cdots, \begin{pmatrix} 0 \\ 0 \\ \vdots \\ 1 \end{pmatrix}$ 线性无关，注意到向量组 $\xi_1, \xi_2, \cdots, \xi_{n-r}$ 中每一个向量都是向量组 E_{n-r} 中对应向量增添 r 个分量得到的，所以由例 4.18知 $n-r$ 个 n 维向量 $\xi_1, \xi_2, \cdots, \xi_{n-r}$ 也线性无关 (线性无关组的延伸组仍线性无关).

因此，$\xi_1, \xi_2, \cdots, \xi_{n-r}$ 就是方程组的一个基础解系.

综合上述讨论，得到如下定理.

定理 4.12

对 n 元齐次线性方程组 $Ax = 0$，若 $R(A) = r < n$，则该方程组的基础解系一定存在，且每个基础解系中所含解向量的个数均为 $n-r$，即解集 S 的秩 $R_S = n-r$，解空间 S 的维数 $\dim S = n-r$.

注 1: 当 $R(A) = n$ 时，齐次线性方程组 $Ax = 0$ 只有零解，没有基础解系 (此时解集 S 只含一个零向量).

注 2: 当 $R(A) = r < n$ 时，由该定理可知齐次线性方程组 $Ax = 0$ 的基础解系含 $n-r$ 个向量. 由最大无关组的性质可知，$Ax = 0$ 的任意 $n-r$ 个线性无关的解都可构成它的基础解系，且它的基础解系不唯一，因此通解的形式也不是唯一的.

⚒ 例 **4.28** 求齐次线性方程组

$$\begin{cases} x_1 - x_2 + x_3 = 0 \\ x_2 - x_3 + x_4 = 0 \end{cases}$$

的基础解系与通解.

解　方法一：先求通解，由方程组的通解找出基础解系.

方程组的系数矩阵

$$\boldsymbol{A}=\begin{pmatrix}1 & -1 & 1 & 0\\ 0 & 1 & -1 & 1\end{pmatrix}\xrightarrow{r}\begin{pmatrix}1 & 0 & 0 & 1\\ 0 & 1 & -1 & 1\end{pmatrix}$$

故 $R(\boldsymbol{A})=2<4$，且基础解系中向量的个数为 $4-2=2$ (个). 系数矩阵 $\boldsymbol{A}$ 经初等行变换化为行最简形矩阵后对应的同解方程组为

$$\begin{cases}x_1= & -x_4\\ x_2=x_3-x_4\\ x_3=x_3\\ x_4= & x_4\end{cases}$$

取 x_3,x_4 为自由未知量数 (令 $x_3=c_1,x_4=c_2$)，得方程组的通解

$$\boldsymbol{x}=\begin{pmatrix}x_1\\x_2\\x_3\\x_4\end{pmatrix}=c_1\begin{pmatrix}0\\1\\1\\0\end{pmatrix}+c_2\begin{pmatrix}-1\\-1\\0\\1\end{pmatrix}\quad(c_1,c_2\in\mathbb{R})$$

于是方程组的基础解系为 $\boldsymbol{\xi}_1=(0,1,1,0)^{\mathrm{T}},\boldsymbol{\xi}_2=(-1,-1,0,1)^{\mathrm{T}}$.

方法二：先求基础解系，再写出通解.

由方法一，对系数矩阵 $\boldsymbol{A}$ 施以初等行变换化为行最简形矩阵后对应的同解方程组为

$$\begin{cases}x_1= & -x_4\\ x_2=x_3-x_4\end{cases}$$

令 $\begin{pmatrix}x_3\\x_4\end{pmatrix}=\begin{pmatrix}1\\0\end{pmatrix}$ 及 $\begin{pmatrix}0\\1\end{pmatrix}$，则对应有 $\begin{pmatrix}x_1\\x_2\end{pmatrix}=\begin{pmatrix}0\\1\end{pmatrix}$ 及 $\begin{pmatrix}-1\\-1\end{pmatrix}$，即得基础解系

$$\boldsymbol{\xi}_1=\begin{pmatrix}0\\1\\1\\0\end{pmatrix},\quad \boldsymbol{\xi}_2=\begin{pmatrix}-1\\-1\\0\\1\end{pmatrix}$$

由此写出通解

$$\boldsymbol{x}=\begin{pmatrix}x_1\\x_2\\x_3\\x_4\end{pmatrix}=c_1\begin{pmatrix}0\\1\\1\\0\end{pmatrix}+c_2\begin{pmatrix}-1\\-1\\0\\1\end{pmatrix}\quad(c_1,c_2\in\mathbb{R})$$

✍ 在本例中，两种方法的本质是一样的，区别仅在于求通解、基础解系的先后次序不同.

值得说明的是,在方法一的通解中，若 c_1,c_2 的取值不同，得出的基础解系也不同；在方法二中，对变量 $(x_3,x_4)^{\mathrm{T}}$ 的赋值不同，得出的基础解系也不同. 另外，选取的自由未知量不同，也会导致得出的基础解系不同. 实际上，虽然基础解系不唯一，但是每组基础解系都是解空间的基，都是解集的最大无关组，都是等价的.

⚒ 例 4.29　求下列齐次线性方程组的基础解系：

$$\begin{cases} x_1+x_2+x_3+4x_4-3x_5=0 \\ x_1-x_2+3x_3-2x_4-x_5=0 \\ 2x_1+x_2+3x_3+5x_4-5x_5=0 \\ 3x_1+x_2+5x_3+6x_4-7x_5=0 \end{cases}$$

解 对系数矩阵 $\boldsymbol{A}$ 作初等行变换化为行最简形矩阵,

$$\boldsymbol{A}=\begin{pmatrix} 1 & 1 & 1 & 4 & -3 \\ 1 & -1 & 3 & -2 & -1 \\ 2 & 1 & 3 & 5 & -5 \\ 3 & 1 & 5 & 6 & -7 \end{pmatrix} \xrightarrow{r} \begin{pmatrix} 1 & 0 & 2 & 1 & -2 \\ 0 & 1 & -1 & 3 & -1 \\ 0 & 0 & 0 & 0 & 0 \\ 0 & 0 & 0 & 0 & 0 \end{pmatrix}$$

由 $R(\boldsymbol{A})=2$ 可知该方程组基础解系含 $5-2=3$ (个) 向量.

得同解方程组为

$$\begin{cases} x_1=-2x_3-x_4+2x_5 \\ x_2=\quad x_3-3x_4+x_5 \end{cases}$$

分别令

$$\begin{pmatrix} x_3 \\ x_4 \\ x_5 \end{pmatrix}=\begin{pmatrix} 1 \\ 0 \\ 0 \end{pmatrix},\quad \begin{pmatrix} 0 \\ 1 \\ 0 \end{pmatrix},\quad \begin{pmatrix} 0 \\ 0 \\ 1 \end{pmatrix}$$

得基础解系

$$\boldsymbol{\xi}_1=\begin{pmatrix} -2 \\ 1 \\ 1 \\ 0 \\ 0 \end{pmatrix},\quad \boldsymbol{\xi}_2=\begin{pmatrix} -1 \\ -3 \\ 0 \\ 1 \\ 0 \end{pmatrix},\quad \boldsymbol{\xi}_3=\begin{pmatrix} 2 \\ 1 \\ 0 \\ 0 \\ 1 \end{pmatrix}$$

例 4.30 求下列齐次线性方程组的基础解系:

$$\begin{cases} x_1-8x_2+10x_3+2x_4=0 \\ 2x_1+4x_2+5x_3-x_4=0 \\ 3x_1+8x_2+6x_3-2x_4=0 \end{cases}$$

解 对系数矩阵 $\boldsymbol{A}$ 作初等行变换,

$$\boldsymbol{A}=\begin{pmatrix} 1 & -8 & 10 & 2 \\ 2 & 4 & 5 & -1 \\ 3 & 8 & 6 & -2 \end{pmatrix} \xrightarrow[r_3-3r_1]{r_2-2r_1} \begin{pmatrix} 1 & -8 & 10 & 2 \\ 0 & 20 & -15 & -5 \\ 0 & 32 & -24 & -8 \end{pmatrix}$$

$$\xrightarrow{r} \begin{pmatrix} 1 & 0 & 4 & 0 \\ 0 & -4 & 3 & 1 \\ 0 & 0 & 0 & 0 \end{pmatrix}$$

取 x_2, x_3 为自由未知量, 得原方程组的同解方程组为

$$\begin{cases} x_1 = \quad\quad -4x_3 \\ x_2 = x_2 \\ x_3 = \quad\quad\quad x_3 \\ x_4 = 4x_2 - 3x_3 \end{cases}$$

通解为

$$\boldsymbol{x} = c_1\begin{pmatrix}0\\1\\0\\4\end{pmatrix} + c_2\begin{pmatrix}-4\\0\\1\\-3\end{pmatrix} \quad (c_1, c_2 \in \mathbb{R})$$

故基础解系为

$$\boldsymbol{\xi}_1 = \Big(0,1,0,4\Big)^{\mathrm{T}}, \quad \boldsymbol{\xi}_2 = \Big(-4,0,1,-3\Big)^{\mathrm{T}}$$

例 4.31　证明：若 $\boldsymbol{A}_{m\times n}\boldsymbol{B}_{n\times l} = \boldsymbol{O}$，则 $R(\boldsymbol{A}) + R(\boldsymbol{B}) \leqslant n$.

证　记 $\boldsymbol{B} = (\boldsymbol{b}_1, \boldsymbol{b}_2, \cdots, \boldsymbol{b}_l)$，则

$$\boldsymbol{AB} = \boldsymbol{A}(\boldsymbol{b}_1, \boldsymbol{b}_2, \cdots, \boldsymbol{b}_l) = (\boldsymbol{0}, \boldsymbol{0}, \cdots, \boldsymbol{0})$$

即

$$\boldsymbol{Ab}_i = \boldsymbol{0} \quad (i = 1, 2, \cdots, l)$$

表明矩阵 $\boldsymbol{B}$ 的 l 个列向量都是齐次方程 $\boldsymbol{Ax} = \boldsymbol{0}$ 的解.

记 $\boldsymbol{Ax} = \boldsymbol{0}$ 的解集为 S，则 $\boldsymbol{b}_i \in S$，故 $R(\boldsymbol{b}_1, \boldsymbol{b}_2, \cdots, \boldsymbol{b}_l) \leqslant R_S$，即 $R(\boldsymbol{B}) \leqslant R_S$.

又因为 $R_S = n - R(\boldsymbol{A})$，即 $R(\boldsymbol{A}) + R_S = n$.

故 $R(\boldsymbol{A}) + R(\boldsymbol{B}) \leqslant n$.

4.4.2　非齐次线性方程组解的结构

下面进一步讨论非齐次线性方程组的解的结构.

设 n 元非齐次线性方程组

$$\begin{cases} a_{11}x_1 + a_{12}x_2 + \cdots + a_{1n}x_n = b_1 \\ a_{21}x_1 + a_{22}x_2 + \cdots + a_{2n}x_n = b_2 \\ \quad\vdots \\ a_{m1}x_1 + a_{m2}x_2 + \cdots + a_{mn}x_n = b_m \end{cases} \tag{4.29}$$

对应的矩阵方程为

$$\boldsymbol{Ax} = \boldsymbol{b} \tag{4.30}$$

显然，方程组(4.29)有解的充分必要条件是 $R(\boldsymbol{A}) = R(\boldsymbol{A}, \boldsymbol{b})$，且当 $R(\boldsymbol{A}) = R(\boldsymbol{A}, \boldsymbol{b}) < n$ 时，方程组有无穷多个解.

非齐次线性方程组的解具有如下性质.

性质 3　若 $\boldsymbol{x} = \boldsymbol{\eta}_1, \boldsymbol{x} = \boldsymbol{\eta}_2$ 都是 $\boldsymbol{Ax} = \boldsymbol{b}$ 的解，则 $\boldsymbol{x} = \boldsymbol{\eta}_1 - \boldsymbol{\eta}_2$ 是对应的齐次线性方程组 $\boldsymbol{Ax} = \boldsymbol{0}$ (导出组) 的解.

✍ 称方程组 $\boldsymbol{Ax} = \boldsymbol{0}$ 为方程组 $\boldsymbol{Ax} = \boldsymbol{b}$ 对应的齐次线性方程组 (也称为导出组).

证 $$A(\eta_1-\eta_2)=A\eta_1-A\eta_2=b-b=0$$

即 $x=\eta_1-\eta_2$ 满足 $Ax=0$.

若取定 $Ax=b$ 的解 η, 当 $x=\xi$ 取遍导出组 $Ax=0$ 的全部解时, $x=\xi+\eta$ 就取遍方程组 $Ax=b$ 的全部解了. 由此我们可以进一步推出非齐次线性方程组 $Ax=b$ 的解的结构.

性质 4 若 $x=\eta$ 是 $Ax=b$ 的解, $x=\xi$ 是其导出组 $Ax=0$ 的解, 则 $x=\xi+\eta$ 仍是 $Ax=b$ 的解.

证 $$A(\xi+\eta)=A\xi+A\eta=0+b=b$$

即 $x=\xi+\eta$ 满足 $Ax=b$.

由上述结论可以得出非齐次线性方程组 $Ax=b$ 的通解形式.

定理 4.13 非齐次线性方程组的通解形式

若 η^* 为非齐次线性方程组 $Ax=b$ 的一个解 (称为特解), ξ 为对应的导出组 $Ax=0$ 的通解, 则 $Ax=b$ 的通解为

$$x=\xi+\eta^*$$

该定理给出了非齐次线性方程组 $Ax=b$ 的通解的结构及计算方法.

可见, 非齐次线性方程组的解的结构为

$$\boxed{Ax=b\text{的通解}}=\boxed{\text{导出组}Ax=0\text{的通解}}+\boxed{Ax=b\text{的一个特解}}$$

具体而言, 若 $\xi_1,\xi_2,\cdots,\xi_{n-r}$ 是 $Ax=0$ 的基础解系, η^* 为 $Ax=b$ 的一个特解, 则 $Ax=b$ 的通解为

$$x=k_1\xi_1+k_2\xi_2+\cdots+k_{n-r}\xi_{n-r}+\eta^* \tag{4.31}$$

其中, $k_1,k_2,\cdots,k_{n-r}$ 为任意实数.

另外, 非齐次线性方程组 $Ax=b$ (其中 $b\neq 0$) 的解集不是向量空间, 这是因为其解集对线性运算不再封闭.

⚒ **例 4.32** 求下列非齐次方程组的通解:

$$\begin{cases} x_1+x_2+2x_3+x_4=3 \\ x_1+2x_2+x_3-x_4=2 \\ 2x_1+x_2+5x_3+4x_4=7 \end{cases}$$

解 对增广矩阵 (A,b) 施以初等行变换

$$(A,b)=\begin{pmatrix}1&1&2&1&3\\1&2&1&-1&2\\2&1&5&4&7\end{pmatrix}\xrightarrow{r}\begin{pmatrix}1&1&2&1&3\\0&1&-1&-2&-1\\0&0&0&0&0\end{pmatrix}$$

$$\xrightarrow{r}\begin{pmatrix}1&0&3&3&4\\0&1&-1&-2&-1\\0&0&0&0&0\end{pmatrix}$$

由于 $R(A)=R(A,b)=2<4$, 故方程组有无穷多个解. 同解方程组为

$$\begin{cases} x_1+3x_3+3x_4=4 \\ x_2-x_3-2x_4=-1 \end{cases} \quad \text{即} \quad \begin{cases} x_1=-3x_3-3x_4+4 \\ x_2=x_3+2x_4-1 \end{cases}$$

取 $x_3=x_4=0$，则 $x_1=4, x_2=-1$，即得方程组的一个特解

$$\boldsymbol{\eta}^*=\begin{pmatrix}4\\-1\\0\\0\end{pmatrix}$$

在对应的齐次线性方程组 $\begin{cases}x_1=-3x_3-3x_4\\x_2=x_3+2x_4\end{cases}$ 中取 $\begin{pmatrix}x_3\\x_4\end{pmatrix}=\begin{pmatrix}1\\0\end{pmatrix}$ 及 $\begin{pmatrix}0\\1\end{pmatrix}$，则 $\begin{pmatrix}x_1\\x_2\end{pmatrix}=\begin{pmatrix}-3\\1\end{pmatrix}$ 及 $\begin{pmatrix}-3\\2\end{pmatrix}$，即得导出组的基础解系

$$\boldsymbol{\xi}_1=\begin{pmatrix}-3\\1\\1\\0\end{pmatrix},\quad \boldsymbol{\xi}_2=\begin{pmatrix}-3\\2\\0\\1\end{pmatrix}$$

于是原非齐次线性方程组的通解为

$$\boldsymbol{x}=\begin{pmatrix}x_1\\x_2\\x_3\\x_4\end{pmatrix}=c_1\begin{pmatrix}-3\\1\\1\\0\end{pmatrix}+c_2\begin{pmatrix}-3\\2\\0\\1\end{pmatrix}+\begin{pmatrix}4\\-1\\0\\0\end{pmatrix}\quad (c_1,c_2\in\mathbb{R})$$

⚒ **例 4.33**　设四元非齐次线性方程组的系数矩阵的秩为 3，已知 $\boldsymbol{\eta}_1,\boldsymbol{\eta}_2,\boldsymbol{\eta}_3$ 是它的三个解向量，且 $\boldsymbol{\eta}_1+\boldsymbol{\eta}_2=(1,2,3,4)^{\mathrm{T}}, \boldsymbol{\eta}_2+\boldsymbol{\eta}_3=(1,1,1,1)^{\mathrm{T}}$. 求该方程组的通解.

解　设非齐次线性方程组对应的向量方程为 $\boldsymbol{Ax}=\boldsymbol{b}$，且 $R(\boldsymbol{A})=3$，则对应的导出组的基础解系中所含向量的个数为 $4-3=1$ (个). 由于

$$(\boldsymbol{\eta}_1+\boldsymbol{\eta}_2)-(\boldsymbol{\eta}_2+\boldsymbol{\eta}_3)=\boldsymbol{\eta}_1-\boldsymbol{\eta}_3=\begin{pmatrix}1\\2\\3\\4\end{pmatrix}-\begin{pmatrix}1\\1\\1\\1\end{pmatrix}=\begin{pmatrix}0\\1\\2\\3\end{pmatrix}$$

为导出组的解，且不为零，于是得基础解系 $\boldsymbol{\xi}=(0,1,2,3)^{\mathrm{T}}$. 又因为

$$\boldsymbol{A}\left[\frac{1}{2}(\boldsymbol{\eta}_1+\boldsymbol{\eta}_2)\right]=\frac{1}{2}\boldsymbol{A\eta}_1+\frac{1}{2}\boldsymbol{A\eta}_2=\frac{1}{2}\boldsymbol{b}+\frac{1}{2}\boldsymbol{b}=\boldsymbol{b}$$

故

$$\boldsymbol{\eta}^*=\frac{1}{2}(\boldsymbol{\eta}_1+\boldsymbol{\eta}_2)=\frac{1}{2}(1,2,3,4)^{\mathrm{T}}$$

是非齐次线性方程组 $\boldsymbol{Ax}=\boldsymbol{b}$ 的一个特解. 根据非齐次线性方程组解的结构得其通解为

$$\boldsymbol{x}=c\boldsymbol{\xi}+\boldsymbol{\eta}^*=c\begin{pmatrix}0\\1\\2\\3\end{pmatrix}+\frac{1}{2}\begin{pmatrix}1\\2\\3\\4\end{pmatrix}\quad (c\in\mathbb{R})$$

线性代数中若干核心概念之间的一致性分析

如前所述 (图 3.13)，线性方程组与其增广矩阵之间的相关概念具有一一对应关系.

在此基础上，如果我们将增广矩阵的每一行视为行向量，则增广矩阵与一个行向量组一一对应，且向量组中每一个向量与增广矩阵中的一行、与线性方程组中的一个方程一一对应，如图 4.13所示.

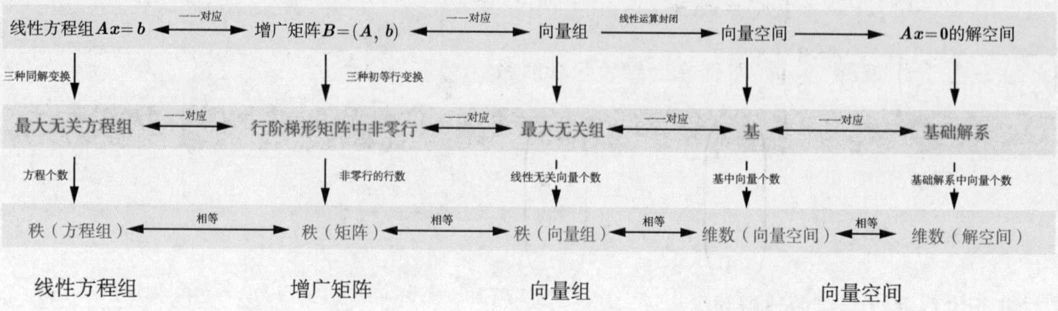

图 4.13　线性方程组、增广矩阵、向量组、向量空间等概念之间的一致性关联

线性方程组与其最大无关方程组之间是同解关系，即解的全部信息已经由最大无关方程组全部提供了，最大无关方程组就是原线性方程组的无冗余且完备的代表. 这种关系的内涵也同样对应到向量组与其最大无关组中，即从线性表示的角度看，向量组中任一向量均可由最大无关组线性表示，最大无关组是向量组的无冗余且完备的代表. 因此，线性方程组的最大无关方程组与向量组的最大无关组一一对应，且线性方程组的秩与向量组的秩一一对应.

更进一步地，向量空间作为向量组的特殊形式，齐次线性方程组 $\boldsymbol{Ax}=\boldsymbol{0}$ 的解空间作为向量空间的特殊形式，与前述概念之间自然也存在紧密联系，其相互关系如图 4.13所示. 向量空间是对线性运算封闭的向量组，当向量空间作为向量组时，其最大无关组即为向量空间的基，向量组的秩即为向量空间的维数；齐次线性方程组的解空间作为向量空间，其基即为解空间的基础解系，向量空间的维数即为解空间的维数.

综上所述，图 4.13中第一行是不同视角下元素的集合，即方程的集合、矩阵的行的集合、向量的集合、满足特性性质的向量的集合、解向量的集合；第二行也是元素的集合，是从第一行集合中取出最具代表性的元素构成的子集；第三行是描述第二行子集中元素数量的指标. 同一行中概念之间是一一对应 (或相等) 关系.

习　题　4

1. 设 $\boldsymbol{\alpha}_1=(1,2,1)^{\mathrm{T}}, \boldsymbol{\alpha}_2=(2,9,0)^{\mathrm{T}}, \boldsymbol{\alpha}_3=(3,3,4)^{\mathrm{T}}, \boldsymbol{\beta}=(5,-1,9)^{\mathrm{T}}$，用 $\boldsymbol{\alpha}_1, \boldsymbol{\alpha}_2, \boldsymbol{\alpha}_3$ 的线性组合表示向量 $\boldsymbol{\beta}$.

2. 设 $\boldsymbol{\alpha}_1=(2,3,5)^{\mathrm{T}}, \boldsymbol{\alpha}_2=(3,7,8)^{\mathrm{T}}, \boldsymbol{\alpha}_3=(1,-6,1)^{\mathrm{T}}$，求 λ 使 $\boldsymbol{\beta}=(7,-2,\lambda)^{\mathrm{T}}$ 可由 $\boldsymbol{\alpha}_1, \boldsymbol{\alpha}_2, \boldsymbol{\alpha}_3$ 线性表示.

3. 设有向量组

$$A:\boldsymbol{a}_1=\begin{pmatrix}\alpha\\2\\10\end{pmatrix},\quad \boldsymbol{a}_2=\begin{pmatrix}-2\\1\\5\end{pmatrix},\quad \boldsymbol{a}_3=\begin{pmatrix}-1\\1\\4\end{pmatrix},\text{及}\quad \boldsymbol{b}=\begin{pmatrix}1\\\beta\\-1\end{pmatrix}$$

问 α,β 为何值时，

(1) 向量 $\boldsymbol{b}$ 不能由向量组 A 线性表示;

(2) 向量 $\boldsymbol{b}$ 能由向量组 A 线性表示, 且表示式唯一;

(3) 向量 $\boldsymbol{b}$ 能由向量组 A 线性表示, 且表示式不唯一, 并求一般表示式.

4. 已知向量组

$$A:\boldsymbol{\alpha}_1=\begin{pmatrix}0\\1\\1\end{pmatrix},\quad \boldsymbol{\alpha}_2=\begin{pmatrix}1\\1\\0\end{pmatrix};$$

$$B:\boldsymbol{\beta}_1=\begin{pmatrix}-1\\0\\1\end{pmatrix},\quad \boldsymbol{\beta}_2=\begin{pmatrix}1\\2\\1\end{pmatrix},\quad \boldsymbol{\beta}_3=\begin{pmatrix}3\\2\\-1\end{pmatrix}$$

证明向量组 A 与向量组 B 等价.

5. 设

$$\begin{cases}\boldsymbol{\beta}_1= \quad\quad \boldsymbol{\alpha}_2+\boldsymbol{\alpha}_3+\cdots+\boldsymbol{\alpha}_n\\ \boldsymbol{\beta}_2=\boldsymbol{\alpha}_1\quad\quad +\boldsymbol{\alpha}_3+\cdots+\boldsymbol{\alpha}_n\\ \vdots\\ \boldsymbol{\beta}_n=\boldsymbol{\alpha}_1+\boldsymbol{\alpha}_2+\boldsymbol{\alpha}_3+\cdots+\boldsymbol{\alpha}_n\end{cases}$$

证明向量组 $\boldsymbol{\alpha}_1,\boldsymbol{\alpha}_2,\cdots,\boldsymbol{\alpha}_n$ 与向量组 $\boldsymbol{\beta}_1,\boldsymbol{\beta}_2,\cdots,\boldsymbol{\beta}_n$ 等价.

6. 判定下列向量组是线性相关还是线性无关.

(1) $(-1,3,1)^{\mathrm{T}},(2,1,0)^{\mathrm{T}},(1,4,1)^{\mathrm{T}}$;　(2) $(2,3,0)^{\mathrm{T}},(-1,4,0)^{\mathrm{T}},(0,0,2)^{\mathrm{T}}$.

7. 问 a 取什么值时向量组 $\boldsymbol{\alpha}_1=(a,1,1)^{\mathrm{T}},\boldsymbol{\alpha}_2=(1,a,-1)^{\mathrm{T}},\boldsymbol{\alpha}_3=(1,-1,a)^{\mathrm{T}}$ 线性相关?

8. 设 $\boldsymbol{a}_1,\boldsymbol{a}_2$ 线性无关,$\boldsymbol{a}_1+\boldsymbol{b},\boldsymbol{a}_2+\boldsymbol{b}$ 线性相关, 求向量 $\boldsymbol{b}$ 用 $\boldsymbol{a}_1,\boldsymbol{a}_2$ 线性表示的表示式.

9. 设 $\boldsymbol{b}_1=\boldsymbol{a}_1+\boldsymbol{a}_2,\boldsymbol{b}_2=\boldsymbol{a}_2+\boldsymbol{a}_3,\boldsymbol{b}_3=\boldsymbol{a}_3+\boldsymbol{a}_4,\boldsymbol{b}_4=\boldsymbol{a}_4+\boldsymbol{a}_1$, 证明向量组 $\boldsymbol{b}_1,\boldsymbol{b}_2,\boldsymbol{b}_3,\boldsymbol{b}_4$ 线性相关.

10. 设 $\boldsymbol{b}_1=\boldsymbol{a}_1,\boldsymbol{b}_2=\boldsymbol{a}_1+\boldsymbol{a}_2,\cdots,\boldsymbol{b}_r=\boldsymbol{a}_1+\boldsymbol{a}_2+\cdots+\boldsymbol{a}_r$, 且向量组 $\boldsymbol{a}_1,\boldsymbol{a}_2,\cdots,\boldsymbol{a}_r$ 线性无关, 证明向量组 $\boldsymbol{b}_1,\boldsymbol{b}_2,\cdots,\boldsymbol{b}_r$ 线性无关.

11. 设向量组 $B:\boldsymbol{b}_1,\cdots,\boldsymbol{b}_r$ 能由向量组 $A:\boldsymbol{a}_1,\cdots,\boldsymbol{a}_s$ 线性表示为

$$(\boldsymbol{b}_1,\cdots,\boldsymbol{b}_r)=(\boldsymbol{a}_1,\cdots,\boldsymbol{a}_s)\boldsymbol{K}$$

其中，$\boldsymbol{K}$ 为 $s\times r$ 矩阵, 且 A 组线性无关. 证明 B 组线性无关的充分必要条件是矩阵 $\boldsymbol{K}$ 的秩 $R(\boldsymbol{K})=r$.

12. 设由 $\boldsymbol{\alpha}_1=(0,1,2)^{\mathrm{T}},\boldsymbol{\alpha}_2=(1,3,5)^{\mathrm{T}},\boldsymbol{\alpha}_3=(2,1,0)^{\mathrm{T}}$ 所生成的向量空间

记作 V_1；由 $\boldsymbol{\beta}_1=(1,2,3)^{\mathrm{T}},\boldsymbol{\beta}_2=(-1,0,1)^{\mathrm{T}}$ 所生成的向量空间记作 V_2. 试证：$V_1=V_2$.

13. 设向量组 $\boldsymbol{a}_1=(1,1,1)^{\mathrm{T}},\boldsymbol{a}_2=(1,2,3)^{\mathrm{T}},\boldsymbol{a}_3=(1,3,t)^{\mathrm{T}}$ 能构成 $\mathbb{R}^3$ 的一个基，求常数 t.

14. 验证 $\boldsymbol{a}_1=(1,-1,0)^{\mathrm{T}},\boldsymbol{a}_2=(2,1,3)^{\mathrm{T}},\boldsymbol{a}_3=(3,1,2)^{\mathrm{T}}$ 为 $\mathbb{R}^3$ 的一个基，并把 $\boldsymbol{v}_1=(5,0,7)^{\mathrm{T}},\boldsymbol{v}_2=(-9,-8,-13)^{\mathrm{T}}$ 用这个基线性表示.

15. 已知向量 $\boldsymbol{a}_1=(1,4,8,0)^{\mathrm{T}},\boldsymbol{a}_2=(4,-1,0,8)^{\mathrm{T}}$，试求向量 $\boldsymbol{a}_3,\boldsymbol{a}_4$ 使 $\boldsymbol{a}_1,\boldsymbol{a}_2,\boldsymbol{a}_3,\boldsymbol{a}_4$ 是正交向量组.

16. 将 $\boldsymbol{\alpha}_1=(1,1,1)^{\mathrm{T}},\boldsymbol{\alpha}_2=(0,1,1)^{\mathrm{T}},\boldsymbol{\alpha}_3=(0,0,1)^{\mathrm{T}}$ 标准正交化.

17. 求齐次线性方程组

$$\begin{cases}2x_1+x_2-x_3+x_4-3x_5=0\\x_1+x_2+x_3+x_5=0\\3x_1+2x_2-x_3+x_4-2x_5=0\end{cases}$$

解空间的一个标准正交基.

18. 判断下列矩阵是否为正交阵.

$$\boldsymbol{A}=\begin{pmatrix}\dfrac{\sqrt{3}}{3}&\dfrac{\sqrt{3}}{3}&\dfrac{\sqrt{3}}{3}\\0&-\dfrac{1}{\sqrt{2}}&\dfrac{1}{\sqrt{2}}\\-\dfrac{2}{\sqrt{6}}&\dfrac{1}{\sqrt{6}}&\dfrac{1}{\sqrt{6}}\end{pmatrix};\quad \boldsymbol{B}=\begin{pmatrix}1&0&0&0\\0&\dfrac{1}{\sqrt{3}}&\dfrac{1}{\sqrt{2}}&0\\0&\dfrac{1}{\sqrt{3}}&0&1\\0&\dfrac{1}{\sqrt{3}}&-\dfrac{1}{\sqrt{2}}&0\end{pmatrix}$$

19. 若 $\boldsymbol{A}=\begin{pmatrix}0&a\\b&0\end{pmatrix}$ 是正交矩阵，问 a,b 应取何值？

20. 设 $\boldsymbol{x}$ 是 n 维列向量，$\boldsymbol{x}^{\mathrm{T}}\boldsymbol{x}=1$，令 $\boldsymbol{H}=\boldsymbol{E}-2\boldsymbol{x}\boldsymbol{x}^{\mathrm{T}}$，证明：$\boldsymbol{H}$ 是对称的正交矩阵.

21. 设 $\boldsymbol{A}$ 为 n 阶对称矩阵，且满足 $\boldsymbol{A}^2-4\boldsymbol{A}+3\boldsymbol{E}=\boldsymbol{O}$，证明：$\boldsymbol{A}-2\boldsymbol{E}$ 为正交矩阵.

22. 已知 $\mathbb{R}^3$ 的两个基为 $\boldsymbol{a}_1=\begin{pmatrix}1\\1\\1\end{pmatrix},\boldsymbol{a}_2=\begin{pmatrix}1\\0\\-1\end{pmatrix}\boldsymbol{a}_3=\begin{pmatrix}1\\0\\1\end{pmatrix}$；及 $\boldsymbol{b}_1=\begin{pmatrix}1\\2\\1\end{pmatrix},\boldsymbol{b}_2=\begin{pmatrix}2\\3\\4\end{pmatrix},\boldsymbol{b}_3=\begin{pmatrix}3\\4\\5\end{pmatrix}$. 求由基 $\boldsymbol{a}_1,\boldsymbol{a}_2,\boldsymbol{a}_3$ 到基 $\boldsymbol{b}_1,\boldsymbol{b}_2,\boldsymbol{b}_3$ 的过渡矩阵 $\boldsymbol{P}$.

23. 设 $\mathbb{R}^3$ 中的两个基为 $\boldsymbol{a}_1=\begin{pmatrix}1\\1\\1\end{pmatrix},\boldsymbol{a}_2=\begin{pmatrix}0\\1\\1\end{pmatrix},\boldsymbol{a}_3=\begin{pmatrix}0\\0\\1\end{pmatrix}$；及 $\boldsymbol{b}_1=$

$\begin{pmatrix}1\\0\\1\end{pmatrix}, \boldsymbol{b}_2 = \begin{pmatrix}0\\1\\-1\end{pmatrix}, \boldsymbol{b}_3 = \begin{pmatrix}1\\2\\0\end{pmatrix}$. 求由基 $\boldsymbol{a}_1, \boldsymbol{a}_2, \boldsymbol{a}_3$ 到基 $\boldsymbol{b}_1, \boldsymbol{b}_2, \boldsymbol{b}_3$ 的过渡矩阵 $\boldsymbol{P}$. 已知 $\boldsymbol{\xi}$ 在 $\boldsymbol{a}_1, \boldsymbol{a}_2, \boldsymbol{a}_3$ 下的坐标为 $(-1,2,1)^{\mathrm{T}}$，求 $\boldsymbol{\xi}$ 在 $\boldsymbol{b}_1, \boldsymbol{b}_2, \boldsymbol{b}_3$ 下的坐标.

24. 求向量组 $\boldsymbol{a}_1 = (1,2,-1,4)^{\mathrm{T}}, \boldsymbol{a}_2 = (9,100,10,4)^{\mathrm{T}}, \boldsymbol{a}_3 = (-2,-4,2,-8)^{\mathrm{T}}$ 的秩, 并求一个最大无关组.

25. 设向量组 $(a,3,1)^{\mathrm{T}}, (2,b,3)^{\mathrm{T}}, (1,2,1)^{\mathrm{T}}, (2,3,1)^{\mathrm{T}}$ 的秩为 2, 求 a, b.

26. 求齐次线性方程组

$$\begin{cases} x_1 + x_2 - x_3 - x_4 = 0 \\ 2x_1 - 5x_2 + 3x_3 + 2x_4 = 0 \\ 7x_1 - 7x_2 + 3x_3 + x_4 = 0 \end{cases}$$

的一个基础解系.

27. 求齐次线性方程组

$$\begin{cases} x_1 + 2x_2 + x_3 - x_4 = 0 \\ 3x_1 + 6x_2 - x_3 - 3x_4 = 0 \\ 5x_1 + 10x_2 + x_3 - 5x_4 = 0 \end{cases}$$

的一个基础解系.

28. 求一个齐次线性方程组，使它的基础解系为 $\boldsymbol{\xi}_1 = (0,1,2,3)^{\mathrm{T}}, \boldsymbol{\xi}_2 = (3,2,1,0)^{\mathrm{T}}$.

29. 设 $\boldsymbol{\xi}_1, \boldsymbol{\xi}_2, \boldsymbol{\xi}_3$ 是齐次线性方程组 $\boldsymbol{Ax} = \boldsymbol{0}$ 的基础解系，问 $\boldsymbol{\alpha}_1 + \boldsymbol{\alpha}_2, \boldsymbol{\alpha}_2 + 2\boldsymbol{\alpha}_3, \boldsymbol{\alpha}_3 + 3\boldsymbol{\alpha}_1$ 是否也是它的基础解系？为什么？

30. 设四元非齐次线性方程组的系数矩阵的秩为 3, 已知 $\boldsymbol{\eta}_1, \boldsymbol{\eta}_2, \boldsymbol{\eta}_3$ 是它的三个解向量，且 $\boldsymbol{\eta}_1 = (2,3,4,5)^{\mathrm{T}}, \boldsymbol{\eta}_2 + \boldsymbol{\eta}_3 = (1,2,3,4)^{\mathrm{T}}$, 求该方程组的通解.

31. 求下列非齐次线性方程组的通解及导出组的基础解系.

$$\begin{cases} 2x_1 - x_2 + x_4 = -1 \\ x_1 + 3x_2 - 7x_3 + 4x_4 = 3 \\ 3x_1 - 2x_2 + x_3 + x_4 = -2 \end{cases}$$

32. 设矩阵 $\boldsymbol{A} = (\boldsymbol{a}_1, \boldsymbol{a}_2, \boldsymbol{a}_3, \boldsymbol{a}_4)$，其中，$\boldsymbol{a}_2, \boldsymbol{a}_3, \boldsymbol{a}_4$ 线性无关,$\boldsymbol{a}_1 = 2\boldsymbol{a}_2 - \boldsymbol{a}_3$. 向量 $\boldsymbol{b} = \boldsymbol{a}_1 + \boldsymbol{a}_2 + \boldsymbol{a}_3 + \boldsymbol{a}_4$, 求方程组 $\boldsymbol{Ax} = \boldsymbol{b}$ 的通解.

33. 设 $\boldsymbol{\eta}^*$ 是非齐次线性方程组 $\boldsymbol{Ax} = \boldsymbol{b}$ 的一个解，$\boldsymbol{\xi}_1, \boldsymbol{\xi}_2, \cdots, \boldsymbol{\xi}_{n-r}$ 是对应的齐次线性方程组的一个基础解系, 证明:

(1) $\boldsymbol{\eta}^*, \boldsymbol{\xi}_1, \boldsymbol{\xi}_2, \cdots, \boldsymbol{\xi}_{n-r}$ 线性无关;

(2) $\boldsymbol{\eta}^*, \boldsymbol{\eta}^* + \boldsymbol{\xi}_1, \boldsymbol{\eta}^* + \boldsymbol{\xi}_2, \cdots, \boldsymbol{\eta}^* + \boldsymbol{\xi}_{n-r}$ 线性无关.

第5章　相似矩阵及二次型

人们在应用线性代数解决问题时，常常试图寻找适当的变换将矩阵化为简单的形式，甚至，在特定条件下试图用一个实数来间接地代替矩阵，既保持原矩阵尽可能多的特征，又达到使矩阵运算“化繁为简”的目的. 那么，当满足什么条件时，上述愿望能够达成呢？其内在的原理是什么呢？在本章，我们将逐步揭开方阵的特征值 (eigenvalue) 与特征向量 (eigenvector) 的秘密，并在此基础上研究方阵相似对角化问题和二次型标准化问题.

5.1　方阵的特征值与特征向量

在理论研究和工程实践中，特征值问题有着广泛的应用，如微分方程的刚性比和数值方法的稳定性、电力系统的静态稳定分析、因子分析模型中的因子载荷、动力系统和结构系统的振动问题等，本质上都是矩阵的特征值问题. 特征值问题离我们并不遥远. 例如，特征值是振动的自然频率或结构的固有频率，只要有振动存在，就有特征值问题，因此，工程人员在结构设计时必须考虑频率问题. 特别是在地震高发地带，为防止出现共振，使房屋结构振动频率与地震频率保持合理差异尤为重要.

首先从一组实验开始.

实验 1：设方阵 $\boldsymbol{A}=\begin{pmatrix}3&-2\\1&0\end{pmatrix}$，向量 $\boldsymbol{u}=\begin{pmatrix}-1\\1\end{pmatrix}$，不难计算

$$\boldsymbol{Au}=\begin{pmatrix}3&-2\\1&0\end{pmatrix}\begin{pmatrix}-1\\1\end{pmatrix}=\begin{pmatrix}-5\\-1\end{pmatrix}$$

如图 5.1所示，矩阵 $\boldsymbol{A}$ 左乘向量 $\boldsymbol{u}$，实现了将向量 $\boldsymbol{u}$ 旋转和伸缩两方面影响. 尝试改变向量 $\boldsymbol{u}$ 的取值，如令 $\boldsymbol{u}=\begin{pmatrix}1\\2\end{pmatrix},\begin{pmatrix}-2\\1\end{pmatrix},\cdots$，不难验证：在矩阵 $\boldsymbol{A}$ 的作用下向量 $\boldsymbol{u}$ 均发生了不同程度的旋转与伸缩.

实验 2：如果选取特定的向量 $\boldsymbol{x}=\begin{pmatrix}2\\1\end{pmatrix}$，则

$$\boldsymbol{Ax}=\begin{pmatrix}3&-2\\1&0\end{pmatrix}\begin{pmatrix}2\\1\end{pmatrix}=\begin{pmatrix}4\\2\end{pmatrix}=2\boldsymbol{x}$$

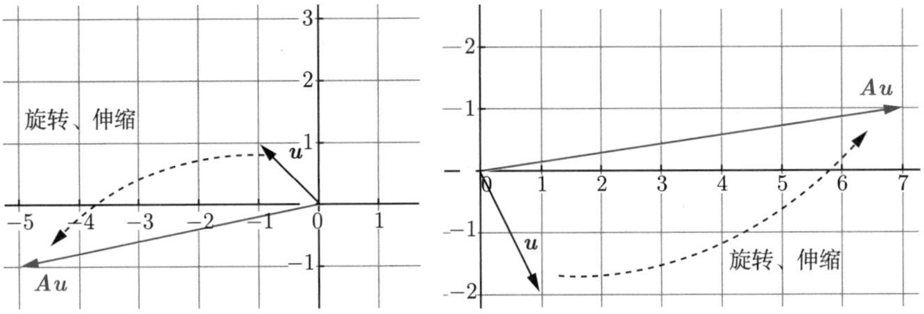

图 5.1　矩阵 $\boldsymbol{A}$ 左乘向量 $\boldsymbol{u}$ 的影响

方阵 $\boldsymbol{A}$ 对应一个线性变换，从图 5.2看，该线性变换对向量 $\boldsymbol{x}$ 施加的影响只有伸缩效果，并且等同于数 2 乘该向量. 相对实验 1 中矩阵 $\boldsymbol{A}$ 对向量 $\boldsymbol{u}$ 的影响，实验 2 选定的向量 $\boldsymbol{x}$ 似乎是特殊的，并且矩阵 $\boldsymbol{A}$ 对向量 $\boldsymbol{x}$ 的影响 (特征) 由数值 2 就可以完全代替了.

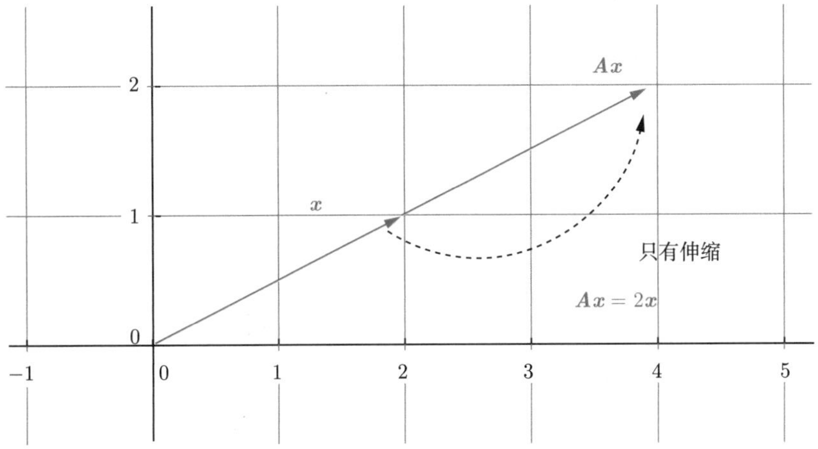

图 5.2　矩阵 $\boldsymbol{A}$ 对向量 $\boldsymbol{x}$ 的影响

将上述现象一般化，就可得出特征值与特征向量的概念.

5.1.1　特征值和特征向量的概念

定义 5.1　特征值与特征向量

设 $\boldsymbol{A}$ 是 n 阶方阵，若数 λ 和 n 维非零列向量$\boldsymbol{x}$ 使关系式

$$\boldsymbol{A}\boldsymbol{x} = \lambda\boldsymbol{x} \tag{5.1}$$

成立，则数 λ 称为方阵 $\boldsymbol{A}$ 的特征值，向量 $\boldsymbol{x}$ 称为方阵 $\boldsymbol{A}$ 对应特征值 λ 的一个特征向量.

✍ 关于定义 5.1 的两点注解:
(1) $\boldsymbol{A}$ 是方阵，即特征值与特征向量问题是针对方阵而言的;
(2) 特征向量必须是非零向量. 显然当 $\boldsymbol{x} = \boldsymbol{0}$ 时，对任意方阵 $\boldsymbol{A}$ 和任意数 λ 恒有 $\boldsymbol{A0} = \boldsymbol{0} = \lambda\boldsymbol{0}$，也就没有什么“特征”而言了，但特征值 λ 不一定非零，是可以取零的.

从几何上看，当 $n = 2$ 时，若 λ 是方阵 $\boldsymbol{A}$ 的特征值，向量 $\boldsymbol{x}$ 是 λ 对应的特征向量，那么方阵 $\boldsymbol{A}$ 左乘特征向量 $\boldsymbol{x}$ 得出的向量 $\lambda\boldsymbol{x}$ 与 $\boldsymbol{x}$ 共线，如图 5.3 所示.

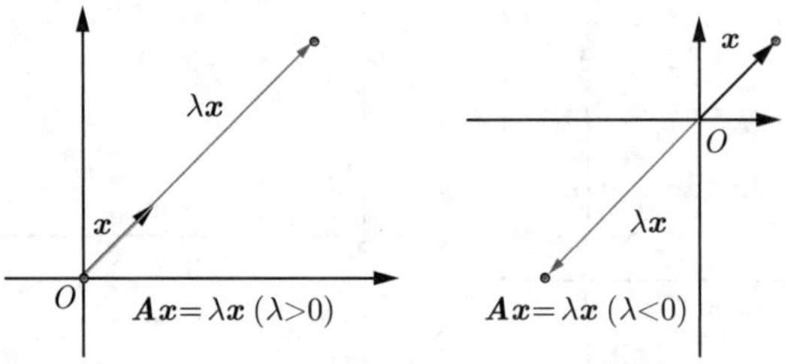

图 5.3　$\mathbb{R}^2$ 内 λx 与 x 的几何关系

下面，我们借助图 5.4进一步说明特征值与特征向量的几何内涵.

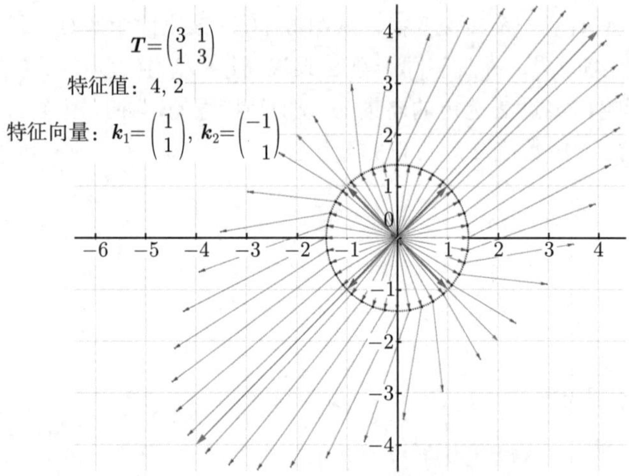

图 5.4　$\mathbb{R}^2$ 内方阵 T 作用在各向量上

属于特征值 λ 的特征向量是不唯一的.
若 $Ax=\lambda x, x\neq 0$, 则对任意常数 k 有

$$\begin{aligned}A(kx)&=k(Ax)\\&=k(\lambda x)\\&=\lambda(kx)\end{aligned}$$

因此当 $k\neq 0$ 时, kx 也是 A 对应 λ 的特征向量. 这也表明, 若 x 是 A 的特征向量, 那么任意伸缩后的向量 $kx(k\neq 0)$ 仍是 A 的向量, 且二者具有相同的特征值.

设方阵 $T=\begin{pmatrix}3&1\\1&3\end{pmatrix}$，不难验证向量 $\begin{pmatrix}1\\1\end{pmatrix}$, $\begin{pmatrix}-1\\1\end{pmatrix}$ 分别是方阵 T 的特征值 $\lambda_1=4,\lambda_2=2$ 对应的特征向量：

$$T\begin{pmatrix}1\\1\end{pmatrix}=\begin{pmatrix}3&1\\1&3\end{pmatrix}\begin{pmatrix}1\\1\end{pmatrix}=\begin{pmatrix}4\\4\end{pmatrix}=4\begin{pmatrix}1\\1\end{pmatrix}$$

$$T\begin{pmatrix}-1\\1\end{pmatrix}=\begin{pmatrix}3&1\\1&3\end{pmatrix}\begin{pmatrix}-1\\1\end{pmatrix}=\begin{pmatrix}-2\\2\end{pmatrix}=2\begin{pmatrix}-1\\1\end{pmatrix}$$

由图 5.4可知，方阵 T 作用在 $\mathbb{R}^2$ 的任意向量上，在特征向量方向上只有拉伸效果，且特征值就是拉伸比例.

例 5.1 (特征值与特征向量的概念在求条件极值问题中的应用)　求二次齐次函数 $f=\sum\limits_{i,j=1}^{n}a_{ij}x_ix_j$ 在“超球面” $\sum\limits_{i=1}^{n}x_i^2=1$ 上的条件极值，其中，$a_{ij}=a_{ji}(i,j=1,2,\cdots,n)$.

二次齐次函数的概念参考5.4.2小节.

解　利用拉格朗日乘数法，设

$$F(x_1,x_2,\cdots,x_n,\lambda)=\sum_{i,j=1}^{n}a_{ij}x_ix_j+\lambda\left(1-\sum_{i=1}^{n}x_i^2\right)$$

令

$$\begin{cases} \dfrac{\partial F}{\partial x_i} = 0 \qquad (i = 1, 2, \cdots, n) \\ \dfrac{\partial F}{\partial \lambda} = 0 \end{cases}$$

即

$$\begin{cases} \sum\limits_{j=1}^{n} a_{ij}x_j - 2\lambda x_i = 0 \qquad (i = 1, 2, \cdots, n) \\ \sum\limits_{i=1}^{n} x_i^2 = 1 \end{cases}$$

若记 $\boldsymbol{A} = (a_{ij})_{n\times n}, \boldsymbol{x} = (x_1, x_2, \cdots, x_n)^{\mathrm{T}}$，则 $\sum\limits_{j=1}^{n} a_{ij}x_j - 2\lambda x_i = 0 (i = 1, 2, \cdots, n)$ 可写成

$$\begin{pmatrix} a_{11} & a_{12} & \cdots & a_{1n} \\ a_{21} & a_{22} & \cdots & a_{2n} \\ \vdots & \vdots & & \vdots \\ a_{n1} & a_{n2} & \cdots & a_{nn} \end{pmatrix} \begin{pmatrix} x_1 \\ x_2 \\ \vdots \\ x_n \end{pmatrix} = 2\lambda \begin{pmatrix} x_1 \\ x_2 \\ \vdots \\ x_n \end{pmatrix},$$

即 $\boldsymbol{Ax} = 2\lambda\boldsymbol{x}$，而 $\sum\limits_{i=1}^{n} x_i^2 = 1$ 可写成

$$\boldsymbol{x}^{\mathrm{T}}\boldsymbol{x} = 1$$

即向量 $\boldsymbol{x}$ 为单位向量. 于是，本例求条件极值问题就转化为求满足方程 $\boldsymbol{Ax} = \lambda\boldsymbol{x}$ 的单位向量 $\boldsymbol{x}$. 方程 $\boldsymbol{Ax} = \lambda\boldsymbol{x}$ 中的 $\lambda, \boldsymbol{x}$ 就是方阵 A 的特征值和对应的特征向量.

5.1.2　特征值和特征向量的求法

给定方阵 $\boldsymbol{A}$，如何求 $\boldsymbol{A}$ 的特征值 λ 及对应的特征向量 $\boldsymbol{x}$ 呢？在定义式 $\boldsymbol{Ax} = \lambda\boldsymbol{x}$ 中，$\boldsymbol{A}$ 已知，$\lambda, \boldsymbol{x}$ 均未知，求解 $\lambda, \boldsymbol{x}$ 看上去是一件比较困难的事. 我们可以充分利用 $\boldsymbol{x} \neq \boldsymbol{0}$ 这个信息，进而确定求解方阵 $\boldsymbol{A}$ 的特征值和特征向量的思路.

(1) 由定义式 $\boldsymbol{Ax} = \lambda\boldsymbol{x}$ 得

$$(\boldsymbol{A} - \lambda\boldsymbol{E})\boldsymbol{x} = \boldsymbol{0} \tag{5.2}$$

显然系数矩阵 $\boldsymbol{A} - \lambda\boldsymbol{E}$ 依然是 n 阶方阵，因此式(5.2)是 n 个未知数 n 个方程的齐次线性方程组.

(2) 由于 $\boldsymbol{x} \neq \boldsymbol{0}$，即该方程组有非零解. 由克拉默法则知，齐次线性方程组(5.2)有非零解的充要条件是系数行列式

$$|\boldsymbol{A} - \lambda\boldsymbol{E}| = 0 \tag{5.3}$$

即

✍ 齐次线性方程组

$$(\boldsymbol{A} - \lambda\boldsymbol{E})\boldsymbol{x} = \boldsymbol{0}$$

有非零解

$\Leftrightarrow R(\boldsymbol{A} - \lambda\boldsymbol{E}) < n$

$\Leftrightarrow |\boldsymbol{A} - \lambda\boldsymbol{E}| = 0$

$$\det(\boldsymbol{A}-\lambda\boldsymbol{E})=\begin{vmatrix} a_{11}-\lambda & a_{12} & \cdots & a_{1n} \\ a_{21} & a_{22}-\lambda & \cdots & a_{2n} \\ \vdots & \vdots & & \vdots \\ a_{n1} & a_{n2} & \cdots & a_{nn}-\lambda \end{vmatrix}=0 \tag{5.4}$$

✍ 一元 n 次方程 $f(\lambda)=0$ 的根就是矩阵 $\boldsymbol{A}$ 的特征值，因此 $\boldsymbol{A}$ 的特征值就是特征方程 $f(\lambda)=0$ 的根.

矩阵 $\boldsymbol{A}$ 已知，因此式(5.4)是以 λ 为未知数的一元 n 次方程，称为矩阵 $\boldsymbol{A}$ 的特征方程，记作 $f(\lambda)=0$，其中 $f(\lambda)=\det(\boldsymbol{A}-\lambda\boldsymbol{E})$ 是 λ 的 n 次多项式，称为矩阵 $\boldsymbol{A}$ 的特征多项式 (characteristic polynomial).

特征方程 $f(\lambda)=0$ 在复数范围内恒有解，且根的个数为方程的次数 (重根按重数计算)，因此，n 阶方阵 $\boldsymbol{A}$ 在复数范围内有 n 个特征值 $\lambda_1,\lambda_2,\cdots,\lambda_n$.

前两步通过解方程 $f(\lambda)=0$ 得出了 $\boldsymbol{A}$ 的所有特征根，即 $\boldsymbol{A}$ 的全部特征值. 下面分析任意一个特征值 $\lambda=\lambda_i$ 对应的特征向量.

(3) 将特征值 λ_i 回代到特征值与特征向量的定义式 $\boldsymbol{Ax}=\lambda\boldsymbol{x}$ 中，此时，未知信息仅剩下特征向量 $\boldsymbol{x}$，即

$$(\boldsymbol{A}-\lambda_i\boldsymbol{E})\boldsymbol{x}=\boldsymbol{0} \tag{5.5}$$

说明 λ_i 对应的特征向量就是齐次线性方程组(5.5)的非零解向量，且 $\boldsymbol{A}$ 的对应特征值 λ_i 的特征向量全体就是方程组(5.5)的全体非零解. 于是，设 $\boldsymbol{p}_1,\boldsymbol{p}_2,\cdots,\boldsymbol{p}_s$ 为方程组(5.5)的基础解系，则 $\boldsymbol{A}$ 对应 λ_i 的全部特征向量为

$$k_1\boldsymbol{p}_1+k_2\boldsymbol{p}_2+\cdots+k_s\boldsymbol{p}_s \quad (k_1,k_2,\cdots,k_s\in\mathbb{R},\ \text{且不同时为零}) \tag{5.6}$$

下面通过几道例题说明矩阵的特征值与特征向量的求法.

⚒ **例 5.2** 求方阵

$$\boldsymbol{A}=\begin{pmatrix} 3 & -2 \\ 1 & 0 \end{pmatrix}$$

的特征值和特征向量.

解 $\boldsymbol{A}$ 的特征方程为

$$|\boldsymbol{A}-\lambda\boldsymbol{E}|=\begin{vmatrix} 3-\lambda & -2 \\ 1 & -\lambda \end{vmatrix}=-\lambda(3-\lambda)+2=(\lambda-1)(\lambda-2)=0$$

所以 $\boldsymbol{A}$ 的特征值为 $\lambda_1=1,\lambda_2=2$.

当 $\lambda_1=1$ 时，解 $(\boldsymbol{A}-\boldsymbol{E})\boldsymbol{x}=\boldsymbol{0}$,

$$\boldsymbol{A}-\boldsymbol{E}=\begin{pmatrix} 2 & -2 \\ 1 & -1 \end{pmatrix}\to\begin{pmatrix} 1 & -1 \\ 0 & 0 \end{pmatrix}$$

得 $(\boldsymbol{A}-\boldsymbol{E})\boldsymbol{x}=\boldsymbol{0}$ 的基础解系为

$$\boldsymbol{p}_1=\begin{pmatrix} 1 \\ 1 \end{pmatrix}$$

故 $\boldsymbol{A}$ 的对应特征值 $\lambda_1=1$ 的所有特征向量是 $k_1\boldsymbol{p}_1(k_1\neq 0)$.

当 $\lambda_2=2$ 时，解 $(\boldsymbol{A}-2\boldsymbol{E})\boldsymbol{x}=\boldsymbol{0}$，

$$\boldsymbol{A}-2\boldsymbol{E}=\begin{pmatrix}1&-2\\1&-2\end{pmatrix}\to\begin{pmatrix}1&-2\\0&0\end{pmatrix}$$

得 $(\boldsymbol{A}-2\boldsymbol{E})\boldsymbol{x}=\boldsymbol{0}$ 的基础解系为

$$\boldsymbol{p}_2=\begin{pmatrix}2\\1\end{pmatrix}$$

故 $\boldsymbol{A}$ 的对应特征值 $\lambda_2=2$ 的所有特征向量是 $k_2\boldsymbol{p}_2(k_2\neq 0)$.

⚒ **例 5.3**　求矩阵

$$\boldsymbol{A}=\begin{pmatrix}-2&1&1\\0&2&0\\-4&1&3\end{pmatrix}$$

的特征值与特征向量.

解　$\boldsymbol{A}$ 的特征方程为

$$|\boldsymbol{A}-\lambda\boldsymbol{E}|=\begin{vmatrix}-2-\lambda&1&1\\0&2-\lambda&0\\-4&1&3-\lambda\end{vmatrix}=(2-\lambda)\begin{vmatrix}-2-\lambda&1\\-4&3-\lambda\end{vmatrix}$$

$$=-(\lambda+1)(\lambda-2)^2=0$$

所以 $\boldsymbol{A}$ 的特征值为 $\lambda_1=-1,\lambda_2=\lambda_3=2$.

当 $\lambda_1=-1$ 时，解方程 $(\boldsymbol{A}+\boldsymbol{E})\boldsymbol{x}=\boldsymbol{0}$. 由

$$\boldsymbol{A}+\boldsymbol{E}=\begin{pmatrix}-1&1&1\\0&3&0\\-4&1&4\end{pmatrix}\to\begin{pmatrix}-1&0&1\\0&1&0\\0&0&0\end{pmatrix}$$

得基础解系 $\boldsymbol{p}_1=(1,0,1)^{\mathrm{T}}$,故对应 $\lambda=-1$ 的全部特征向量为 $k_1\boldsymbol{p}_1(k_1\neq 0)$.

当 $\lambda_2=\lambda_3=2$ 时，解方程 $(\boldsymbol{A}-2\boldsymbol{E})\boldsymbol{x}=\boldsymbol{0}$. 由

$$\boldsymbol{A}-2\boldsymbol{E}=\begin{pmatrix}-4&1&1\\0&0&0\\-4&1&1\end{pmatrix}\to\begin{pmatrix}-4&1&1\\0&0&0\\0&0&0\end{pmatrix}$$

得基础解系 $\boldsymbol{p}_2=(0,1,-1)^{\mathrm{T}},\boldsymbol{p}_3=(1,0,4)^{\mathrm{T}}$，故对应 $\lambda_2=\lambda_3=2$ 的全部特征向量为 $k_2\boldsymbol{p}_2+k_3\boldsymbol{p}_3(k_2,k_3$ 不同时为 $0)$.

✍ 属于同一个特征值的特征向量的非零线性组合，仍是属于这个特征值的特征向量，即

$$\boldsymbol{A}\boldsymbol{p}_1=\lambda\boldsymbol{p}_1,\boldsymbol{p}_1\neq\boldsymbol{0}$$
$$\boldsymbol{A}\boldsymbol{p}_2=\lambda\boldsymbol{p}_2,\boldsymbol{p}_2\neq\boldsymbol{0}$$

则

$$\boldsymbol{A}(k_1\boldsymbol{p}_1+k_2\boldsymbol{p}_2)$$
$$=\lambda(k_1\boldsymbol{p}_1+k_2\boldsymbol{p}_2)$$

例 5.3表明 $\boldsymbol{A}$ 的特征方程 $f(\lambda)=0$ 可能包含重根. 不妨设 $\boldsymbol{A}$ 的特征多项式 $f(\lambda)$ 可分解为互不相同的一次幂次的乘积，即

$$f(\lambda)=(\lambda_1-\lambda)^{r_1}(\lambda_2-\lambda)^{r_2}\cdots(\lambda_m-\lambda)^{r_m}$$

其中，$\lambda_1,\lambda_2,\cdots,\lambda_m$ 是 $\boldsymbol{A}$ 的所有互异特征值，称 r_i 为特征值 λ_i 的重数，显然 $\sum\limits_{i=1}^{m}r_i=n$.

⚒ **例 5.4**　求 n 阶单位矩阵

$$
\boldsymbol{E}_n=\begin{pmatrix}1 & 0 & \cdots & 0\\ 0 & 1 & \cdots & 0\\ \vdots & \vdots & & \vdots\\ 0 & 0 & \cdots & 1\end{pmatrix}
$$

的特征值与特征向量.

解 $\boldsymbol{E}_n$ 的特征方程

$$
|\boldsymbol{E}-\lambda\boldsymbol{E}|=(1-\lambda)^n=0
$$

故 $\boldsymbol{E}_n$ 的特征值 $\lambda_1=\lambda_2=\cdots=\lambda_n=1$.

✍ 通过本例题不难推知：n 阶对角阵 $\boldsymbol{\Lambda}=\mathrm{diag}(\lambda_1,\lambda_2,\cdots,\lambda_n)$ 的对角元素 $\lambda_1,\lambda_2,\cdots,\lambda_n$ 就是 $\boldsymbol{\Lambda}$ 的 n 个特征值.

将 $\lambda=1$ 代入 $(\boldsymbol{E}-\lambda\boldsymbol{E})\boldsymbol{x}=\boldsymbol{0}$ 所得方程组的系数矩阵是零矩阵，任意 n 维向量 $\boldsymbol{x}$ 均满足方程，所以任意 n 个线性无关的 n 维向量都是它的基础解系，故取单位向量组

$$
\boldsymbol{e}_1=\begin{pmatrix}1\\0\\\vdots\\0\end{pmatrix},\quad \boldsymbol{e}_2=\begin{pmatrix}0\\1\\\vdots\\0\end{pmatrix},\quad \cdots,\quad \boldsymbol{e}_n=\begin{pmatrix}0\\0\\\vdots\\1\end{pmatrix}
$$

作为基础解系，于是 $\boldsymbol{A}$ 的全部特征向量为 $k_1\boldsymbol{e}_1+k_2\boldsymbol{e}_2+\cdots+k_n\boldsymbol{e}_n(k_1,\cdots,k_n$ 不同时为零).

✍ **注**：本书中涉及的特征值大多为整数，这实际上是非常理想的状态. 在实际工程应用中并非这样，甚至未必是实数. 不过没关系，我们同样可以依据特征值与特征向量理论，借助计算机求得特征值.

总结 综合上述例题，求 n 阶方阵的特征值与特征向量的步骤如下.

(1) 解特征方程 $f(\lambda)=|\boldsymbol{A}-\lambda\boldsymbol{E}|=0$ 得出 $\boldsymbol{A}$ 的全部特征值.

(2) 对每个特征值 λ_i，求出齐次方程组 $(\boldsymbol{A}-\lambda_i\boldsymbol{E})\boldsymbol{x}=\boldsymbol{0}$ 的一个基础解系 $\boldsymbol{p}_1,\boldsymbol{p}_2,\cdots,\boldsymbol{p}_s$，则 $\boldsymbol{A}$ 的对应 λ_i 的全部特征向量为 $k_1\boldsymbol{p}_1+k_2\boldsymbol{p}_2+\cdots+k_s\boldsymbol{p}_s$，其中，$k_1,k_2,\cdots,k_s$ 为任意一组不同时为零的数.

5.1.3 特征值和特征向量的性质

定理 5.1

n 阶方阵 $\boldsymbol{A}$ 与其转置矩阵 $\boldsymbol{A}^{\mathrm{T}}$ 有相同的特征值.

证 根据矩阵转置的性质有 $(\boldsymbol{A}-\lambda\boldsymbol{E})^{\mathrm{T}}=\boldsymbol{A}^{\mathrm{T}}-\lambda\boldsymbol{E}$，故

$$
\left|\boldsymbol{A}^{\mathrm{T}}-\lambda\boldsymbol{E}\right|=\left|(\boldsymbol{A}-\lambda\boldsymbol{E})^{\mathrm{T}}\right|=|\boldsymbol{A}-\lambda\boldsymbol{E}|
$$

即 $\boldsymbol{A}$ 与 $\boldsymbol{A}^{\mathrm{T}}$ 有相同的特征多项式，所以两者的特征值相同.

定理 5.2

设 n 阶方阵 $\boldsymbol{A}=(a_{ij})$ 的特征值为 $\lambda_1,\lambda_2,\cdots,\lambda_n$，则

(1) $\lambda_1+\lambda_2+\cdots+\lambda_n=a_{11}+a_{22}+\cdots+a_{nn}=\mathrm{tr}(\boldsymbol{A})$;

(2) $\lambda_1\lambda_2\cdots\lambda_n=|\boldsymbol{A}|$.

其中，n 阶方阵 $\boldsymbol{A}$ 的主对角元素之和，称为 $\boldsymbol{A}$ 的迹，记作 $\mathrm{tr}(\boldsymbol{A})$.

$$
\mathrm{tr}\begin{pmatrix}a_{11} & \cdots & a_{1n}\\ \vdots & \ddots & \vdots\\ a_{n1} & \cdots & a_{nn}\end{pmatrix}=a_{11}+\cdots+a_{nn}
$$

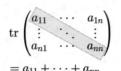

证　一方面，有

$$f(\lambda)=|\boldsymbol{A}-\lambda\boldsymbol{E}|=\begin{vmatrix} a_{11}-\lambda & a_{12} & \cdots & a_{1n} \\ a_{21} & a_{22}-\lambda & \cdots & a_{2n} \\ \vdots & \vdots & & \vdots \\ a_{n1} & a_{n2} & \cdots & a_{nn}-\lambda \end{vmatrix}$$

$$\begin{aligned}&=(a_{11}-\lambda)(a_{22}-\lambda)\cdots(a_{nn}-\lambda)+f_{n-2}(\lambda)\\&=(-1)^n\lambda^n+(-1)^{n-1}(a_{11}+a_{22}+\cdots+a_{nn})\lambda^{n-1}\\&\quad+g_{n-2}(\lambda)+f_{n-2}(\lambda)\end{aligned} \tag{5.7}$$

其中，$g_{n-2}(\lambda), f_{n-2}(\lambda)$ 都是 λ 的次数不超过 $n-2$ 的多项式.

另一方面，

$$\begin{aligned}f(\lambda)&=(\lambda_1-\lambda)(\lambda_2-\lambda)\cdots(\lambda_n-\lambda)\\&=(-1)^n\lambda^n+(-1)^{n-1}(\lambda_1+\lambda_2+\cdots+\lambda_n)\lambda^{n-1}+\cdots+\lambda_1\lambda_2\cdots\lambda_n\end{aligned} \tag{5.8}$$

比较式(5.7)和式(5.8)中 λ^{n-1} 的系数得

$$\lambda_1+\lambda_2+\cdots+\lambda_n=a_{11}+a_{22}+\cdots+a_{nn}=\operatorname{tr}(\boldsymbol{A})$$

由式(5.8)，取 $\lambda=0$，则

$$|\boldsymbol{A}|=f(0)=\lambda_1\lambda_2\cdots\lambda_n$$

推论　($|\boldsymbol{A}|=\lambda_1\lambda_2\cdots\lambda_n$ 的推论)

n 阶方阵 $\boldsymbol{A}$ 可逆的充要条件是 $\boldsymbol{A}$ 的特征值均不为零.

定理 5.3

设 λ 是 n 阶方阵 $\boldsymbol{A}$ 的特征值，$\boldsymbol{x}$ 为 $\boldsymbol{A}$ 的对应特征值 λ 的特征向量，则有

(1) 任意 $k\in\mathbb{R}$，$k\lambda$ 是 $k\boldsymbol{A}$ 的特征值，$\boldsymbol{x}$ 为对应的特征向量；

(2) 任意 $m\in\mathbb{Z}^+$，λ^m 是 $\boldsymbol{A}^m$ 的特征值，$\boldsymbol{x}$ 为对应的特征向量；

(3) 当 $\boldsymbol{A}$ 可逆时，$\dfrac{1}{\lambda}$ 是 $\boldsymbol{A}^{-1}$ 的特征值，$\boldsymbol{x}$ 为对应的特征向量；

(4) 当 $\boldsymbol{A}$ 可逆时，$\boldsymbol{A}^*$ 为其伴随矩阵，$\dfrac{|\boldsymbol{A}|}{\lambda}$ 是 $\boldsymbol{A}^*$ 的特征值，$\boldsymbol{x}$ 为对应的特征向量；

(5) 任意 $m\in\mathbb{Z}^+, \varphi(\lambda)=a_m\lambda^m+\cdots+a_1\lambda+a_0(a_i\in\mathbb{R}, i=0,1,\cdots,m)$ 是矩阵多项式 $\varphi(\boldsymbol{A})=a_m\boldsymbol{A}^m+\cdots+a_1\boldsymbol{A}+a_0$ 的特征值，$\boldsymbol{x}$ 为对应的特征向量.

证　下面来证 (2), (3), (4)，省略 (1)，(5)，感兴趣的读者可以自行证明.

(2) 因为 $\boldsymbol{Ax}=\lambda\boldsymbol{x}$，所以

$$\boldsymbol{A}^m\boldsymbol{x}=\boldsymbol{A}^{m-1}\boldsymbol{A}\boldsymbol{x}=\boldsymbol{A}^{m-1}(\lambda\boldsymbol{x})=\lambda(\boldsymbol{A}^{m-1}\boldsymbol{x})=\cdots=\lambda^m\boldsymbol{x}$$

故结论成立.

(3) $\boldsymbol{A}$ 是可逆阵 $\Leftrightarrow \lambda \neq 0$. 在定义式 $\boldsymbol{Ax}=\lambda\boldsymbol{x}$ 两边同时左乘 $\boldsymbol{A}^{-1}$,

$$\underbrace{\boldsymbol{A}^{-1}\boldsymbol{A}}_{\boldsymbol{E}}\boldsymbol{x}=\boldsymbol{A}^{-1}(\lambda\boldsymbol{x})=\lambda(\boldsymbol{A}^{-1}\boldsymbol{x})$$

$$\boldsymbol{x}=\lambda(\boldsymbol{A}^{-1}\boldsymbol{x})$$

即 $\boldsymbol{A}^{-1}\boldsymbol{x}=\dfrac{1}{\lambda}\boldsymbol{x}$，故结论成立.

(4) 当 $\boldsymbol{A}$ 可逆，由 $\boldsymbol{A}^*=|\boldsymbol{A}|\boldsymbol{A}^{-1}$，利用 (3) 的结论,

$$\boldsymbol{A}^*\boldsymbol{x}=|\boldsymbol{A}|\boldsymbol{A}^{-1}\boldsymbol{x}=\frac{|\boldsymbol{A}|}{\lambda}\boldsymbol{x}$$

故结论成立.

⚒ **例 5.5** 已知 3 阶方阵 $\boldsymbol{A}$ 的特征值为 $1,-1,2$，求 $|\boldsymbol{A}^*+3\boldsymbol{A}+2\boldsymbol{E}|$.

解 因为 $|\boldsymbol{A}|=1\times(-1)\times 2=-2\neq 0$，故 $\boldsymbol{A}$ 可逆. 令

$$\begin{aligned}\varphi(\boldsymbol{A})&=\boldsymbol{A}^*+3\boldsymbol{A}+2\boldsymbol{E}=|\boldsymbol{A}|\boldsymbol{A}^{-1}+3\boldsymbol{A}+2\boldsymbol{E}\\&=-2\boldsymbol{A}^{-1}+3\boldsymbol{A}+2\boldsymbol{E}\end{aligned}$$

则 $\varphi(\boldsymbol{A})$ 的特征值为

$$\varphi(\lambda)=-\frac{2}{\lambda}+3\lambda+2$$

故 $\varphi(1)=3,\varphi(-1)=1,\varphi(2)=7$，所以由定理 5.2(2) 得

$$|\boldsymbol{A}^*+3\boldsymbol{A}+2\boldsymbol{E}|=|\varphi(\boldsymbol{A})|=\varphi(1)\varphi(-1)\varphi(2)=21$$

定理 5.4 不同特征值所对应的特征向量之间线性无关

设 $\lambda_1,\lambda_2,\cdots,\lambda_m$ 是方阵 $\boldsymbol{A}$ 的 m 个互异特征值，对应的特征向量依次为 $\boldsymbol{p}_1,\boldsymbol{p}_2,\cdots,\boldsymbol{p}_m$，则 $\boldsymbol{p}_1,\boldsymbol{p}_2,\cdots,\boldsymbol{p}_m$ 线性无关.

证 显然当 $m=1$ 时，因为 $\boldsymbol{p}_1\neq\boldsymbol{0}$，所以 $\boldsymbol{p}_1$ 线性无关.

若 $m=2$，设有数 k_1,k_2 使

$$k_1\boldsymbol{p}_1+k_2\boldsymbol{p}_2=\boldsymbol{0}\tag{5.9}$$

以 $\boldsymbol{A}$ 左乘式(5.9)两边得

$$k_1\boldsymbol{A}\boldsymbol{p}_1+k_2\boldsymbol{A}\boldsymbol{p}_2=\boldsymbol{0}\tag{5.10}$$

即

$$k_1\lambda_1\boldsymbol{p}_1+k_2\lambda_2\boldsymbol{p}_2=\boldsymbol{0}\tag{5.11}$$

式(5.11)减去式(5.9)的 λ_2 倍，得

$$k_1(\lambda_1-\lambda_2)\boldsymbol{p}_1=\boldsymbol{0}$$

因为 $\lambda_1\neq\lambda_2$，且 $\boldsymbol{p}_1\neq\boldsymbol{0}$，所以 $k_1=0$. 同理，$k_2=0$. 故 $\boldsymbol{p}_1,\boldsymbol{p}_2$ 线性无关.

依此，利用数学归纳法，假设当 $m=n-1(n\geqslant 2)$ 时结论成立，要证 $m=n$ 时结论也成立，即假设向量组 $\boldsymbol{p}_1,\boldsymbol{p}_2,\cdots,\boldsymbol{p}_{n-1}$ 线性无关，要证向量组 $\boldsymbol{p}_1,\boldsymbol{p}_2,\cdots,\boldsymbol{p}_n$ 线性无关. 设

$$k_1\boldsymbol{p}_1+k_2\boldsymbol{p}_2+\cdots+k_{n-1}\boldsymbol{p}_{n-1}+k_n\boldsymbol{p}_n=\boldsymbol{0}\tag{5.12}$$

用 $\boldsymbol{A}$ 左乘式 (5.12)，得

$$k_1\boldsymbol{A}\boldsymbol{p}_1+k_2\boldsymbol{A}\boldsymbol{p}_2+\cdots+k_{n-1}\boldsymbol{A}\boldsymbol{p}_{n-1}+k_n\boldsymbol{A}\boldsymbol{p}_n=\boldsymbol{0}$$

即

$$k_1\lambda_1\boldsymbol{p}_1+k_2\lambda_2\boldsymbol{p}_2+\cdots+k_{n-1}\lambda_{n-1}\boldsymbol{p}_{n-1}+k_n\lambda_n\boldsymbol{p}_n=\boldsymbol{0} \tag{5.13}$$

式(5.13)减去式(5.12)的 λ_n 倍，得

$$k_1(\lambda_1-\lambda_n)\boldsymbol{p}_1+k_2(\lambda_2-\lambda_n)\boldsymbol{p}_2+\cdots+k_{n-1}(\lambda_{n-1}-\lambda_n)\boldsymbol{p}_{n-1}=\boldsymbol{0}$$

由 $\boldsymbol{p}_1,\boldsymbol{p}_2,\cdots,\boldsymbol{p}_{n-1}$ 线性无关知

$$k_1(\lambda_1-\lambda_n)=k_2(\lambda_2-\lambda_n)=\cdots=k_{n-1}(\lambda_{n-1}-\lambda_n)=0$$

而 $\lambda_i-\lambda_n\neq 0(i=1,2,\cdots,n-1)$，于是 $k_1=k_2=\cdots=k_{n-1}=0$，将其代入式(5.12)，得 $k_n\boldsymbol{p}_n=\boldsymbol{0}$，而 $\boldsymbol{p}_n\neq\boldsymbol{0}$，只有 $k_n=0$. 所以

$$k_1=k_2=\cdots=k_n=0$$

即 $\boldsymbol{p}_1,\boldsymbol{p}_2,\cdots,\boldsymbol{p}_n$ 线性无关.

在定理 5.4中，若 $m=n$，即 n 阶方阵 $\boldsymbol{A}$ 的 n 个特征值各不相同，显然有如下推论.

推论 1

若 n 阶方阵 $\boldsymbol{A}$ 有 n 个不同的特征值，则 $\boldsymbol{A}$ 有 n 个线性无关的特征向量.

该推论是定理 5.4的特例，其证明方法除了数学归纳法以外，这里我们给出另外一种证明方法供读者参考.

证 设 $\lambda_1,\lambda_2,\cdots,\lambda_n$ 为方阵 $\boldsymbol{A}$ 的 n 个不同的特征值，$\boldsymbol{p}_1,\boldsymbol{p}_2,\cdots,\boldsymbol{p}_n$ 依次是与之对应的特征向量. 设有常数 $x_1,x_2,\cdots,x_n$ 使 $x_1\boldsymbol{p}_1+x_2\boldsymbol{p}_2+\cdots+x_n\boldsymbol{p}_n=\boldsymbol{0}$，则

$$\boldsymbol{A}(x_1\boldsymbol{p}_1+x_2\boldsymbol{p}_2+\cdots+x_n\boldsymbol{p}_n)=\boldsymbol{0} \tag{5.14}$$

即

$$\lambda_1x_1\boldsymbol{p}_1+\lambda_2x_2\boldsymbol{p}_2+\cdots+\lambda_nx_n\boldsymbol{p}_n=\boldsymbol{0} \tag{5.15}$$

重复上面的操作 (等式两边同时左乘矩阵 $\boldsymbol{A}$)，有

$$\lambda_1^kx_1\boldsymbol{p}_1+\lambda_2^kx_m\boldsymbol{p}_m+\lambda_n^kx_n\boldsymbol{p}_n=\boldsymbol{0}\quad(k=1,2,\cdots,n-1). \tag{5.16}$$

式(5.16)写成矩阵形式

$$(x_1\boldsymbol{p}_1,x_2\boldsymbol{p}_2,\cdots,x_n\boldsymbol{p}_n)\begin{pmatrix}1&\lambda_1&\cdots&\lambda_1^{n-1}\\1&\lambda_2&\cdots&\lambda_2^{n-1}\\\vdots&\vdots&&\vdots\\1&\lambda_n&\cdots&\lambda_n^{n-1}\end{pmatrix}=(\boldsymbol{0},\boldsymbol{0},\cdots,\boldsymbol{0}) \tag{5.17}$$

由于范德蒙德行列式

$$\det\begin{pmatrix}1&\lambda_1&\cdots&\lambda_1^{n-1}\\1&\lambda_2&\cdots&\lambda_2^{n-1}\\\vdots&\vdots&&\vdots\\1&\lambda_n&\cdots&\lambda_n^{n-1}\end{pmatrix}=\begin{vmatrix}1&\lambda_1&\cdots&\lambda_1^{n-1}\\1&\lambda_2&\cdots&\lambda_2^{n-1}\\\vdots&\vdots&&\vdots\\1&\lambda_n&\cdots&\lambda_n^{n-1}\end{vmatrix}$$

$$= \prod_{1 \leqslant i < j \leqslant n} (\lambda_j - \lambda_i) \neq 0 \tag{5.18}$$

$\lambda_1, \cdots, \lambda_n$ 互异，故当 $i \neq j$ 时，$\lambda_j \neq \lambda_i$.

于是，式(5.17)中的范德蒙德矩阵 (范德蒙德行列式所对应的矩阵) 可逆，则

$$(x_1\boldsymbol{p}_1, x_2\boldsymbol{p}_2, \cdots, x_n\boldsymbol{p}_n) = (\boldsymbol{0}, \boldsymbol{0}, \cdots, \boldsymbol{0}) \tag{5.19}$$

即

$$x_i\boldsymbol{p}_i = \boldsymbol{0} \quad (i = 1, 2, \cdots, n)$$

但 $\boldsymbol{p}_i \neq \boldsymbol{0}$，故 $x_i = 0(i = 1, 2, \cdots, n)$. 所以向量组 $\boldsymbol{p}_1, \boldsymbol{p}_2, \cdots, \boldsymbol{p}_n$ 线性无关.

更一般地，有以下推论.

推论 2

若 λ_1 和 λ_2 是方阵 $\boldsymbol{A}$ 的两个不同特征值，$\boldsymbol{\xi}_1, \boldsymbol{\xi}_2, \cdots, \boldsymbol{\xi}_s$ 是对应 λ_1 的线性无关的特征向量，$\boldsymbol{\eta}_1, \boldsymbol{\eta}_2, \cdots, \boldsymbol{\eta}_t$ 是对应 λ_2 的线性无关的特征向量，则向量组 $\boldsymbol{\xi}_1, \boldsymbol{\xi}_2, \cdots, \boldsymbol{\xi}_s, \boldsymbol{\eta}_1, \boldsymbol{\eta}_2, \cdots, \boldsymbol{\eta}_t$ 仍线性无关.

证明略. 上述推论表明，对应两个不同特征值的线性无关的特征向量组，合起来仍是线性无关的.

那么，方阵 $\boldsymbol{A}$ 的一个特征值 λ，最多对应多少个线性无关的特征向量呢？我们有以下结论.

定理 5.5

设 λ 是 n 阶方阵 $\boldsymbol{A}$ 的 k 重特征值，则 $\boldsymbol{A}$ 的对应 λ 的线性无关的特征向量至多有 k 个.

定理 5.5中，当 $k = 1$ 时，表明 λ 是 $\boldsymbol{A}$ 的特征方程的单根，此时对应 λ 的线性无关特征向量有且只有 1 个，或者说，λ 对应的特征向量构成的向量组的秩为 1.

证明过程略. 该定理说明，当 n 阶矩阵 $\boldsymbol{A}$ 的 n 个特征值中存在重特征值时，$\boldsymbol{A}$ 最多有 n 个线性无关的特征向量.

定理 5.4及其推论、定理 5.5表明，对任意 n 阶方阵而言，若它有 n 个不同的特征值 (这些特征值都是特征方程的单根，可称为单重特征值)，则方阵 $\boldsymbol{A}$ 必有 n 个线性无关的特征向量. 若存在特征值相同的情况，则 $\boldsymbol{A}$ 的线性无关的特征向量至多有 n 个. 实际上，对任意 k 重特征值 λ，均满足 $R(\boldsymbol{A} - \lambda\boldsymbol{E}) = n - k$ 时，方程 $(\boldsymbol{A} - \lambda\boldsymbol{E})\boldsymbol{x} = \boldsymbol{0}$ 的解空间的秩为 k，即 k 重特征值 λ 对应 k 个线性无关的特征向量，此时 $\boldsymbol{A}$ 的线性无关的特征向量个数取到 n.

⚒ **例 5.6** 当 x 为何值时，3 阶方阵

$$\boldsymbol{A} = \begin{pmatrix} 2 & 0 & 1 \\ 3 & 1 & x \\ 4 & 0 & 5 \end{pmatrix}$$

有 3 个线性无关的特征向量？

解　$\boldsymbol{A}$ 的特征方程

$$|\boldsymbol{A}-\lambda\boldsymbol{E}|=\begin{vmatrix}2-\lambda & 0 & 1\\ 3 & 1-\lambda & x\\ 4 & 0 & 5-\lambda\end{vmatrix}=(1-\lambda)\begin{vmatrix}2-\lambda & 1\\ 4 & 5-\lambda\end{vmatrix}$$
$$=(1-\lambda)^2(6-\lambda)=0$$

得 $\lambda_1=\lambda_2=1$ (2 重根),$\lambda_3=6$ (单根).

当单根 $\lambda_3=6$ 时，对应 $\boldsymbol{A}$ 的线性无关的特征向量有 1 个.

当重根 $\lambda_1=\lambda_2=1$ 时，解方程 $(\boldsymbol{A}-\boldsymbol{E})\boldsymbol{x}=\boldsymbol{0}$，系数矩阵

$$(\boldsymbol{A}-\boldsymbol{E})=\begin{pmatrix}1 & 0 & 1\\ 3 & 0 & x\\ 4 & 0 & 4\end{pmatrix}\to\begin{pmatrix}1 & 0 & 1\\ 0 & 0 & x-3\\ 0 & 0 & 0\end{pmatrix}$$

当 $x=3$ 时，$R(\boldsymbol{A}-\boldsymbol{E})=1$，故方程组 $(\boldsymbol{A}-\boldsymbol{E})\boldsymbol{x}=\boldsymbol{0}$ 的基础解系中向量的个数为 $3-1=2$. 此时，2 重特征值 $\lambda_1=\lambda_2=1$ 对应 2 个线性无关的特征向量. 由定理 5.4推论 (2) 知，$x=3$ 时，方阵 $\boldsymbol{A}$ 共有 3 个线性无关的特征向量.

注意到，本例中，当 $x\neq 3$ 时，$R(\boldsymbol{A}-\boldsymbol{E})=2$，此时 2 重特征值 $\lambda_1=\lambda_2=1$ 只对应 1 个线性无关的特征向量，$\boldsymbol{A}$ 最多有 2 个线性无关的特征向量.

⚒ 例 5.7　设 λ_1,λ_2 是方阵 $\boldsymbol{A}$ 的两个不同的特征值，$\boldsymbol{\xi}_1,\boldsymbol{\xi}_2$ 是 $\boldsymbol{A}$ 的分别对应 λ_1,λ_2 的特征向量，证明 $\boldsymbol{\xi}_1+\boldsymbol{\xi}_2$ 不是 $\boldsymbol{A}$ 的特征向量.

证　反证法：设 $\boldsymbol{\xi}_1+\boldsymbol{\xi}_2$ 是矩阵 $\boldsymbol{A}$ 的对应特征值 λ 的特征向量，则有

$$\boldsymbol{A}(\boldsymbol{\xi}_1+\boldsymbol{\xi}_2)=\lambda(\boldsymbol{\xi}_1+\boldsymbol{\xi}_2)$$

由 $\boldsymbol{\xi}_1,\boldsymbol{\xi}_2$ 是 $\boldsymbol{A}$ 的分别对应 λ_1,λ_2 的特征向量，可得

$$\boldsymbol{A}(\boldsymbol{\xi}_1+\boldsymbol{\xi}_2)=\lambda_1\boldsymbol{\xi}_1+\lambda_2\boldsymbol{\xi}_2$$

从而有

$$\lambda_1\boldsymbol{\xi}_1+\lambda_2\boldsymbol{\xi}_2=\lambda(\boldsymbol{\xi}_1+\boldsymbol{\xi}_2)$$

即

$$(\lambda_1-\lambda)\boldsymbol{\xi}_1+(\lambda_2-\lambda)\boldsymbol{\xi}_2=\boldsymbol{0}$$

因 $\boldsymbol{\xi}_1,\boldsymbol{\xi}_2$ 线性无关，故 $\lambda_1=\lambda_2=\lambda$，与 λ_1,λ_2 互异的条件矛盾，故假设不成立，即 $\boldsymbol{\xi}_1+\boldsymbol{\xi}_2$ 不是 $\boldsymbol{A}$ 的特征向量.

5.2　相似矩阵

建立在方阵特征值与特征向量理论的基础上，我们可进一步讨论任意方阵是否可以相似对角化问题.

什么是方阵的相似对角化问题？考虑下面的例子.

⚒ 例 5.8　设 $\boldsymbol{P}=\begin{pmatrix}1 & 2\\ 1 & 4\end{pmatrix},\boldsymbol{\Lambda}=\begin{pmatrix}1 & 0\\ 0 & 2\end{pmatrix},\boldsymbol{AP}=\boldsymbol{P\Lambda}$，求 $\boldsymbol{A}^{11}$.

分析　首先考虑 $|\boldsymbol{P}|=2\neq 0$，因此 $\boldsymbol{P}$ 可逆，于是 $\boldsymbol{A}=\boldsymbol{P\Lambda P}^{-1}$，则

$$\boldsymbol{A}^{11}=\boldsymbol{P\Lambda}^{11}\boldsymbol{P}^{-1}=\begin{pmatrix}1 & 2\\ 1 & 4\end{pmatrix}\begin{pmatrix}1 & 0\\ 0 & 2^{11}\end{pmatrix}\frac{1}{2}\begin{pmatrix}4 & -2\\ -1 & 1\end{pmatrix}$$

本例算法的提炼如图 5.5所示.

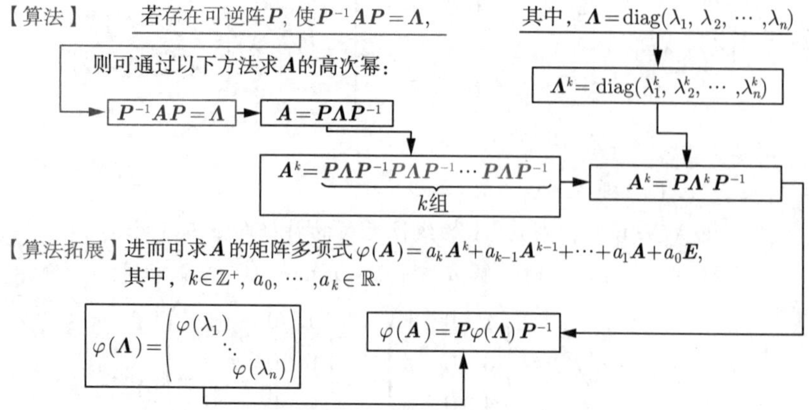

图 5.5　例 5.8算法的提炼

通过例 5.8可以看出，直接计算方阵 A 的高次幂不好计算时，通过变换 $A=P\Lambda P^{-1}$ 将其转化为关于对角阵 Λ 的幂运算. 对角阵是矩阵中形式简单、运算方便的一类矩阵，若能找到可逆矩阵 P，使 $A=P\Lambda P^{-1}$，而 $P\Lambda P^{-1}$ 的代数结构使计算 A 的高次幂或 A 的多项式等问题的过程极大地简化，这种应用可称为将矩阵 A 对角化 (diagonalization). 对角化方法在理论研究、工程运算中具有重要意义.

注意到例 5.8中的数学结构 $A=P\Lambda P^{-1}$，P 是可逆矩阵，将该结构一般化，建立相似矩阵的概念.

5.2.1　相似矩阵的概念与性质

定义 5.2　相似矩阵

设 A,B 都是 n 阶方阵，若有可逆矩阵 P，使

$$P^{-1}AP=B \tag{5.20}$$

则称 B 是 A 的相似矩阵，或者说矩阵 A 与 B 相似. 对 A 进行运算 PAP^{-1} 称为对 A 进行相似变换，可逆矩阵 P 称为将 A 变成 B 的相似变换矩阵.

☕ 定义 5.2 中，为何称方阵 A,B 为“相似矩阵”，到底哪里相似？相关讨论见本节的知识拓展部分.

由定义 5.2，选取不同的可逆阵 P，得出 A 的可逆阵 $B=P^{-1}AP$ 也可能不同，也就是说，与矩阵 A 相似的矩阵不是唯一的.

在例 5.8中，方阵 A 与对角矩阵 Λ 相似，因此这种相似变换称为相似对角化，可逆矩阵 $P=\begin{pmatrix}1 & 2\\ 1 & 4\end{pmatrix}$ 是使 A 相似对角化的相似变换矩阵.

从定义 $P^{-1}AP=B$ 中不难发现，方阵 A,B 相似，也满足 A,B 等价，即 A 与 B 相似，则 A 与 B 一定等价. 矩阵的相似关系是一种等价关系，故矩阵相似也满足反身性、对称性和传递性.

相似矩阵具有优良的性质.

定理 5.6　(相似矩阵的性质：秩相等，特征值相同，行列式和迹相等)

若 n 阶方阵 $\boldsymbol{A}$ 与 $\boldsymbol{B}$ 相似，则：

(1) $\boldsymbol{A}$ 与 $\boldsymbol{B}$ 的秩相等，即 $R(\boldsymbol{A})=R(\boldsymbol{B})$；

(2) $\boldsymbol{A}$ 与 $\boldsymbol{B}$ 有相同的特征值；

(3) $|\boldsymbol{A}|=|\boldsymbol{B}|$；

(4) $\mathrm{tr}(\boldsymbol{A})=\mathrm{tr}(\boldsymbol{B})$.

证　(1) 由相似的定义，若 $\boldsymbol{A}$ 与 $\boldsymbol{B}$ 相似，则 $\boldsymbol{A}$ 与 $\boldsymbol{B}$ 等价，从而 $\boldsymbol{A}$ 与 $\boldsymbol{B}$ 的秩相等，即 $R(\boldsymbol{A})=R(\boldsymbol{B})$.

(2) 方阵 $\boldsymbol{A}$ 与 $\boldsymbol{B}$ 相似，存在可逆矩阵 $\boldsymbol{P}$，使 $\boldsymbol{P}^{-1}\boldsymbol{A}\boldsymbol{P}=\boldsymbol{B}$，于是特征多项式

$$\begin{aligned}|\boldsymbol{B}-\lambda\boldsymbol{E}|&=|\boldsymbol{P}^{-1}\boldsymbol{A}\boldsymbol{P}-\lambda\boldsymbol{P}^{-1}\boldsymbol{P}|=|\boldsymbol{P}^{-1}(\boldsymbol{A}-\lambda\boldsymbol{E})\boldsymbol{P}|\\&=|\boldsymbol{P}^{-1}||\boldsymbol{A}-\lambda\boldsymbol{E}||\boldsymbol{P}|\\&=|\boldsymbol{A}-\lambda\boldsymbol{E}|\end{aligned}\tag{5.21}$$

即 $\boldsymbol{A},\boldsymbol{B}$ 具有相同的特征多项式，从而有相同的特征值.

由 $\boldsymbol{A},\boldsymbol{B}$ 的特征值相同，不妨设为 $\lambda_1,\lambda_2,\cdots,\lambda_n$，根据特征值的性质有

$$|\boldsymbol{A}|=|\boldsymbol{B}|=\prod_{i=1}^{n}\lambda_i=\lambda_1\lambda_2\cdots\lambda_n\tag{5.22}$$

$$\mathrm{tr}(\boldsymbol{A})=\mathrm{tr}(\boldsymbol{B})=\sum_{i=1}^{n}\lambda_i=\lambda_1+\lambda_2+\cdots+\lambda_n\tag{5.23}$$

从而，(3), (4) 得证.

此外，(3) 也可通过定义证明：由 $\boldsymbol{B}=\boldsymbol{P}^{-1}\boldsymbol{A}\boldsymbol{P}$，则

$$|\boldsymbol{B}|=|\boldsymbol{P}^{-1}\boldsymbol{A}\boldsymbol{P}|=|\boldsymbol{P}^{-1}||\boldsymbol{A}||\boldsymbol{P}|=|\boldsymbol{A}|\tag{5.24}$$

⚒ **例 5.9**　若方阵 $\boldsymbol{A}$ 与 $\boldsymbol{B}$ 相似，证明 $\boldsymbol{A}^m$ 与 $\boldsymbol{B}^m$ 相似，其中，$m\in\mathbb{Z}^+$.

证　由 $\boldsymbol{A}$ 与 $\boldsymbol{B}$ 相似，则 $\boldsymbol{B}=\boldsymbol{P}^{-1}\boldsymbol{A}\boldsymbol{P}$，

$$\begin{aligned}\boldsymbol{B}^m&=(\boldsymbol{P}^{-1}\boldsymbol{A}\boldsymbol{P})^m\\&=\underbrace{(\boldsymbol{P}^{-1}\boldsymbol{A}\boldsymbol{P})(\boldsymbol{P}^{-1}\boldsymbol{A}\boldsymbol{P})\cdots(\boldsymbol{P}^{-1}\boldsymbol{A}\boldsymbol{P})}_{m\text{组}}\\&=\boldsymbol{P}^{-1}\boldsymbol{A}^m\boldsymbol{P}\end{aligned}\tag{5.25}$$

所以，矩阵 $\boldsymbol{A}^m$ 与 $\boldsymbol{B}^m$ 相似，其中，$m\in\mathbb{Z}^+$.

⚒ **例 5.10**　已知方阵 $\boldsymbol{A}$ 与 $\boldsymbol{B}$ 相似，其中，

$$\boldsymbol{A}=\begin{pmatrix}2&0&0\\0&a&2\\0&2&3\end{pmatrix},\quad \boldsymbol{B}=\begin{pmatrix}1&0&0\\0&2&0\\0&0&b\end{pmatrix}$$

求 a,b 的值.

解 由 $\boldsymbol{A}$ 与 $\boldsymbol{B}$ 相似，则 $\operatorname{tr}(\boldsymbol{A})=\operatorname{tr}(\boldsymbol{B}), |\boldsymbol{A}|=|\boldsymbol{B}|$，即

$$2+a+3=1+2+b$$

$$2(3a-4)=2b$$

故 $a=3, b=5$.

当方阵 $\boldsymbol{A}$ 与对角阵相似时，不难进一步得出以下推论.

推论 1

(1) 设 n 阶对角阵 $\boldsymbol{\Lambda}=\operatorname{diag}(\lambda_1,\lambda_2,\cdots,\lambda_n)$，则 $\lambda_1,\lambda_2,\cdots,\lambda_n$ 就是 $\boldsymbol{\Lambda}$ 的 n 个特征值.

(2) 若 n 阶矩阵 $\boldsymbol{A}$ 与对角阵 $\boldsymbol{\Lambda}=\operatorname{diag}(\lambda_1,\lambda_2,\cdots,\lambda_n)$ 相似，则 $\lambda_1,\lambda_2,\cdots,\lambda_n$ 即是 $\boldsymbol{A}$ 的 n 个特征值.

证 (1) 对角阵 Λ 的特征多项式

$$|\boldsymbol{\Lambda}-\lambda\boldsymbol{E}|=\begin{vmatrix}\lambda_1-\lambda & & & \\ & \lambda_2-\lambda & & \\ & & \ddots & \\ & & & \lambda_n-\lambda\end{vmatrix}=(\lambda_1-\lambda)(\lambda_2-\lambda)\cdots(\lambda_n-\lambda) \tag{5.26}$$

故 $\boldsymbol{\Lambda}$ 的特征值为 $\lambda_1,\lambda_2,\cdots,\lambda_n$.

例 5.4中的单位矩阵可视为对角阵的特例.

(2) 由 $\boldsymbol{A}$ 与 $\boldsymbol{\Lambda}$ 相似，故二者具有相同的特征值，故 $\lambda_1,\lambda_2,\cdots,\lambda_n$ 是 $\boldsymbol{A}$ 的 n 个特征值.

基于上述相似矩阵的性质，我们可将其推广至矩阵多项式.

推论 2

若 n 阶矩阵 $\boldsymbol{A}$ 与 $\boldsymbol{B}$ 相似，设

$$\varphi(x)=a_m x^m+a_{m-1}x^{m-1}+\cdots+a_1x+a_0$$

其中，$m\in\mathbb{Z}^+; a_i\in\mathbb{R}, i=0,1,\cdots,m$. 则 $\boldsymbol{A}$ 的矩阵多项式

$$\varphi(\boldsymbol{A})=a_m\boldsymbol{A}^m+a_{m-1}\boldsymbol{A}^{m-1}+\cdots+a_1\boldsymbol{A}+a_0\boldsymbol{E}$$

与 $\boldsymbol{B}$ 的矩阵多项式

$$\varphi(\boldsymbol{B})=a_m\boldsymbol{B}^m+a_{m-1}\boldsymbol{B}^{m-1}+\cdots+a_1\boldsymbol{B}+a_0\boldsymbol{E}$$

相似.

5.2.2 矩阵可相似对角化的条件

✍ 相似矩阵具有许多优良性质，自然希望在 $\boldsymbol{A}$ 的所有相似矩阵中找到一个特征明显、结构简单的矩阵，即对角阵 $\boldsymbol{\Lambda}$，通过 $\boldsymbol{\Lambda}$ 来研究 $\boldsymbol{A}$.

有了相似矩阵的概念，接下来即可讨论矩阵的相似对角化问题.

问题描述：已知 n 阶方阵 $\boldsymbol{A}$，怎样将 $\boldsymbol{A}$ 相似对角化？即寻求相似变换矩阵 $\boldsymbol{P}$，使 $\boldsymbol{P}^{-1}\boldsymbol{A}\boldsymbol{P}=\boldsymbol{\Lambda}$.

问题求解：假设已经找到可逆矩阵 $\boldsymbol{P}$，使 $\boldsymbol{P}^{-1}\boldsymbol{A}\boldsymbol{P}=\boldsymbol{\Lambda}$ 为对角矩阵. 把

$\boldsymbol{P}$ 用列向量表示为

$$\boldsymbol{P}=(\boldsymbol{p}_1,\boldsymbol{p}_2,\cdots,\boldsymbol{p}_n)$$

由 $\boldsymbol{P}^{-1}\boldsymbol{A}\boldsymbol{P}=\boldsymbol{\Lambda}$，得 $\boldsymbol{A}\boldsymbol{P}=\boldsymbol{P}\boldsymbol{\Lambda}$，即

$$\begin{aligned}\boldsymbol{A}(\boldsymbol{p}_1,\boldsymbol{p}_2,\cdots,\boldsymbol{p}_n)&=(\boldsymbol{p}_1,\boldsymbol{p}_2,\cdots,\boldsymbol{p}_n)\begin{pmatrix}\lambda_1&&&\\&\lambda_2&&\\&&\ddots&\\&&&\lambda_n\end{pmatrix}\\&=(\lambda_1\boldsymbol{p}_1,\lambda_2\boldsymbol{p}_2,\cdots,\lambda_n\boldsymbol{p}_n)\end{aligned}\tag{5.27}$$

对比等式两端，于是有

$$\boldsymbol{A}\boldsymbol{p}_i=\lambda_i\boldsymbol{p}_i\quad(i=1,2,\cdots,n)\tag{5.28}$$

从式(5.28)可见，λ_i 是 $\boldsymbol{A}$ 的特征值，而 $\boldsymbol{P}$ 的列向量 $\boldsymbol{p}_i$ 是 $\boldsymbol{A}$ 的对应特征值 λ_i 的特征向量.

注意：由于要求 n 阶方阵 $\boldsymbol{P}$ 是可逆矩阵，故 $\boldsymbol{p}_1,\boldsymbol{p}_2,\cdots,\boldsymbol{p}_n$ 线性无关. 由此可以得出以下定理.

定理 5.7　方阵可以相似对角化的充要条件

n 阶方阵 $\boldsymbol{A}$ 可相似对角化 (与对角阵相似) 的充分必要条件是 $\boldsymbol{A}$ 有 n 个线性无关的特征向量.

该定理的言外之意就是：当 n 阶方阵 $\boldsymbol{A}$ 不具备 n 个线性无关的特征向量时，就构造不出可逆矩阵 $\boldsymbol{P}$，$\boldsymbol{A}$ 就不能相似对角化.

联系定理 5.4的推论 1：若 n 阶方阵 $\boldsymbol{A}$ 有 n 个不同的特征值，则 $\boldsymbol{A}$ 有 n 个线性无关的特征向量. 可得出如下推论.

推论

若 n 阶矩阵 $\boldsymbol{A}$ 有 n 个互不相同的特征值，则 $\boldsymbol{A}$ 可相似对角化.

当 $\boldsymbol{A}$ 的特征方程有重根 (即 $\boldsymbol{A}$ 有重特征值) 时，就不一定有 n 个线性无关的特征向量，从而不一定能够对角化. 联系定理 5.5，得出更一般的叙述.

定理 5.8

n 阶矩阵 $\boldsymbol{A}$ 可相似对角化的充要条件是 $\boldsymbol{A}$ 的 k 重特征值有 k 个线性无关的特征向量 ($k=1$ 表示 $\boldsymbol{A}$ 的特征方程的单根，即单特征值).

通俗地说，要想将方阵 $\boldsymbol{A}$ 相似对角化，只需求出 $\boldsymbol{A}$ 的全部特征值 $\lambda_1,\cdots,\lambda_n$ 及其对应的特征向量 $\boldsymbol{p}_1,\cdots,\boldsymbol{p}_n$，只要满足 $R(\boldsymbol{p}_1,\cdots,\boldsymbol{p}_n)=n$，$\boldsymbol{A}$ 就能够相似对角化. 也就是说，当且仅当 $\boldsymbol{A}$ 的 $k(k\in\mathbb{Z}^+)$ 重特征值对应 k 个线性无关的特征向量 (k 是几重特征值就对应几个线性无关的特征向量)，由于 $\boldsymbol{A}$ 的特征值的所有重数之和为 n，于是 $\boldsymbol{A}$ 就有 n 个线性无关的特征向量，因此 $\boldsymbol{A}$ 可以相似对角化.

✍ 结合齐次线性方程组 $(\boldsymbol{A}-\lambda_i\boldsymbol{E})\boldsymbol{x}=\boldsymbol{0}$ 基础解系的个数，定理 5.8也可表述为：n 阶矩阵 $\boldsymbol{A}$ 可相似对角化的充要条件是对每一个 k_i 重特征值 λ_i，满足

$$R(\boldsymbol{A}-\lambda_i\boldsymbol{E})=n-k_i$$

其中，$i=1,\cdots,n$；k_i 表示 λ_i 的重数.

根据上述"问题求解"中式(5.27)和式(5.28)不难看出,将特征值 $\lambda_1,\cdots,\lambda_n$ 作为主对角线元素构成的对角阵 $\boldsymbol{\Lambda}=\mathrm{diag}(\lambda_1,\cdots,\lambda_n)$ 就是 $\boldsymbol{A}$ 相似对角化后的对角阵，而将 $\lambda_1,\cdots,\lambda_n$ 相对应的特征向量 $\boldsymbol{p}_1,\cdots,\boldsymbol{p}_n$ 作为列向量构成的矩阵 $(\boldsymbol{p}_1,\cdots,\boldsymbol{p}_n)$ 就是相似变换矩阵 $\boldsymbol{P}$，即可实现方阵 $\boldsymbol{A}$ 的相似对角化 $\boldsymbol{P}^{-1}\boldsymbol{AP}=\boldsymbol{\Lambda}$.

综上所述，对任意 n 阶方阵 $\boldsymbol{A}$ 相似对角化的判定及步骤如图 5.6所示.

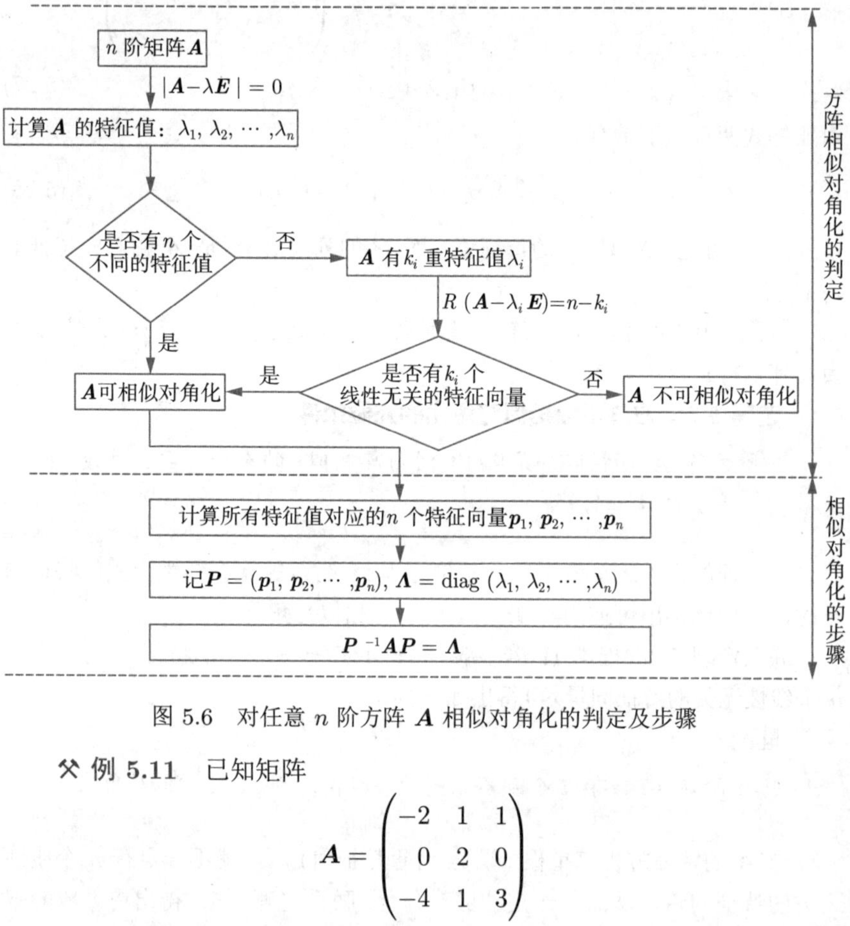

图 5.6 对任意 n 阶方阵 $\boldsymbol{A}$ 相似对角化的判定及步骤

⚒ **例 5.11** 已知矩阵

$$\boldsymbol{A}=\begin{pmatrix}-2&1&1\\0&2&0\\-4&1&3\end{pmatrix}$$

问 $\boldsymbol{A}$ 能否相似对角化?若能,则求可逆矩阵 $\boldsymbol{P}$ 和对角矩阵 $\boldsymbol{\Lambda}$,使 $\boldsymbol{P}^{-1}\boldsymbol{AP}=\boldsymbol{\Lambda}$.

解 先求 $\boldsymbol{A}$ 的特征值.

$$|\boldsymbol{A}-\lambda\boldsymbol{E}|=\begin{vmatrix}-2-\lambda&1&1\\0&2-\lambda&0\\-4&1&3-\lambda\end{vmatrix}=(2-\lambda)\begin{vmatrix}-2-\lambda&1\\-4&3-\lambda\end{vmatrix}$$

$$=(2-\lambda)(\lambda^2-\lambda-2)=-(\lambda+1)(\lambda-2)^2$$

所以 $\boldsymbol{A}$ 的特征值为 $\lambda_1=-1,\lambda_2=\lambda_3=2$.

再求 $\boldsymbol{A}$ 的特征向量.

当 $\lambda_1=-1$ 时，解方程 $(\boldsymbol{A}+\boldsymbol{E})\boldsymbol{x}=\boldsymbol{0}$. 由

$$\boldsymbol{A}+\boldsymbol{E}=\begin{pmatrix}-1&1&1\\0&3&0\\-4&1&4\end{pmatrix}\xrightarrow{r}\begin{pmatrix}1&0&-1\\0&1&0\\0&0&0\end{pmatrix}$$

得对应的特征向量为 $\boldsymbol{p}_1=(1,0,1)^{\mathrm{T}}$.

比较例 5.11与例 5.3的问题及解决步骤，借助 $\boldsymbol{A}$ 的特征值与特征向量可进一步实现相似对角化.

当 $\lambda_2=\lambda_3=2$ 时，解方程 $(\boldsymbol{A}-2\boldsymbol{E})\boldsymbol{x}=\boldsymbol{0}$. 由

$$\boldsymbol{A}-2\boldsymbol{E}=\begin{pmatrix}-4&1&1\\0&0&0\\-4&1&1\end{pmatrix}\xrightarrow{r}\begin{pmatrix}-4&1&1\\0&0&0\\0&0&0\end{pmatrix}$$

得对应的线性无关特征向量为 $\boldsymbol{p}_2=(0,1,-1)^{\mathrm{T}},\boldsymbol{p}_3=(1,0,4)^{\mathrm{T}}$.

由定理 5.8知 $\boldsymbol{A}$ 可相似对角化，并且记

$$\boldsymbol{P}=(\boldsymbol{p}_1,\boldsymbol{p}_2,\boldsymbol{p}_3)=\begin{pmatrix}1&0&1\\0&1&0\\1&-1&4\end{pmatrix}\tag{5.29}$$

则有

$$\boldsymbol{P}^{-1}\boldsymbol{A}\boldsymbol{P}=\boldsymbol{\Lambda}=\mathrm{diag}(-1,2,2)\tag{5.30}$$

✍ **注意**：式(5.30)中对角阵 $\boldsymbol{\Lambda}$ 的对角元的排列次序，应与 $\boldsymbol{P}$ 中列向量的排列次序一致.

⚒ **例 5.12**　设 $\boldsymbol{A}=\begin{pmatrix}-1&0&0\\-2&1&0\\2&x&1\end{pmatrix}$. 问 x 为何值时，方阵 $\boldsymbol{A}$ 能相似对角化？

解　由 $\boldsymbol{A}$ 的特征方程

$$|\boldsymbol{A}-\lambda\boldsymbol{E}|=\begin{vmatrix}-1-\lambda&0&0\\-2&1-\lambda&0\\2&x&1-\lambda\end{vmatrix}=-(1+\lambda)(1-\lambda)^2=0$$

得 $\boldsymbol{A}$ 的特征值为 $\lambda_1=-1,\lambda_2=\lambda_3=1$.

对应单根 $\lambda_1=-1$，可求得线性无关的特征向量恰有 1 个，故方阵 $\boldsymbol{A}$ 可对角化的充分必要条件是对应重根 $\lambda_2=\lambda_3=1$ 有 2 个线性无关的特征向量，即方程 $(\boldsymbol{A}-\boldsymbol{E})\boldsymbol{x}=\boldsymbol{0}$ 有 2 个线性无关的解向量，即系数矩阵 $\boldsymbol{A}-\boldsymbol{E}$ 的秩 $R(\boldsymbol{A}-\boldsymbol{E})=3-2=1$.

由

$$\boldsymbol{A}-\boldsymbol{E}=\begin{pmatrix}-2&0&0\\-2&0&0\\2&x&0\end{pmatrix}\xrightarrow{r}\begin{pmatrix}1&0&0\\0&x&0\\0&0&0\end{pmatrix}$$

知，要使 $R(\boldsymbol{A}-\boldsymbol{E})=1$，必有 $x=0$. 因此，当 $x=0$ 时，方阵 $\boldsymbol{A}$ 能相似对角化.

⚒ **例 5.13**　设 $\boldsymbol{A}$ 是 3 阶矩阵，$\boldsymbol{\alpha}$ 是三维列向量. 已知 $\boldsymbol{\alpha},\boldsymbol{A}\boldsymbol{\alpha},\boldsymbol{A}^2\boldsymbol{\alpha}$ 线性无关，且 $3\boldsymbol{A}\boldsymbol{\alpha}-2\boldsymbol{A}^2\boldsymbol{\alpha}-\boldsymbol{A}^3\boldsymbol{\alpha}=\boldsymbol{0}$. 证明：$\boldsymbol{A}$ 相似于对角阵，并求 $|\boldsymbol{A}+\boldsymbol{E}|$.

分析　欲证 $\boldsymbol{A}$ 相似于对角阵，即证 $\boldsymbol{A}$ 可相似对角化，即证 $\boldsymbol{A}$ 有 3 个线性无关的特征向量.

☕ 此时思路应当向相似矩阵的定义牵引，即 $AP = PB$. 而 $AP = (A\alpha, A^2\alpha, A^3\alpha)$ 中会出现 $A^3\alpha$，因此再次利用已知条件.

解 由已知 $\alpha, A\alpha, A^2\alpha$ 线性无关，所以 $P = (\alpha, A\alpha, A^2\alpha)$ 可逆. 由 $3A\alpha - 2A^2\alpha - A^3\alpha = 0$，有 $A^3\alpha = 3A\alpha - 2A^2\alpha$，则

$$\begin{aligned}AP &= A(\alpha, A\alpha, A^2\alpha) = (A\alpha, A^2\alpha, A^3\alpha)\\ &= (A\alpha, A^2\alpha, 3A\alpha - 2A^2\alpha)\\ &= (\alpha, A\alpha, A^2\alpha)\begin{pmatrix}0 & 0 & 0\\ 1 & 0 & 3\\ 0 & 1 & -2\end{pmatrix}\\ &= PB\end{aligned}$$

☕ 虽然方阵 A 中具体的元素我们不知道，但是与其相似的矩阵 B 中的元素是已知的，如果能够证明 B 与对角阵相似，那么根据相似的传递性就可以推知 A 相似于对角阵.

这样得到一个与 A 相似的矩阵 $B = \begin{pmatrix}0 & 0 & 0\\ 1 & 0 & 3\\ 0 & 1 & -2\end{pmatrix}$. 又

$$|B - \lambda E| = \begin{vmatrix}-\lambda & 0 & 0\\ 1 & -\lambda & 3\\ 0 & 1 & -2-\lambda\end{vmatrix} = \lambda(1-\lambda)(3+\lambda)$$

故 B 有 3 个不同的特征值 $0, 1, -3$. 而 A 与 B 相似，因此 A 的特征值也为 $0, 1, -3$，即 A 有三个线性无关的特征值，所以 A 相似于对角阵.

根据特征值的性质易知:$A + E$ 的特征值为 $1, 2\ -2$，故 $|A + E| = 1 \times 2 \times (-2) = -4$.

⚒ **例 5.14** 设 $A = \begin{pmatrix}2 & 1 & 0\\ 0 & 1 & 0\\ -1 & -1 & 1\end{pmatrix}$，求 A^{50}.

解 首先将 A 对角化. 求得 A 的特征值 $\lambda_1 = \lambda_2 = 1$ 对应的特征向量为 $p_1 = (0, 0, 1)^{\mathrm{T}}, p_2 = (-1, 1, 0)^{\mathrm{T}}$. 特征值 $\lambda_3 = 2$ 对应的特征向量为 $p_3 = (-1, 0, 1)^{\mathrm{T}}$.

构造可逆矩阵

$$P = (p_1, p_2, p_3) = \begin{pmatrix}0 & -1 & -1\\ 0 & 1 & 0\\ 1 & 0 & 1\end{pmatrix}$$

其逆矩阵为

$$P^{-1} = \begin{pmatrix}1 & 1 & 1\\ 0 & 1 & 0\\ -1 & -1 & 0\end{pmatrix}$$

于是

$$P^{-1}AP = \begin{pmatrix}1 & 1 & 1\\ 0 & 1 & 0\\ -1 & -1 & 0\end{pmatrix}\begin{pmatrix}2 & 1 & 0\\ 0 & 1 & 0\\ -1 & -1 & 1\end{pmatrix}\begin{pmatrix}0 & -1 & -1\\ 0 & 1 & 0\\ 1 & 0 & 1\end{pmatrix}$$

$$=\begin{pmatrix}1&0&0\\0&1&0\\0&0&2\end{pmatrix}=\boldsymbol{\Lambda}$$

则 $\boldsymbol{A}=\boldsymbol{P\Lambda P}^{-1}$.

$$\boldsymbol{A}^{50}=\boldsymbol{P\Lambda}^{50}\boldsymbol{P}^{-1}$$
$$=\begin{pmatrix}0&-1&-1\\0&1&0\\1&0&1\end{pmatrix}\begin{pmatrix}1^{50}&0&0\\0&1^{50}&0\\0&0&2^{50}\end{pmatrix}\begin{pmatrix}1&1&1\\0&1&0\\-1&-1&0\end{pmatrix}$$
$$=\begin{pmatrix}2^{50}&-1+2^{50}&0\\0&1&0\\1-2^{50}&1-2^{50}&1\end{pmatrix}$$

例 5.14表明，通过将矩阵对角化，我们可以高效地计算方阵的高次幂.

实际上，采用与例 5.14相同的方法，我们还可以寻找方阵的平方根，如下例所示.

例 5.15　设 $\boldsymbol{A}=\begin{pmatrix}1&3&3\\-1&5&3\\1&-1&1\end{pmatrix}$，求一个 $\boldsymbol{A}$ 的平方根，即求矩阵 $\boldsymbol{B}$ 使 $\boldsymbol{A}=\boldsymbol{B}^2$.

解　首先将 $\boldsymbol{A}$ 相似对角化.$\boldsymbol{A}$ 的特征值 $\lambda_1=1,\lambda_2=2,\lambda_3=4$ 对应的特征向量为 $\boldsymbol{p}_1=(1,1,-1)^{\mathrm{T}},\boldsymbol{p}_2=(0,1,-1)^{\mathrm{T}},\boldsymbol{p}_3=(1,1,0)^{\mathrm{T}}$，因此有 $\boldsymbol{P}^{-1}\boldsymbol{AP}=\boldsymbol{\Lambda}$，其中

$$\boldsymbol{P}=\begin{pmatrix}1&0&1\\1&1&1\\-1&-1&0\end{pmatrix},\quad \boldsymbol{P}^{-1}=\begin{pmatrix}1&-1&-1\\-1&1&0\\0&1&1\end{pmatrix}$$

$$\boldsymbol{\Lambda}=\begin{pmatrix}1&0&0\\0&2&0\\0&0&4\end{pmatrix}$$

记

$$\boldsymbol{\Lambda}^{\frac{1}{2}}=\begin{pmatrix}1&0&0\\0&\sqrt{2}&0\\0&0&2\end{pmatrix}$$

易知 $\boldsymbol{\Lambda}=\boldsymbol{\Lambda}^{\frac{1}{2}}\boldsymbol{\Lambda}^{\frac{1}{2}}$. 取 $\boldsymbol{B}=\boldsymbol{P\Lambda}^{\frac{1}{2}}\boldsymbol{P}^{-1}$，则

$$\boldsymbol{B}^2=\boldsymbol{P\Lambda}^{\frac{1}{2}}\boldsymbol{P}^{-1}\boldsymbol{P\Lambda}^{\frac{1}{2}}\boldsymbol{P}^{-1}=\boldsymbol{P\Lambda P}^{-1}=\boldsymbol{A}$$

所以

$$\boldsymbol{B}=\begin{pmatrix}1&0&1\\1&1&1\\-1&-1&0\end{pmatrix}\begin{pmatrix}1&0&0\\0&\sqrt{2}&0\\0&0&2\end{pmatrix}\begin{pmatrix}1&-1&-1\\-1&1&0\\0&1&1\end{pmatrix}$$

$$
= \begin{pmatrix} 1 & 1 & 1 \\ 1-\sqrt{2} & 1+\sqrt{2} & 1 \\ -1+\sqrt{2} & 1-\sqrt{2} & 1 \end{pmatrix}
$$

注意到，矩阵的平方根并不唯一. 实际上，在本例中 $\boldsymbol{\Lambda}$ 有 8 个不同的平方根：$\begin{pmatrix} \pm 1 & 0 & 0 \\ 0 & \pm\sqrt{2} & 0 \\ 0 & 0 & \pm 2 \end{pmatrix}$.

知识拓展

相似矩阵 $\boldsymbol{A}$ 和 $\boldsymbol{B}$ 是线性空间中同一个线性变换在两组不同基下的表示矩阵.

首先，回顾一下第 4 章中讨论的基变换. 在 $\mathbb{R}^2$ 中确定一个基 $\boldsymbol{i} = \begin{pmatrix} 1 \\ 0 \end{pmatrix}, \boldsymbol{j} = \begin{pmatrix} 0 \\ 1 \end{pmatrix}$, 几何上分别对应 xOy 坐标面的 x 轴和 y 轴. 先将 xOy 坐标系的坐标轴逆时针旋转 45°，即在旧基 $\boldsymbol{i}, \boldsymbol{j}$ 的基础上得到新基 $\boldsymbol{i}' = \begin{pmatrix} \dfrac{\sqrt{2}}{2} \\ \dfrac{\sqrt{2}}{2} \end{pmatrix}, \boldsymbol{j}' = \begin{pmatrix} -\dfrac{\sqrt{2}}{2} \\ \dfrac{\sqrt{2}}{2} \end{pmatrix}$.

记 $\boldsymbol{A} = (\boldsymbol{i}, \boldsymbol{j}), \boldsymbol{B} = (\boldsymbol{i}', \boldsymbol{j}')$，由 $\boldsymbol{P} = \boldsymbol{A}^{-1}\boldsymbol{B}$ 得到从旧基到新基的过渡矩阵

$$
\boldsymbol{P} = \begin{pmatrix} \dfrac{\sqrt{2}}{2} & -\dfrac{\sqrt{2}}{2} \\ \dfrac{\sqrt{2}}{2} & \dfrac{\sqrt{2}}{2} \end{pmatrix}
$$

于是向量 $\boldsymbol{v} = (2, 2)^{\mathrm{T}}$ 在新基中的坐标为

$$
\boldsymbol{P}^{-1} \begin{pmatrix} 2 \\ 2 \end{pmatrix} = (2\sqrt{2}, 0)^{\mathrm{T}}
$$

过渡矩阵 $\boldsymbol{P}$ 就是旧基 $\boldsymbol{i}, \boldsymbol{j}$ 到新基 $\boldsymbol{i}', \boldsymbol{j}'$ 的线性变换，从几何上看就是对 x, y 坐标轴进行了“逆时针旋转 45°”的动作. 并且不难验证，过渡矩阵的逆矩阵 $\boldsymbol{P}^{-1}$ 就是从新基 $\boldsymbol{i}', \boldsymbol{j}'$ 到旧基 $\boldsymbol{i}, \boldsymbol{j}$ 的线性变换，从几何上看就是对 x', y' 坐标轴“顺时针旋转 45°”. (这里过渡矩阵 $\boldsymbol{P}$ 是正交矩阵，$|\boldsymbol{P}| = 1$，故对旧基的线性变换中只有旋转，没有伸缩，或者说伸缩比例为 1 . 若将 $\boldsymbol{P}$ 换作一般的可逆矩阵也可得出类似的结论，只是旋转的角度和拉伸的比例存在区别).

下面我们研究相似矩阵. 假设在旧基 $\boldsymbol{i}, \boldsymbol{j}$ 中有任意一个向量 $\boldsymbol{v}_0$，设矩阵 $\boldsymbol{T}$ 为新基 $\boldsymbol{i}', \boldsymbol{j}'$ 中的任意一个线性变换，进行如图 5.7 所示的操作.

注意到，在矩阵结构 $\boldsymbol{P}^{-1}\boldsymbol{T}\boldsymbol{P}\boldsymbol{v}_0$ 中，向量 $\boldsymbol{v}_0$ 的依次左乘因子 $\boldsymbol{P}$、$\boldsymbol{P}^{-1}$ 只是将坐标轴转来转去 (先逆时针旋转 45°，然后又顺时针旋转 45°)，且矩阵 $\boldsymbol{T}$ 表示在坐标轴旋转中途 (得到新基) 的线性变换，即在新基 $\boldsymbol{i}', \boldsymbol{j}'$ 中对向量 $\boldsymbol{P}\boldsymbol{v}_0$ 旋转和伸缩.

我们知道，向量是客观存在的，基选取的不同，仅仅改变向量的坐标而已，如果我们将坐标的旋转过程消除掉，直接在旧基 $\boldsymbol{i}, \boldsymbol{j}$(原坐标系) 中对变量 $\boldsymbol{v}_0$ 进行线性变换也能达成相同的效果. 所以令

$$
\boldsymbol{P}^{-1}\boldsymbol{T}\boldsymbol{P}\boldsymbol{v}_0 = \boldsymbol{C}\boldsymbol{v}_0, \quad \text{即} \boldsymbol{P}^{-1}\boldsymbol{T}\boldsymbol{P} = \boldsymbol{C}\boldsymbol{v}_0
$$

其中，$\boldsymbol{C}\boldsymbol{v}_0 \leftarrow$ 在旧基 $\boldsymbol{i},\boldsymbol{j}$ 中对向量 $\boldsymbol{v}_0$ 进行与 $\boldsymbol{P}^{-1}\boldsymbol{T}\boldsymbol{P}$ 相同的线性变换.

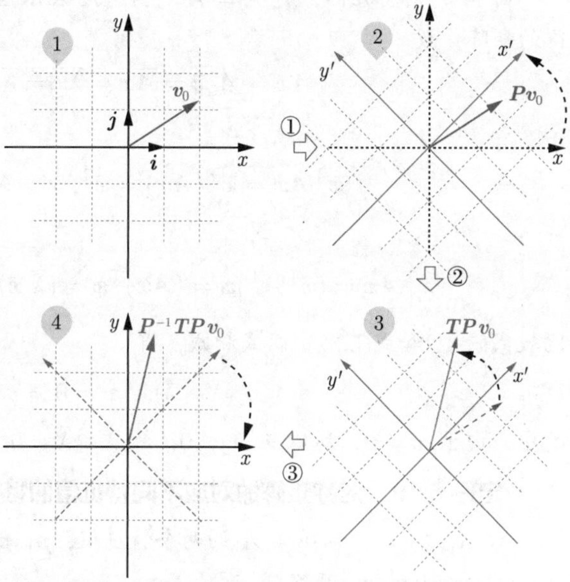

① $\boldsymbol{P}\boldsymbol{v}_0 \leftarrow$ 基变换: $\boldsymbol{v}_0$在新基$\boldsymbol{i}', \boldsymbol{j}'$中表示, 或$x$, y坐标轴逆时针旋转45°.

② $\boldsymbol{T}\boldsymbol{P}\boldsymbol{v}_0 \leftarrow$ 在新基$\boldsymbol{i}', \boldsymbol{j}'$中对向量$\boldsymbol{P}\boldsymbol{v}_0$进行线性变换$\boldsymbol{T}$.

③ $\boldsymbol{P}^{-1}\boldsymbol{T}\boldsymbol{P}\boldsymbol{v}_0 \leftarrow$ 基变换: 将新基中的向量$\boldsymbol{T}\boldsymbol{P}\boldsymbol{v}_0$转化至旧基中表示, 或$x'y'$坐标轴顺时针旋转45°, 即转回原来位置.

图 5.7　相似变换过程

显然，在本例中，矩阵 $\boldsymbol{T}$ 与 $\boldsymbol{C}$ 相似，且分别表示在新基 $\boldsymbol{i}',\boldsymbol{j}'$ 和旧基 $\boldsymbol{i},\boldsymbol{j}$ 中的相同线性变换. 此外，基 $\boldsymbol{i},\boldsymbol{j}$ 和 $\boldsymbol{i}',\boldsymbol{j}'$ 所生成的向量空间是相同的. 由此可以推知：两个相似矩阵，实际上就是在同一向量空间内的两个不同基下的同一线性变换.

5.3　对称矩阵的相似对角化

n 阶方阵 $\boldsymbol{A}$ 可相似对角化的充要条件是 $\boldsymbol{A}$ 有 n 个线性无关的特征向量，而对称矩阵一定有 n 个线性无关的特征向量，故其必可以相似对角化，即一定能够找到可逆矩阵 $\boldsymbol{P}$ 使对称矩阵 $\boldsymbol{A}$ 化为对角矩阵. 进一步地，还可以在诸多可逆矩阵中找到正交矩阵 $\boldsymbol{Q}$，使 $\boldsymbol{Q}^{\mathrm{T}}\boldsymbol{A}\boldsymbol{Q}$ 为对角矩阵.

✍ 称元素均为实数的对称矩阵为实对称矩阵. 本书仅讨论实对称矩阵，以后所提的对称矩阵仅指实对称矩阵.

为什么对称矩阵就一定可以相似对角化呢？相对一般的方阵而言，对称矩阵具有哪些特殊性质呢？下面我们逐步讨论.

5.3.1　对称矩阵特征值的性质

定理 5.9

对称矩阵的特征值一定是实数.

证　设 $\boldsymbol{A}$ 是对称矩阵，λ 是 $\boldsymbol{A}$ 的特征值，$\boldsymbol{x}$ 为 $\boldsymbol{A}$ 的对应 λ 的特征向量，则 $\boldsymbol{A}\boldsymbol{x} = \lambda\boldsymbol{x}, \boldsymbol{x} \neq \boldsymbol{0}$. 下面证明 λ 为实数.

用 $\overline{\lambda}$ 表示 λ 的共轭复数，$\overline{\boldsymbol{x}}$ 表示 $\boldsymbol{x}$ 的共轭复向量.

由 $\boldsymbol{A}$ 为对称矩阵，则 $\overline{\boldsymbol{A}}=\boldsymbol{A}=\boldsymbol{A}^{\mathrm{T}}$($\overline{\boldsymbol{A}}$ 表示 $\boldsymbol{A}$ 的元素都取共轭复数所得的矩阵). 故

$$\boldsymbol{A}\overline{\boldsymbol{x}}=\overline{\boldsymbol{A}}\,\overline{\boldsymbol{x}}=\overline{\boldsymbol{A}\boldsymbol{x}}=\overline{\lambda\boldsymbol{x}}=\overline{\lambda}\,\overline{\boldsymbol{x}}$$

于是有

$$\overline{\boldsymbol{x}}^{\mathrm{T}}\boldsymbol{A}\boldsymbol{x}=\overline{\boldsymbol{x}}^{\mathrm{T}}(\boldsymbol{A}\boldsymbol{x})=\overline{\boldsymbol{x}}^{\mathrm{T}}\lambda\boldsymbol{x}=\lambda\overline{\boldsymbol{x}}^{\mathrm{T}}\boldsymbol{x} \tag{5.31}$$

及

$$\overline{\boldsymbol{x}}^{\mathrm{T}}\boldsymbol{A}\boldsymbol{x}=(\overline{\boldsymbol{x}}^{\mathrm{T}}\boldsymbol{A}^{\mathrm{T}})\boldsymbol{x}=(\boldsymbol{A}\overline{\boldsymbol{x}})^{\mathrm{T}}\boldsymbol{x}=(\overline{\lambda}\,\overline{\boldsymbol{x}})^{\mathrm{T}}\boldsymbol{x}=\overline{\lambda}\,\overline{\boldsymbol{x}}^{\mathrm{T}}\boldsymbol{x} \tag{5.32}$$

比较式(5.31)和式(5.32), 两式相减，得

$$(\lambda-\overline{\lambda})\overline{\boldsymbol{x}}^{\mathrm{T}}\boldsymbol{x}=\boldsymbol{0}$$

其中，由于 $\boldsymbol{x}\neq\boldsymbol{0}$，所以 $\overline{\boldsymbol{x}}^{\mathrm{T}}\boldsymbol{x}\neq 0$，故 $\lambda-\overline{\lambda}=0$，即 $\lambda=\overline{\lambda}$，$\lambda$ 是实数.

✍ 注：设

$$\boldsymbol{x}=(a_1,a_2,\cdots,a_n)^{\mathrm{T}},$$

则

$$\bar{\boldsymbol{x}}^{\mathrm{T}}\boldsymbol{x}=\sum_{i=1}^{n}|a_i|^2>0$$

定理 5.10　对称矩阵的对应不同特征值的特征向量正交

设 λ_1,λ_2 是对称矩阵 $\boldsymbol{A}$ 的两个特征值，$\boldsymbol{p}_1,\boldsymbol{p}_2$ 是对应的特征向量. 若 $\lambda_1\neq\lambda_2$，则 $\boldsymbol{p}_1,\boldsymbol{p}_2$ 正交.

证　设 λ_1,λ_2 是对称矩阵 $\boldsymbol{A}$ 的两个特征值，且若 $\lambda_1\neq\lambda_2$，$\boldsymbol{p}_1,\boldsymbol{p}_2$ 是对应的特征向量，则 $\boldsymbol{A}\boldsymbol{p}_1=\lambda_1\boldsymbol{p}_1, \boldsymbol{A}\boldsymbol{p}_2=\lambda_2\boldsymbol{p}_2$.

又因 $\boldsymbol{A}$ 对称，故 $\boldsymbol{A}^{\mathrm{T}}=\boldsymbol{A}$. 对 $\boldsymbol{A}\boldsymbol{p}_1=\lambda_1\boldsymbol{p}_1$ 两边同时转置，得

$$\boldsymbol{p}_1^{\mathrm{T}}\boldsymbol{A}^{\mathrm{T}}=\boldsymbol{p}_1^{\mathrm{T}}\boldsymbol{A}=\lambda_1\boldsymbol{p}_1^{\mathrm{T}}$$

上式两端同时右乘 $\boldsymbol{p}_2$，得

$$\boldsymbol{p}_1^{\mathrm{T}}\boldsymbol{A}\boldsymbol{p}_2=\lambda_1\boldsymbol{p}_1^{\mathrm{T}}\boldsymbol{p}_2 \tag{5.33}$$

对 $\boldsymbol{A}\boldsymbol{p}_2=\lambda_2\boldsymbol{p}_2$ 两边同时左乘 $\boldsymbol{p}_1^{\mathrm{T}}$，得

$$\boldsymbol{p}_1^{\mathrm{T}}\boldsymbol{A}\boldsymbol{p}_2=\lambda_2\boldsymbol{p}_1^{\mathrm{T}}\boldsymbol{p}_2 \tag{5.34}$$

比较式(5.33)和式(5.34)，两式相减，得

$$(\lambda_1-\lambda_2)\boldsymbol{p}_1^{\mathrm{T}}\boldsymbol{p}_2=0$$

因 $\lambda_1\neq\lambda_2$，故 $\boldsymbol{p}_1^{\mathrm{T}}\boldsymbol{p}_2=[\boldsymbol{p}_1,\boldsymbol{p}_2]=0$，即 $\boldsymbol{p}_1,\boldsymbol{p}_2$ 正交.

定理 5.11

设 $\boldsymbol{A}$ 为 n 阶对称矩阵，λ 是 $\boldsymbol{A}$ 的特征方程的 k 重根，则矩阵 $\boldsymbol{A}-\lambda\boldsymbol{E}$ 的秩

$$R(\boldsymbol{A}-\lambda\boldsymbol{E})=n-k \tag{5.35}$$

从而恰有 k 个线性无关特征向量与特征值 λ 相对应.

✍ 采用正交矩阵实现相似对角化，称为正交相似对角化.

证明略. 该定理表明对称矩阵 $\boldsymbol{A}$ 的 k 重特征值 λ 所对应线性无关的特征向量的个数恰好等于 λ 的重数. 也就是说，对 n 阶对称矩阵 $\boldsymbol{A}$ 而言，必有 n 个线性无关的特征向量，$\boldsymbol{A}$ 一定可以相似对角化.

定理 5.12　对称矩阵可正交相似对角化

设 $\boldsymbol{A}$ 为 n 阶对称矩阵，则必有正交矩阵 $\boldsymbol{Q}$，使

$$\boldsymbol{Q}^{-1}\boldsymbol{A}\boldsymbol{Q}=\boldsymbol{Q}^{\mathrm{T}}\boldsymbol{A}\boldsymbol{Q}=\begin{pmatrix}\lambda_1 & & & \\ & \lambda_2 & & \\ & & \ddots & \\ & & & \lambda_n\end{pmatrix} \tag{5.36}$$

其中，$\lambda_1,\lambda_2,\cdots,\lambda_n$ 为 $\boldsymbol{A}$ 的特征值，$\lambda_1,\lambda_2,\cdots,\lambda_n$ 对应的特征向量组标准正交化后构成正交矩阵 $\boldsymbol{Q}$.

当 n 阶对称矩阵 $\boldsymbol{A}$ 有 n 个互不相同的特征值 $\lambda_1,\lambda_2,\cdots,\lambda_n$ 时，由定理 5.10知，它们对应的 n 个特征向量 $\boldsymbol{p}_1,\boldsymbol{p}_2,\cdots,\boldsymbol{p}_n$ 两两正交 (当然也是线性无关的)，经单位化后可构成正交矩阵

$$\boldsymbol{Q}=\left(\frac{\boldsymbol{p}_1}{\|\boldsymbol{p}_1\|},\frac{\boldsymbol{p}_2}{\|\boldsymbol{p}_2\|},\cdots,\frac{\boldsymbol{p}_n}{\|\boldsymbol{p}_n\|}\right)$$

并有 $\boldsymbol{Q}^{-1}\boldsymbol{A}\boldsymbol{Q}=\boldsymbol{Q}^{\mathrm{T}}\boldsymbol{A}\boldsymbol{Q}=\mathrm{diag}(\lambda_1,\lambda_2,\cdots,\lambda_n)$.

当 n 阶对称矩阵 $\boldsymbol{A}$ 有重特征值时，它仍然有 n 个线性无关的特征向量 (由定理 5.11)，此时不同特征值对应的特征向量之间正交，重特征值对应的特征向量经过施密特正交化处理后也正交，然后将全部正交的特征向量单位化，这些正交的单位向量构成正交矩阵 $\boldsymbol{Q}$.

5.3.2　对称矩阵对角化的方法

下面通过例题说明上述定理及找出正交矩阵 $\boldsymbol{Q}$ 的过程.

⚒ **例 5.16**　设

$$\boldsymbol{A}=\begin{pmatrix}2 & -2 & 0\\ -2 & 1 & -2\\ 0 & -2 & 0\end{pmatrix}$$

求一个正交的相似变换矩阵 $\boldsymbol{Q}$，使 $\boldsymbol{Q}^{-1}\boldsymbol{A}\boldsymbol{Q}=\boldsymbol{\Lambda}$ 为对角矩阵.

解　$\boldsymbol{A}$ 的特征方程

首先，计算对称矩阵 $\boldsymbol{A}$ 的特征值.

$$\begin{aligned}|\boldsymbol{A}-\lambda\boldsymbol{E}|&=\begin{vmatrix}2-\lambda & -2 & 0\\ -2 & 1-\lambda & -2\\ 0 & -2 & -\lambda\end{vmatrix}\\&=-\lambda(2-\lambda)(1-\lambda)-4(2-\lambda)+4\lambda\\&=-\lambda(2-\lambda)(1-\lambda)-8+8\lambda\\&=(1-\lambda)(\lambda-4)(\lambda+2)=0\end{aligned}$$

故 $\boldsymbol{A}$ 的特征值为 $\lambda_1=1,\lambda_2=4,\lambda_3=-2$.

然后，求出特征值对应的特征向量.

当 $\lambda_1=1$ 时，解 $(\boldsymbol{A}-\boldsymbol{E})\boldsymbol{x}=\boldsymbol{0}$,

$$\boldsymbol{A}-\boldsymbol{E}=\begin{pmatrix}1 & -2 & 0\\ -2 & 0 & -2\\ 0 & -2 & -1\end{pmatrix}\xrightarrow{r}\begin{pmatrix}1 & 0 & 1\\ 0 & 1 & \dfrac{1}{2}\\ 0 & 0 & 0\end{pmatrix}$$

解得对应的特征向量为 $\boldsymbol{p}_1=(-2,-1,2)^{\mathrm{T}}$.

当 $\lambda_2=4$ 时，解 $(\boldsymbol{A}-4\boldsymbol{E})\boldsymbol{x}=\boldsymbol{0}$,

$$\boldsymbol{A}-4\boldsymbol{E}=\begin{pmatrix}-2&-2&0\\-2&-3&-2\\0&-2&-4\end{pmatrix}\xrightarrow{r}\begin{pmatrix}1&0&-2\\0&1&2\\0&0&0\end{pmatrix}$$

解得对应的特征向量为 $\boldsymbol{p}_2=(2,-2,1)^{\mathrm{T}}$.

当 $\lambda_3=-2$ 时，解 $(\boldsymbol{A}+2\boldsymbol{E})\boldsymbol{x}=\boldsymbol{0}$,

$$\boldsymbol{A}+2\boldsymbol{E}=\begin{pmatrix}4&-2&0\\-2&3&-2\\0&-2&2\end{pmatrix}\xrightarrow{r}\begin{pmatrix}1&0&-\frac{1}{2}\\0&1&-1\\0&0&0\end{pmatrix}$$

解得对应的特征向量为 $\boldsymbol{p}_3=(1,2,2)^{\mathrm{T}}$.

> 因 $\lambda_1,\lambda_2,\lambda_3$ 为对称矩阵 $\boldsymbol{A}$ 的互异特征根，故对应的特征向量 $\boldsymbol{p}_1,\boldsymbol{p}_2,\boldsymbol{p}_3$ 两两正交.
> 最后，将正交向量组单位化，得到标准正交向量组，构成正交矩阵.

将 $\boldsymbol{p}_1,\boldsymbol{p}_2,\boldsymbol{p}_3$ 单位化，得标准正交向量组为

$$\boldsymbol{\xi}_1=\frac{1}{3}\begin{pmatrix}-2\\-1\\2\end{pmatrix},\quad \boldsymbol{\xi}_2=\frac{1}{3}\begin{pmatrix}2\\-2\\1\end{pmatrix},\quad \boldsymbol{\xi}_3=\frac{1}{3}\begin{pmatrix}1\\2\\2\end{pmatrix}$$

从而有正交矩阵

$$\boldsymbol{Q}=\frac{1}{3}\begin{pmatrix}-2&2&1\\-1&-2&2\\2&1&2\end{pmatrix}$$

使 $\boldsymbol{Q}^{-1}\boldsymbol{A}\boldsymbol{Q}=\boldsymbol{Q}^{\mathrm{T}}\boldsymbol{A}\boldsymbol{Q}=\begin{pmatrix}1&0&0\\0&4&0\\0&0&-2\end{pmatrix}$.

例 5.17 设

$$\boldsymbol{A}=\begin{pmatrix}2&2&-2\\2&5&-4\\-2&-4&5\end{pmatrix}$$

求正交矩阵 $\boldsymbol{Q}$，使 $\boldsymbol{Q}^{\mathrm{T}}\boldsymbol{A}\boldsymbol{Q}=\boldsymbol{\Lambda}$ 为对角矩阵.

解 $\boldsymbol{A}$ 的特征方程

$$|\boldsymbol{A}-\lambda\boldsymbol{E}|=\begin{vmatrix}2-\lambda&2&-2\\2&5-\lambda&-4\\-2&-4&5-\lambda\end{vmatrix}=\begin{vmatrix}2-\lambda&2&-2\\2&5-\lambda&-4\\0&1-\lambda&1-\lambda\end{vmatrix}$$

$$=(1-\lambda)\begin{vmatrix}2-\lambda&2&-2\\2&5-\lambda&-4\\0&1&1\end{vmatrix}=(1-\lambda)\begin{vmatrix}2-\lambda&2&-4\\2&5-\lambda&\lambda-9\\0&1&0\end{vmatrix}$$

$$=(1-\lambda)\begin{vmatrix}2-\lambda&-4\\2&\lambda-9\end{vmatrix}=(1-\lambda)^2(10-\lambda)=0$$

> 注意到本例中对称矩阵 $\boldsymbol{A}$ 有重特征值.

故 $\boldsymbol{A}$ 的特征值为 $\lambda_1=\lambda_2=1,\lambda_3=10$.

当 $\lambda_1=\lambda_2=1$ 时，解 $(\boldsymbol{A}-\boldsymbol{E})\boldsymbol{x}=\boldsymbol{0}$,

$$\boldsymbol{A}-\boldsymbol{E}=\begin{pmatrix}1&2&-2\\2&4&-4\\-2&-4&4\end{pmatrix}\xrightarrow{r}\begin{pmatrix}1&2&-2\\0&0&0\\0&0&0\end{pmatrix}$$

解得对应的特征向量 $\boldsymbol{p}_1=(-2,1,0)^{\mathrm{T}},\boldsymbol{p}_2=(2,0,1)^{\mathrm{T}}$. 正交化得

$$\boldsymbol{\eta}_1=\boldsymbol{p}_1=\begin{pmatrix}-2\\1\\0\end{pmatrix},\quad \boldsymbol{\eta}_2=\boldsymbol{p}_2-\frac{[\boldsymbol{p}_2,\boldsymbol{\eta}_1]}{[\boldsymbol{\eta}_1,\boldsymbol{\eta}_1]}\boldsymbol{\eta}_1=\begin{pmatrix}2\\0\\1\end{pmatrix}+\frac{4}{5}\begin{pmatrix}-2\\1\\0\end{pmatrix}=\begin{pmatrix}\frac{2}{5}\\\frac{4}{5}\\1\end{pmatrix}$$

因为 $\boldsymbol{A}$ 是对称矩阵，其不同特征值对应的特征向量必正交，即 $\boldsymbol{p}_1\perp\boldsymbol{p}_3,\boldsymbol{p}_2\perp\boldsymbol{p}_3$，故只需将 $\boldsymbol{p}_1,\boldsymbol{p}_2$ 正交化即可.

单位化得

$$\boldsymbol{\xi}_1=\begin{pmatrix}-\frac{2}{\sqrt{5}}\\\frac{1}{\sqrt{5}}\\0\end{pmatrix},\quad \boldsymbol{\xi}_2=\begin{pmatrix}\frac{2}{3\sqrt{5}}\\\frac{4}{3\sqrt{5}}\\\frac{5}{3\sqrt{5}}\end{pmatrix}$$

当 $\lambda_3=10$ 时，解 $(\boldsymbol{A}-10\boldsymbol{E})\boldsymbol{x}=\boldsymbol{0}$,

$$\boldsymbol{A}-10\boldsymbol{E}=\begin{pmatrix}-8&2&-2\\2&-5&-4\\-2&-4&-5\end{pmatrix}\longrightarrow\begin{pmatrix}2&0&1\\0&1&1\\0&0&0\end{pmatrix}$$

解得对应的特征向量

$$\boldsymbol{p}_3=\begin{pmatrix}1\\2\\-2\end{pmatrix}$$

单位化得

$$\boldsymbol{\xi}_3=\begin{pmatrix}\frac{1}{3}\\\frac{2}{3}\\-\frac{2}{3}\end{pmatrix}$$

令正交矩阵

$$\boldsymbol{Q}=(\boldsymbol{\xi}_1,\boldsymbol{\xi}_2,\boldsymbol{\xi}_3)=\begin{pmatrix}-\frac{2}{\sqrt{5}}&\frac{2}{3\sqrt{5}}&\frac{1}{3}\\\frac{1}{\sqrt{5}}&\frac{4}{3\sqrt{5}}&\frac{2}{3}\\0&\frac{5}{3\sqrt{5}}&-\frac{2}{3}\end{pmatrix}$$

有 $\boldsymbol{Q}^{-1}\boldsymbol{A}\boldsymbol{Q}=\boldsymbol{Q}^{\mathrm{T}}\boldsymbol{A}\boldsymbol{Q}=\boldsymbol{\Lambda}=\mathrm{diag}(1,1,10)$.

例 5.17中，将对称矩阵 $\boldsymbol{A}$ 正交相似对角化的正交矩阵不唯一. 例如，令

$$\widetilde{\boldsymbol{Q}}=(\boldsymbol{\xi}_2,\boldsymbol{\xi}_1,\boldsymbol{\xi}_3)=\begin{pmatrix}\dfrac{2}{3\sqrt{5}} & -\dfrac{2}{\sqrt{5}} & \dfrac{1}{3}\\ \dfrac{4}{3\sqrt{5}} & \dfrac{1}{\sqrt{5}} & \dfrac{2}{3}\\ \dfrac{5}{3\sqrt{5}} & 0 & -\dfrac{2}{3}\end{pmatrix}$$

也有 $\widetilde{\boldsymbol{Q}}^{\mathrm{T}}\boldsymbol{A}\widetilde{\boldsymbol{Q}}=\operatorname{diag}(1,1,10)$.

⚒ **例 5.18** 若 λ 为对称矩阵 $\boldsymbol{A}$ 的 r 重特征值. 证明：λ 对应的特征向量经正交化、单位化处理后得到的向量仍然是 $\boldsymbol{A}$ 的特征向量.

证 设 $\boldsymbol{a}_1,\boldsymbol{a}_2,\cdots,\boldsymbol{a}_r$ 是 $\boldsymbol{A}$ 的对应特征值 λ 的特征向量；$\boldsymbol{b}_1,\boldsymbol{b}_2,\cdots,\boldsymbol{b}_r$ 是由 $\boldsymbol{a}_1,\boldsymbol{a}_2,\cdots,\boldsymbol{a}_r$ 施密特正交化之后的向量. 由于 $\boldsymbol{b}_1=\boldsymbol{a}_1$，显然 $\boldsymbol{b}_1$ 是 $\boldsymbol{A}$ 的特征向量. 假设 $\boldsymbol{b}_1,\boldsymbol{b}_2,\cdots,\boldsymbol{b}_{k-1}(1<k\leqslant r)$ 也是 $\boldsymbol{A}$ 的特征向量，利用数学归纳法，现证

$$\boldsymbol{b}_k=\boldsymbol{a}_k-\frac{[\boldsymbol{a}_k,\boldsymbol{b}_1]}{[\boldsymbol{b}_1,\boldsymbol{b}_1]}\boldsymbol{b}_1-\frac{[\boldsymbol{a}_k,\boldsymbol{b}_2]}{[\boldsymbol{b}_2,\boldsymbol{b}_2]}\boldsymbol{b}_2-\cdots-\frac{[\boldsymbol{a}_k,\boldsymbol{b}_{k-1}]}{[\boldsymbol{b}_{k-1},\boldsymbol{b}_{k-1}]}\boldsymbol{b}_{k-1}$$

为 $\boldsymbol{A}$ 的特征向量. 事实上，由

$$\begin{aligned}\boldsymbol{A}\boldsymbol{b}_k&=\boldsymbol{A}\boldsymbol{a}_k-\frac{[\boldsymbol{a}_k,\boldsymbol{b}_1]}{[\boldsymbol{b}_1,\boldsymbol{b}_1]}\boldsymbol{A}\boldsymbol{b}_1-\frac{[\boldsymbol{a}_k,\boldsymbol{b}_2]}{[\boldsymbol{b}_2,\boldsymbol{b}_2]}\boldsymbol{A}\boldsymbol{b}_2-\cdots-\frac{[\boldsymbol{a}_k,\boldsymbol{b}_{k-1}]}{[\boldsymbol{b}_{k-1},\boldsymbol{b}_{k-1}]}\boldsymbol{A}\boldsymbol{b}_{k-1}\\&=\lambda\boldsymbol{a}_k-\frac{[\boldsymbol{a}_k,\boldsymbol{b}_1]}{[\boldsymbol{b}_1,\boldsymbol{b}_1]}\lambda\boldsymbol{b}_1-\frac{[\boldsymbol{a}_k,\boldsymbol{b}_2]}{[\boldsymbol{b}_2,\boldsymbol{b}_2]}\lambda\boldsymbol{b}_2-\cdots-\frac{[\boldsymbol{a}_k,\boldsymbol{b}_{k-1}]}{[\boldsymbol{b}_{k-1},\boldsymbol{b}_{k-1}]}\lambda\boldsymbol{b}_{k-1}\\&=\lambda\left(\boldsymbol{a}_k-\frac{[\boldsymbol{a}_k,\boldsymbol{b}_1]}{[\boldsymbol{b}_1,\boldsymbol{b}_1]}\boldsymbol{b}_1-\frac{[\boldsymbol{a}_k,\boldsymbol{b}_2]}{[\boldsymbol{b}_2,\boldsymbol{b}_2]}\boldsymbol{b}_2-\cdots-\frac{[\boldsymbol{a}_k,\boldsymbol{b}_{k-1}]}{[\boldsymbol{b}_{k-1},\boldsymbol{b}_{k-1}]}\boldsymbol{b}_{k-1}\right)\\&=\lambda\boldsymbol{b}_k\end{aligned}$$

知 $\boldsymbol{b}_k$ 为 $\boldsymbol{A}$ 的对应特征值 λ 的特征向量. 综上,由数学归纳法知,$\boldsymbol{b}_1,\boldsymbol{b}_2,\cdots,\boldsymbol{b}_r$ 是 $\boldsymbol{A}$ 的对应特征值 λ 的特征向量. 又由特征向量的倍数仍然是特征向量，故特征向量经单位化处理后仍然是特征向量.

从另一个角度看，$\boldsymbol{A}$ 的特征值 λ 对应特征向量 $\boldsymbol{a}_1,\boldsymbol{a}_2,\cdots,\boldsymbol{a}_r$ 为齐次线性方程组 $(\boldsymbol{A}-\lambda\boldsymbol{E})\boldsymbol{x}=\boldsymbol{0}$ 的解，而施密特正交化得到的向量 $\boldsymbol{b}_1,\boldsymbol{b}_2,\cdots,\boldsymbol{b}_r$ 均是 $\boldsymbol{a}_1,\boldsymbol{a}_2,\cdots,\boldsymbol{a}_r$ 的线性组合，显然仍是 $(\boldsymbol{A}-\lambda\boldsymbol{E})\boldsymbol{x}=\boldsymbol{0}$ 的解，即为对应 λ 的特征向量.

总结　对称矩阵 $\boldsymbol{A}$ 相似对角化的一般步骤如下.

(1) 求出 $\boldsymbol{A}$ 的特征方程 $|\boldsymbol{A}-\lambda\boldsymbol{E}|=\boldsymbol{0}$ 的所有特征根

$$\lambda_1,\lambda_2,\cdots,\lambda_s\quad(s\leqslant n)\tag{5.37}$$

其中，λ_i 为 $\boldsymbol{A}$ 的 k_i 重特征值 $(i=1,2,\cdots,s)$，且 $k_1+k_2+\cdots+k_s=n$.

(2) 对每个 k_i 重特征值 λ_i，求齐次线性方程组 $(\boldsymbol{A}-\lambda_i\boldsymbol{E})\boldsymbol{x}=\boldsymbol{0}$ 的基础解系，得 k_i 个线性无关的特征向量，利用施密特正交化方法将它们正交化、单位化，从而得到 k_i 个两两正交的单位特征向量，因 $k_1+k_2+\cdots+k_s=n$，所以，总共得到 n 个两两正交的单位特征向量.

✍ **注意**：$\boldsymbol{\varLambda}$ 中对角元的排列次序应与 $\boldsymbol{Q}$ 中列向量的排列次序相对应.

(3) 把这 n 个两两正交的单位特征向量构成 n 阶正交矩阵 $\boldsymbol{Q}$，便有 $\boldsymbol{Q}^{-1}\boldsymbol{A}\boldsymbol{Q}=\boldsymbol{Q}^{\mathrm{T}}\boldsymbol{A}\boldsymbol{Q}=\boldsymbol{\varLambda}$，其中，

$$\boldsymbol{\Lambda} = \operatorname{diag}\left(\overbrace{\lambda_1,\cdots,\lambda_1}^{k_1\text{个}},\overbrace{\lambda_2,\cdots,\lambda_2}^{k_2\text{个}}\cdots,\overbrace{\lambda_s,\cdots,\lambda_s}^{k_s\text{个}}\right) \tag{5.38}$$

实际上，只要找出 n 阶对称矩阵 $\boldsymbol{A}$ 的 n 个线性无关的特征向量组成的可逆矩阵，即可将 $\boldsymbol{A}$ 相似对角化，并非一定要利用正交矩阵. 那么，为什么我们总是找一个正交矩阵将 $\boldsymbol{A}$ 对角化呢？相对于一般的可逆矩阵而言，正交矩阵具有特殊的性质，如 $\boldsymbol{Q}^{\mathrm{T}}=\boldsymbol{Q}^{-1}$，可以方便地通过转置求其逆矩阵，并且正交变换具有保持几何形状不变的良好特性，所以常通过正交矩阵将 $\boldsymbol{A}$ 相似对角化. 此外，利用正交矩阵将 $\boldsymbol{A}$ 相似对角化也是后面将二次型标准化的主要方法.

5.4　二次型及其标准形

二次型 (quadratic form) 问题起源于解析几何中将二次曲线方程、二次曲面方程化为标准形问题的研究. 二次型出现在科学技术的很多应用问题中，在研究最优化理论时，二次型尤为重要.

本书仅讨论实二次型，即其中系数均为实数的情况.

所谓二次型，是函数 (或方程) 的多项式部分是变量的二次齐次多项式，如 $4x^2-3xy+5y^2, 3x_1^2+2x_2^2-x_3^2+x_1x_2-5x_2x_3$ 等，构成它们的每一项都是变量的二次幂.

利用矩阵研究二次型问题正是运用线性代数理论研究非线性函数问题的体现.

5.4.1　二次型及其矩阵表示

下面首先给出二次型及其标准形的定义，然后讨论如何利用矩阵表示二次型.

定义 5.3　二次型

含有 n 个变量 $x_1,x_2,\cdots,x_n$ 的 n 元二次齐次多项式

$$\begin{aligned} f(x_1,x_2,\cdots,x_n) =& a_{11}x_1^2+a_{22}x_2^2+\cdots+a_{nn}x_n^2+2a_{12}x_1x_2 \\ &+2a_{13}x_1x_3+\cdots+2a_{n-1,n}x_{n-1}x_n \end{aligned} \tag{5.39}$$

称为 n 元二次型 (一般形式).

例如，

$$f_1(x,y)=x^2-xy+2y^2$$

$$f_2(x,y,z)=2x^2+y^2+2z^2$$

$$f_3(x_1,x_2,x_3)=x_1x_2+x_1x_3+x_2x_3$$

都是二次型. 特殊地，f_2 只含变量的平方项，这种二次型称为二次型的标准形.

定义 5.4 二次型的标准形、规范形

只含平方项的二次型

$$f = k_1y_1^2 + k_2y_2^2 + \cdots + k_ny_n^2 \tag{5.40}$$

称为二次型的标准形.

如果标准形的系数 $k_1, k_2, \cdots, k_n$ 只在 $-1, 0, 1$ 三个数中取值，此时的标准形称为二次型的规范形.

例如，

$$f = -z_1^2 + z_2^2 + z_3^2 \tag{5.41}$$

是规范形. 对二次型，讨论的主要问题是寻求可逆的线性变换将二次型的一般形式化为标准形. 为解决这个问题，我们首先研究二次型的矩阵表示.

⚒ **例 5.19** 设向量 $\boldsymbol{x} = \begin{pmatrix} x \\ y \end{pmatrix}$，矩阵 $\boldsymbol{A} = \begin{pmatrix} 3 & -2 \\ -2 & 7 \end{pmatrix}$，计算 $\boldsymbol{x}^{\mathrm{T}}\boldsymbol{A}\boldsymbol{x}$.

解

$$\begin{aligned}\boldsymbol{x}^{\mathrm{T}}\boldsymbol{A}\boldsymbol{x} &= (x, y)\begin{pmatrix} 3 & -2 \\ -2 & 7 \end{pmatrix}\begin{pmatrix} x \\ y \end{pmatrix} \\ &= (x, y)\begin{pmatrix} 3x - 2y \\ -2x + 7y \end{pmatrix} \\ &= x(3x - 2y) + y(-2x + 7y) \\ &= 3x^2 - 4xy + 7y^2\end{aligned}$$

⚒ **例 5.20** 设向量 $\boldsymbol{x} = \begin{pmatrix} x \\ y \end{pmatrix}$，矩阵 $\boldsymbol{A} = \begin{pmatrix} 4 & 0 \\ 0 & 3 \end{pmatrix}$，计算 $\boldsymbol{x}^{\mathrm{T}}\boldsymbol{A}\boldsymbol{x}$.

解

$$\begin{aligned}\boldsymbol{x}^{\mathrm{T}}\boldsymbol{A}\boldsymbol{x} &= (x, y)\begin{pmatrix} 4 & 0 \\ 0 & 3 \end{pmatrix}\begin{pmatrix} x \\ y \end{pmatrix} \\ &= (x, y)\begin{pmatrix} 4x \\ 3y \end{pmatrix} \\ &= 4x^2 + 3y^2\end{aligned}$$

观察上面例 5.19和例 5.20不难发现:

$$(x_1, x_2)\begin{pmatrix} x_1 \\ x_2 \end{pmatrix} = \boldsymbol{x}^{\mathrm{T}}\boldsymbol{x} = x_1^2 + x_2^2$$

其中，$\boldsymbol{x} = \begin{pmatrix} x_1 \\ x_2 \end{pmatrix}$ 是二次型的变量构成的向量，也就是说决定二次型形式的是 $\boldsymbol{x}^{\mathrm{T}}\boldsymbol{A}\boldsymbol{x}$ 这一结构中的矩阵 $\boldsymbol{A}$. 例如，设 $\boldsymbol{A} = \begin{pmatrix} a_{11} & a_{12} \\ a_{21} & a_{22} \end{pmatrix}$，于是

$$f(x_1, x_2) = (x_1, x_2)\begin{pmatrix} a_{11} & a_{12} \\ a_{21} & a_{22} \end{pmatrix}\begin{pmatrix} x_1 \\ x_2 \end{pmatrix}$$

$$
\begin{aligned}
&= (x_1, x_2)\begin{pmatrix} a_{11}x_1 + a_{12}x_2 \\ a_{21}x_1 + a_{22}x_2 \end{pmatrix} \\
&= a_{11}x_1^2 + a_{21}x_2x_1 + a_{12}x_1x_2 + a_{22}x_2^2
\end{aligned}
$$

更进一步地，我们猜想二次型中是否有变量的混合乘积项 (或者说是否为标准形) 与矩阵 $\boldsymbol{A}$ 的形式有直接关系，并且从上面例题中推测标准形对应的矩阵 $\boldsymbol{A}$ 应当是对角矩阵 (猜想的验证过程见下一节内容).

下面讨论二次型的矩阵表示. 对二次型的一般形式(5.39)，为观察其规律，可以写出更多项，即

$$
\begin{aligned}
&f(x_1, x_2, \cdots, x_n) \\
=& a_{11}x_1^2 + a_{22}x_2^2 + \cdots + a_{nn}x_n^2 + \\
& 2a_{12}x_1x_2 + 2a_{13}x_1x_3 + 2a_{14}x_1x_4 + \cdots + 2a_{1n}x_1x_n + \\
& \qquad 2a_{23}x_2x_3 + 2a_{24}x_2x_4 + \cdots + 2a_{2n}x_2x_n + \\
& \qquad\qquad 2a_{34}x_3x_4 + \cdots + 2a_{3n}x_3x_n + \\
& \qquad\qquad\qquad \cdots \\
& \qquad\qquad\qquad + 2a_{n-1,n}x_{n-1}x_n
\end{aligned}
$$

将 $2a_{ij}x_ix_j$ 平均拆成两项，即 $2a_{ij}x_ix_j = a_{ij}x_ix_j + a_{ij}x_jx_i$，于是

✍ 通过这种拆解方式可构造出对称矩阵.

$$
\begin{aligned}
f =& a_{11}x_1^2 + a_{12}x_1x_2 + a_{13}x_1x_3 + \cdots + a_{1n}x_1x_n \\
&+ a_{12}x_2x_1 + a_{22}x_2^2 + a_{23}x_2x_3 + \cdots + a_{2n}x_2x_n \\
&+ \cdots \\
&+ a_{1n}x_nx_1 + a_{2n}x_nx_2 + a_{3n}x_nx_3 + \cdots + a_{nn}x_n^2 \\
=& (x_1, x_2, \cdots x_n)\begin{pmatrix} a_{11} & a_{12} & \cdots & a_{1n} \\ a_{12} & a_{22} & \cdots & a_{2n} \\ \vdots & \vdots & \ddots & \vdots \\ a_{1n} & a_{2n} & \cdots & a_{nn} \end{pmatrix}\begin{pmatrix} x_1 \\ x_2 \\ \vdots \\ x_n \end{pmatrix}
\end{aligned}
$$

记

$$
\boldsymbol{A} = \begin{pmatrix} a_{11} & a_{12} & \cdots & a_{1n} \\ a_{12} & a_{22} & \cdots & a_{2n} \\ \vdots & \vdots & \ddots & \vdots \\ a_{1n} & a_{2n} & \cdots & a_{nn} \end{pmatrix}, \quad \boldsymbol{x} = \begin{pmatrix} x_1 \\ x_2 \\ \vdots \\ x_n \end{pmatrix}
$$

二次型 f 中，若 $j > i$ 时，取 $a_{ij} = a_{ji}$，则二次型从形式上可进一步抽象为

$$
\begin{aligned}
f &= \sum_{i=1}^{n}\sum_{j=1}^{n} a_{ij}x_ix_j \\
&= \sum_{i,j=1}^{n} a_{ij}x_ix_j
\end{aligned}
$$

那么，二次型可记作矩阵形式

$$
f = \boldsymbol{x}^{\mathrm{T}}\boldsymbol{A}\boldsymbol{x}
$$

其中，$\boldsymbol{A}$ 为对称矩阵.

我们将上述过程总结为以下定义.

定义 5.5　二次型的矩阵形式

n 元二次型

$$f(x_1,x_2,\cdots,x_n)=a_{11}x_1^2+a_{22}x_2^2+\cdots+a_{nn}x_n^2+2a_{12}x_1x_2 \\ +2a_{13}x_1x_3+\cdots+2a_{n-1,n}x_{n-1}x_n$$

的矩阵形式为

$$f=\boldsymbol{x}^{\mathrm{T}}\boldsymbol{A}x \tag{5.42}$$

其中，$\boldsymbol{A}=\begin{pmatrix}a_{11}&a_{12}&\cdots&a_{1n}\\a_{12}&a_{22}&\cdots&a_{2n}\\\vdots&\vdots&\ddots&\vdots\\a_{1n}&a_{2n}&\cdots&a_{nn}\end{pmatrix}$，$\boldsymbol{x}=\begin{pmatrix}x_1\\x_2\\\vdots\\x_n\end{pmatrix}$.

称对称矩阵 $\boldsymbol{A}$ 为二次型 f 的矩阵，也把 f 叫作对称矩阵 $\boldsymbol{A}$ 的二次型.$\boldsymbol{A}$ 的秩称作二次型 f 的秩.

易知，二次型与其矩阵 $\boldsymbol{A}$ 之间一一对应 (即任意一个二次型都唯一地对应了一个对称矩阵；反过来，任意一个对称矩阵也唯一地对应了一个二次型)，因此可通过研究矩阵间接地研究二次型.

若已知二次型，如何快速地写出其对应的对称矩阵 $\boldsymbol{A}$ 呢？观察 $\boldsymbol{A}$ 的元素组成和位置关系不难发现，只需将二次型中平方项的系数置于 $\boldsymbol{A}$ 的主对角线位置，将混合乘积项 x_ix_j 的系数的 $\dfrac{1}{2}$ 倍对称地置于 $\boldsymbol{A}$ 的 (i,j) 元和 (j,i) 元即可.

⚒ **例 5.21**　写出二次型 $f=x_1^2-3x_3^2-4x_1x_2+x_2x_3$ 的矩阵，并用矩阵表示该二次型.

解　将二次型的矩阵记作 $\boldsymbol{A}$，则

$$\boldsymbol{A}=\begin{pmatrix}1&-2&0\\-2&0&\dfrac{1}{2}\\0&\dfrac{1}{2}&-3\end{pmatrix}$$

令 $\boldsymbol{x}=(x_1,x_2,x_3)^{\mathrm{T}}$，则 $f=\boldsymbol{x}^{\mathrm{T}}\boldsymbol{A}\boldsymbol{x}$.

⚒ **例 5.22**　把二次方程 $x^2-xy+y^2=1$ 写成矩阵形式.

解　二次型 $f=x^2-xy+y^2$ 对应的矩阵为 $\begin{pmatrix}1&-0.5\\-0.5&1\end{pmatrix}$，因此原二次方程对应的矩阵形式为

$$(x,y)\begin{pmatrix}1&-0.5\\-0.5&1\end{pmatrix}\begin{pmatrix}x\\y\end{pmatrix}=1$$

⚒ **例 5.23**　求二次型 $f=\boldsymbol{x}^{\mathrm{T}}\begin{pmatrix}2&1\\3&1\end{pmatrix}\boldsymbol{x}$ 的矩阵.

解

$$f=\boldsymbol{x}^{\mathrm{T}}\begin{pmatrix}2&1\\3&1\end{pmatrix}\boldsymbol{x}=(x_1,x_2)\begin{pmatrix}2&1\\3&1\end{pmatrix}\begin{pmatrix}x_1\\x_2\end{pmatrix}$$
$$=2x_1^2+4x_1x_2+x_2^2$$

故二次型 f 的矩阵为 $\begin{pmatrix}2&2\\2&1\end{pmatrix}$.

5.4.2　二次型与二次函数

二次型与二次函数之间有何关系？函数的多项式部分中变量的二次齐次多项式是二次型，这里“齐次”表明多项式中每一项的幂次相等，即二次齐次多项式的每一项都是变量的二次幂；而二次函数是指该函数的多项式部分的最高幂次为二次. 例如，二次函数

$$f=k_1x^2+k_2y^2+k_3z^2+k_4xy+k_5yz+k_6zx+k_7x+k_8y+k_9z+k_0$$

对应的二次型为

$$f=k_1x^2+k_2y^2+k_3z^2+k_4xy+k_5yz+k_6zx$$

其中，$k_i(i=0,1,\cdots,9)$ 为常系数.

从几何角度看，二次函数中的一次项、常数项不改变函数图像类型. 改变一次项的系数、常数项只改变图像在坐标系中的位置或对图像做一定程度的伸缩. 真正决定图像种类的是二次项部分.

⚒ **例 5.24**　对二次函数

$$f=ax^2+by^2+cxy+dx+ey+k$$

其中，a,b,c,d,e,k 为常系数，分别改变每一项系数值，借助数学软件 GeoGebra 观察其图像的变化情况.

分析　(1) 改变常数项 k 的取值，其他参数均固定取 1，即 $a=b=c=d=e=1$. 如图 5.8所示，当 $k=-1.6$ 和 $k=5$ 时的两个瞬间，可以发现图像随 k 值增大沿 z 轴向上移动.

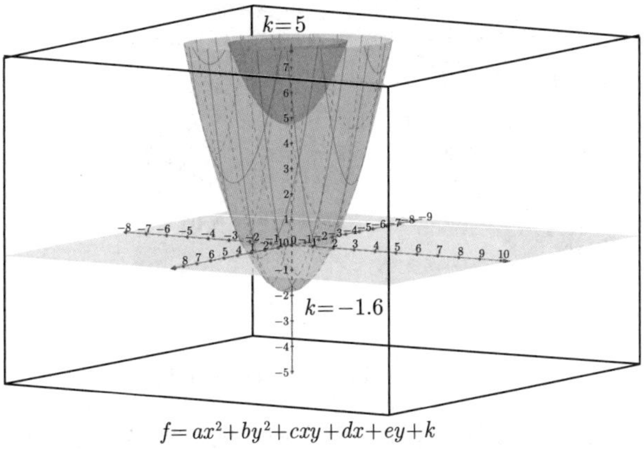

图 5.8　函数图像随 k 的取值不同而发生位置改变

(2) 改变一次项的系数. 以改变 d 的取值为例，其他参数均固定取 1. 如图 5.9所示，当 $d=-2.8$ 和 $d=3.3$ 时的两个瞬间，可以发现图像在坐标系中的位置发生了变化.

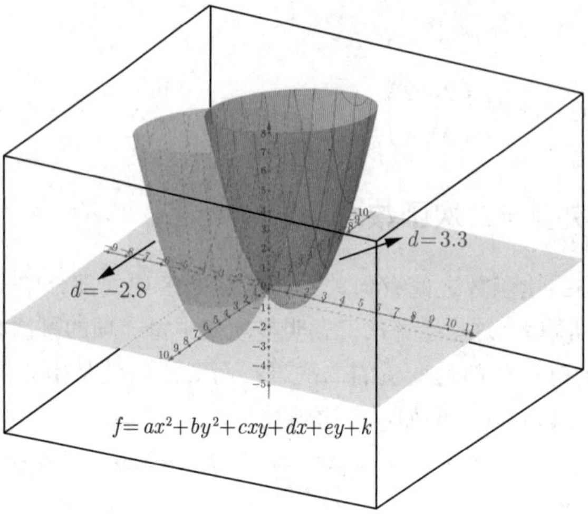

图 5.9　函数图像随 d 的取值不同而发生位置改变

(3) 改变二次项的系数. 以改变 a 的取值为例，其他参数均固定取 1. 如图 5.10所示，当 $a=1$ 和 $a=-1$ 时的两个瞬间，可以发现图像随 a 的取值变化而改变了图像类型 (这里是从狭义上，指图像在抛物面与双曲面之间的类型转化). 因此，我们可以通俗地理解为二次项系数对二次函数图像的影响更为敏感.

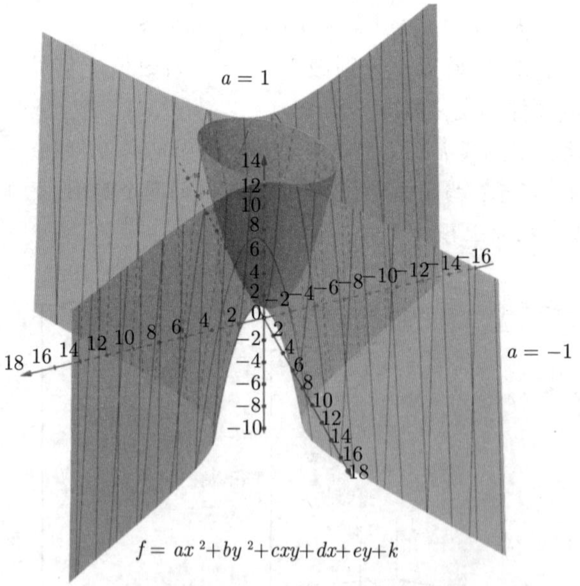

图 5.10　函数图像随 a 取值改变的变化情况

本书中，常将“二次型化为标准形”简称为“将二次型标准化”，将“二次型化为规范形”简称为“将二次型规范化”.

通过上面的例 5.24不难发现，二次函数的二次型部分正是其主要部分. 所以，关于二次型的研究对掌握二次函数的主要属性具有重要意义.

5.5　化二次型为标准形

本节主要讨论如何将二次型化为标准形.

⚒ 例 **5.25**　研究方程

$$9x^2+4y^2-18x+16y-11=0$$

的图像.

分析　二次方程 $9x^2+4y^2-18x+16y-11=0$ 为两个变量 x 和 y 的方程，我们可以进行配方：

$$(9x^2-18x+9)+(4y^2+16y+16)-11=9+16$$

即

$$9(x-1)^2+4(y+2)^2=36$$

可进一步化简为

$$\frac{(x-1)^2}{2^2}+\frac{(y+2)^2}{3^2}=1$$

所以，原二次方程的图像表示 $\mathbb{R}^2$ 中以 $(1,-2)$ 为中心的椭圆，如图 5.11 所示.

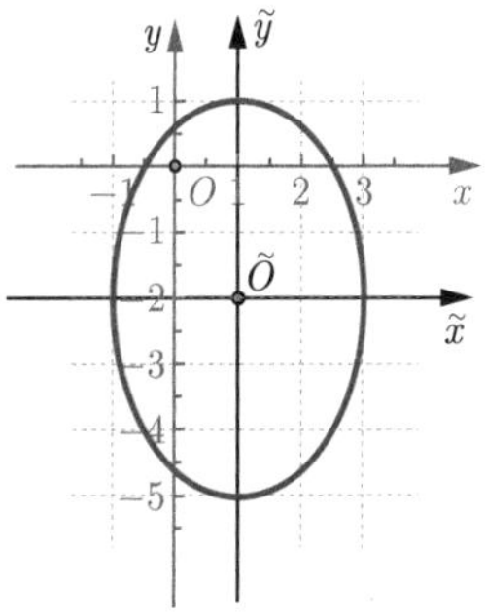

图 5.11　例 5.25中二次方程的函数图像

若令

$$\begin{cases}\tilde{x}=x-1\\\tilde{y}=y+2\end{cases}$$

则原方程化为

$$\frac{1}{4}\tilde{x}^2+\frac{1}{9}\tilde{y}^2=1$$

它在 $\tilde{x}$ 和 $\tilde{y}$ 下是标准形式，图形是在 $\tilde{x}\widetilde{O}\tilde{y}$ 坐标系标准位置的一个椭圆. 椭圆的中心在 xOy 平面中的点 $\widetilde{O}(1,-2)$.

通过本例，不妨思考：将二次方程 $9x^2+4y^2-18x+16y-11=0$ 转化为标准方程 $\frac{1}{4}\tilde{x}^2+\frac{1}{9}\tilde{y}^2=1$ 这一变换过程是怎样实现的呢？其实就是通过换元实现的，而这种换元是线性的、是可逆的，因此从线性代数的角度看，这种换元就是变量之间的线性变换，进而改变同一图像在不同基 (坐标系) 上的呈现形式. 这对将二次型化为标准形问题的解决思路十分具有启发性.

通常，化二次型为标准形的方法有正交变换法、配方法等.

5.5.1　正交变换法

从例 5.25可以看出，将椭圆的一般方程化为标准形，实际上就是通过变量之间的线性变换

$$\mathcal{T}:\begin{cases}\tilde{x}=x-1\\\tilde{y}=y+2\end{cases}$$

改变了基，使其在新的坐标系中成为标准形. 并且，线性变换 $\mathcal{T}$ 是可逆的. 将二次型化为标准形与此类似，即寻求可逆的线性变换

✍ 称可逆的线性变换为非退化的.

$$\begin{cases} x_1 = c_{11}y_1 + c_{12}y_2 + \cdots + c_{1n}y_n \\ x_2 = c_{21}y_1 + c_{22}y_2 + \cdots + c_{2n}y_n \\ \vdots \\ x_n = c_{n1}y_1 + c_{n2}y_2 + \cdots + c_{nn}y_n \end{cases} \tag{5.43}$$

代入二次型的一般形式

$$f(x_1, x_2, \cdots, x_n) = a_{11}x_1^2 + a_{22}x_2^2 + \cdots + a_{nn}x_n^2 + 2a_{12}x_1x_2 + 2a_{13}x_1x_3 + \cdots + 2a_{n-1,n}x_{n-1}x_n$$

中，使之仅含平方项，将其化为标准形

$$f = k_1y_1^2 + k_2y_2^2 + \cdots + k_ny_n^2$$

在式(5.43)表示的线性变换中，若记

$$\boldsymbol{C} = (c_{ij}) = \begin{pmatrix} c_{11} & c_{12} & \cdots & c_{1n} \\ c_{21} & c_{22} & \cdots & c_{2n} \\ \vdots & \vdots & & \vdots \\ c_{n1} & c_{n2} & \cdots & c_{nn} \end{pmatrix}, \quad \boldsymbol{x} = \begin{pmatrix} x_1 \\ x_2 \\ \vdots \\ x_n \end{pmatrix}, \quad \boldsymbol{y} = \begin{pmatrix} y_1 \\ y_2 \\ \vdots \\ y_n \end{pmatrix}$$

则上述可逆线性变换 $\mathcal{T}$ 可记作 $\boldsymbol{x} = \boldsymbol{C}\boldsymbol{y}$，其中 $\boldsymbol{C}$ 是可逆矩阵. 要使二次型 f 经可逆变换 $\boldsymbol{x} = \boldsymbol{C}\boldsymbol{y}$ 变成标准形，就是要使

$$\begin{aligned} f &= \boldsymbol{x}^{\mathrm{T}}\boldsymbol{A}\boldsymbol{x} \\ &\xlongequal{\text{经可逆变换}\boldsymbol{x}=\boldsymbol{C}\boldsymbol{y}} (\boldsymbol{C}\boldsymbol{y})^{\mathrm{T}}\boldsymbol{A}(\boldsymbol{C}\boldsymbol{y}) \\ &= \boldsymbol{y}^{\mathrm{T}}(\boldsymbol{C}^{\mathrm{T}}\boldsymbol{A}\boldsymbol{C})\boldsymbol{y} \end{aligned} \tag{5.44}$$

与标准型

$$\begin{aligned} f &= k_1y_1^2 + k_2y_2^2 + \cdots + k_ny_n^2 \\ &= (y_1, y_2, \cdots, y_n)\begin{pmatrix} k_1 & & & \\ & k_2 & & \\ & & \ddots & \\ & & & k_n \end{pmatrix}\begin{pmatrix} y_1 \\ y_2 \\ \vdots \\ y_n \end{pmatrix} \\ &= \boldsymbol{y}^{\mathrm{T}}\begin{pmatrix} k_1 & & & \\ & k_2 & & \\ & & \ddots & \\ & & & k_n \end{pmatrix}\boldsymbol{y} \end{aligned} \tag{5.45}$$

一致. 对比式 (5.44) 与式 (5.45) 中的各组成项不难发现，只需

$$\boldsymbol{C}^{\mathrm{T}}\boldsymbol{A}\boldsymbol{C} = \begin{pmatrix} k_1 & & & \\ & k_2 & & \\ & & \ddots & \\ & & & k_n \end{pmatrix} \tag{5.46}$$

即可. 这也说明，将二次型 f 标准化，只要寻求可逆线性变换 $\mathcal{T}: \boldsymbol{x} = \boldsymbol{C}\boldsymbol{y}$，使二次型的矩阵 $\boldsymbol{A}$ 通过数学结构 $\boldsymbol{C}^{\mathrm{T}}\boldsymbol{A}\boldsymbol{C}$ 化为对角矩阵即可. 又因

为二次型的矩阵 $\boldsymbol{A}$ 为对称矩阵，故一定能够找到正交矩阵 $\boldsymbol{C}$ 使其相似对角化.

因此,只需找出一个正交矩阵 $\boldsymbol{C}$ 使对称矩阵 $\boldsymbol{A}$ 相似对角化,正交矩阵 $\boldsymbol{C}$ 所对应的变换 $\boldsymbol{x}=\boldsymbol{C}\boldsymbol{y}$ 就是将二次型标准化的可逆线性变换; $\boldsymbol{A}$ 正交相似对角化后的对角矩阵 $\boldsymbol{\Lambda}=\mathrm{diag}(k_1,k_2,\cdots,k_n)$ 中的主对角元素 $k_1,k_2,\cdots,k_n$ 就是二次型标准化之后各项的系数. 这种通过寻求正交矩阵使二次型的矩阵正交相似对角化，从而达到将二次型标准化目标的方法，可以称为正交变换法.

✍ 正交矩阵一定可逆，且 $\boldsymbol{C}^{\mathrm{T}}=\boldsymbol{C}^{-1}$.

由此可见，利用正交变换法化二次型为标准形的方法核心就是将二次型 f 的矩阵 $\boldsymbol{A}$(对称矩阵) 正交相似对角化.

对称矩阵 $\boldsymbol{A}$ 一定可以正交相似对角化 (定理 5.12)，因此有以下定理.

定理 5.13　实二次型必可以标准化

任给二次型 $f=\sum\limits_{i,j=1}^{n}a_{ij}x_ix_j(a_{ij}=a_{ji})$，总有正交变换 $\boldsymbol{x}=\boldsymbol{Q}\boldsymbol{y}$，使 f 化为标准形

$$f=\lambda_1y_1^2+\lambda_2y_2^2+\cdots+\lambda_ny_n^2 \tag{5.47}$$

其中，$\lambda_1,\lambda_2,\cdots,\lambda_n$ 是 f 的矩阵 $\boldsymbol{A}=(a_{ij})$ 的特征值.

注意到，在标准形式(5.47)中，若令可逆线性变换

$$\begin{cases} z_1 &= \sqrt{|\lambda_1|}y_1 \\ z_2 &= \sqrt{|\lambda_2|}y_2 \\ \vdots \\ z_n &= \sqrt{|\lambda_n|}y_n \end{cases},\quad \text{即}\quad \begin{cases} y_1 &= \dfrac{1}{\sqrt{|\lambda_1|}}z_1 \\ y_2 &= \dfrac{1}{\sqrt{|\lambda_2|}}z_2 \\ \vdots \\ y_n &= \dfrac{1}{\sqrt{|\lambda_n|}}z_n \end{cases} \tag{5.48}$$

则进一步将二次型的标准形化为规范形

$$f=\frac{\lambda_1}{|\lambda_1|}z_1^2+\frac{\lambda_2}{|\lambda_2|}z_2^2+\cdots+\frac{\lambda_n}{|\lambda_n|}z_n^2 \tag{5.49}$$

其中，当 $\lambda_i=0(i\in\{1,2,\cdots,n\})$ 时，规范形中对应项的系数也取 0.

推论　(实二次型必可以化为规范形)

任给 n 元二次型 $f(\boldsymbol{x})=\boldsymbol{x}^{\mathrm{T}}\boldsymbol{A}\boldsymbol{x}(\boldsymbol{A}^{\mathrm{T}}=\boldsymbol{A})$，总有可逆的线性变换 $\boldsymbol{x}=\boldsymbol{C}\boldsymbol{z}$，使 $f(\boldsymbol{C}\boldsymbol{z})$ 为规范形.

下面通过例题演示上述方法.

⚒ 例 5.26　求正交变换 $\boldsymbol{x}=\boldsymbol{Q}\boldsymbol{y}$，把二次型

$$f(x_1,x_2,x_3)=x_1^2+x_2^2+2x_3^2+2x_1x_2$$

化成标准形和规范形.

解 二次型 f 的矩阵为

$$\boldsymbol{A}=\begin{pmatrix}1&1&0\\1&1&0\\0&0&2\end{pmatrix}$$

$\boldsymbol{A}$ 的特征方程

$$\begin{aligned}|\boldsymbol{A}-\lambda\boldsymbol{E}|&=\begin{vmatrix}1-\lambda&1&0\\1&1-\lambda&0\\0&0&2-\lambda\end{vmatrix}\\&=(2-\lambda)\begin{vmatrix}1-\lambda&1\\1&1-\lambda\end{vmatrix}\\&=-\lambda(\lambda-2)^2=0\end{aligned}$$

故 $\boldsymbol{A}$ 的特征值为 $\lambda_1=0,\lambda_2=\lambda_3=2$.

当 $\lambda_1=0$ 时，解方程 $\boldsymbol{Ax}=\boldsymbol{0}$，得对应的线性无关的特征向量为 $\boldsymbol{\alpha}_1=(-1,1,0)^{\mathrm{T}}$.

当 $\lambda_2=\lambda_3=2$ 时，解方程 $(\boldsymbol{A}-2\boldsymbol{E})\boldsymbol{x}=\boldsymbol{0}$，得对应的线性无关的特征向量 $\boldsymbol{\alpha}_2=(1,1,0)^{\mathrm{T}},\boldsymbol{\alpha}_3=(0,0,1)^{\mathrm{T}}$.

观察发现 $\boldsymbol{\alpha}_2,\boldsymbol{\alpha}_3$ 已经正交了，故无须再进行正交化处理.

由于 $\boldsymbol{\alpha}_1,\boldsymbol{\alpha}_2,\boldsymbol{\alpha}_3$ 两两正交，故只需将其单位化，取

$$\boldsymbol{\beta}_1=\frac{1}{\sqrt{2}}\begin{pmatrix}-1\\1\\0\end{pmatrix},\quad \boldsymbol{\beta}_2=\frac{1}{\sqrt{2}}\begin{pmatrix}1\\1\\0\end{pmatrix},\quad \boldsymbol{\beta}_3=\begin{pmatrix}0\\0\\1\end{pmatrix}$$

令

$$\boldsymbol{Q}=(\boldsymbol{\beta}_1,\boldsymbol{\beta}_2,\boldsymbol{\beta}_3)=\begin{pmatrix}-\frac{1}{\sqrt{2}}&\frac{1}{\sqrt{2}}&0\\\frac{1}{\sqrt{2}}&\frac{1}{\sqrt{2}}&0\\0&0&1\end{pmatrix}$$

则二次型 f 在正交变换 $\boldsymbol{x}=\boldsymbol{Qy}$ 下的标准形为

$$f=2y_2^2+2y_3^2$$

进一步地，令

$$\begin{cases}y_1=z_1\\y_2=\dfrac{1}{\sqrt{2}}z_2\\y_3=\dfrac{1}{\sqrt{2}}z_3\end{cases}$$

则 f 的规范形为

$$f=z_2^2+z_3^2$$

对称矩阵 $\boldsymbol{A}$ 正交相似对角化的正交矩阵 $\boldsymbol{Q}$ 不唯一，所以将二次型 $f=\boldsymbol{x}^{\mathrm{T}}\boldsymbol{Ax}$ 标准化的正交变换 $\boldsymbol{x}=\boldsymbol{Qy}$ 也不唯一.

⚒ **例 5.27**　求正交变换 $\boldsymbol{x}=\boldsymbol{Q}\boldsymbol{y}$，使二次型

$$f=-2x_1x_2+2x_1x_3+2x_2x_3$$

化成标准形和规范形.

解　二次型的矩阵为

$$\boldsymbol{A}=\begin{pmatrix}0&-1&1\\-1&0&1\\1&1&0\end{pmatrix}$$

$\boldsymbol{A}$ 的特征方程为

$$|\boldsymbol{A}-\lambda\boldsymbol{E}|=\begin{pmatrix}-\lambda&-1&1\\-1&-\lambda&1\\1&1&-\lambda\end{pmatrix}=-(\lambda-1)^2(\lambda+2)=0$$

故 $\boldsymbol{A}$ 的特征值为 $\lambda_1=\lambda_2=1,\lambda_3=-2$.

对应 $\lambda_1=\lambda_2=1$，解方程 $(\boldsymbol{A}-\boldsymbol{E})\boldsymbol{x}=\boldsymbol{0}$，得对应的线性无关的特征向量为 $\boldsymbol{\alpha}_1=(-1,1,0)^{\mathrm{T}},\boldsymbol{\alpha}_2=(1,0,1)^{\mathrm{T}}$.

利用施密特正交化方法将 $\boldsymbol{\alpha}_1,\boldsymbol{\alpha}_2$ 正交化：取

$$\boldsymbol{\beta}_1=\boldsymbol{\alpha}_1$$

$$\boldsymbol{\beta}_2=\boldsymbol{\alpha}_2-\frac{[\boldsymbol{\alpha}_2,\boldsymbol{\beta}_1]}{[\boldsymbol{\beta}_1,\boldsymbol{\beta}_1]}\boldsymbol{\beta}_1=\frac{1}{2}\begin{pmatrix}1\\1\\2\end{pmatrix}$$

再将 $\boldsymbol{\beta}_1,\boldsymbol{\beta}_2$ 单位化，得

$$\boldsymbol{\gamma}_1=\frac{1}{\sqrt{2}}\begin{pmatrix}-1\\1\\0\end{pmatrix},\quad \boldsymbol{\gamma}_2=\frac{1}{\sqrt{6}}\begin{pmatrix}1\\1\\2\end{pmatrix}$$

对应 $\lambda_3=-2$，解方程 $(\boldsymbol{A}+2\boldsymbol{E})\boldsymbol{x}=\boldsymbol{0}$，得对应的线性无关的特征向量为 $\boldsymbol{\alpha}_3=(-1,-1,1)^{\mathrm{T}}$，将其单位化，得

$$\boldsymbol{\gamma}_3=\frac{1}{\sqrt{3}}\begin{pmatrix}-1\\-1\\1\end{pmatrix}$$

对对称矩阵 $\boldsymbol{A}$，有正交矩阵

$$\boldsymbol{Q}=\begin{pmatrix}-\frac{1}{\sqrt{2}}&\frac{1}{\sqrt{6}}&-\frac{1}{\sqrt{3}}\\\frac{1}{\sqrt{2}}&\frac{1}{\sqrt{6}}&-\frac{1}{\sqrt{3}}\\0&\frac{2}{\sqrt{6}}&\frac{1}{\sqrt{3}}\end{pmatrix}$$

使

$$\boldsymbol{Q}^{\mathrm{T}}\boldsymbol{A}\boldsymbol{Q}=\boldsymbol{\Lambda}=\mathrm{diag}(1,1,-2)$$

于是有正交变换

$$\begin{pmatrix} x_1 \\ x_2 \\ x_3 \end{pmatrix} = \begin{pmatrix} -\dfrac{1}{\sqrt{2}} & \dfrac{1}{\sqrt{6}} & -\dfrac{1}{\sqrt{3}} \\ \dfrac{1}{\sqrt{2}} & \dfrac{1}{\sqrt{6}} & -\dfrac{1}{\sqrt{3}} \\ 0 & \dfrac{2}{\sqrt{6}} & \dfrac{1}{\sqrt{3}} \end{pmatrix} \begin{pmatrix} y_1 \\ y_2 \\ y_3 \end{pmatrix}$$

把二次型 f 化成标准形

$$f = y_1^2 + y_2^2 - 2y_3^2$$

进一步地，令

$$\begin{cases} y_1 = z_1 \\ y_2 = z_2 \\ y_3 = \dfrac{1}{\sqrt{2}} z_3 \end{cases}$$

得 f 的规范形

$$f = z_1^2 + z_2^2 - z_3^2$$

二次型的标准形和规范形均不唯一. 例如，在例 5.27中，若取正交矩阵

$$Q = \begin{pmatrix} -\dfrac{1}{\sqrt{3}} & -\dfrac{1}{\sqrt{2}} & \dfrac{1}{\sqrt{6}} \\ -\dfrac{1}{\sqrt{3}} & \dfrac{1}{\sqrt{2}} & \dfrac{1}{\sqrt{6}} \\ \dfrac{1}{\sqrt{3}} & 0 & \dfrac{2}{\sqrt{6}} \end{pmatrix} = (\gamma_3, \gamma_1, \gamma_2)$$

则

$$Q^{\mathrm{T}} A Q = \mathrm{diag}(-2, 1, 1)$$

得 f 的标准形

$$f = -2y_1^2 + y_2^2 + y_3^2$$

二次型 f 的规范形

$$f = -z_1^2 + z_2^2 + z_3^2$$

总结　综上所述，用正交变换法把 n 元二次型 $f = \boldsymbol{x}^{\mathrm{T}} \boldsymbol{A} \boldsymbol{x}$ 化成标准形的步骤如下.

(1) 写出二次型的矩阵 $\boldsymbol{A}$.

(2) 将对称矩阵 $\boldsymbol{A}$ 正交相似对角化，即求出 $\boldsymbol{A}$ 的所有特征值 $\lambda_1, \lambda_2, \cdots, \lambda_n$ 及对应的特征向量 $\boldsymbol{\alpha}_1, \boldsymbol{\alpha}_2, \cdots, \boldsymbol{\alpha}_n$，利用施密特正交化方法将重特征值对应的特征向量正交化，再将所有特征向量单位化，得 $\boldsymbol{\xi}_1, \boldsymbol{\xi}_2, \cdots, \boldsymbol{\xi}_n$，从而得到正交矩阵 $\boldsymbol{Q} = (\boldsymbol{\xi}_1, \boldsymbol{\xi}_2, \cdots, \boldsymbol{\xi}_n)$，使

$$\boldsymbol{Q}^{\mathrm{T}} \boldsymbol{A} \boldsymbol{Q} = \begin{pmatrix} \lambda_1 & & & \\ & \lambda_2 & & \\ & & \ddots & \\ & & & \lambda_n \end{pmatrix}$$

(3) 通过正交变换 $\boldsymbol{x}=\boldsymbol{Q}\boldsymbol{y}$，得 f 的标准形

$$f=\lambda_1 y_1^2+\lambda_2 y_2^2+\cdots+\lambda_n y_n^2$$

知识拓展

从几何上看，用正交变换化二次型为标准形的方法具有保持二次型的几何形状不变的优点. 这一优点得益于正交矩阵的特点. 我们知道，正交矩阵 $\boldsymbol{Q}$ 满足 $\boldsymbol{Q}^{\mathrm{T}}\boldsymbol{Q}=\boldsymbol{E}$，且若 $\boldsymbol{Q}$ 为正交矩阵，则 $\boldsymbol{Q}^{\mathrm{T}}=\boldsymbol{Q}^{-1}$.

此外，由于 $|\boldsymbol{Q}|=\pm 1$，且对正交变换 $\boldsymbol{x}=\boldsymbol{Q}\boldsymbol{y}$ 而言，

$$||\boldsymbol{x}||=\sqrt{\boldsymbol{x}^{\mathrm{T}}\boldsymbol{x}}=\sqrt{\boldsymbol{y}^{\mathrm{T}}\boldsymbol{Q}^{\mathrm{T}}\boldsymbol{Q}\boldsymbol{y}}=\sqrt{\boldsymbol{y}^{\mathrm{T}}\boldsymbol{y}}=||y||$$

即正交变换不改变向量的长度. 因此，可认为正交矩阵表示的可逆线性变换只有旋转效果，没有伸缩效果. 因此，对二次型 f 的正交变换 $\boldsymbol{x}=\boldsymbol{Q}\boldsymbol{y}$ 而言，仅仅是将坐标轴按照原比例旋转了一定角度，使 f 的图形在新的坐标系下是标准形. 我们用下例来说明.

二元二次方程 $3x^2+2xy+3y^2=1$ 对应的二次型为

$$f(x,y)=3x^2+2xy+3y^2$$

二次型 $f(x,y)$ 的矩阵为

$$\boldsymbol{A}=\begin{pmatrix}3&1\\1&3\end{pmatrix}$$

易求 $\boldsymbol{A}$ 的特征值为 $\lambda_1=2,\lambda_2=4$，λ_1,λ_2 对应的线性无关的、正交的特征向量为

$$\boldsymbol{\xi}_1=\begin{pmatrix}-1\\1\end{pmatrix},\quad \boldsymbol{\xi}_2=\begin{pmatrix}1\\1\end{pmatrix}$$

将其单位化，得

$$\boldsymbol{\eta}_1=\frac{1}{\sqrt{2}}\begin{pmatrix}-1\\1\end{pmatrix},\quad \boldsymbol{\eta}_2=\frac{1}{\sqrt{2}}\begin{pmatrix}1\\1\end{pmatrix}$$

构造正交矩阵 $\boldsymbol{Q}=\begin{pmatrix}-\dfrac{1}{\sqrt{2}}&\dfrac{1}{\sqrt{2}}\\\dfrac{1}{\sqrt{2}}&\dfrac{1}{\sqrt{2}}\end{pmatrix}$，于是二次型 f 经正交变换

$$\begin{pmatrix}x\\y\end{pmatrix}=\begin{pmatrix}-\dfrac{1}{\sqrt{2}}&\dfrac{1}{\sqrt{2}}\\\dfrac{1}{\sqrt{2}}&\dfrac{1}{\sqrt{2}}\end{pmatrix}\begin{pmatrix}x'\\y'\end{pmatrix}$$

化为标准形 $f(x',y')=2x'^2+4y'^2$，如图 5.12所示.

对应的，通过正交变换，二元二次方程转化为 $2x'^2+4y'^2=1$，相当于将 x,y 坐标轴逆时针旋转了 45°，将方程的图像“扶正”了. 我们一眼就可以看出 $2x'^2+4y'^2=1$ 的图像是二维平面上的椭圆，因此原二元二次方程的图像就是一个椭圆. 这也启发我们，当二次型的结构比较复杂，不能快速得知其对应的函数图像时，可以通过正交变换将其标准化，这样，图像的类型与特征就凸显出来了.

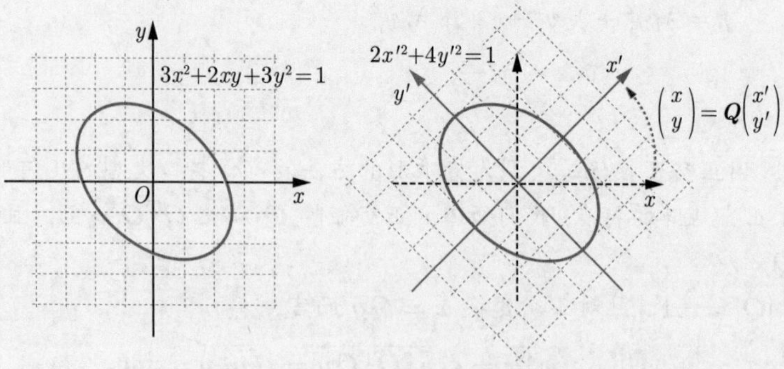

图 5.12 化二次型为标准形

注意到，在上述化二次型为标准形的过程中，数学结构 $\boldsymbol{Q}^{\mathrm{T}}\boldsymbol{A}\boldsymbol{Q}$ 反复出现. 将二次型 $f=\boldsymbol{x}^{\mathrm{T}}\boldsymbol{A}\boldsymbol{x}$ 标准化，等价于 $\boldsymbol{Q}^{\mathrm{T}}\boldsymbol{A}\boldsymbol{Q}$ 为对角阵. 对此，有一般化定义合同矩阵.

定义 5.6 合同矩阵

设 $\boldsymbol{A},\boldsymbol{B}$ 是 n 阶矩阵，若存在可逆矩阵 $\boldsymbol{C}$，使

$$\boldsymbol{B}=\boldsymbol{C}^{\mathrm{T}}\boldsymbol{A}\boldsymbol{C} \tag{5.50}$$

则称 $\boldsymbol{A}$ 与 $\boldsymbol{B}$ 合同，也称 $\boldsymbol{A}$ 和 $\boldsymbol{B}$ 是合同矩阵.

由于 $\boldsymbol{C}$ 可逆，显然，合同是一种等价关系. 因此，合同矩阵也具有反身性、对称性和传递性. 且若 $\boldsymbol{A}$ 与 $\boldsymbol{B}$ 合同，则 $R(\boldsymbol{A})=R(\boldsymbol{B})$.

若 $\boldsymbol{A}$ 与 $\boldsymbol{B}$ 合同，且 $\boldsymbol{A}$ 为对称矩阵，则由

$$\boldsymbol{B}^{\mathrm{T}}=(\boldsymbol{C}^{\mathrm{T}}\boldsymbol{A}\boldsymbol{C})^{\mathrm{T}}=\boldsymbol{C}^{\mathrm{T}}\boldsymbol{A}^{\mathrm{T}}\boldsymbol{C}=\boldsymbol{C}^{\mathrm{T}}\boldsymbol{A}\boldsymbol{C}=\boldsymbol{B}$$

可知 $\boldsymbol{B}$ 也是对称矩阵.

化二次型 $f=\boldsymbol{x}^{\mathrm{T}}\boldsymbol{A}\boldsymbol{x}$ 为标准形的正交变换法也可以称作合同相似对角化法，即 $\boldsymbol{A}$ 与对角矩阵 $\boldsymbol{\varLambda}$ 合同.

5.5.2 配方法

化二次型为标准形，除了正交变换法以外还有其他方法，这里介绍拉格朗日配方法. 配方法不能保证对应的线性变换为正交变换.

(1) 二次型 f 中含有变量的平方项的情形.

⚒ 例 **5.28** 化二次型 $f=x_1^2+x_2^2+3x_3^2-2x_1x_2+2x_1x_3+2x_2x_3$ 为标准形，并求所用的变换矩阵.

这里用到了公式:

$$(a+b+c)^2=a^2+b^2+c^2+2ab+2ac+2bc$$

解 由于 f 中含有 x_1 的平方项，故把含 x_1 的所有项归并在一起，利用完全平方公式配方，

$$\begin{aligned}f&=(x_1^2-2x_1x_2+2x_1x_3)+x_2^2+3x_3^2+2x_2x_3\\&=[(x_1-x_2+x_3)^2-x_2^2-x_3^2+2x_2x_3]+x_2^2+3x_3^2+2x_2x_3\end{aligned}$$

$$=(x_1-x_2+x_3)^2+2x_3^2+4x_2x_3$$

上式右端除第一项外，其余项已经不再含 x_1，采取相同的操作思路继续配方得

$$\begin{aligned}f&=(x_1-x_2+x_3)^2+2(x_3^2+2x_2x_3+x_2^2)-2x_2^2\\&=(x_1-x_2+x_3)^2+2(x_2+x_3)^2-2x_2^2\end{aligned}$$

于是令

$$\begin{cases}y_1=x_1-x_2+x_3\\y_2=x_2+x_3\\y_3=x_2\end{cases}，即\quad\begin{cases}x_1=y_1-y_2+2y_3\\x_2=y_3\\x_3=y_2-y_3\end{cases}$$

就可将 f 化为标准形

$$f=y_1^2+2y_2^2-2y_3^2$$

所用的线性变换 $\boldsymbol{x}=\boldsymbol{C}\boldsymbol{y}$ 为

$$\begin{pmatrix}x_1\\x_2\\x_3\end{pmatrix}=\begin{pmatrix}1&-1&2\\0&0&1\\0&1&-1\end{pmatrix}\begin{pmatrix}y_1\\y_2\\y_3\end{pmatrix}$$

所用的变换矩阵

$$\boldsymbol{C}=\begin{pmatrix}1&-1&2\\0&0&1\\0&1&-1\end{pmatrix}\quad(|\boldsymbol{C}|=-1\neq0,\boldsymbol{C}\text{ 可逆})$$

(2) 二次型 f 中不含变量的平方项的情形.

⚒ 例 5.29　用配方法化二次型 $f=2x_1x_2+2x_1x_3-6x_2x_3$ 为标准形，并求所用的变换矩阵.

解　本例中二次型 f 不含平方项，为了能够配方，考虑先通过换元构造变量平方项. 观察 f 的第一项，发现含有 x_1x_2，所以利用平方差公式，令

$$\begin{cases}x_1=y_1+y_2\\x_2=y_1-y_2\\x_3=y_3\end{cases}\tag{5.51}$$

代入二次型中得到含变量平方项的二次型

$$f=2y_1^2-2y_2^2-4y_1y_3+8y_2y_3$$

再按含平方项的方法配方，得

$$f=2(y_1-y_3)^2-2(y_2-2y_3)^2+6y_3^2$$

令

$$\begin{cases}z_1=y_1-y_3\\z_2=y_2-2y_3\\z_3=y_3\end{cases}，即\quad\begin{cases}y_1=z_1+z_3\\y_2=z_2+2z_3\\y_3=z_3\end{cases}$$

代入式(5.51)得

$$\begin{cases} x_1 = z_1 + z_2 + 3z_3 \\ x_2 = z_1 - z_2 - z_3 \\ x_3 = z_3 \end{cases}$$

故原二次型 f 的标准形为 $f = 2z_1^2 - 2z_2^2 + 6z_3^2$，所用的线性变换 $\boldsymbol{x} = \boldsymbol{C}\boldsymbol{z}$ 为

$$\begin{pmatrix} x_1 \\ x_2 \\ x_3 \end{pmatrix} = \begin{pmatrix} 1 & 1 & 3 \\ 1 & -1 & -1 \\ 0 & 0 & 1 \end{pmatrix} \begin{pmatrix} z_1 \\ z_2 \\ z_3 \end{pmatrix}$$

所用的变换矩阵

$$\boldsymbol{C} = \begin{pmatrix} 1 & 1 & 3 \\ 1 & -1 & -1 \\ 0 & 0 & 1 \end{pmatrix} \quad (|\boldsymbol{C}| = -2 \neq 0, \boldsymbol{C} \text{ 可逆})$$

实际上，任何实二次型都可用配方法化为标准形 (证明略). 配方法不唯一，但化成的标准形中含有的项数是确定的，等于二次型的秩.

总结　利用拉格朗日配方法化二次型的思路如下.

(1) 二次型 f 中含有平方项时，不妨设 f 中含有 x_i 的平方项，则先把所有含 x_i 的项归并到一起，利用完全平方公式进行配方，再对其余的变量进行同样的操作，直至都配成平方项为止，经过线性变换，就得到标准形.

✍ 配方时，每次只对一个变量配平方，余下的项中不能再出现这个变量. 这样做的目的是保证所做的线性变换是可逆的.

(2) 二次型 f 中不含平方项时，需要先通过平方差公式，利用混合乘积项构造平方项，不妨设 f 含有混合乘积项 $a_{12}x_1x_2$，即 $a_{12} \neq 0$，则可令

$$\begin{cases} x_1 = y_1 + y_2 \\ x_2 = y_1 - y_2 \\ x_3 = y_3 \\ \quad\vdots \\ x_n = y_n \end{cases} \tag{5.52}$$

将其代入到二次型 f 中，即可出现平方项 $a_{12}y_1^2 - a_{12}y_2^2$，再按 (1) 中的方法配方.

5.6　正定二次型

通过前面的讨论，我们知道，将二次型化为标准形所采取的可逆线性变换可以是不唯一的，这也导致二次型的标准形不是唯一的. 虽然标准形具有不唯一性，但是标准形中的某些指标是唯一的、确定的.

(1) 标准形中所含的项数是确定的，且等于二次型的秩.

(2) 在限定变换为实变换时，标准形的各项中正系数的个数是相等的、不变的 (显然负系数的个数也不变).

(3) 用正交变换法化二次型为标准形，其标准形中各项的系数是确定的(一定是该二次型矩阵的特征值)，但可能排序不同.

定理 5.14　惯性定理

设二次型 $f = \boldsymbol{x}^{\mathrm{T}}\boldsymbol{A}\boldsymbol{x}$ 的秩为 r，若有两个可逆线性变换 $\boldsymbol{x} = \boldsymbol{C}\boldsymbol{y}$ 及 $\boldsymbol{x} = \boldsymbol{P}\boldsymbol{z}$ 使

$$f = k_1y_1^2 + k_2y_2^2 + \cdots + k_ry_r^2 \quad (k_i \neq 0)$$

及

$$f = \lambda_1z_1^2 + \lambda_2z_2^2 + \cdots + \lambda_rz_r^2 \quad (\lambda_i \neq 0)$$

则 $k_1, k_2, \cdots, k_r$ 中正数的个数与 $\lambda_1, \lambda_2, \cdots, \lambda_r$ 中正数的个数相等.

称二次型的标准形中正系数的个数为正惯性指数，负系数的个数为负惯性指数. 惯性定理表明，可逆的线性变换不会改变二次型的正惯性指数和负惯性指数，不会改变二次型的秩. 从几何上解释，惯性定理即可逆线性变换改变的是图像的坐标基准，而图像的类型并不会因为基的改变而改变.

若记二次型正惯性指数为 p，负惯性指数为 q，n 元二次型的秩为 r，显然 $p+q=r \leqslant n$. 当 $p+q=n$ 时，二次型满秩；当 $p+q<n$ 时，二次型降秩.

另外，可以借助正 (负) 惯性指数对 n 元二次型进行分类：当正惯性指数 $p=n$ 时，即标准形的 n 个系数全为正数，此时的二次型是正定的 (positive definite)；当 $q=n$ 时，即标准型的 n 个系数全为负数，此时的二次型是负定的 (negative definite). 也就是有如下定义.

定义 5.7　正定二次型

设二次型 $f(\boldsymbol{x}) = \boldsymbol{x}^{\mathrm{T}}\boldsymbol{A}\boldsymbol{x}$,

(1) 如果对任意 $\boldsymbol{x} \neq \boldsymbol{0}$ 都有 $f(\boldsymbol{x}) > 0$，则称 f 为正定二次型，并称对称矩阵 $\boldsymbol{A}$ 为正定矩阵;

(2) 如果对任意 $\boldsymbol{x} \neq \boldsymbol{0}$ 都有 $f(\boldsymbol{x}) < \boldsymbol{0}$，则称 f 为负定二次型，并称对称矩阵 $\boldsymbol{A}$ 为负定矩阵.

从几何上看，二元二次型 $f = (x, y)\boldsymbol{A}\begin{pmatrix} x \\ y \end{pmatrix}$ 正定，即对任意 $(x, y) \in \mathbb{R}^2$，二次型 $f \geqslant 0$ (或者说，当 $(x, y) \neq (0, 0)$ 时，f 恒正)，说明二次型的图像不在 xOy 面的下方.

上述正定二次型、负定二次型是针对二次型满秩而言的，如图 5.13和图 5.14所示. 还可进一步地对降秩二次型进行分类：若 $p<n, q=0$ 时，也就是当二次型不满秩 $(p+q=r<n)$，且标准形中所有的系数均为正时，称二次型半正定；当 $p=0, q<n$ 时，称二次型半负定；其余情况 (即二次型标准形的系数有正有负时) 称二次型不定 (未定)，如图 5.15所示.

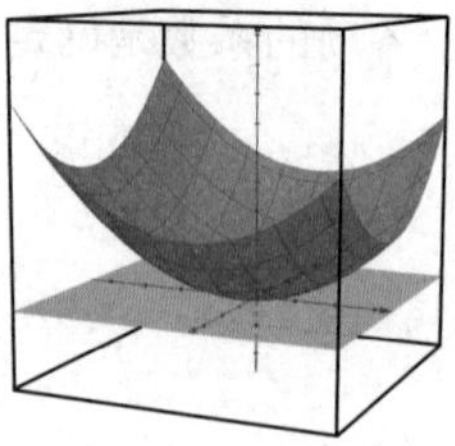

图 5.13 正定

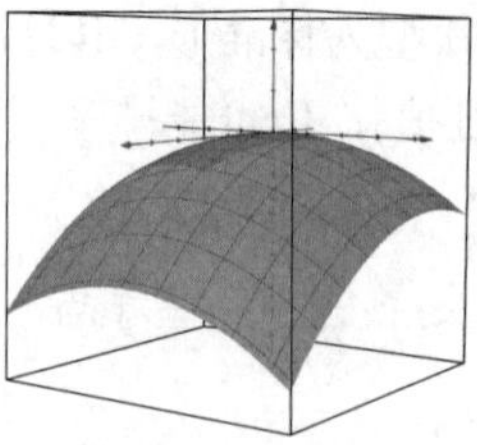

图 5.14 负定

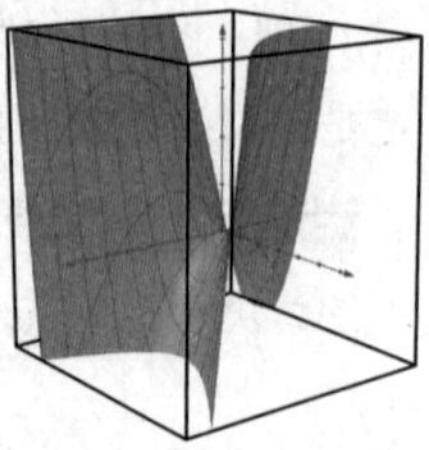

图 5.15 不定

综上所述，可将二次型的类型总结为

$$\begin{cases} \text{满秩二次型}: p+q=r=n \begin{cases} \text{正定二次型}: p=n \\ \text{负定二次型}: q=n \end{cases} \\ \text{降秩二次型}: p+q=r<n \begin{cases} \text{半正定二次型}: p<n, q=0 \\ \text{半负定二次型}: p=0, q<n \end{cases} \end{cases}$$

由此，有如下定理.

定理 5.15　二次型正定的充要条件

以下条件是等价的：

n 元二次型 $f=\boldsymbol{x}^{\mathrm{T}}\boldsymbol{A}\boldsymbol{x}$ 为正定；

$\Leftrightarrow f$ 的标准形的 n 个系数全为正，即 $\lambda_i>0(i=1,2,\cdots,n)$；

$\Leftrightarrow f$ 的规范形的 n 个系数全为 1；

$\Leftrightarrow f$ 的正惯性指数等于 n；

$\Leftrightarrow$ 二次型的矩阵 $\boldsymbol{A}$ 为与单位矩阵 $\boldsymbol{E}$ 合同；

$\Leftrightarrow$ 二次型的矩阵 $\boldsymbol{A}$ 为正定矩阵；

$\Leftrightarrow$ 二次型的矩阵 $\boldsymbol{A}$ 的特征值全为正.

根据该定理，可进一步知，任意 n 阶对称矩阵 $\boldsymbol{A}$ 正定 $\Leftrightarrow \boldsymbol{A}$ 的特征值全为正. 并且，若 $\boldsymbol{A}$ 正定，则 $|\boldsymbol{A}|=\lambda_1\lambda_2\cdots\lambda_n>0$，其中，$\lambda_1,\lambda_2,\cdots,\lambda_n$ 是 $\boldsymbol{A}$ 的全部特征值. 反之，不成立.

⚒ **例 5.30**　判断二次型 $f(x_1,x_2,x_3)=x_1^2+x_2^2+x_3^2$ 的正定性.

解　方法一：由定义，因为对任意 $\boldsymbol{x}=(x_1,x_2,x_3)^{\mathrm{T}}\neq\boldsymbol{0}$，即至少有一个分量不为零，从而 $f(\boldsymbol{x})>0$, 即 f 为正定二次型.

方法二：由二次型正定的充要条件，因为 3 元二次型的正惯性指数为 3，故 f 是正定二次型.

⚒ **例 5.31**　判定二次型 $f=2x_1^2+4x_2^2+5x_3^2-4x_1x_3$ 的正定性.

解　二次型的矩阵为

$$\boldsymbol{A}=\begin{pmatrix} 2 & 0 & -2 \\ 0 & 4 & 0 \\ -2 & 0 & 5 \end{pmatrix}$$

令 $|\boldsymbol{A}-\lambda\boldsymbol{E}|=0$ 得 $\boldsymbol{A}$ 的特征值为 $\lambda_1=1,\lambda_2=4,\lambda_3=6$.

$\boldsymbol{A}$ 的全部特征值均为正数，故 $\boldsymbol{A}$ 是正定矩阵，二次型 f 是正定二次型.

定理 5.16　赫尔维茨定理

n 阶对称矩阵 $\boldsymbol{A}$ 正定的充要条件是 $\boldsymbol{A}$ 的各阶顺序主子式都大于零，即对

$$\boldsymbol{A}=\begin{pmatrix}a_{11} & a_{12} & \cdots & a_{1n}\\ a_{21} & a_{22} & \cdots & a_{2n}\\ \vdots & \vdots & \ddots & \vdots\\ a_{n1} & a_{n2} & \cdots & a_{nn}\end{pmatrix}$$

而言，位于左上角的各阶子式

$$a_{11}>0,\quad \begin{vmatrix}a_{11} & a_{12}\\ a_{21} & a_{22}\end{vmatrix}>0,\quad \cdots,\quad \begin{vmatrix}a_{11} & \cdots & a_{1n}\\ \vdots & & \vdots\\ a_{n1} & \cdots & a_{nn}\end{vmatrix}>0 \tag{5.53}$$

对称矩阵 $\boldsymbol{A}$ 负定的充要条件是 $\boldsymbol{A}$ 的奇数阶主子式为负，偶数阶主子式大于零，即

$$(-1)^r\begin{vmatrix}a_{11} & \cdots & a_{1r}\\ \vdots & & \vdots\\ a_{r1} & \cdots & a_{rr}\end{vmatrix}>0\quad (r=1,2,\cdots,n) \tag{5.54}$$

赫尔维茨定理是判定二次型正定性的强有力工具，例 5.31也可按下面的方式求解.

解　对二次型的矩阵 $\boldsymbol{A}$，有

$$a_{11}=2>0,\quad \begin{vmatrix}a_{11} & a_{12}\\ a_{21} & a_{22}\end{vmatrix}=\begin{vmatrix}2 & 0\\ 0 & 4\end{vmatrix}=8>0,\quad |\boldsymbol{A}|=24>0$$

根据赫尔维茨定理知 f 正定.

⚒ 例 **5.32**　判定二次型 $f=-x_1^2-3x_2^2-9x_3^2+2x_1x_2-4x_1x_3$ 的正定性.

解　二次型的矩阵为

$$\boldsymbol{A}=\begin{pmatrix}-1 & 1 & -2\\ 1 & -3 & 0\\ -2 & 0 & -9\end{pmatrix}$$

其顺序主子式

$$a_{11}=-1<0,\quad \begin{vmatrix}-1 & 1\\ 1 & -3\end{vmatrix}=2>0,\quad |\boldsymbol{A}|=-6<0$$

故 f 为负定二次型.

⚒ 例 **5.33**　证明对称矩阵 $\boldsymbol{A}$ 正定的充分必要条件是存在可逆矩阵 $\boldsymbol{P}$，使 $\boldsymbol{A}=\boldsymbol{P}^{\mathrm{T}}\boldsymbol{P}$，即 $\boldsymbol{A}$ 与单位矩阵 $\boldsymbol{E}$ 合同.

证　充分性：若存在可逆矩阵 $\boldsymbol{P}$，使 $\boldsymbol{A}=\boldsymbol{P}^{\mathrm{T}}\boldsymbol{P}$，任取 $\boldsymbol{x}\in\mathbb{R}^n,\boldsymbol{x}\neq\mathbf{0}$，就有 $\boldsymbol{P}\boldsymbol{x}\neq\mathbf{0}$，并且 $\boldsymbol{A}$ 的二次型在该处的值

$$f(\boldsymbol{x})=\boldsymbol{x}^{\mathrm{T}}\boldsymbol{A}\boldsymbol{x}=\boldsymbol{x}^{\mathrm{T}}\boldsymbol{P}^{\mathrm{T}}\boldsymbol{P}\boldsymbol{x}$$

$$\begin{aligned}&=[\boldsymbol{Px},\boldsymbol{Px}]\\&=||\boldsymbol{Px}||^2>0\end{aligned}$$

即矩阵 $\boldsymbol{A}$ 的二次型是正定的，从而由定义知 $\boldsymbol{A}$ 是正定矩阵.

必要性：因 $\boldsymbol{A}$ 是正定矩阵，故存在正交阵 $\boldsymbol{Q}$，使

$$\boldsymbol{Q}^{\mathrm{T}}\boldsymbol{A}\boldsymbol{Q}=\boldsymbol{\Lambda}=\mathrm{diag}(\lambda_1,\lambda_2,\cdots,\lambda_n)$$

其中，n 是 $\boldsymbol{A}$ 的阶数；$\lambda_1,\lambda_2,\cdots,\lambda_n$ 是 $\boldsymbol{A}$ 的全部特征值，且 $\lambda_i>0(i=1,2,\cdots,n)$. 记对角阵 $\boldsymbol{\Lambda}_1=\mathrm{diag}(\sqrt{\lambda_1},\sqrt{\lambda_2},\cdots,\sqrt{\lambda_n})$，则有 $\boldsymbol{\Lambda}_1^2=\boldsymbol{\Lambda}$. 从而

$$\boldsymbol{A}=\boldsymbol{Q}\boldsymbol{\Lambda}\boldsymbol{Q}^{\mathrm{T}}=\boldsymbol{Q}\boldsymbol{\Lambda}_1\boldsymbol{\Lambda}_1\boldsymbol{Q}^{\mathrm{T}}=(\boldsymbol{Q}\boldsymbol{\Lambda}_1)(\boldsymbol{Q}\boldsymbol{\Lambda}_1)^{\mathrm{T}}$$

记 $\boldsymbol{P}=(\boldsymbol{Q}\boldsymbol{\Lambda}_1)^{\mathrm{T}}$，显然 $\boldsymbol{P}$ 可逆，并且 $\boldsymbol{A}=\boldsymbol{P}^{\mathrm{T}}\boldsymbol{P}=\boldsymbol{P}^{\mathrm{T}}\boldsymbol{E}\boldsymbol{P}$，即 $\boldsymbol{A}$ 与单位矩阵 $\boldsymbol{E}$ 合同.

习　题　5

1. 求下列矩阵的特征值：

$$\boldsymbol{A}=\begin{pmatrix}-1&2&2\\2&-1&-2\\2&-2&-1\end{pmatrix};\quad \boldsymbol{B}=\begin{pmatrix}1&2&3\\2&1&3\\3&3&6\end{pmatrix}$$

2. 求矩阵

$$\boldsymbol{A}=\begin{pmatrix}2&0&1\\0&2&1\\1&1&1\end{pmatrix}$$

的特征值与特征向量.

3. 设三阶方阵 $\boldsymbol{A}$ 的三个特征值分别为 $2,-2,1$，$\boldsymbol{B}=\boldsymbol{A}^3-\boldsymbol{A}^2-4\boldsymbol{A}+5\boldsymbol{E}$，求行列式 $|\boldsymbol{B}|$ 的值.

4. 设三阶方阵 $\boldsymbol{A}$ 的三个特征值分别为 $1,2,-3$，求 $|\boldsymbol{A}^*+3\boldsymbol{A}+2\boldsymbol{E}|$.

5. 若方阵 $\boldsymbol{A}$ 满足 $\boldsymbol{A}^2=4\boldsymbol{E}$，证明 $\boldsymbol{A}$ 的特征值只能取 2 或 -2.

6. 若三阶方阵 $\boldsymbol{A}$ 满足 $|\boldsymbol{A}+\boldsymbol{E}|=|\boldsymbol{A}+2\boldsymbol{E}|=|\boldsymbol{A}+3\boldsymbol{E}|$，求 $|\boldsymbol{A}+4\boldsymbol{E}|$.

7. 设三阶矩阵 $\boldsymbol{A}$ 有一个特征值为 1，且 $|\boldsymbol{A}|=0$ 及 $\boldsymbol{A}$ 的主对角元素之和为 0，求 $\boldsymbol{A}$ 的其他两个特征值.

8. 矩阵

$$\boldsymbol{A}=\begin{pmatrix}1&b&1\\b&a&1\\1&1&1\end{pmatrix},\quad \boldsymbol{B}=\begin{pmatrix}0&&\\&1&\\&&4\end{pmatrix}$$

当 a,b 满足什么条件时，$\boldsymbol{A}$ 与 $\boldsymbol{B}$ 相似？

9. 设三阶矩阵 $\boldsymbol{A}$ 满足 $\boldsymbol{A}^3+2\boldsymbol{A}^2-\boldsymbol{A}-2\boldsymbol{E}=\boldsymbol{O}$，证明 $\boldsymbol{A}$ 相似于对角矩阵.

10. 设矩阵

$$A = \begin{pmatrix} 2 & 0 & 1 \\ 3 & 1 & x \\ 4 & 0 & 5 \end{pmatrix}$$

可相似对角化，求 x.

11. 设

$$A = \begin{pmatrix} 0 & 2 \\ -3 & 5 \end{pmatrix}$$

(1) 求 A 的特征值和特征向量；

(2) 求 A^{100}.

12. 设矩阵 A 为三阶方阵，$\alpha_1, \alpha_2, \alpha_3$ 是线性无关的三维列向量，且满足

$$A\alpha_1 = \alpha_1 + \alpha_2 + \alpha_3, \quad A\alpha_2 = 2\alpha_2 + \alpha_3, \quad A\alpha_3 = 2\alpha_2 + 3\alpha_3$$

(1) 求方阵 B，使 $A(\alpha_1, \alpha_2, \alpha_3) = (\alpha_1, \alpha_2, \alpha_3)B$；

(2) 求矩阵 A 的特征值；

(3) 求正交阵 P，使 $P^{-1}BP$ 为对角阵，并求此对角阵.

13. 试求一个正交的相似变换矩阵，将下列对称矩阵化为对角矩阵.

$$A = \begin{pmatrix} 2 & 1 & 1 \\ 1 & 2 & 1 \\ 1 & 1 & 2 \end{pmatrix}; \qquad B = \begin{pmatrix} -2 & -2 & 0 \\ -2 & 1 & -2 \\ 0 & -2 & 0 \end{pmatrix}$$

14. 设 A 是三阶实对称方阵，其特征值为 $4, 1, 1$，向量

$$a_1 = \begin{pmatrix} -1 \\ 1 \\ 0 \end{pmatrix}, \quad a_2 = \begin{pmatrix} -1 \\ 0 \\ 1 \end{pmatrix}$$

是 A 的特征向量，求矩阵 A.

15. 设三阶对称矩阵 A 的特征值为 $\lambda_1 = 6, \lambda_2 = \lambda_3 = 3$，与特征值 $\lambda_1 = 6$ 对应的特征向量为 $p_1 = (1, 1, 1)^{\mathrm{T}}$，求 A.

16. 设 n 阶实对称方阵 A 满足 $A^2 = E$，又 $R(A+E) = 2$，计算 $|A+2E|$.

17. 设 $A = \begin{pmatrix} 3 & -2 \\ -2 & 3 \end{pmatrix}$，求 $\varphi(A) = A^{10} - 5A^9$.

18. 写出下列二次型的矩阵.

(1) $f = x^2 + 4xy + 4y^2 + 2xz + z^2 + 4yz$

(2) $f = x_1x_2 + x_1x_3 + 2x_2^2 - 3x_2x_3$

19. 写出下列矩阵对应的二次型.

(1) $\begin{pmatrix} 0 & \frac{\sqrt{2}}{2} & 1 \\ \frac{\sqrt{2}}{2} & 3 & -\frac{3}{2} \\ 1 & -\frac{3}{2} & 0 \end{pmatrix}$;

(2) $\begin{pmatrix} 0 & \frac{1}{2} & 0 & 0 \\ \frac{1}{2} & 1 & 0 & -3 \\ 0 & 0 & 0 & 0 \\ 0 & -3 & 0 & -3 \end{pmatrix}$.

20. 写出下列二次型的矩阵形式，并求二次型的秩.

(1) $f = 2x_1^2 + x_2^2 - 4x_3^2 - 4x_1x_2 - 4x_2x_3$；

(2) $f = 2x_1^2 - 3x_2^2 - 4x_3^2 - 4x_1x_2 + 10x_1x_3 - 12x_2x_3$.

21. 用正交变换化二次型

$$f(x_1, x_2) = 2x_1^2 + 2x_2^2 - 2x_1x_2$$

为标准形，并写出所用的正交变换.

22. 已知二次型

$$f = 2x_1^2 + 5x_2^2 + 5x_3^2 + 4x_1x_2 - 4x_1x_3 - 8x_2x_3$$

(1) 写出二次型的矩阵；

(2) 求一个正交变换 $\boldsymbol{x} = \boldsymbol{P}\boldsymbol{y}$，把 f 化为标准形，并写出该标准形.

23. 已知二次型

$$f(x_1, x_2, x_3) = x_1^2 + 2x_2^2 + 3x_3^2 - 4x_1x_2 - 4x_2x_3$$

(1) 写出二次型 f 的矩阵表达式；

(2) 求一个正交变换 $\boldsymbol{x} = \boldsymbol{P}\boldsymbol{y}$，把 f 化为标准形，并写出该标准形.

第6章 数学实验及 Python 实现

在大数据背景下，处理线性代数问题就需要借助计算机软件.

在理解线性代数基本理论、基本算法的基础上，借助数学软件或编程语言能极大地提高问题求解的效率，基本理论、基本算法是运用软件或编程语言、分析结果的理论支撑，而软件或编程语言则是将机械运算过程赋予计算机，提升复杂问题求解效率的有利工具. 在学习中，要明确上述两者 (理论与工具) 的辩证关系.

能够求解线性代数问题的工具非常多，数学软件有 MATLAB、Maple、Mathematical、Excel 等，编程语言有 Python、C/C++、Java、R 等.

Python 由荷兰人吉多·范罗苏姆 (Guido van Rossum) 于 1989 年创造，Python 3 于 2008 年 12 月发布. 我们选择 Python 语言作为工具，主要基于以下原因.

(1) 免费、开源、可移植性强.Python 是 FLOSS(自由/开放源码软件) 之一，可以自由地拷贝传播、阅读源码、对源码做改动、将其一部分用于新的软件中，因此编写的 Python 程序无须修改即可在 Linux、Windows、OS、VMS、FreeBSD、VxWorks、Amiga、Solaris、QNX、PlayStation、Android 等众多平台上运行.

(2) 易于学习. Python 对初学者相对友好，有相对较少的关键字，语法简单易懂，代码定义更清晰，易于阅读.

(3) 标准库丰富，实用性广，能够处理科学运算、数据获取 (爬虫) 与分析、文档生成、网页浏览器、CGI、GUI、FTP、XML、HTML、密码系统等各种工作，是当前机器学习、数据分析的主流编程语言.

Python 中用于科学计算的包有很多，如numpy包、sympy包，两者功能上有重合. 以numpy包为例，在 Python 中安装numpy包，可以在终端输入以下命令.

```
pip install numpy
```

然后在 Python 中载入numpy包.

```
import numpy as np #载入numpy库，简记为np
```

numpy包提供了线性代数函数库 linalg，linalg 库包含了线性代数所需的基本功能. 要使用 linalg 函数库中的函数 (也称为“方法”)，直接利用“numpy.linalg. 函数名”调用即可．例如，numpy.linalg.det(A) 表示调用numpy包中 linalg 函数库的 det() 方法来求矩阵 $\boldsymbol{A}$ 的行列式.

⚒ **例 6.1** 计算矩阵 $\boldsymbol{A}=\begin{pmatrix}1 & 2\\ 3 & 4\end{pmatrix}$ 的行列式 $\det(\boldsymbol{A})$.

利用 Python 解决本题，仅需 3 行代码.

```
import numpy as np
A = np.array([[1,2],[3,4]]) #输入矩阵A
print(np.linalg.det(A)) #调用linalg函数库中的det()函数
```

可以在 Jupyter Notebook[①]中输入并运行，结果如图 6.1所示.

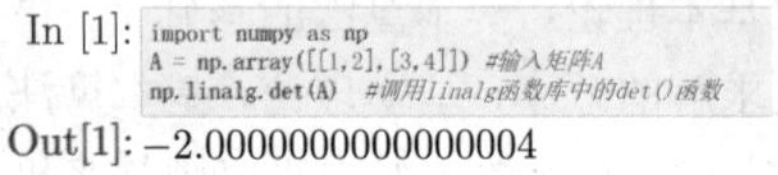
In [1]:
import numpy as np
A = np.array([[1,2],[3,4]]) #输入矩阵A
np.linalg.det(A) #调用linalg函数库中的det()函数
Out[1]: -2.0000000000000004

图 6.1 调用 linalg 函数库中的 det() 函数计算矩阵 $\boldsymbol{A}$ 的行列式

注意到，运行的结果为 -2.0000000000000004. 我们知道，行列式 $\begin{vmatrix}1 & 2\\ 3 & 4\end{vmatrix}=-2$. 为什么会产生一个极小的误差？这是因为计算机在执行浮点数运算时存在精度损失.

限于篇幅，不再介绍 Python 的基础知识，下面就线性代数课程范围内的计算问题给出若干示例，主要包括矩阵运算、求解线性方程组等.

6.1 利用 Python 进行矩阵运算

6.1.1 向量、矩阵的 Python 表示

下面介绍三种创建向量、矩阵的方法.

方法一：利用 array 数组创建矩阵．在 1.2.1 小节中曾经介绍，计算机等工程技术领域中常将向量视为一个数据列表．因此，可用 array 数组来表示向量．例如，表示行向量 $\boldsymbol{a}=(1,2,3,4)$.

```
import numpy as np #导入numpy库
a = np.array([1,2,3,4]) #用numpy中的array生成行向量
print(a) #输出打印结果
```

运行结果：

```
[1 2 3 4]
```

将矩阵视为向量组，借助 array 也可创建矩阵.

① Jupyter Notebook 是基于网页的交互应用程序 (笔记本)，支持 40 多种编程语言，可以作为 Python 程序开发前端，支持实时代码、数学方程、可视化和 markdown. 目前 Jupyter Notebook 一般集成在 Anaconda(是一个开源的 Python 发行版本) 中，下载 Anaconda 后，直接打开 Jupyter Notebook 即可使用.

⚒ **例 6.2**　利用 array 创建 2×3 的矩阵 $\boldsymbol{A} = \begin{pmatrix} 1 & 2 & 3 \\ 4 & 5 & 6 \end{pmatrix}$ 和向量 $\boldsymbol{v} = (1,2,3)$.

输入以下代码.

```
import numpy as np
A = np.array([[1,2,3],[4,5,6]]) #创建矩阵A
v = np.array([[1,2,3]]) #这里将向量v视为特殊矩阵进行创建
print(A)
print(v)
```

运行结果：

```
[[1 2 3]
 [4 5 6]]
[[1 2 3]]
```

从结果上看，numpy中将矩阵视为向量的向量.

方法二：利用numpy中的 mat() 函数创建矩阵. 例如：

```
import numpy as np
A = np.mat('1␣2␣3;4␣5␣6')#创建矩阵，行与行之间用分号隔开，行内元素用空格
                        或逗号隔开
print(A)
```

运行结果：

```
[[1 2 3]
 [4 5 6]]
```

实际上，若将向量视为矩阵，利用 mat() 函数创建矩阵的方式进行表示. 例如：

```
import numpy as np
a = np.mat('1,2,3,4') #创建向量
print(a)
```

运行结果：

```
[[1 2 3 4]]
```

⚒ **例 6.3 (数据格式转换：numpy.mat 与 list)**　对 Python 中 list 数据与 numpy.mat 数据进行转换.

```
import numpy as np
a = [[1,2],[3,4]] #Python 中的list类型
print("列表a: ",a)
mat_a = np.mat(a) # 将list 转换为numpy.mat 格式
print("numpy.mat矩阵: ",mat_a) #输出numpy.mat 矩阵
b = np.mat('5,6;7,8')
list_b = b.tolist() #将numpy.mat 转换为list 格式
print("list列表b:",list_b) #输出list数据
```

运行结果：

```
列表a:  [[1, 2], [3, 4]]
numpy.mat矩阵:  [[1 2]
                 [3 4]]
list列表b: [[5, 6], [7, 8]]
```

A.T 或 A.transpose() 表示矩阵 $\boldsymbol{A}$ 的转置. 借助矩阵转置的概念，可以创建列向量. 我们可以直接在向量的后面加上.T 或.transpose() 生成列向量. 例如，

```
a = np.mat('1,2,3').T 或 a = np.array([[1,2,3]]).T
```

也可以按例 6.4所示方法.

⚒ **例 6.4** (向量/矩阵的转置) 利用 Python 创建列向量 $\begin{pmatrix}1\\2\\3\end{pmatrix}$，生成矩阵 $\boldsymbol{A}=\begin{pmatrix}1&2\\3&4\end{pmatrix}$ 的转置矩阵.

```
import numpy as np
a = np.array([[1,2,3]])
print(a.T)# 转置(方法1)
print(a.transpose()) #转置(方法2)
b = np.mat('1,2,3')
print(b.T)
print(b.transpose())
A = np.mat('1,2;3,4').T
print(A)
```

运行结果

```
[[1]
 [2]
 [3]]
[[1]
 [2]
 [3]]
[[1]
 [2]
 [3]]
[[1]
 [2]
 [3]]
[[1 3]
 [2 4]]
```

方法三：利用sympy包中的 Matrix 方法、Python 中的 list 列表创建矩阵. 例如：

```
import sympy
A = sympy.Matrix([[1,2,3],[0,-1,5],[5,7,1]])
print(A)
B = [[1,2,3],[0,-1,5],[5,7,1]]
print(B)
```

运行结果：

```
Matrix([[1, 2, 3], [0, -1, 5], [5, 7, 1]])
[[1, 2, 3], [0, -1, 5], [5, 7, 1]]
```

sympy包与numpy包表示矩阵或向量的格式略有不同，不同包中所含的方法对数据有不同的格式要求，所以需要对数据的格式进行转换.

⚒ 例 6.5 (数据格式转换：numpy.mat 与 sympy.Matrix)　利用numpy 中的 numpy.mat() 方法和sympy包中的 sympy.Matrix() 方法分别创建矩阵，实现两种矩阵数据格式的互相转换.

```
import numpy as np
import sympy
A = np.mat('1,2,3,4;5,6,7,8') #创建numpy.mat矩阵A
B = sympy.Matrix([[1,1,1,1],[1,0,1,0]]) #创建sympy.Matrix矩阵B
print(A)
symA = sympy.Matrix(A) # numpy.mat 转换为sympy.Matrix
print(symA) #输出A转换后的sympy.Matrix 矩阵
print(B)
npB = np.mat(B) # sympy.Matrix 转换为numpy.mat
print(npB) #输出B转换后的numpy.mat 矩阵
```

运行结果：

```
[[1 2 3 4]
 [5 6 7 8]]
Matrix([[1, 2, 3, 4], [5, 6, 7, 8]])
Matrix([[1, 1, 1, 1], [1, 0, 1, 0]])
[[1 1 1 1]
 [1 0 1 0]]
```

除了手动输入创建矩阵外，还可以利用numpy内置的一些函数创建特殊矩阵.

⚒ 例 6.6 (创建单位阵)　利用 Python 创建 3 阶单位矩阵 $\boldsymbol{E}$.

```
import numpy as np
E = np.eye(3) # 利用eye()函数创建单位阵,3是矩阵的阶数
print(E)
```

运行结果：

```
[[1. 0. 0.]
 [0. 1. 0.]
 [0. 0. 1.]]
```

⚒ **例 6.7** (创建零矩阵) 利用 Python 创建 3×2 的零矩阵 $\boldsymbol{O}$.

```
import numpy as np
O = np.zeros([3,2])#利用zeros()函数创建零矩阵,3与2分别是矩阵的行数和列数
print(O)
```

运行结果：

```
[[0. 0.]
 [0. 0.]
 [0. 0.]]
```

⚒ **例 6.8** (创建对角阵) 利用 Python 创建对角矩阵 $\mathrm{diag}(1,2,3,4)$.

```
import numpy as np
A = np.diag([1,2,3,4])#利用diag()函数创建对角阵
print(A)
```

运行结果：

```
[[1 0 0 0]
 [0 2 0 0]
 [0 0 3 0]
 [0 0 0 4]]
```

⚒ **例 6.9** 借助 arange() 函数创建矩阵.

```
import numpy as np
A = np.arange(9).reshape(3,3)#9表示：从0至8共9个数；3,3表示：矩阵的行列数
b = np.arange(3) #生成向量(0,1,2)
print(A)
print(b)
```

运行结果：

```
[[0 1 2]
 [3 4 5]
 [6 7 8]]
[0 1 2]
```

⚒ **例 6.10** 创建元素均为 1 的 3 阶矩阵.

```
import numpy as np
A = np.ones([3,3])# 3,3分别表示矩阵的行数和列数，ones()用元素1填充矩阵
print(A)
```

运行结果：

```
[[1. 1. 1.]
 [1. 1. 1.]
 [1. 1. 1.]]
```

⚒ 例 6.11 (创建范德蒙德矩阵) 创建矩阵

$$\boldsymbol{A}=\begin{pmatrix}1&1&1&1\\1&2&3&4\\1&4&9&16\\1&8&27&64\end{pmatrix}$$

```
import numpy as np
x = np.array([1,2,3,4])
A = np.vander(x)
print("A=",A) #np.vander()中没有可选参数N,increasing
N = 10        #设置参数N = 10
B = np.vander(x,N) # 输出矩阵含N = 10列
print("B=",B)
C = np.vander(x,increasing = True)
print("C=",C)
```

运行结果:

```
A= [[ 1  1  1  1]
    [ 8  4  2  1]
    [27  9  3  1]
    [64 16  4  1]]
B= [[      1      1      1      1      1      1      1      1      1      1]
    [    512    256    128     64     32     16      8      4      2      1]
    [  19683   6561   2187    729    243     81     27      9      3      1]
    [ 262144  65536  16384   4096   1024    256     64     16      4      1]]
C= [[ 1  1  1  1]
    [ 1  2  4  8]
    [ 1  3  9 27]
    [ 1  4 16 64]]
```

范德蒙德矩阵的创建用到了 numpy.vander() 方法，格式为

```
numpy.vander(x,N = None,increasing = False)
```

其中，x 是一维数组 (向量)；可选参数 N 控制输出矩阵的列数，None 为 N 的默认值，输出为方阵 (即 N = len(x) 向量 x 的长度)；可选参数 increasing 控制输出矩阵每列的排序，若 increasing = True，则矩阵的列按从左向右增长.

⚒ 例 6.12 (通过外部数据文件创建矩阵) 大型数据常存储在数据文件中. 常见的数据存储文件类型有 csv、json、vml、hdf、txt 等，通常这些文件之间能够相互转化. 以.txt 文档文件为例，在 Python 中将 data.txt 文件中存储的矩阵数据读取、打印，可以借助numpy中的 loadtxt() 函数载入数据.

```
np.loadtxt(fname,dtype=float,delimiter=",",skiprows=0,usecols=None)
```

其中，常用参数如表 6.1所示.

表 6.1　loadtxt 函数中常用参数的说明

参　数	注　释
frame	被读取的文件名 (文件的绝对地址或相对地址)
dtype	指定读取后数据的数据类型
delimiter	文件中数据之间的分隔符
skiprows	选择跳过的行数
usecols	指定需要读取的列

如图 6.2所示，在 G 盘 2022 文件下建立 txt 文档 data.txt (文件路径自定)，输入代码：

```
import numpy as np
Data = np.loadtxt("G:/2022/data.txt",delimiter = ",")
print(Data)
```

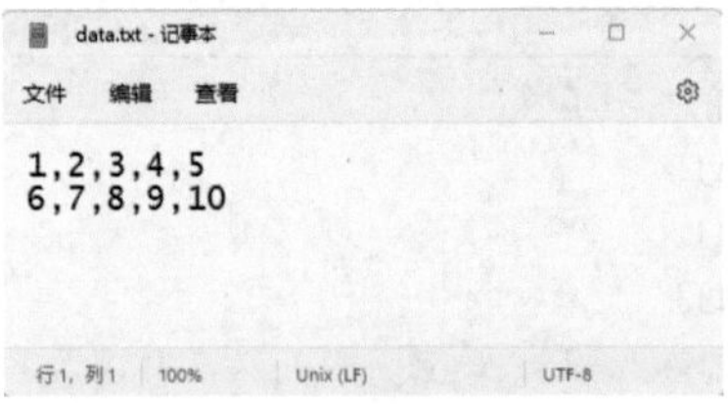

图 6.2　data 文件中的数据

运行结果：

```
[[ 1.  2.  3.  4.  5.]
 [ 6.  7.  8.  9. 10.]]
```

6.1.2　常见矩阵运算的 Python 求解

例 6.13 (向量加法、矩阵加法)　计算 $\begin{pmatrix}1\\0\end{pmatrix}+\begin{pmatrix}0\\1\end{pmatrix}$; $\begin{pmatrix}1&3\\2&4\end{pmatrix}+\begin{pmatrix}1&0\\0&1\end{pmatrix}$.

```
import numpy as np
a1 = np.mat('1,0')
a2 = np.mat('0,1')
A1 = np.mat('1,3;2,4')
A2 = np.mat('1,0;0,1')
print(a1.T + a2.T) #这里利用转置得出两个列向量之和
print(A1 + A2)
```

运行结果：

```
[[1]
 [1]]
matrix([[2, 3],
        [2, 5]])
```

⚒ 例 6.14 (矩阵的数乘运算)　设矩阵 $\boldsymbol{A}=\begin{pmatrix}1 & 4\\ 2 & 5\\ 3 & 6\end{pmatrix}$，计算 $2\boldsymbol{A}$.

```
import numpy as np
A = np.mat('1,4;2,5;3,6')
print(2*A) # 直接利用*号进行数乘
```

运行结果:

```
[[ 2  8]
 [ 4 10]
 [ 6 12]]
```

⚒ 例 6.15 (矩阵的乘法运算)　计算 $\boldsymbol{A}=\begin{pmatrix}2 & 3\\ 1 & -5\end{pmatrix}$ 与 $\boldsymbol{B}=\begin{pmatrix}4 & 3 & 6\\ 1 & -2 & 3\end{pmatrix}$ 的乘积 $\boldsymbol{AB}$.

```
import numpy as np
A = np.mat('2,3;1,-5')
B = np.mat('4,3,6;1,-2,3')
np.dot(A,B) #利用dot()计算两矩阵乘积
```

运行结果:

```
matrix([[11,  0, 21],
        [-1, 13, -9]])
```

由向量的内积运算的定义，我们可以借助矩阵的乘法运算来计算两向量的内积.

⚒ 例 6.16 (向量的内积运算)　设 $\boldsymbol{u}=(1,2,3,4)^{\mathrm{T}},\boldsymbol{v}=(5,6,7,8)^{\mathrm{T}}$，计算两者的内积 $\boldsymbol{u}^{\mathrm{T}}\boldsymbol{v}$.

```
import numpy as np
u = np.mat('1,2,3,4').T #输入列向量u
v = np.mat('5,6,7,8').T #输入列向量v
print(np.dot(u.T,v)) #利用numpy.dot()计算u,v的内积
a = np.array([1,2,3,4])
b = np.array([5,6,7,8])
print(np.inner(a,b))  # 利用numpy.inner()计算两个一维数组的向量内积
```

运行结果:

```
[[70]]
70
```

⚒ 例 6.17 (求向量的范数)　设向量 $\boldsymbol{a}=(1,1,1,1)$，计算 $\boldsymbol{a}$ 的范数 $\|\boldsymbol{a}\|$.

```
import numpy as np
a = np.mat('1,1,1,1')
np.linalg.norm(a) # 利用numpy.linalg.norm()方法求向量的范数
```

运行结果:

```
2.0
```

⚒ **例 6.18 (求矩阵的逆矩阵)** 利用linalg.inv()函数求矩阵

$$A=\begin{pmatrix}1&0&1\\2&1&0\\-3&2&-5\end{pmatrix}$$

的逆矩阵.

```
import numpy as np #载入numpy库
A = np.mat("1,0,1;2,1,0;-3,2,-5") #创建矩阵A
B = np.linalg.inv(A) #利用linalg.inv()函数计算A的逆矩阵, 设为B
print(B) #输出矩阵B
```

运行结果:

```
[[-2.5 1.  -0.5]
 [ 5.  -1.   1. ]
 [ 3.5 -1.   0.5]]
```

⚒ **例 6.19 (求矩阵的秩)** 利用 Python 求解例 3.37, 求矩阵

$$A=\begin{pmatrix}1&-2&2&-1&1\\2&-4&8&0&2\\-2&4&-2&3&3\\3&-6&0&-6&4\end{pmatrix}$$

的秩.

```
import numpy as np
A = np.mat('1,-2,2,-1,1;2,-4,8,0,2;-2,4,-2,3,3;3,-6,0,-6,4')
print(np.linalg.matrix_rank(A))#利用linalg.matrix_rank()函数求矩阵的秩
```

运行结果:

```
3
```

也可以用sympy包中的 sympy.Matrix().rank() 方法求矩阵的秩.

```
import sympy
sympy.Matrix([[1,-2,2,-1,1],[2,-4,8,0,2],[-2,4,-2,3,3],[3,-6,0,-6,4]])
    .rank()
```

运行结果:

```
3
```

⚒ **例 6.20 (矩阵的幂运算)** 针对例 3.9, 利用 Python 计算 100 年后小镇已婚、单身妇女的人数.

```python
import numpy as np
A = np.mat('0.7,0.2;0.3,0.8') #由题意,创建人数变化率矩阵
x = np.mat('8000;2000') #由题意,创建初始人数向量
year1 = np.dot(A,x) #利用矩阵的乘法计算一年后的人数
year2 = np.dot(np.linalg.matrix_power(A,2),x) #利用linalg.matrix_power
                                    (A,2)计算矩阵A的平方
year100 = np.dot(np.linalg.matrix_power(A,100),x)
print("一年后小镇已婚妇女有",year1[0],"人, 单身妇女有",year1[1],"人.")
print("两年后小镇已婚妇女有",year2[0],"人, 单身妇女有",year2[1],"人.")
print("100年后小镇已婚妇女有",year100[0],"人, 单身妇女有",year100[1],
    "人.")
```

运行结果:

```
一年后小镇已婚妇女有 [[6000.]] 人, 单身妇女有 [[4000.]] 人.
两年后小镇已婚妇女有 [[5000.]] 人, 单身妇女有 [[5000.]] 人.
100年后小镇已婚妇女有 [[4000.]] 人, 单身妇女有 [[6000.]] 人.
```

Python 中矩阵的行标和列标都是从 0 开始起算的. 本例在 print 输出中用到了矩阵中元素的提取，其中 year1[0] 表示矩阵 (或向量) 中第 1 行的元素，year1[1] 表示第 2 行的元素，具体如下:

```python
import numpy as np
A = np.mat('0.7,0.2;0.3,0.8')
print("第1行: ",A[0]) #矩阵A中第1行元素
print("第2列: ",A[:,1]) #矩阵A中第2列元素
print(A[0,0]) #矩阵A中第(1,1)元
print(A[0,1]) #矩阵A中第(1,2)元
```

运行结果:

```
第1行:  [[0.7 0.2]]
第2列:  [[0.2]
         [0.8]]
0.7
0.2
```

在 Python 中，方阵 $\boldsymbol{A}^n$ 也可以用 A**n 实现. 例如，A**2 表示 $\boldsymbol{A}^2$，A**3 表示 $\boldsymbol{A}^3$.

※ **例 6.21**　利用 Python 计算例 3.22，设 $\boldsymbol{P}=\begin{pmatrix}-1 & 1 & 1\\ 1 & 0 & 2\\ 1 & 1 & -1\end{pmatrix}$，$\boldsymbol{\Lambda}=\begin{pmatrix}1 & 0 & 0\\ 0 & 2 & 0\\ 0 & 0 & -3\end{pmatrix}$，$\boldsymbol{AP}=\boldsymbol{P\Lambda}$，求 $\varphi(\boldsymbol{A})=\boldsymbol{A}^3+2\boldsymbol{A}^2-3\boldsymbol{A}$.

```python
import numpy as np
P = np.mat('-1,1,1;1,0,2;1,1,-1')
Lam = np.mat('1,0,0;0,2,0;0,0,-3')
if np.linalg.det(P) != 0: # 若det(P)≠0
```

```
    print("P可逆")
    A = P * Lam * np.linalg.inv(P) # A = PΛP^{-1}
    phi = A**3 + 2*A**2 - 3*A   #φ = A^3 + 2A^2 - 3A
    phi = np.around(phi,decimals = 2) #利用np.around 控制矩阵phi数据的精度
    print(phi)
```

运行结果：

```
P可逆
[[ 5.  0.  5.]
 [ 0.  0.  0.]
 [ 5. -0.  5.]]
```

⚒ **例 6.22** (方阵的迹) 利用 Python 求矩阵

$$A=\begin{pmatrix}1&2&3\\4&5&6\\7&8&9\end{pmatrix}$$

的迹.

```
import numpy as np
A = np.mat('1,2,3;4,5,6;7,8,9')
print(np.trace(A)) #利用np.trace()函数求矩阵的迹
```

运行结果：

```
15
```

下面是一个综合算例.

⚒ **例 6.23** 设矩阵 $\boldsymbol{A}=\begin{pmatrix}1&2&3\\2&0&1\\4&2&1\end{pmatrix},\boldsymbol{B}=\begin{pmatrix}1&0&0\\5&2&1\\1&4&3\end{pmatrix}$，求 $\boldsymbol{A}^{\mathrm{T}},3\boldsymbol{A}+2\boldsymbol{B},\boldsymbol{AB},\boldsymbol{A}^2,\boldsymbol{A}^{-1}\boldsymbol{B}$.

```
import numpy as np
A = np.mat('1,2,3;2,0,1;4,2,1')
B = np.mat('1,0,0;5,2,1;1,4,3')
print(A.T)# 求A的转置，并输出
print(3*A+2*B)# 求A，B的线性运算，并输出
print(np.dot(A,B))# 求A，B的乘积，并输出
print(np.linalg.matrix_power(A,2)) # 求A的2次幂，并输出
print(np.dot((np.linalg.inv(A)),B)) # 求A的逆矩阵与矩阵B的乘积，并输出
```

运行结果：

```
[[1 2 4]
 [2 0 2]
 [3 1 1]]
[[ 5  6  9]
 [16  4  5]
```

```
 [14 14 9]]
[[14 16 11]
 [ 3  4  3]
 [15  8  5]]
[[17  8  8]
 [ 6  6  7]
 [12 10 15]]
[[ 1.42857143 1.14285714 0.71428571]
 [-3.42857143 -0.14285714 0.28571429]
 [ 2.14285714 -0.28571429 -0.42857143]]
```

6.1.3　利用 Python 求矩阵的行最简形矩阵

Python 中也有现成的函数求矩阵的行最简形矩阵，即sympy包的 Matrix ().rref() 方法.

⚒ **例 6.24** (求矩阵的行最简形矩阵)　利用 Python 将矩阵 $\boldsymbol{B}=\begin{pmatrix}3 & -2 & 0\\ -1 & 1 & 2\end{pmatrix}$ 化为行最简形矩阵.

```
import sympy
B = sympy.Matrix([[3,-2,0],[-1,1,2]])
print(B)
print(B.rref()[0]) #输出矩阵B的行最简形.若删去[0]，则在行最简形矩阵后面输
                        出B列向量组的极大线性无关组的列标
```

运行结果：

```
Matrix([[3, -2, 0], [-1, 1, 2]])
Matrix([[1, 0, 4], [0, 1, 6]])
```

也可以直接将矩阵与 rref() 方法写在一起，如图 6.3所示.

```
In [1]: import sympy
        sympy.Matrix([[3,-2,0],[-1,1,2]]).rref()[0]
```

Out[1]: $\begin{bmatrix}1 & 0 & 4\\ 0 & 1 & 6\end{bmatrix}$

图 6.3　利用.rref() 方法求矩阵的行最简形矩阵

⚒ **例 6.25**　利用 Python 将例 3.43 中的增广矩阵

$$\boldsymbol{B}=\begin{pmatrix}2 & -1 & 4 & -3 & -4\\ 1 & 0 & 1 & -1 & -3\\ 3 & 1 & 1 & 0 & 1\\ 7 & 0 & 7 & -3 & 3\end{pmatrix}$$

化为行最简形矩阵.

```
import sympy
B = sympy.Matrix
    ([[2,-1,4,-3,-4],[1,0,1,-1,-3],[3,1,1,0,1],[7,0,7,-3,3]])
print(B.rref()) #这里为输入可选参数：[0]
```

运行结果：

```
(Matrix([
        [1, 0, 1, 0, 3],
        [0, 1, -2, 0, -8],
        [0, 0, 0, 1, 6],
        [0, 0, 0, 0, 0]]), (0, 1, 3))
```

结果中，在行最简形矩阵后面给出了一组极大线性无关组的索引 (0,1,3)，即增广矩阵 $\boldsymbol{B}$ 的第 1,2,4 列.

6.2 利用 Python 求解线性方程组

当线性方程组 $\boldsymbol{Ax}=\boldsymbol{b}$ 的系数矩阵 $\boldsymbol{A}$ 是可逆矩阵时，可以考虑采用逆矩阵的方式求解线性方程组 $\boldsymbol{x}=\boldsymbol{A}^{-1}\boldsymbol{b}$.

⚒ **例 6.26** (利用逆矩阵求解线性方程组) 利用 Python 求解例 3.23，求解

$$\begin{cases} 2x_1+2x_2+3x_3=2 \\ x_1-x_2=2 \\ -x_1+2x_2+x_3=4 \end{cases}$$

```
import numpy as np
A = np.mat('2,2,3;1,-1,0;-1,2,1') #创建系数矩阵，记作A
b = np.mat('2,2,4').T #方程的常数列，记作b
detA = np.linalg.det(A) #计算系数矩阵A的行列式
if detA == 0 : #若A不可逆，则不能逆矩阵求解方程组
print('此方法不可行')
else :          #若A可逆，利用求逆矩阵的方法解方程组
print("A可逆")
x = np.dot(np.linalg.inv(A),b) #计算A的逆矩阵与常数列b的乘积
print(x)
```

运行结果：

```
A可逆
[[-18.]
 [-20.]
 [ 26.]]
```

另外，numpy中，可以利用 numpy.linalg.solve() 方法来求解线性方程组，参数形式为

```
numpy.linalg.solve(a,b)
```

其中，参数 a 为系数矩阵；b 为常数列向量，返回值 x 为方程组 $\boldsymbol{ax}=\boldsymbol{b}$ 的解，与 b 的维度相同. 当系数矩阵为奇异矩阵或不是方阵时，该方法受限 (会报错: Singular matrix 或 Last 2 dimensions of the array must be square). 也就是说，当线性方程组 $\boldsymbol{Ax}=\boldsymbol{b}$ 的系数矩阵 $\boldsymbol{A}$ 不可逆，或 $\boldsymbol{A}$ 不是方阵时，不能使用 numpy.linalg.solve() 方法.

⚒ **例 6.27**　用 numpy.linalg.solve() 方法求解例 6.26.

$$\begin{cases} 2x_1 + 2x_2 + 3x_3 = 2 \\ x_1 - x_2 = 2 \\ -x_1 + 2x_2 + x_3 = 4 \end{cases}$$

```
import numpy as np
A = np.mat('2,2,3;1,-1,0;-1,2,1')
b = np.mat('2,2,4').T
x = np.linalg.solve(A,b)#解方程组Ax=b,返回x
print(x)
```

运行结果:

```
[[-18.]
 [-20.]
 [ 26.]]
```

可利用 numpy.allclose() 检验方程组的解的正确性，即检验矩阵 $\boldsymbol{Ax}$ 与 $\boldsymbol{b}$ 是否相合，allclose() 用于匹配两个数组的相合性，默认在 1e−05 的误差范围 (容忍范围) 内，如果两个数组中的对应项在容忍范围，表明两个数组近似相等，则返回 True；超出了容忍范围，则返回 False.

```
np.allclose(np.dot(A,x),b)
```

运行结果:

```
True #表明Ax与b相等
```

借助 sympy.Matrix().nullspace() 方法，可以找出矩阵的零空间①，返回能够张成该零空间的向量组 (即以该矩阵为系数矩阵的齐次线性方程组的基础解系). 我们知道，若系数矩阵 $\boldsymbol{A}$ 是 $m \times n$ 矩阵，则基础解系中所含线性无关向量的个数为 $n - R(\boldsymbol{A})$，即返回值中所含向量的个数为 A.shape[1] − A.rank()，其中 A.shape 表示矩阵 $\boldsymbol{A}$ 的“尺寸” (行数、列式)，A.shape[0] 表示 $\boldsymbol{A}$ 的行数，A.shape[1] 表示列数，A.rank() 是 $R(\boldsymbol{A})$.

⚒ **例 6.28 (求线性方程组的基础解系)**　利用 Python 求例 4.28线性方程组

$$\begin{cases} x_1 - x_2 + x_3 = 0 \\ x_2 - x_3 + x_4 = 0 \end{cases}$$

的基础解系.

```
import sympy
A = sympy.Matrix([[1,-1,1,0],[0,1,-1,1]])
print("基础解系为: \n",A.nullspace())
```

① 矩阵 $\boldsymbol{A}$ 的零空间又称为矩阵 $\boldsymbol{A}$ 的核 (kernel)，记作 $\ker \boldsymbol{A}$，即齐次线性方程组 $\boldsymbol{Ax} = \boldsymbol{0}$ 所有解 $\boldsymbol{x}$ 的集合——解空间，表示在矩阵 $\boldsymbol{A}$ 线性映射下，像为 $\boldsymbol{0}$ 的原像空间 (可通俗理解为能够被矩阵 $\boldsymbol{A}$ 映射到零向量的所有向量所在的空间).

上述代码等价于

```
sympy.Matrix([[1,-1,1,0],[0,1,-1,1]]).nullspace()
```

运行结果均为

```
基础解系为:
[Matrix([
        [0],
        [1],
        [1],
        [0]]),
 Matrix([
        [-1],
        [-1],
        [ 0],
        [ 1]])]
```

根据求得的基础解系，我们可以写出该齐次线性方程组的通解，即

$$\boldsymbol{x} = c_1\begin{pmatrix}0\\1\\1\\0\end{pmatrix} + c_2\begin{pmatrix}-1\\-1\\0\\1\end{pmatrix} \quad (c_1, c_2 \in \mathbb{R})$$

⚒ 例 6.29 (求无解线性方程组的最小二乘解) 在工程领域中，当线性方程组无解时，常寻求方程组的最小二乘解.

考虑线性方程组 $\boldsymbol{Ax} = \boldsymbol{b}$，其中系数矩阵 $\boldsymbol{A} = (a_{ij})_{m\times n}$. 当 $R(\boldsymbol{A}) < R(\boldsymbol{A}, \boldsymbol{b})$ 时，方程组无解. 此时，我们设法找到向量 $\boldsymbol{x}^*$，使

$$\|\boldsymbol{Ax}^* - \boldsymbol{b}\|^2 = \sum_{i=1}^{m}(a_{i1}x_1 + a_{i2}x_2 + \cdots + a_{in}x_n - b_i)^2$$

最小，即 $\boldsymbol{x}^*$ 是使方程两边误差 (平方和) 最小的解，为近似最优解，称为方程组的最小二乘解. 以例 3.42 为例，判断方程组

$$\begin{cases} x_1 + x_2 + 2x_3 + 3x_4 = 1 \\ x_2 + x_3 - 4x_4 = 1 \\ x_1 + 2x_2 + 3x_3 - x_4 = 4 \\ 2x_1 + 3x_2 - x_3 - x_4 = -6 \end{cases}$$

的解的情况，若无解，求其最小二乘解.

Python 中 numpy.linalg.lstsq() 方法是用线性回归的方式求线性方程组的最小二乘解 (回归系数)，用法如下.

```
numpy.linalg.lstsq(A,b,rcond='warn')
```

计算方程 $\boldsymbol{Ax} = \boldsymbol{b}$ 的近似解 (最小二乘解) x. 若系数矩阵 $\boldsymbol{A}$ 是方阵且可逆 (满秩)，那么得到的 x 为精确解. 使用时，A,b 可分别代入方程 $\boldsymbol{Ax} = \boldsymbol{b}$

中的系数矩阵 $\boldsymbol{A}$ 和常数列 $\boldsymbol{b}$；参数 rcond 可选，是为处理奇异值而设定的，我们一般设为 rcond = None 或 rcond=−1.

返回值包括四部分：最小二乘解x、残差平方和、自变量 x 的秩和 x 的奇异值. 一般我们求最小二乘解，只需取出返回值的第一个元素 x[0] (即 numpy.linalg.lstsq()[0]).

```
import numpy as np
A = np.mat('1,1,2,3;0,1,1,-4;1,2,3,-1;2,3,-1,-1')
b = np.mat('1,1,4,-6').T
B = np.column_stack((A,b))

Ra = np.linalg.matrix_rank(A)
Rb = np.linalg.matrix_rank(B)

if Ra < Rb:
    print("无解，")
    x = np.linalg.lstsq(A,b,rcond= None)#求最小二乘解，rcond可选，用来处理回归中的异常值，这里默认-1
    print("最小二乘解为：",x[0])#返回值x的第1维即求得的最小二乘解
else:
    print("有解")
```

运行结果：

```
无解，
最小二乘解为： [[-0.78823529]
               [-0.89019608]
               [ 1.91372549]
               [-0.16078431]]
```

接下来，我们可以利用上述功能，根据线性方程组的解的判定定理，编写更为综合的求解算法：对任意非齐次线性方程组 $\boldsymbol{A}_{m\times n}\boldsymbol{x}=\boldsymbol{b}$，$\boldsymbol{A}$ 是方程组的系数矩阵，$\boldsymbol{b}$ 是常数列，若记增广矩阵 $\boldsymbol{B}=(\boldsymbol{A},\boldsymbol{b})$，则

(1) 若 $R(\boldsymbol{A})<R(\boldsymbol{B})$，方程组无解 (输出：方程的最小二乘解).

(2) 若 $R(\boldsymbol{A})=R(\boldsymbol{B})$，方程组有解，且

- $R(\boldsymbol{A})=R(\boldsymbol{B})=n$ 方程组有唯一解 (输出：唯一解)；
- $R(\boldsymbol{A})=R(\boldsymbol{B})<n$ 方程组有无穷多解 (输出：$\boldsymbol{Ax}=\boldsymbol{0}$ 的基础解系和增广矩阵的行最简形矩阵).

以例 4.32所示线性方程组为例，

$$\begin{cases} x_1+x_2+2x_3+x_4=3 \\ x_1+2x_2+x_3-x_4=2 \\ 2x_1+x_2+5x_3+4x_4=7 \end{cases}$$

算法如下：

```
import numpy as np
import sympy
```

```python

def augmentMatrix(A,b):#定义：构建增广矩阵
    return np.column_stack((A,b)) #构建增广矩阵(A,b)
def R(A): #定义：求矩阵的秩
    return np.linalg.matrix_rank(A)

A = np.mat('1,1,2,1;1,2,1,-1;2,1,5,4') #输入系数矩阵
b = np.mat('3,2,7').T #输入常数列
B = augmentMatrix(A,b) #构建增广矩阵(A,b)
m,n = A.shape[0],A.shape[1] # 系数矩阵A的行数、列数分别记作m,n

if R(A)<R(B):    # 无解的情形 ,输出“方程组无解”、系数矩阵与增广矩阵的秩、最小二乘解
   print("方程组无解.")
   print("R(A)=",R(A))
   print(",R(A,b)=",R(B))
   x = np.linalg.lstsq(A,b,rcond=-1)
   print("最小二乘解为：",x[0])
elif R(A)== R(B): # 有解的情形
   print("R(A)=R(B)=",R(A))
   print("方程组有解，")
   if R(A)== n and m == n:  #有唯一解，且系数矩阵A是方阵时，求出唯一解
      print("且有唯一解,系数矩阵是方阵且可逆.")
      x = np.linalg.solve(A,b) #利用numpy.linalg.solve()解方程组
      print("方程组的解为：",x)
   elif R(A) == n and m>n: #有唯一解，且系数矩阵非方阵时，求出唯一解
      print("且有唯一解，系数矩阵行数大于列数.")
      A = sympy.Matrix(A) #将numpy矩阵A转化为sympy矩阵，为了下面使用sympy.Matrix.rref()方法化为行最简形矩阵
      A1 = A.rref[:n,:n] # 将系数矩阵A的行最简形矩阵的前n行前n列提取出来，记为A1,此时A1可逆且为方阵
      x = np.linalg.solve(A1,b) # 利用numpy.linalg.solve()方法解方程组
      print("方程组的解为：",x)
   elif R(A) < n:            #有无穷多解，求出基础解系及增广矩阵的行最简形矩阵
      print("且有无穷多解,")
      A = sympy.Matrix(A) #将numpy矩阵转化为sympy矩阵
      print("对应导出组的基础解系为：",A.nullspace()) #求矩阵A的零空间(基础解系)
      B = sympy.Matrix(B)
      print("增广矩阵的行最简形：",B.rref()) #求增广矩阵的行最简形矩阵
```

运行结果：

```
R(A)=R(B)= 2
方程组有解,
且有无穷多解,
对应导出组的基础解系为： [Matrix([[-3],
                          [ 1],
                          [ 1],
```

```
                                   [ 0]]),
                      Matrix([[-3],
                               [ 2],
                               [ 0],
                               [ 1]])]
增广矩阵的行最简形:  (Matrix([[1, 0, 3, 3, 4],
                               [0, 1, -1, -2, -1],
                               [0, 0, 0,  0,  0]]), (0, 1))
```

由增广矩阵的行最简形矩阵，我们可以得出非齐次线性方程组的一个特解 $\boldsymbol{x}^* = (4, -1, 0, 0)^{\mathrm{T}}$，结合运行结果中的基础解系，可以得出方程组的通解为

$$\boldsymbol{x} = c_1\begin{pmatrix} -3 \\ 1 \\ 1 \\ 0 \end{pmatrix} + c_2\begin{pmatrix} -3 \\ 2 \\ 0 \\ 1 \end{pmatrix} + \begin{pmatrix} 4 \\ -1 \\ 0 \\ 0 \end{pmatrix} \quad (c_1, c_2 \in \mathbb{R})$$

再以例 3.43 所示线性方程组为例，

$$\begin{cases} 2x_1 - x_2 + 4x_3 - 3x_4 = -4 \\ x_1 + x_3 - x_4 = -3 \\ 3x_1 + x_2 + x_3 = 1 \\ 7x_1 + 7x_3 - 3x_4 = 3 \end{cases}$$

代入上面算法中测试，运行结果为

```
R(A)=R(B)= 3
方程组有解,
且有无穷多解,
对应导出组的基础解系为:  [Matrix([[-1],
                                   [ 2],
                                   [ 1],
                                   [ 0]])]
增广矩阵的行最简形:  (Matrix([[1, 0, 1, 0, 3],
                               [0, 1, -2, 0, -8],
                               [0, 0, 0, 1, 6],
                               [0, 0, 0, 0, 0]]), (0, 1, 3))
```

由增广矩阵的行最简形矩阵，我们可以得出 $\boldsymbol{Ax} = \boldsymbol{b}$ 的一个特解 $\boldsymbol{x}^* = (3, -8, 0, 6)^{\mathrm{T}}$，结合运行结果中的基础解系，可以得出方程组的通解为

$$\boldsymbol{x} = c\begin{pmatrix} -1 \\ 2 \\ 1 \\ 0 \end{pmatrix} + \begin{pmatrix} 3 \\ -8 \\ 0 \\ 6 \end{pmatrix} \quad (c \in \mathbb{R})$$

上述 Python 算法实现了对非齐次线性方程组 $\boldsymbol{Ax} = \boldsymbol{b}$ 的解的情况进行判定，若无解，给出近似解 (最小二乘解)；若有唯一解，求出唯一解；若

有无穷多个解，求其导出组的基础解系，进而辅助写出通解等功能，代入例3.43、例 4.32的数据后，运行结果与理论计算一致，读者可进一步用更多线性方程组的数据对算法进行测试和完善.

6.3 利用 Python 求解相似矩阵、二次型问题

6.3.1 利用 Python 将向量组正交化、单位化

sympy包实现了 GramSchmidt (施密特正交化) 方法，

```
GramSchmidt(A,orthonormal=True)
```

其中，A 为向量组对应的矩阵. 需要注意的是，矩阵数据的创建形式，需要将数据转为 sympy.Matrix 格式，否则调用 GramSchmidt 函数会报错！orthonormal 设为 True，则执行单位化操作；若为 False，则只执行正交化操作.

⚒ **例 6.30** (线性无关向量组的标准正交化) 利用 Python 将例 4.25所示向量组标准正交化.

```
import sympy
from sympy.matrices import Matrix,GramSchmidt
A = [Matrix([1,1,0]),Matrix([1,1,1]),Matrix([-1,1,-1])] #注意数据的形式
B = GramSchmidt(A) #执行对向量组A的施密特正交化操作
print("施密特正交化：",B)
C = GramSchmidt(A,True)
print("施密特正交化，单位化：",C)#在正交化的基础上，执行单位化操作
```

运行结果：

```
施密特正交化：[Matrix([[1],
                      [1],
                      [0]]),
               Matrix([[0],
                      [0],
                      [1]]),
               Matrix([[-1],
                      [ 1],
                      [ 0]])]
施密特正交化，单位化：[Matrix([[sqrt(2)/2],    #注：sqrt(2)表示√2
                            [sqrt(2)/2],
                            [        0]]),
                     Matrix([[0],
                            [0],
                            [1]]),
                     Matrix([[-sqrt(2)/2],
                            [ sqrt(2)/2],
                            [          0]])]
```

⚒ 例 6.31 (判断矩阵是否为正交阵) 利用 Python 判断矩阵

$$\boldsymbol{A}=\begin{pmatrix}1&1&0\\0&-1&2\\1&-1&-2\end{pmatrix},\quad \boldsymbol{B}=\begin{pmatrix}0&-1&0\\1&0&0\\0&0&1\end{pmatrix}$$

是否为正交矩阵.

根据 $\boldsymbol{A}$ 是正交阵 $\Leftrightarrow \boldsymbol{A}^{\mathrm{T}}\boldsymbol{A}=\boldsymbol{E}$ 可编写如下程序判定:

```
import numpy as np
A = np.mat('1,1,0;0,-1,2;1,-1,-2')
B = np.mat('0,-1,0;1,0,0;0,0,1')
print("A^T A =",A.T * A)
print("B^T B =",B.T * B)
```

运行结果:

```
A^T A = [[ 2 0 -2]
         [ 0  3  0]
         [-2  0  8]]
B^T B = [[1 0 0]
         [0 1 0]
         [0 0 1]]
```

结果分析: $\boldsymbol{A}$ 不是正交矩阵, $\boldsymbol{B}$ 是正交矩阵.

6.3.2 利用 Python 求方阵的特征值、特征向量

numpy提供了 numpy.linalg.eig() 函数, 可以用来求方阵的特征值与特征向量, 具体用法如下:

```
w,v = numpy.linalg.eig(A)
```

其中, 参数 A 是要计算特征值、特征向量的方阵; 返回值有两个, w 是特征值, v 是与特征值所对应的、归一化后的特征向量组成的矩阵, 特征向量 v[:,i] 对应的特征值为 w[i].

⚒ 例 6.32 创建对角矩阵 $\boldsymbol{A}=\mathrm{diag}(1,2,3)=\begin{pmatrix}1&0&0\\0&2&0\\0&0&3\end{pmatrix}$, 求 $\boldsymbol{A}$ 的特征值和对应的一组特征向量.

```
import numpy as np
A = np.mat('1,0,0;0,2,0;0,0,3')
w,v = np.linalg.eig(A) #利用numpy.linalg.eig()计算A的特征值、特征向量
print("特征值为:",w)
print("对应的特征向量: ",v)
```

运行结果:

```
特征值为: [1. 2. 3.]
对应的特征向量:  [[1. 0. 0.]
[0. 1. 0.]
[0. 0. 1.]]
```

结果解释：返回的特征值以向量的形式给出，即 [1. 2. 3] 表明矩阵 $\boldsymbol{A}$ 有三个特征值，分别为 $1,2,3$; 对应的特征向量以矩阵的形式给出，按列分别与三个特征值相对应，例如，第一列 $(1,0,0)^{\mathrm{T}}$ 是特征值 1 所对应的特征向量.

验证：根据公式 $\boldsymbol{Ax}=\lambda\boldsymbol{x}$ 验证结果的正确性，借助 numpy.allclose() 方法.

```
for i in range(3):
if np.allclose(np.dot(w[i],v[:,i]),np.dot(A,v[:,i])):
print("特征值",w[i],"对应的特征向量为:\n",v[:,i])
print("正确") #验证Av与wv的是否相等，若为真，则输出“正确”
else:
print("错误")
```

运行结果：

```
特征值 1.0 对应的特征向量为:
[[1.]
[0.]
[0.]]
正确
特征值 2.0 对应的特征向量为:
[[0.]
[1.]
[0.]]
正确
特征值 3.0 对应的特征向量为:
[[0.]
[0.]
[1.]]
正确
```

若矩阵 $\boldsymbol{A}$ 为实对称矩阵，如果我们希望得出的特征值已从小到大排好序，且对相同的特征值，得到的特征向量相互正交，此时方法 numpy.linalg.eig(A) 便不能满足需求，而需要用到 numpy.linalg.eig h(A)，两者区别如表 6.2所示.

⚒ **例 6.33** (求对称矩阵的特征值与特征向量)　利用 numpy.linalg.eig 方法和 numpy.linalg.eigh 方法求例 5.17所示的对称矩阵

$$\boldsymbol{A}=\begin{pmatrix} 2 & 2 & -2 \\ 2 & 5 & -4 \\ -2 & -4 & 5 \end{pmatrix}$$

的特征值及特征向量.

表 6.2　numpy.linalg.eig 与 numpy.linalg.eigh 的区别

方法	numpy.linalg.eig	numpy.linalg.eigh
区别	可计算任意方阵的特征值和特征向量 特征值未排序 同一特征值，得到的特征向量未必线性无关、未必正交	计算实对称矩阵的特征值和特征向量 特征值按从小到大排序 同一特征值，得出的特征向量相互正交

```
import numpy as np
A = np.mat('2,2,-2;2,5,-4;-2,-4,5')
lam1,vector1 = np.linalg.eig(A)
lam2,vector2 = np.linalg.eigh(A)
print("eig求得的特征值:",lam1)
print("eig求得的特征向量:",vector1)
print("eigh求得的特征值:",lam2)
print("eigh求得的特征向量:",vector2)
```

运行结果：

```
eig求得的特征值: [ 1. 10.  1.]
eig求得的特征向量: [[-0.94280904 0.33333333 0.2981424 ]
                  [ 0.23570226 0.66666667 0.59628479]
                  [-0.23570226 -0.66666667 0.74535599]]
eigh求得的特征值: [ 1.  1. 10.]
eigh求得的特征向量: [[-0.07450735 -0.93986039 0.33333333]
                   [-0.68626845 0.29084561 0.66666667]
                   [-0.72352213 -0.17908458 -0.66666667]]
```

接下来判定矩阵 vecoter1 和 vecoter2 是否为正交矩阵.

```
B = vector1.T * vector1 #判断eig求得的特征向量所构成的矩阵是否正交
B = np.around(B,decimals = 2) #利用np.around()方法设置矩阵的精度，这里
                              decimals = 2表示保留小数后2位
print(B)
C = vector2.T * vector2 #判断eigh求得的特征向量所构成的矩阵是否为正交阵
C = np.around(C,decimals = 2)
print(C)
```

运行结果：

```
[[ 1.   -0.   -0.32]
 [-0.    1.   -0.  ]
 [-0.32 -0.    1.  ]]
[[ 1.  0.  0.]
 [ 0.  1. -0.]
 [ 0. -0.  1.]]
```

结果分析：vector2 是正交矩阵，numpy.linalg.eigh 得出的特征向量是两两正交的单位向量.

6.3.3 利用 Python 将方阵相似对角化

我们已经知道，n 阶方阵 $\boldsymbol{A}$ 可相似对角化的充要条件是 $\boldsymbol{A}$ 有 n 个线性无关的特征向量. 此时，能够找出可逆矩阵 $\boldsymbol{P}$，使

$$\boldsymbol{P}^{-1}\boldsymbol{A}\boldsymbol{P}=\boldsymbol{\Lambda}$$

⚒ **例 6.34 (方阵相似对角化)** 利用 Python 求解例 5.11，已知矩阵

$$\boldsymbol{A}=\begin{pmatrix}-2 & 1 & 1\\ 0 & 2 & 0\\ -4 & 1 & 3\end{pmatrix}$$

问 $\boldsymbol{A}$ 能否相似对角化？若能，则求可逆矩阵 $\boldsymbol{P}$ 和对角阵 $\boldsymbol{\Lambda}$ 使 $\boldsymbol{P}^{-1}\boldsymbol{A}\boldsymbol{P}=\boldsymbol{\Lambda}$.

```
import numpy as np
A = np.mat('-2,1,1;0,2,0;-4,1,3')
lamb = np.linalg.eig(A)[0] #获取矩阵的特征值
P = np.linalg.eig(A)[1] #获取特征值对应的单位特征向量构成的矩阵P(特征向量已单位化)
if np.linalg.det(P) == 0: #若det(P)=0, 即P不可逆
   print("A不能相似对角化.")
else:                    #若P可逆, 说明A可相似对角化
   print("A能对角化, 且P=",P) #输出可逆矩阵P
   Lambda = np.linalg.inv(P)*A*P #利用公式求对角化矩阵Λ, 记为Lambda
   Lambda = np.around(Lambda,decimals = 2) #设置Lambda中元素的保留小数点后2位
   print("Lambda=",Lambda)

np.allclose(P*Lambda*np.linalg.inv(P),A) #验证所求是否正确, 即利用np.allclose()验证PΛP⁻¹与A是否相合
```

运行结果：

```
A能对角化, 且P= [[-0.70710678 -0.24253563 0.30151134]
                [ 0.          0.          0.90453403]
                [-0.70710678 -0.9701425  0.30151134]]
Lambda = [[-1. -0. -0.]
          [-0.  2.  0.]
          [ 0.  0.  2.]]
True
```

实际上，当方阵 $\boldsymbol{A}$ 可相似对角化时，使其相似对角化的可逆矩阵 $\boldsymbol{P}$ 并非是唯一的.sympy包中提供了 sympy.Matrix().diagonalize() 方法，可直接返回矩阵相似对角化的可逆矩阵和对角矩阵. 使用方法如下：

```
P,D = sympy.Matrix(M).diagonalize()
```

其中，M 是欲相似对角化的矩阵；P 是返回的一个可逆矩阵；D 是矩阵M 相似对角化后得到的对角矩阵.

我们用该方法求解上例：

```
import sympy
A = sympy.Matrix([[-2,1,1],[0,2,0],[-4,1,3]])
P,Lambda = A.diagonalize()
print("P=",P)
print("Lambda=",Lambda)

if P*Lambda*P.inv()== A: #若PΛP^{-1} = A
   print("正确")
   print(P*Lambda*P.inv()) #输出PΛP^{-1}
else:
   print("错误")
```

运行结果:

```
P = Matrix([[1, 1, 1], [0, 4, 0], [1, 0, 4]])
Lambda = Matrix([[-1, 0, 0], [0, 2, 0], [0, 0, 2]])
正确
Matrix([[-2, 1, 1], [0, 2, 0], [-4, 1, 3]])
```

6.3.4 利用 Python 将二次型标准化

对二次型 $f = \boldsymbol{x}^{\mathrm{T}}\boldsymbol{A}\boldsymbol{x}$，讨论的主要问题是：寻求一个可逆的 (或正交的) 线性变换，将二次型化为标准型 $f = \boldsymbol{y}^{\mathrm{T}}\boldsymbol{\Lambda}\boldsymbol{y}$，其中 $\boldsymbol{\Lambda}$ 为一对角阵. 这一过程实际上是将二次型的矩阵 $\boldsymbol{A}$($\boldsymbol{A}$ 是对称矩阵) 对角化.

☆ 例 6.35 (化二次型为标准形)　利用 Python 将例 5.26所示二次型

$$f = x_1^2 + x_2^2 + 2x_3^2 + 2x_1x_2$$

化成标准形.

```
import numpy as np
A = np.mat('1,1,0;1,1,0;0,0,2')
lam,Vec = np.linalg.eigh(A)
print("A的特征值为: ",lam)
print("正交变换矩阵为: ",Vec)
```

运行结果:

```
A的特征值为:  [0. 2. 2.]
正交变换矩阵为:  [[-0.70710678 0.70710678 0.        ]
                  [ 0.70710678 0.70710678 0.        ]
                  [ 0.         0.         1.        ]]
```

因此，二次型 f 在正交变换 $\boldsymbol{x} = \boldsymbol{Q}\boldsymbol{y}$ 下得到标准形为

$$f = 2y_2^2 + 2y_3^2$$

其中，正交矩阵为

$$\boldsymbol{Q} = \begin{pmatrix} -0.70710678 & 0.70710678 & 0 \\ 0.70710678 & 0.70710678 & 0 \\ 0 & 0 & 1 \end{pmatrix}$$

从结果上看，与理论计算得到的 $\boldsymbol{Q}=\begin{pmatrix} -\frac{1}{\sqrt{2}} & \frac{1}{\sqrt{2}} & 0 \\ \frac{1}{\sqrt{2}} & \frac{1}{\sqrt{2}} & 0 \\ 0 & 0 & 1 \end{pmatrix}$ 一致.

⚒ **例 6.36** (判断二次型的正定性) 利用 Python 判定例 5.31所示二次型

$$f=2x_1^2+4x_2^2+5x_3^2-4x_1x_3$$

的正定性.

我们已经知道，若二次型 f 的矩阵 $\boldsymbol{A}$ 的全部特征值均为正数 (>0)，则 $\boldsymbol{A}$ 是正定矩阵，对应的二次型 f 是正定二次型. 因此，编写以下程序.

```
import numpy as np
A = np.mat('2,0,-2;0,4,0;-2,0,5')
lam = np.linalg.eig(A)[0] # 求A的特征值
if np.all(lam > 0): #利用np.all()方法判断lam中所有元素(A的特征值)是否都大于0
  print("正定.")
else:
  print("否.")
```

运行结果：

```
正定.
```

利用 Python 语言及其附属包能够方便地求解各种线性代数运算问题. 本章介绍的方法仅是其中的冰山一角，而且绝大多数是使用numpy、sympy中已有的函数，相信随着不断地练习，编程能力不断提高，读者能够自己按照线性代数中的各种算法原理编写恰当的函数，本章旨在抛砖引玉，不再一一列举.

最后，我们将本章用到的主要方法列举出来，如表 6.3所示.

表 6.3　Python 求解线性代数问题时的常用方法

方　法	说　明
numpy.array()	以数组的形式创建向量/矩阵
numpy.mat()	创建向量、矩阵
numpy.eye()	创建单位矩阵
numpy.ones()	创建所有元素均为 1 的矩阵
numpy.diag()	创建对角矩阵/将一维数表转化为对角矩阵
numpy.zeros()	创建零矩阵
numpy.arange(n)	创建从 0 到 $n-1$ 的向量
numpy.arange(n).reshape(a,b)	创建形状为 $a\times b$ 的矩阵，元素为从 0 到 $n-1$
numpy.vander(x,N,increasing)	创建范德蒙德矩阵
numpy.dot(A,B)	矩阵乘积 $\boldsymbol{AB}$
numpy.trace(A)	矩阵 $\boldsymbol{A}$ 的迹
numpy.around(A,decimals=n)	矩阵 $\boldsymbol{A}$ 中数据的精度 (保留小数点后 n 位)
numpy.allclose(a,b)	检验数组 a 与 b 是否相合
numpy.linalg.det(A)	矩阵 $\boldsymbol{A}$ 的行列式

续表

方　法	说　明
numpy.linalg.norm(a)	向量 $\boldsymbol{a}$ 的范数
numpy.linalg.inv(A)	矩阵 $\boldsymbol{A}$ 的逆矩阵
numpy.linalg.matrix_rank(A)	矩阵 $\boldsymbol{A}$ 的秩
numpy.linalg.matrix_power(A,2)	矩阵 $\boldsymbol{A}$ 的 n 次幂 $\boldsymbol{A}^n$
numpy.linalg.solve(A,b)	解线性方程组 $\boldsymbol{Ax}=\boldsymbol{b}$
numpy.linalg.lstsq(A,b)	线性方程组 $\boldsymbol{Ax}=\boldsymbol{b}$ 的最小二乘解
numpy.linalg.eig(A)	矩阵 $\boldsymbol{A}$ 的特征值与特征向量
numpy.linalg.eigh(A)	对称矩阵 $\boldsymbol{A}$ 的特征值与特征向量
sympy.Matrix()	创建sympy 向量/矩阵
sympy.Matrix(A).rref()	矩阵 $\boldsymbol{A}$ 的行最简形矩阵
sympy.Matrix(A).rank()	矩阵 $\boldsymbol{A}$ 的秩
sympy.Matrix(A).nullspace()	矩阵 $\boldsymbol{A}$ 的零空间 ($\boldsymbol{Ax}=\boldsymbol{0}$ 的基础解系)
sympy.Matrix(A).diagonalize()	将矩阵 $\boldsymbol{A}$ 对角化
GramSchmidt(A,orthonormal = True)	将向量组 A 标准正交化
A.shape	矩阵的尺寸
a[i]	一维数组 (向量)$\boldsymbol{a}$ 中第 $i+1$ 个元素
A[i]	矩阵 $\boldsymbol{A}$ 中第 $i+1$ 行
A[:,i]	矩阵 $\boldsymbol{A}$ 中第 $i+1$ 列
A[0:m,0:n]	矩阵 $\boldsymbol{A}$ 中第 1 至 m+1 行、第 1 至 n+1 列元素
A[i,j]	矩阵 $\boldsymbol{A}$ 中的 (i,j) 元
A**n	矩阵 $\boldsymbol{A}$ 的 n 次幂 $\boldsymbol{A}^n$
A.T	矩阵 $\boldsymbol{A}$ 的转置
A.transpose()	矩阵 $\boldsymbol{A}$ 的转置

参考文献

[1] Howard Anton, Robert C. Busby. Contemporary Linear Algebra[M]. John Wiley & Sons, 2003.

[2] David Poole. Linear Algebra: A Modern Introduction[M]. 2nd ed. Thomson Brooks/Cole, 2006.

[3] Stephen H. Arnold J. Lawrence E. Linear Algebra[M]. 5th ed. Pearson Education, 2019.

[4] Francis Su. Mastering Linear Algebra: An Introduction with Applications[M]. The Teaching Company, 2019.

[5] Martin Anthony, Michele Harvey. Linear Algebra: Concepts and Methods[M]. Cambridge University Press, 2012.

[6] Alberto Grasso. Linear Algebra for Computational Sciences and Engineering[M]. 2nd ed. Springer International Publishing Switzerland, 2019.

[7] Stephen Boyd, Lieven Vandenberghe. Introduction to Applied Linear Algebra Vectors, Matrices, and Least Squares[M]. Cambridge University Press, 2018.

[8] L. Spence A. Insel S. Friedberg. Elementary Linear Algebra — A Matrix Approach[M]. 2nd ed. Pearson Education Limited, 2014.

[9] David C. Lay, Steven R. Lay, Judi J. McDonald. Linear Algebra and Its Applications[M]. 5th ed. Pearson Education, 2016.

[10] Charu C. Aggarwal. Linear Algebra and Optimization for Machine Learning[M]. Springer Nature Switzerland AG, 2020.

[11] Steven J. Leon. Linear Algebra with Applications[M]. 9th ed. Pearson Education Limited, 2015.

[12] Sheldon Axler. 线性代数应该这样学 [M]. 杜现昆, 刘大艳, 马晶, 译. 3 版. 北京: 人民邮电出版社, 2016.

[13] Leon Steven J. 线性代数 [M]. 张文博, 张丽静, 译. 9 版. 北京: 工业出版社, 2015.

[14] 王卿文. 线性代数核心思想及应用 [M]. 北京: 科学出版社, 2012.

[15] 平冈和幸堀玄. 程序员的数学 3: 线性代数 [M]. 卢晓南, 译. 北京: 人民邮电出版社, 2016.

[16] 林蔚, 周双红, 国萃, 等. 线性代数的工程案例 [M]. 哈尔滨: 哈尔滨工程大学出版社, 2012.

[17] 连保胜. 新编线性代数 [M]. 武汉: 武汉大学出版社, 2016.

[18] 同济大学数学系. 线性代数 [M]. 6 版. 北京: 高等教育出版社, 2014.

[19] 曹殿立. 线性代数 [M]. 2 版. 北京: 科学出版社, 2015.

[20] 许峰, 范爱华. 线性代数 [M]. 2 版. 合肥: 中国科学技术大学出版社, 2013.

[21] 杨万才. 线性代数 [M]. 2 版. 北京: 科学出版社, 2013.

[22] 李振东, 王国兴. 线性代数 [M]. 2 版. 北京: 科学出版社, 2015.

[23] 任广千, 谢聪, 胡翠芳. 线性代数的几何意义 [M]. 西安: 西安电子科技大学出版社, 2015.

[24] 李学银, 盛集明. 线性代数及其应用 [M]. 北京: 科学出版社, 2013.

[25] 张若愚. Python 科学计算 [M]. 北京: 清华大学出版社, 2012.

[26] 张雨萌. 机器学习线性代数基础 [M]. 北京: 北京大学出版社, 2019.

[27] 梁昌洪. 矩阵论札记 [M]. 北京: 科学出版社, 2014.

[28] 莫里斯 • 克莱因. 古今数学思想 (第二册)[M]. 石生明, 等译. 上海: 上海科学技术出版社, 2014.

[29] 林蔚, 周双红, 等. 线性代数的工程案例 [M]. 哈尔滨: 哈尔滨工程大学出版社, 2012.

[30] 马新顺, 王涛, 郭燕. 线性代数及其应用 [M]. 北京: 高等教育出版社, 2014.